东亚高空急流多尺度变化特征及其气候效应

张耀存 况雪源 黄丹青 汪 宁等 著

科学出版社

北京

内 容 简 介

东亚高空急流是东亚大气环流系统的一个重要组成部分，对东亚地区的天气和气候具有重要影响。本书在全面回顾有关东亚高空急流研究的基础上，围绕东亚高空急流的季节、年际及年代际等多尺度变化特征及其气候效应，利用观测和再分析资料揭示东亚副热带急流在初夏季节东西方向的突变特征、副热带急流和极锋急流位置和强度的协同变化等新的现象及其与中高纬低频遥相关型和我国气候异常的联系，阐明东亚高空急流多尺度变化的热力学和动力学机制。本书是作者及其团队近二十年来在东亚高空急流研究方面积累的最新研究成果，增加了对东亚高空急流活动基本特征和变化规律的认识，对深入开展东亚大气环流及短期气候预测研究具有重要应用价值。

本书可供大气科学研究工作者、高等院校师生、气象业务工作者以及相关学科的科研人员参考。

审图号：GS 京（2023）0076 号

图书在版编目（CIP）数据

东亚高空急流多尺度变化特征及其气候效应 / 张耀存等著. —北京：科学出版社，2023.3

ISBN 978-7-03-074899-7

Ⅰ. ①东⋯　Ⅱ. ①张⋯　Ⅲ. ①大气环流－研究－东亚　Ⅳ. ①P434

中国国家版本馆 CIP 数据核字（2023）第 031047 号

责任编辑：沈　旭　黄　梅　洪　弘　石宏杰 / 责任校对：郝璐璐
责任印制：师艳茹 / 封面设计：许　瑞

科 学 出 版 社 出版
北京东黄城根北街 16 号
邮政编码：100717
http://www.sciencep.com

北京画中画印刷有限公司 印刷
科学出版社发行　各地新华书店经销

*

2023 年 3 月第 一 版　开本：720 × 1000　1/16
2023 年 3 月第一次印刷　印张：25 1/2
字数：510 000

定价：298.00 元

（如有印装质量问题，我社负责调换）

前　言

　　东亚高空急流是指东亚中纬度地区对流层上层和平流层低层环绕纬圈的狭窄强风速带,风速一般大于 30m/s,并伴有较强的水平和垂直风速切变及大气斜压性,其位置和强度具有明显的季节性变化。20 世纪 50 年代,叶笃正等老一代科学家在资料有限的条件下发现了东亚副热带急流在 6 月和 10 月的南北位置和强度变化的突变现象,伴随着高空急流位置和强度的季节性突变,东亚地区上空大气环流在 6 月和 10 月出现两次显著的突变,并引起一系列天气气候现象的变化,其中,6 月的突变对应着江淮流域梅雨期的开始,10 月的突变对应着东亚大陆冬季风的建立。因而,东亚高空急流显著的季节变化特征尤其是急流季节性的北跳和南退是东亚大气环流季节转换的标志。此外,急流与高空和地面锋区相对应,在高空急流下方对流层低层天气尺度瞬变过程活动频繁,形成一条风暴路径即风暴轴,并伴有地面气旋和反气旋系统的强烈发生、发展,进而引发强降水、寒潮等极端天气气候事件。因此,东亚高空急流是影响北半球中高纬度地区天气气候的重要环流系统,研究东亚高空急流活动的基本特征和变化规律对于认识东亚地区大气环流的季节性调整,提高东亚地区天气和气候变化的预测水平具有重要的科学意义和应用价值。

　　东亚中纬度上空的高空急流有南北两支,由于其所在地理位置上的差异,南支急流称为副热带急流,北支急流称为极锋急流或温带急流,两者构成东亚中高纬地区大气环流系统的重要组成部分。受东亚地区特殊地理位置和地形特征的影响,东亚高空急流具有一定的特殊性。在高空风场的气候平均(月平均或季节平均)分布上,南支副热带急流自青藏高原南侧向东北延伸到北太平洋中部,北支极锋急流自高原北侧 40°N～65°N 地区向东南延伸,在东亚沿海至日本东南侧的西北太平洋上空与南支副热带急流汇合,形成全球强度最强的一支急流。由于副热带急流和极锋急流以纬向西风为主导风向,两支急流在东亚地区上空并没有清晰的地理分界,因而在以往的研究中不分区域地把它们统称为东亚西风急流,并关注其对东亚天气气候的影响。但从逐日风场资料的统计中发现,东亚地区上空存在明显的南北两个急流出现频数较多的区域,分别对应着副热带急流和极锋急流,而高原上空所处的纬度带却是急流出现频数很少的区域,从而被视作南支副热带急流和北支极锋急流的分界线。过去虽然已有很多针对两支急流各自独立变化及其天气气候效应的研究,但由于缺乏高空资料,对东亚高空急流的认识和理解难以取得突破，尤其是在区分东亚高空副热带急流和极锋急流的情况下，系统研究两支急流空间结构和时间变化及其协同关系的工作还不多，因而对两支急流协同变化、东亚大气环流演变和中国天气气候异常关系的认识有限。近年来，随着全球再分析资料的广泛应用，针对东亚上空副热带急流和极锋急流协同变化及其对我国气候异常的影响问题开展了很多研究工作，取得了一些重要进展。本书是近年来在东亚高空急流研究方面积累的最新研究成果，主要围绕东亚高空急流的季节、年际和年代际等多尺度变化特征及其气候效应，重点阐述东亚副热带急流在初夏季节东西方向的突变特征、副热带急流和极锋急流的协同变化等新的现象及其与我国气候异常的联系。以往对东亚高空急流的研究主要关注副热带急流位置和强度变化，本书利用观测和再分析资料，从东亚副热带急流和极锋急流协同变化的角度，对东亚高空急流变化规律、高空急流协同变化的热力和动力学机理、高空急流协同变化气候效应、高空急流与中高纬低频遥相关型的联系等方面进行较为全面系统的总结。由于急流协同变化反映了中高纬度地区大气环流系统的整体结构和变化特征，同期协同变化反映不同纬度环流系统的相互作用，超前协同变化反映中高纬度环流系统调整的前期信号，这一新的事实的揭示增加了对东亚高空急流活动基本特征和变化规律的认识。

　　本书的主要成果是在国家自然科学基金重点项目"东亚副热带急流和极锋急流协同变化的次季节特征及其机制研究"（41930969）、"东亚副热带急流和温带急流协同变化及其与中国气候异常的关系"（41130963）、国家自然科学基金面上项目"东亚副热带西风急流季节变化突变特征机理研究"（40675023）、"北半球高空急流型态变化影响冬季极端低温过程区域差异的机理研究"（41775073）、公益性行业（气象）科研专项"高空急流月-季尺度变异关键信号及其在短期气候预测中的应用研究"（GYHY201006019）等多个项目资助下取得的。

　　本书共分 12 章，内容结构安排和统一定稿由张耀存负责，各章主要内容及作者如下：

　　第 1 章概述东亚高空急流研究历史回顾（张耀存、况雪源）；

　　第 2～6 章介绍东亚副热带西风急流的季节和年际变化特征、热力机制及气候效应（况雪源、张耀存）；

　　第 7 章探讨东亚副热带急流和极锋急流协同变化特征及其气候效应（张耀存、薛道凯、肖楚良）；

　　第 8 章分析东亚副热带急流和极锋急流不同配置对梅雨期降水的影响（张耀存、李丽）；

　　第 9 章介绍欧亚遥相关型与高空急流协同变化（汪宁、张耀存）；

　　第 10 章讨论持续性暴雪事件中东亚副热带急流和极锋急流协同变化特征（张耀存、廖治杰）；

　　第 11 章介绍东亚高空急流协同变化与东亚冬季风的联系（张耀存、罗霄）；

　　第 12 章分析东亚高空急流协同变化的年代际演变及机制（黄丹青、张耀存、尹婧楠）。

　　由于东亚高空急流研究的复杂性且具有一定的难度，本书中所包含的成果还是初步的，疏漏和瑕疵在所难免，真诚欢迎有关专家和学者批评指正。

张耀存

2022 年 7 月 28 日

目　　录

第1章 东亚高空急流研究历史回顾

东亚地区东临太平洋，南接印度洋，西倚青藏高原，地形陡峭多变，周边海陆分布和地表类型复杂，形成了与同纬度其他地区明显不同的区域气候特征，是全球最明显的季风区，气象要素具有明显的季节变化，并呈现显著的年际及年代际异常。东亚地区气候受到诸多环流系统控制，位于对流层上层、平流层下层的高空急流作为低纬和中高纬环流系统相互作用的桥梁，其位置和强度变化体现了南北冷暖势力的强弱对比，已成为季节转换的信号和标志。急流变化伴随着热量和动量输送，是大气环流调整和气候异常变化的重要指示，因此，开展东亚高空急流基本特征、变化规律及其异常活动机理的研究，对于提高东亚地区尤其是我国天气气候变化的预测水平具有重要的科学意义和应用价值。

1.1 东亚高空急流的基本特征

热带外大气环流主要表现为环绕着极地的西风气流，从近地层一直延伸到平流层，极值中心位于对流层顶附近。西风带在某些区域风速显著增加，从而形成急流，急流有着非常强的垂直和水平风切变，为风暴和气旋的发生发展提供了斜压不稳定环境，并向极地输送动量、热量和水汽。东亚上空的高空急流根据所处位置可划分为东亚副热带西风急流和极锋急流（也称温带急流），前者位于副热带地区，起源于热力驱动哈得来环流的角动量输送，后者位于中高纬地区，由极锋斜压带中涡动动量辐合所驱动。两支急流既相互独立又密切联系，它们之间的协同变化对东亚气候有着重要影响。

对东亚副热带西风急流的关注可追溯至 20 世纪上半叶，1944 年，第二次世界大战期间，飞行员在夺占硫磺岛作为轰炸机提供补给前进基地的飞行过程中，发现在 40°N～50°N 距海平面约 3 万英尺的上空有一股以 200mi①/h 速度移动的狭长气流，他们在执行战斗任务时是向西飞行，刚好是逆风，要消耗大量燃料，而返航时就借助这股气流。此后，气象学家对此气流——东亚副热带西风急流进行了大量的研究，研究表明，东亚副热带西风急流存在于对流层中上部，是与高空锋区相对应的狭窄强风带，通常出现在西太平洋副热带高压的北部边缘，全年活

---

① 1mi≈1.61km。

动在东亚上空，风速一般大于 30m/s。急流的位置和强度存在明显的季节变化：冬季急流中心位于日本南部的西太平洋上空，强度在 1 月最强，急流轴位置处于最南；夏季急流中心位于青藏高原北部 40°N 附近，强度在 8 月最弱，急流轴位置处于最北。从 20 世纪 40 年代起，人们先后对东亚副热带西风急流的形成及变化进行了大量研究，指出大型涡旋、角动量的输送及青藏高原大地形是急流形成的重要原因（Chen and Trenberth，1988；Chen and Kang，2006），大气波动和不均匀加热作用与急流变化密切相关，热带海温变化、高原积雪、北极涛动（AO）、北半球中高纬瞬变扰动活动等亦是急流变化的重要影响因子（叶笃正和朱抱真，1958；Wallace，1983；董敏等，1999；张艳和钱永甫，2002；况雪源和张耀存，2006b；任雪娟等，2010）。研究表明，东亚副热带西风急流是影响东亚和我国天气气候的重要环流系统，东亚大气环流的季节转换、我国大部分地区雨季的开始和结束都与东亚副热带西风急流位置的南北移动及强度变化有紧密联系（Yeh，1950；叶笃正等，1958；陶诗言等，1958；陶诗言和朱福康，1964；Lin et al.，2010；董丽娜等，2010）。在年际及年代际尺度上，急流的异常通常伴随着许多重要的气候异常信号，如东亚季风异常、我国雨带分布异常等（丁一汇，1991；Liang and Wang，1998；Krishman and Sugi，2001；Yang et al.，2002；Ding and Chan，2005；Jin et al.，2013；Huang et al.，2014）。近年来，人们还通过数值模拟手段探讨未来全球变暖情景下高空急流的变化及其对气候的影响（Hu et al.，2000）。

相较而言，东亚极锋急流位于中高纬地区，在极锋区的位置变动比较大，强度不及副热带西风急流，气候平均态上也不明显（Riehl，1962；Lee and Kim，2003；Zhang et al.，2008b；Ren et al.，2010；任雪娟等，2010）。以前的研究侧重于东亚副热带西风急流，较少关注极锋急流，近年来相关研究表明，东亚极锋急流与东亚冬季风及北太平洋地区天气尺度瞬变扰动活动密切相关（Nakamura et al.，2002；Lee et al.，2010），其位置和强度变化能反映与低温、寒潮大风等灾害性天气相关联的异常大气环流特征（Zhang et al.，1997；Wang et al.，2009a；丁一汇，2008；叶丹和张耀存，2014）。

近年来的研究发现，极锋急流与副热带急流具有显著的协同变化特征。从全球范围的空间分布来看，当两支急流距离较近时，强度较强，反之强度较弱（Lee and Kim，2003）。北半球冬季高空急流具有显著的区域性，在大西洋地区上空，副热带急流和极锋急流分离，风场主要模态体现在极锋急流的南北位置变动；在太平洋上空，两支急流靠近合并，急流强度变化为主要模态（Nakamura et al.，2002；Eichelberger and Hartmann，2007）。东亚高空急流由于地理位置和地形特征影响而具有一定的特殊性，在高空平均风场上，东亚大陆上空冬季副热带急流和极锋急流分别位于青藏高原南北两侧：副热带急流自青藏高原南侧向东北延伸到北太平洋中部，极锋急流自高原北侧 40°N～65°N 地区向东南延伸，在东亚沿海至日本东南侧的西太平洋上空与南支副热带急流汇合，形成全球强度最强的一支急流（Cressman，1981，1984）。北支极锋急流是涡动驱动，南支副热带急流是热力驱动，两支急流在西北太平洋上空汇合后的急流则是热力驱动与涡动驱动共同作用（Liao and Zhang，2013）。与全球尺度高空急流相比，东亚副热带急流和极锋急流具有独特的协同变化关系，两支急流的年际变化主要模态为强度的反位相变化，并能很好地反映东亚冬季风的年际变化（Zhang and Xiao，2013）；不同急流强度配置通过影响中纬度低频环流系统，对我国天气气候有很大的影响（Wang and Zhang，2015；Li and Zhang，2014）。

近几十年来，由于极地增暖，海冰大量融化，冬季水面区域的增加会向极地和附近陆地区域上空输送更多的热量和水汽（Serreze and Barry，2011），从而减弱近地面的经向温度梯度，这意味着极地增暖可能会通过改变急流的位置和强度变化，产生异常的天气气候效应（Francis and Vavrus，2012）。此外，急流传播速度减缓伴随着大气波动振幅增大，对陆地上空的极端低温事件的发生发展产生显著影响。因此，极地增暖海冰融化造成热力因素异常，对东亚地区急流的协同变化产生影响，从而导致异常的天气气候效应，这是人们关注的焦点。

1.2　东亚高空急流季节性突变特征

东亚大气环流的季节转换、我国大部分地区雨季的开始和结束都与东亚高空急流位置的变动及强度变化有着紧密联系。20 世纪 40 年代末，Yin（1949）把印度西南季风爆发和亚洲南部急流突然消失及孟加拉湾低槽迅速西移联系起来，指出这次变化是北半球行星波的一次大调整。Stucliffe 和 Bannon（1954）也曾指出 6 月初行星环流季节变化与印度西南季风爆发是同时发生的。Yeh（1950）在研究 1946 年亚洲南部副热带西风急流建立问题时，指出西风急流建立以后，高空环流型便属于典型的冬季环流。后来叶笃正等（1958）对这一问题进行深入研究，并将东亚地区的一些天气过程的发展与这支高空急流的建立及撤退相联系，指出东亚地区大气环流的季节转换有明显的突变特征，即在每年 6 月中旬北半球大气环流会在很短的时间内由冬季环流型转变为夏季环流型，在 10 月中旬会在很短的时间内由夏季环流型转变为冬季环流型。此外，况雪源等（2008）的研究表明副热带急流的南撤与急流中心的"东退"是秋冬季节转换的标志，二者基本同步，急流轴南撤到 35°N 以南，急流中心稳定移到西太平洋上空标志着冬季环流的建立。

伴随着以东亚副热带西风急流北跳和南移过程为主要特征的东亚大气环流季节转换的突变，我国气候的季节转换亦呈现显著的突变特征。高由禧（1999）指出大雨带基本与强西风的位置一致，副热带西风急流是降水的控制因子，最大降水中心一般位于西风急流中心的南侧。陶诗言等（1958）、陶诗言和朱福康（1964）的研究表明，东亚梅雨的开始和结束与 6 月及 7 月亚洲上空南支西风急流的二次北跳过程密切相关。许多研究（Lau and Li，1984；Lau et al.，1988；He et al.，1987；丁一汇等，2007）亦表明，高空西风急流位置在 6 月中旬的北跳与中国江淮流域的梅雨及夏季风在印度地区的全面爆发有显著的关系。李崇银等（2004）探讨了南海夏季风爆发和江淮流域梅雨起始与东亚高空西风急流位置北跳的关系，指出在从冬到夏的季节转换过程中，西风急流事实上存在两次明显的北跳过程。Lin 和 Lu（2008）指出东亚高空急流在 7 月 20 日左右存在一次明显的北跳过程，在这次北跳过程中，急流中心由 40°N 北跳到 45°N 以北地区，对应日本梅雨的结束。与之前的急流轴北移主要出现在东亚大陆上空不同，7 月中下旬的这次北跳主要发生在东亚沿海地区。Lin（2010）进一步分析指出，东亚高空西风急流盛夏季节的突然北跳具有两类不同的北跳方式：一类为急流北侧的西风增强所致，另一类则由急流中心强度的减弱引起。在第一类急流北跳过程中，高纬地区形成的低压槽和南亚高压向东亚地区的伸展引起西风增强，从而导致东亚高空急流北跳；而第二类北跳则主要受到沿着亚洲副热带西风急流传播的波活动的影响。

除了存在明显的北跳过程以外，夏季东亚高空急流的中心也存在显著的西退过程。Zhang 等（2006）指出东亚高空急流风速最大中心在 6 月底到 7 月中旬，具有东西方向位置的突变特征。况雪源和张耀存（2006b）的研究认为非绝热加热对急流中心的东西移动有引导作用，青藏高原春夏季对对流层中上层强大的加热作用是导致 6～7 月急流中心位置西移突变的原因。杜银等（2008）发现梅雨期西风急流中心东西向位置变化对梅雨起讫有着较好的指示意义。6 月底到 7 月初，东亚高空急流中心在 35～39 候[①]快速地从 140°E 西移到 90°E 附近，西北太平洋上空副热带急流核减弱消失，青藏高原上空急流核形成，我国江淮地区由急流的入口区转变为急流的出口区，次级环流的转变抑制了局地的上升运动，梅雨季降水结束（Zhang et al.，2006；况雪源和张耀存，2006b；杜银等，2008）。东亚副热带急流的中期演变特征对梅雨降水有重要影响，可作为判定入梅和出梅时间的重要参考依据（金荣花，2012）。梅雨期降水落区、降水中心强度都与东亚副热带急流中心位置有关（周曾奎，1992），当副热带急流位置偏东，梅雨锋位于急流入口区右侧时，局地上升气流导致梅雨锋活跃，有利于梅雨降水尤其是暴雨的产生（Akiyama，1973；斯公望，1989；杜银等，2008）。个例分析结果显示，梅雨期暴雨大多出现在西北风副热带急流的右前方和西南风副热带急流的右后方（王小曼等，2002），长江中游多次大暴雨过程中也有高空急流轴的倾斜（徐海明等，2001）。

---

① "候" 是气象上常用的单位，5 天为 1 候，1 年 72 候。

1.3　东亚高空急流天气气候效应

由于急流通常与高空锋区相对应，而锋区内的强斜压性往往导致扰动的发展和风暴的生成，带来剧烈的天气过程。大量研究表明东亚高空急流与许多天气尺度现象诸如锋生、阻塞高压、风暴活动等密切相关（Kung and Chan，1981；Gao and Tao，1991；陈菊英等，2001），所以深入理解急流的变化对天气分析及预报都有重要的意义。Murray 和 Daniels（1953）利用观测资料证实了主要急流区翻转流的存在，丁一汇（1991）指出高空急流并不是一种围绕地球的均匀气流，一般它的强风速是集中在一些急流风速最大中心或急流带（急流核），急流带之间风速较弱，这些急流带沿急流轴一个个地向下游传播，由于急流带移动速度比风速小得多，因而当空气穿过急流带时，在上风方速度就会增大，在下风方速度会减小，所有在入口区运动的气块会得到向左偏的非地转风分量，使得急流北侧产生高空辐合，急流南侧产生高空辐散，进而北侧出现下沉气流，南侧出现上升气流。低层大气会随之发生质量调整，产生与高层相反的辐合区和气流，从而形成垂直环流，即在急流入口区存在一直接环流，在出口区产生一间接环流，而且在急流入口区出现动能制造的最大值，而在急流出口区为负动能损耗的大值区，前者表示位能向动能转换，后者是动能向位能转换。这些由高空急流激发的局地附加垂直环流必然引起大气环流的响应及天气气候的变化。

在年际尺度的异常变化上，董敏等（1987）研究了北半球 500hPa 纬向西风的年际变化，发现东亚地区夏季西风指数与我国初夏梅雨的年际变化具有密切的关系。当西风急流的位置偏南时，6～7 月长江流域上空的西风偏强，江淮地区的梅雨量增多，当西风急流的位置偏北时，长江流域上空的西风偏弱，东亚 40°N～45°N 地区的西风偏强，即急流北跳较早并稳定在 40°N 以北地区时，长江流域的梅雨量减少。Liang 和 Liu（1994）对华北夏季、华南春季降水与南支急流的关系进行统计分析发现，如果冬季南支急流强，则春季华南地区降水偏多，而夏季华北地区降水也偏多，反之则偏少。Liang 和 Wang（1998）研究了我国东部季风降水与东亚急流的关系，指出北部的东亚西风急流及南部的哈得来环流是影响东亚区域降水的两个显著系统，急流与梅雨、锋区等相联系，而哈得来环流则与热带地区上层东风及辐合带紧密联系。急流南移将使得 6～8 月（1～3 月）江南（华南）降水偏多；相反，急流偏北将使华北地区夏季降水偏多，也使得冬季江淮流域降水偏多，同时还指出，急流的这种变化具有较强的持续性。Yang 等（2002）研究了东亚西风急流与亚洲-太平洋-北美气候的关系，指出相对于厄尔尼诺-南方涛动（ENSO）而言，急流对亚太地区气候的影响更为显著。陆日宇（2002）分析发现，华北汛期降水年际变化相关联的大气环流异常主要表现为在东亚上空位势高度和纬向风的异常，急流在涝年位置偏北。王会军等（2002）的研究结果表明华南春季降水的年际变化主要与太平洋北部的异常环流相关联，而这种异常环流又与亚洲北部的西风急流和极地涡旋有联系。廖清海等（2004）研究了夏季副热带西风急流变异及其对东亚夏季风气候异常的影响，探讨了东亚副热带西风急流位置的年际变化特征、影响及可能机制，指出东亚副热带西风急流南北变动的影响主要集中在亚澳季风区和气候平均的北半球副热带西风急流轴的南北两侧。况雪源和张耀存（2006a）发现，东亚高空急流指数能够较好地反映长江中下游夏季降水的年代际变化及年际振荡特征，杜银等（2008，2009）研究发现，江淮地区梅雨雨带位置及雨量变化与东亚高空急流的东西位置和形态变化亦有关联。Sampe和Xie（2010）指出，东亚高空急流作为大尺度环境场的强迫，对梅雨雨带的形成具有重要作用。金荣花等（2012）通过对丰梅年和空梅年的高空急流特征进行合成分析认为，从强度、位置及其变化等方面综合监测和分析东亚高空副热带急流中期变化特征，有助于提高梅雨中期预报能力。Wu等（2007）、Wan和Wu（2007）认为，青藏高原上空急流的强度和位置变化与我国春季江南地区连阴雨天气的形成也有很大关联，数值模拟结果也表明东亚高空急流变化与中国地区降水的季节变化有密切关系（张耀存和郭兰丽，2005；Zhang et al.，2008a；Huang et al.，2011）。

东亚夏季风降水的异常还可以从前期的高空急流中找到信号，Webster和Yang（1992）、Lau和Yang（1996）在研究东亚季风异常年前兆信号时发现，强年前期冬春季东亚地区上空副热带西风偏弱，反之副热带西风偏强。这些信号在对流层具有正压结构，区域较宽且能维持2～3个季节，这种信号与积雪或土壤湿度的改变等陆面过程相联系。Yang等（2004）进一步探讨了东亚夏季风变异在上游副热带地区出现的前兆信号，指出一个显著特征体现在中东急流的变化上。张耀存等（2008）指出，东亚极锋急流区内经向风强度的季节转换与东亚大气环流的季节变换及中国江淮流域地区梅雨开始有着密切关系，极锋急流强度变化早于亚洲季风爆发和梅雨开始，对预测亚洲季风爆发和梅雨有指示作用。Li和Zhang（2014）研究东亚两支急流协同变化与梅雨降水关系时发现，两支急流不同强度配置对应不同的低中高纬环流状态，两支急流不同强度配置反映了冷暖空气不同的活动情况，对梅雨降水强度、雨带位置有重要影响。Huang等（2014）指出当极锋急流强于副热带急流时，我国夏季北方降水减少，南方降水增加（南涝北旱），当极锋急流弱于副热带急流时，北方降水增加，南方降水减少（南旱北涝）。东亚高空急流的变化不但与局地天气气候相关，还是中高纬天气系统影响东亚气候的重要媒介。龚道溢（2003）、龚道溢等（2002）指出春季北极涛动强，夏季急流位置偏北，雨带位置北移，从而造成长江中、下游地区降水减少和北方降水增加，表明东亚高空急流是联系春季北极涛动和东亚地区夏季降水的一个重要桥梁，也为汛期降水预测提供了重要信息。Yang 等（2002）认为东亚高空急流是联系亚洲和北美天气气候变化的重要纽带，急流的增强与东亚和太平洋地区某些天气和气候系统的加强有很大关联（Gong and Ho，2002；Wu and Wang，2002）。此外，东亚高空急流还是联系大西洋和欧洲地区异常环流场与东亚气候变化的重要环节，北大西洋涛动信号能够沿着急流波导传至东亚地区和北太平洋区域，导致东亚地区冬季和春季的气候异常（Hoskins and Ambrizzi，1993；Wu and Wang，2002；Watanabe，2004；Yu and Zhou，2004；Li et al.，2005；Xin et al.，2006；Yu and Zhou，2007）。

数值模拟结果进一步证实了高空急流与东亚夏季风密切相关，王兰宁等（2002）利用 CCM3-RegCM2 单向嵌套模式，研究青藏高原中西部地区下垫面特征对我国夏季环流和降水的影响，结果表明，如果青藏高原中西部植被破坏，变为沙漠，则该地区地面反照率增加，热容量减少，气温升高，从而导致高原北侧的温度梯度增大，西风急流被推至更西更北的地区，使得北方冷空气难以到达我国长江、黄河流域。高原上空气温增高，导致该地区上空的反气旋环流增强，使原来位于槽前西南气流的长江中下游地区处在平直西风气流当中，不利于降水的产生。游性恬和 Yasu（2000）利用大气环流模式进行数值试验，研究了春季亚洲中纬带地面湿度异常对其后 4 个月的月平均气候参数的影响，结果发现，正的地面湿度异常导致第 2~4 个月欧亚中高纬低值系统发展，副热带高压亦发展，中纬度西风急流相应增强，同时北美东岸有明显的遥相关响应。游性恬等（1992）利用非线性水波方程谱模式模拟了不同基本气流对低纬和中纬地区涡源扰动的强迫响应，进而讨论西风急流在大尺度流场强迫扰动中的作用，试验结果的分析表明，中纬度西风急流对来自低纬的扰动波列有阻滞的作用，并能影响强迫扰动的波数和路径，在存在西风急流的情况下，基本气流对低纬扰源的响应比对中纬扰源的响应要强得多。马瑞平（1996）使用一个全球原始方程模式模拟了副热带急流强度和赤道准两年振荡（QBO）对平流层爆发性增温（SSW）的影响，结果表明副热带急流强度对 SSW 有明显影响，副热带急流越强，SSW 发展越快，极区最大增温区的高度越低。吕克利和钱滔滔（1996）利用原始方程模式研究了不同背景风场中的冷锋环流，计算结果显示，对跨越锋区的非地转环流和锋区垂直运动起主要作用的是垂直于锋面的背景风场，具有强垂直切变的西风急流更有利于在锋区产生强的越锋环流和大的上升速度。吕克利和蒋后硕（1999）利用包括水汽凝结过程的原始方程模式模拟了高空西风急流和低空南风急流中暖锋环流的演变及凝结的发生，结果表明，在干大气中高空西风急流对暖锋环流的影响远大于低空南风急流，相反，在湿大气中，西南风急流的作用远大于高空西风急流。张兴强等（2001）的研究表明，台风和中纬度系统相互作用引起的远离台风的北段暴雨大多发生在西南风高空急流区的右后方，高空急流有明显的非纬向特征，而且暴雨增幅与高空急流的非纬向增强有关。徐海明等（2001）分析探讨了高空急流轴的倾斜对急流出口处右侧辐散场形成的作用，得出一旦高空急流轴发生倾斜，则由于其出口处风场的分布不均匀势必会在"倾斜"急流轴出口处的右侧出现强的辐散场，高空急流轴走向的变化对于预报暴雨的发生发展具有很好的指示意义。

此外，东亚高空急流位置和强度变化与东亚冬季风及北太平洋地区天气尺度瞬变扰动活动密切相关，能反映与低温、寒潮大风等灾害性天气相关联的异常大气环流特征。东亚地区两支急流同期的强弱变化和位相差异通过影响不同纬度或上、下游环流系统（西伯利亚高压、东亚大槽、阿留申低压等）大尺度环流系统的相互作用，进而影响东亚地区冷暖空气活动、气旋发展、强降水过程等天气气候现象，不同纬度和上游环流系统异常通过急流协同变化的桥梁或纽带作用影响我国气候。Jhun 和 Lee（2004）利用冬季东亚高空副热带急流和极锋急流纬向风速的差异定义了一个新的东亚冬季风指数，该指数较好地反映了中国东部、日本、韩国的冬季气温，两支急流风速差异明显时，东亚冬季风指数强，东亚地区副热带急流增强，东亚大槽加深，西伯利亚高压和阿留申低压很强，沿俄罗斯海岸近地面的东北风增强，东亚冬季风指数弱的年份则出现相反变化。Ren 等（2010，2011）研究了冬季东亚两支急流相关的瞬变活动，发现副热带急流区的天气尺度瞬变扰动活动较弱，而极锋急流伴随着活跃的天气尺度瞬变扰动。副热带急流相关的天气尺度瞬变扰动信号最远只能传播到东亚沿海，极锋急流区的天气尺度瞬变扰动活动却能以波列的形式向东传播到太平洋上空，成为北太平洋地区气候异常的诱发原因。叶丹和张耀存（2014）探讨了东亚两支急流协同变化与我国冬季冷空气活动的关系，发现两支急流不同强度变化的情形下，中国境内冷空气活动的强度、路径、持续时间及源地具有不同特征。当两支急流均强时，源于新地岛以东的洋面及陆上的冷空气从内蒙古中东部入侵我国，主要影响华北、东北和东部沿海地区，冷空气强度较弱，持续时间短；当两支急流均弱时，冷空气源于巴尔喀什湖西部，从新疆北部入侵我国，影响中国大部分地区，其强度强而且持续时间长；当极锋急流强、副热带急流弱时，源于中、西西伯利亚地带的冷空气沿东路径南下，从东北入侵影响我国东北部，对中国南部影响不明显，冷空气强度较强，持续时间短；当极锋急流弱、副热带急流强时，冷空气从内蒙古中部入侵，影响华北和我国东部地区，冷空气强度较弱，冷空气源地位于贝加尔湖的西侧。Zhang 和 Xiao（2013）用质量权重经验正交函数（EOF）分解方法分析了冬季东亚上空两支急流协同变化对东亚气候的影响，EOF 第一模态反映东亚副热带急流和极锋急流强度的反位相变化特征，第一模态时间系数（PC1）与冬季风指数相关性达到−0.94，可以很好地表征东亚冬季风的年际变化，EOF 第二模态反映两支急流位置的经向变化，表示中纬度急流的加强（减弱）和纬向分布的压缩（拓宽），而从 20 世纪 90 年代开始，东亚冬季风的模态从第一模态向第二模态转换，进一步研究发现东亚地区高空两支急流协同变化不仅受低频活动的调制，还受到东亚局地影响，比西风指数、北半球环状模有更好的指示意义。Liao 和 Zhang（2013）分析指出，两支急流协同变化对 2008 年初中国南方地区持续性暴雪有重要影响，暴雪过程中，青藏高原南侧陆地上空副热带急流增强，同时伴随着极锋急流的减弱，而日本岛南部洋面上空副热带急流强度变化则滞后于高原副热带急流和极锋急流强度变化约 5 天时间。高原副热带急流和极锋急流的协同变化反映了持续性暴雪期间冷暖空气的活动情况，是联系暴雪事件和大气环流异常信号的一个重要纽带。Wang 和 Zhang（2015）研究发现两支急流的协同变化与冬季欧亚遥相关型及其气候意义有密切联系，欧亚遥相关型与陆地上空极锋急流呈显著负相关，与海洋上空副热带急流呈显著的正相关。当欧亚遥相关型为正位相时，极锋急流强度偏弱，位置偏北，而副热带急流强度偏强。欧亚遥相关型为负位相时，极锋急流明显向南移动并增强，极锋急流和高原上空的副热带急流在风场上很难区分。极锋急流和海洋上空副热带急流的配置对欧亚遥相关型的气候效应有重要影响，当两支急流处于一强一弱的配置时，欧亚遥相关型与我国温度降水的显著负相关关系才能维持，而当两支急流强度相当时，这种负相关关系不明显。

1.4　东亚高空急流形成及变化机制

关于高空急流形成及变化机制的研究，早期主要是从哈得来环流引起的角动量输送和涡旋输送来探讨副热带急流形成变化的原因（Schneider，1977；Held and Hou，1980；Hou，1998），强调海陆热力差异、地形及西风气流在青藏高原地区的爬坡和绕流效应在东亚高空副热带急流形成中的作用（Yeh，1950；顾震潮，1951；Smagorinsky，1953）。极锋急流位于费雷尔（Ferrel）环流和极地环流之间，它是极锋斜压带中涡动量通量辐合辐散的结果，是涡动驱动急流（Riehl，1962；Held，1975；Held and Hou，1980；McWilliams and Chow，1981；Panetta，1993）。研究表明，中纬度地区斜压不稳定所产生的斜压波可以激发高层的罗斯贝（Rossby）波从中纬度地区向其南北两侧传播，根据线性波动理论，涡动动量的输送方向与 Rossby 波的传播方向是相反的，所以涡动动量会在中纬度斜压波所在区域辐合，而在南北两侧辐散，动量辐合的区域西风风速将会增加，南北两侧动量辐散的区域西风风速减弱，最终形成维持在中纬度地区的极锋急流，极锋急流是一个可以自维持的系统（Robinson，2006）。

副热带急流和极锋急流是相互影响的（Lee and Kim，2003；Eichelberger and Hartmann，2007），研究结果指出北半球副热带急流与极锋急流强度、位置有协同变化关系。副热带急流足够强时，斜压波增长区与副热带急流位置一致，极锋急流与副热带急流合并；当副热带急流较弱时，斜压波增长大值区位于副热带急流北侧 20°N～30°N 区域，这里极锋急流风速较强而且与副热带急流独立存在。数值模式模拟结果显示副热带急流较强而且位置偏北时，极锋急流位置偏南，当副热带急流较弱而且位置偏南时，极锋急流位置偏北（Lee and Kim，2003）。

1.4.1　大型涡旋和地形的作用

Rossby（1936）在急流的形成研究中，首先使用了大型涡旋混合及交换作用的概念，具有反气旋涡度的暖空气北上，具有气旋涡度的冷空气南下，在它们的混合过程中，若绝对涡度的垂直分量保持不变，则整个发生混合的区域中绝对涡度在南北方向上为常值，进而以实际观测到的极地东风带的纬度，计算了西风的廓线，得到西风风速随纬度的降低而增大，在向南到达一定纬度（35°N 或 30°N 时），造成强大的风速切变，但当风速增加到一定程度时，发生惯性不稳定，于是西风风速不能再向南增加，也就是大型涡旋混合作用不再向南伸展，在混合区域南侧西风风速的分布取决于涡度的向南输送。后来，叶笃正和朱抱真（1958）指出这种说法与环流加速定理不符合，认为西风急流是由于大型涡旋通过角动量和涡度的输送而形成的，西风急流一经形成，温度梯度必然要跟着加强，才能维持平衡，当只有由温度场造成的非地转气压场时，并不能引起相应的风场，除非这种温度场有某种动力因素维持，风场才能相应地生成，所以西风急流的生成原因可能是动力的，而不是热力的。后来，随着数值模式的发展，人们利用数值模式对这一问题展开研究，例如，Held（1983）利用一个北半球正压模式对地形外强迫所做的研究表明，在北半球主要高大地形的下游都形成一个纬向风的极大值中心，证实了地形对西风急流形成所起的强迫作用。Chen 和 Trenberth（1988）采用一个半球模式，通过增加热力强迫与地形的相互反馈作用过程，较好地模拟了北半球西风急流的平均结构。

1.4.2　大气波动和不均匀加热的作用

地形对西风急流的强迫作用是很容易理解的，但地形常年存在，并不会跟随季节的变化而改变，虽然西风急流与地形强迫有紧密的联系，但仅考虑地形的作用并不能解释西风急流强度和中心位置存在明显的季节和年际变化现象，于是人们在不断的研究中提出了不均匀加热造成平均流的扰动而产生急流的观点。例如，Smagorinsky（1953）分析了大尺度热源和汇对准静止平均流的作用，认为地形产生静止扰动，而行星尺度的热源和热汇造成准静力和准地转扰动。Huang 和 Gambo（1982）利用一个多层半球模式研究大气环流对地形与热源的响应，结果表明纬向波数为 1 的驻波振幅对静止热源的响应比对地形强迫的响应明显。Hokskins 和

Karoly（1981）认为对流层低层的扰动主要依赖于热源的垂直结构，且在高层将引起类似正压模式中的波列传播。高守亭等（1989）、高守亭和陶诗言（1991）研究了高空波动与高空急流的相互作用，认为波动在 E-P 通量区会把动量和热量输送给纬向平均流，使得在该区范围内的急流带加速。后来，冉令坤等（2005）推导出一种新形式的 E-P 通量关系，认为急流区内基本气流的加速与减速是由新形式的 E-P 通量中扰动动量的经向输送造成的。

更多的研究表明，大地形和海陆热力差异的综合作用是西风急流形成和变化的原因。Krishnamurti（1961，1979）发现三个热带加热中心和冬季北半球的三个西风急流中心有明显的联系。Wallace（1983）的研究表明，大地形强迫决定了冬季上层位势高度场的主要特征，而海陆温差所造成的热力差异则是季风环流形成的原因。Lau 和 Boyle（1987）在研究热带非绝热加热对大尺度冬季环流的影响时发现，热带中西太平洋海表加热的变化将导致全球大气环流的显著变化，东亚副热带西风急流亦随之变化。Yang 和 Webster（1990）进一步研究发现，夏季热带地区的对流加热可以跨赤道影响另一个半球冬季急流的位置和强度，且急流的年际变化与 ENSO 现象有密切联系。董敏等（1999）研究了东亚地区西风急流与热带地区对流加热场的关系，结果表明西风急流中心的季节变化和热带加热场的季节变化是紧密联系在一起的。Bjerknes（1966）的研究表明赤道海温异常所引起的热通量异常将会通过哈得来环流的变化引起中纬度地区的响应。Hou（1998）通过大气模式的集合数值试验，发现由热带加热位移而引起的越赤道哈得来环流的增强及极向扩展将导致副热带及中纬地区冬季西风的加速，增大纬向风垂直切变和大气斜压性，并伴随经向温差及位涡梯度的增强。由此可知，热带地区的加热异常可引起大气环流的异常响应（包括经向环流的变化及热量和其他通量输送的异常等），从而导致副热带地区西风急流相应的变化。

不仅热带地区热源与西风急流的变化有密切联系，中高纬度地区地表的热状况对急流亦有重要的影响作用（况雪源和张耀存，2007）。蔡尔诚（2001）在研究中国夏季主雨带的形成过程时提出了赤道与极地之间的温差决定了急流的强度和位置，西风强度与南北温差成正比，造成温差加大的因子，不是赤道地区暖气团的冬夏变化，而是极地冷气团的冬夏变化，提出了"高纬增湿—波状低云形成—削弱太阳辐射—冷却大气—西风急流发展"的作用。李崇银等（2004）在研究中发现高空急流北跳是中高纬度大气环流减弱北退的表现，并为热带环流系统的北进提供了条件，高空急流的两次北跳分别与亚洲大陆南部地区对流层中上层经向温度梯度的两次逆转有关，青藏高原加热所导致的对流层中上层经向温度梯度的两阶段明显反向是急流北跳的重要原因。况雪源和张耀存（2006b）指出东亚副热带急流位置和强度与对流层低层南北向的温度梯度及青藏高原东南部的较大的感热通量加热有关，廖清海等（2004）分析了 7～8 月东亚大气环流季节演变异常，发现存在两个地理位置固定的遥相关型，进而探讨了二者位相与副热带西风急流的关系，讨论了此类波列的出现与大气内部动力学过程的可能联系，比较了与气候季节演变进程的差异。

1.4.3　青藏高原的动力与热力作用

青藏高原大地形的存在使得东亚地区形成了不同于相同纬度其他地区的独特季风气候特征，高原的动力强迫及对对流层中高层的直接加热效应对于东亚大气环流有着非常重要的影响（Wu and Zhang，1998；范广洲等，1997；Feng and Zhou，2012）。叶笃正等（1958）发现在整个北半球可以观测到高层西风急流的突然减弱和北退，这种现象在高原上最明显，还指出这种变化是由一系列的天气气候现象变化组成，包括副热带西风急流从高原南部到北部的突然北跳，南亚高压向青藏高原的同步移动和高原南侧东风急流的形成，以及西南印度季风的爆发并伴随印度半岛西海岸的季风降雨。Hohn 和 Manabe（1975）用一个 11 层的大气环流模式（GCM）研究了青藏高原在南亚季风环流中的作用，结果表明，没有高原时，副热带西风急流只是缓慢北移，没有突然北跳现象，并且急流轴的位置比观测中的西风急流位置偏南 10 个纬度。为了研究高原及周围地区上空的加热对建立冬季和夏季平均环流的作用，钱永甫等（1988）用一个五层模式做了一系列的数值模拟试验，发现夏季加热场对对流层上层环流形势的作用比对对流层中低层更显著，如果在夏季忽略加热作用，对流层上层的巨大反气旋就不能模拟出来。Zheng 和 Wu（1995）对青藏高原在东亚初夏环流季节转换过程中的作用进行研究，结果表明高原热力作用在初夏明显加速了南支西风急流的北跳，而纯动力作用却显著减弱了南支西风急流的北跳，甚至使北跳后的急流南退。王安宇等（1983）、王谦谦等（1984）的研究结果表明，冬季大地形的动力作用对东亚大气环流的影响比热力作用重要，而夏季则是大地形的热力作用比动力作用重要，这一转变过程发生在 5～6 月，与东亚地区大气环流季节突变现象发生的时间一致。巩远发和纪立人（1998）用一个全球谱模式对西太平洋副热带高压西伸北进过程中青藏高原热源的作用进行研究，结果表明高原的热力作用主要表现在对副高北侧锋区的形成、锋区强度及与锋区对应的对流层中上层西风急流的强度有较大的影响，有高原热力作用时，锋和西风急流的强度都强，反之则很弱。

1.4.4　ENSO 与急流

海气相互作用最显著信号 ENSO 事件的变化及其对天气气候的影响是 20 世纪后期大气科学研究中的一个热点，其发生发展过程对东亚高空急流变化具有显著影响。傅云飞和黄荣辉（1996，1997）通过观测资料分析和数值模拟，对 20 世纪 80 年代两次 ENSO 事件发生过程中，热带太平洋西风异常和东亚西风异常活动对热带西太平洋西风爆发及 ENSO 发生的作用进行了研究，结果表明热带西太平洋低层西风异常的发生，与东亚低层西风异常向南向东传播有关；数值模拟结果表明，东亚低层西风异常向东传播至赤道附近，然后继续向东传播，可以在赤道中东太平洋产生厄尔尼诺（El Nino）现象。Chen 和 Van Den Dool（1999）研究表明热带外地区的自然变率及可预报性与 ENSO 现象关系密切，在厄尔尼诺年冬季，风暴轴加强南伸，而在拉尼娜（La Nina）年则相反。朱伟军和孙照渤（1999）利用观测资料分析了冬季太平洋表面温度异常对风暴轴和急流的影响，结果表明，冬季黑潮区域海表温度（SST）异常，风暴轴和急流均明显北移，并且风暴轴的强度在入口区显著增强；而在冬季赤道中东太平洋地区正 SST 异常时，风暴轴和急流主要向东南方向明显扩展，强度也在太平洋中东部显著增强。廖清海等（2004）北半球副热带西风急流存在两个显著不同的模态，一个模态反映的是东亚地区的西风急流的南北变异，另一个模态出现在 150°E～120°W 的中东太平洋上，它们分别联系着不同的太平洋海温异常分布，但都能对夏季 200hPa 南亚高压的强度产生影响，尤其是南亚高压的东部，从而对我国夏季旱涝灾害的形成产生作用。Yang 等（2004）指出，东亚夏季风变异在上游副热带地区前兆信号的一个显著特征体现在中东急流的变化上，而这些变化与北极涛动、北大西洋涛动及 ENSO 事件具有密切联系。Lin 和 Lu（2009）发现东亚高空急流在 6 月的位置移动与前一个冬季的 ENSO 事件密切相关，Lin（2010）进一步研究表明，前一个冬季中东太平洋海温变化和急流 6 月的南北摆动相关联，而急流 7～8 月的位置异常则和热带东太平洋同期海温异常密切相关。此外，热带印度洋地区海温异常也对东亚高空急流的经向偏移及南北移动有一定影响（况雪源和张耀存，2006a；Xie et al.，2009；Qu and Huang，2012）。数值模式敏感性试验结果表明，在单支急流背景下，随着海温南北梯度的增加，极锋急流和风暴轴位置往极地偏移，而在两支急流共存情况下，极锋急流和风暴轴位置则随海温梯度的增加呈相反移动趋势（Lu et al.，2010），可见海温异常还能通过引起环流场和风暴轴路径的改变，进而影响极锋急流的变化（朱伟军和孙照渤，2000；Chang and Fu，2002）。

1.4.5　积雪与急流

积雪对气候的影响主要通过影响地面反照率，雪盖以其高反射率反射掉了大部分入射的短波辐射，减少了地表太阳辐射的净收入，从而削弱了对大陆地面的加热作用（Chen and Sun，2003）；另外，积雪不仅在融化时消耗热量，而且由于积雪融化，土壤湿度加大，从而减弱了地表加热。此外，雪盖还对大气起冷却作用，延缓季节转换进程（Yeh et al.，1983）。与整个欧亚雪盖相比（Hahn and Shulka，1976），高原积雪对季风环流的影响可能更为显著，中国属于典型的季风气候，高原雪盖对季风活动的大范围影响势必会对我国夏季大范围地区的旱涝产生影响。自陈烈庭和闫志新（1979）指出高原中部冬春季积雪与后期不同时段我国各地环流及降水联系的复杂性后，高原积雪对亚洲季风的影响引起了我国学者的大量关注（卢咸池和罗勇，1994；陈丽娟等，1996；范广洲等，1997；陈兴芳和宋文玲，2000；Qian et al.，2003；Gong et al.，2003），他们得出的结论基本一致。张顺利和陶诗言（2001）通过诊断分析及数值模拟将积雪影响夏季风与东部地区降水的物理过程概括如下：高原积雪多（少）—高原春夏季的感热弱（强）—感热引起的上升运动弱（强），高原强（弱）环境风场—不利（有利）于高原感热通量向上输送—高原上空对流层加热弱（强）—高原对流层温度低（高）—高原南侧温度对比弱（强）—造成亚洲夏季风弱（强）—我国长江流域易涝（旱）。

　　大量的工作表明积雪的影响不仅限于对流层低层，在对流层高层的西风急流亦有明显的响应，例如，Lau 和 Yang（1996）的研究表明，亚洲夏季风异常的前兆信号与冬春季高原积雪有关。Walland 和 Simmonds（1997）等利用数值模式改变北半球地表雪盖面积的试验表明，异常积雪引起温度梯度的变化并导致斜压带的增强从而引起上层急流的变化。Clark 和 Serreze（2000）的分析表明，东亚西风急流的变化与欧亚积雪的变化也有密切联系，积雪正异常将导致急流的加强。董敏和余建锐（1997）的研究表明，高原上雪盖较多时亚洲西风急流较强，尤其是日本到我国黄海附近的急流加强，青藏高原多雪情况下高空西风急流尤其是南支急流增强，高原积雪偏多将阻碍急流北跳。孙照渤等（2000）和陈海山等（1999，2003）研究表明，积雪异常与冬、夏大气环流之间存在一定的耦合关系：冬季积雪异常分布型与欧亚-太平洋地区的遥相关型存在明显的同时性相互作用，进而对冬季风活动产生影响，冬季积雪异常可通过影响急流及副高的南北进退对东亚季风及中国夏季雨带产生影响。刘华强等（2003）分析了 20 世纪 70 年代末以来，青藏高原积雪的显著增多与亚洲季风环流转变的联系，认为高原南侧冬春季西风的增强及西风扰动的活跃是造成青藏高原冬春积雪显著增多的主要原因，高原积雪的增多与亚洲夏季风的减弱均是亚洲季风环流转变的结果。Clark 和 Serreze（2000）利用数值模式对东亚地区的积雪进行敏感性试验，发现东亚地区的雪盖变化对冬季北太平洋区域的大气环流具有显著的调制效应。隆冬积雪正异常将引起下游区域温度降低及东亚高空急流增强，反之积雪负异常将引起下游区域温度升高和急流减弱。Yang 等（2004）指出，副热带西风急流的变化超前于亚洲季风爆发，对亚洲季风的爆发具有指示意义。在强（弱）亚洲夏季风爆发之前，副热带高空急流在之前冬春季偏弱（强），而这种前期信号与高原积雪变化有关。

1.4.6　环状模与急流

除了上述外强迫因素,东亚-太平洋地区高空急流变化也受到大气内部动力学过程影响。环状模是指中纬度大气存在的极地和中纬度反位相变化的偶极模态,体现了热带外的纬向风的南北振荡,中心分别位于两支高空急流所处的位置,因此,副热带急流和极锋急流强度的反位相变化与环状模密切相关。北极涛动即北半球环状模,是北半球热带外行星尺度大气环流最重要的一个模态,对北半球及区域气候有重要的影响(Thompson and Wallace,1998)。大量的研究表明北极涛动对北美、欧亚大陆中高纬度气温、降水有显著的相关性(Thompson and Wallace,2000)。龚道溢(2003)对北极涛动影响我国气候做了大量研究后指出,春季北极涛动与夏季降水的相关性十分显著,且北极涛动对夏季降水的影响是通过影响200hPa 西风急流而实现的,这表明北极涛动与急流有着密切的关系。Jhun 和 Lee(2004)等在对东亚冬季风的研究中亦发现高层纬向风的变化与冬季北极涛动在年代际尺度上有着较好的对应关系,证实了高纬极地区域与中纬的这种反相变化在对流层高层亦有明显的体现。正因为北极涛动对大气环流的重要影响,对其进一步研究已成为人们关注的热点问题。

近些年观测中发现了地面西风和高层急流向极地偏移现象,伴随着对流层纬向风的相当正压结构的变化,反映了环状模的向正位相转化(Thompson and Wallace,2000)。在全球变暖的背景下,急流位置向极地偏移(简称极偏,在北半球为"北移",与南半球的"南移"相对应)得到了普遍的共识(Hu et al.,2000;IPCC Summary for Policymakers in Climate Change,2013)。这种趋势首先从再分析资料中得到(Thompson and Solomon,2002),之后从无线电探空资料(Marshall et al.,2011)及卫星观测(Fu et al.,2006)中得以确认。Archer 和 Caldeira(2008)利用再分析资料研究了近几十年来急流强度、纬度和高度的变化,尤其是在南半球(Bals-Elsholz et al.,2001),许多工作利用参加 CMIP3 的多个模式研究了急流向极地偏移的机制(Berrisford et al.,2007)。Chen 和 Held(2007)指出,南半球地面西风的极偏、平流层涡动东传相速的增强及整个平流层环流的极偏,这三者直接相互关联。Lorenz 和 DeWeaver(2007)通过比较 CMIP3 和简单干大气模式GCM 模拟结果,发现对流层顶高度的升高是驱动中纬度大气环流异常-西风急流的增强和极移的首要因素。南半球急流位置和环状模的持续性关系密切(Barnes and Hartmann,2010),当急流位置偏向于极地时,环状模的持续性减弱,赤向偏移的急流比极向偏移的急流持续性更强。气候系统模式对 20 世纪(C20C)模拟的再现能力影响模式对未来的预估,Kidston 等(2010)发现 CMIP3 模式预估的地面西风急流的北移与 C20C 模拟的西风急流位置偏差具有密切关系。同时,

C20C 模拟的西风急流位置与由环状模时间尺度（e 折时间尺度，e-folding time scale）定义的急流内部变率相关，CMIP3 模拟的急流位置出现赤向偏差，环状模的持续性增强，以及未来急流极向移动，三者之间密切相关。Yin（2005）利用 CMIP3 模式研究风暴轴在未来的响应发现，风暴轴在模式中一致地向极地和向高层偏移，南半球更加明显，这种偏移伴随着中纬度斜压带向极地和向高层扩展，对流层大气加热及对流层高度的增加。

1.4.7　瞬变扰动与急流

冬季东亚沿海至北太平洋地区是大气斜压性最强的区域，天气尺度瞬变扰动活动（synoptic-scale transient eddy activity，STEA）较其他纬度更为活跃，而该区域正好与冬季东亚极锋急流主体区域相对应。观测和理论研究结果都已表明，天气尺度瞬变扰动异常与太平洋地区的西风急流异常具有共生性，这种相互关系是通过一种局地的动力正反馈过程来实现的（Carillo et al.，2000）。一方面急流作为天气尺度瞬变扰动传播波导，对其发生发展过程起着重要作用；另一方面瞬变扰动风场的辐合辐散通过波流相互作用对西风急流强度和位置变化产生重要影响（Lorenz and Hartmann，2003；Eichelberger and Hartmann，2007）。同时东亚陆地上空的异常 STEA 可能是大气内部动力与热力强迫的根源，能够通过下游效应和斜压发展机制引起洋面区域的 STEA 变化（Orlanski，2005）。Ren 等（2008）通过研究冬季西太平洋高空急流、海表加热场及北太平洋地区天气尺度瞬变活动三者间的关系，揭示出海表加热异常通过影响大尺度环流，进而引起中纬度地区大气斜压性变化，导致瞬变活动异常，最终通过大气内部动力过程维持西太平洋高空急流的异常。Ren 等（2010）进一步从季节变化角度解释了春季东亚陆地上空瞬变扰动增强与冬季北太平洋瞬变扰动减弱之间的关系，并从瞬变扰动传播角度揭示出东亚陆地上空瞬变扰动异常对北太平洋地区气候异常的"种子"效应（Ren et al.，2011）。Xiang 和 Yang（2012）揭示出天气尺度瞬变强迫的动力（热力）作用有（不）利于维持高空急流位置的南北偏移，但瞬变的动力效应比热力效应更加显著，因此，强迫的总体效应对急流南北偏移异常的维持是有利的。Li 和 Wettstein（2012）指出引起副热带纬向风场变化的两个重要动力学过程包括：热力驱动的哈得来环流的角动量输送和大气瞬变活动引起的斜压区扰动动量通量辐合，分析表明，大西洋区域的纬向异常风场主要与斜压涡动引起的动量通量辐合相关，北大西洋急流主要由瞬变过程驱动。而北太平洋地区纬向风场变化受到热力和涡动强迫共同作用影响，热力强迫主要导致急流强度的变化，而瞬变强迫引起急流位置的南北偏移。

基于美国地球物理流体动力学实验室（GFDL）的理想化多层原始方程模式

的动力诊断，Lee 和 Kim（2003）指出当副热带急流很强时，斜压波易于沿着副热带急流发展。对于中等强度的副热带急流，斜压波最易在副热带急流以北 20°～30°纬度带上发展，形成一支与副热带急流相分隔的由瞬变驱动的极锋急流。当两支急流均存在时，斜压波易于沿着极锋急流及两支急流之间的区域发展。西风动量通量被输送到两支急流之间区域产生混合效应，进而抑制副热带急流与极锋急流并存（Kim and Lee，2004）。Kidston 等（2010）进一步指出极锋急流所处的纬度与宽度显著相关，急流位置越北、宽度越大，这种关系主要是由斜压不稳定增长导致。从副热带急流和极锋急流协同变化的角度来看，观测和数值模拟研究表明，与中纬度斜压扰动相联系的天气尺度瞬变扰动在副热带急流和极锋急流的变化中起着重要作用（Lee and Kim，2003；Kim and Lee，2004；Liao and Zhang，2013）。

1.5　本书的主要内容

综上所述，东亚高空急流变化是中高纬和热带地区环流系统相互作用的综合体现，在连接大尺度环流变化和东亚地区天气气候异常的关系中起到重要的桥梁作用。之前大量的研究工作主要关注于东亚高空副热带急流和极锋急流各自独立的变化规律及其相关联的天气气候效应，近年来人们关注到两支急流在时空演变上具有明显的协同性，对二者协同变化的特征、机理及气候效应进行了分析和研究，探讨了两支急流的协同变化与东亚大气环流演变和我国天气气候异常之间的关系，这些研究工作从新的视角探讨了东亚高空急流的变化特征、动力学机制及其气候效应，为东亚地区气候异常机理研究及灾害性天气气候的预测提供了重要科学依据。

本书是作者及其团队近二十年来在东亚高空急流研究方面积累的最新研究成果，从观测事实分析、动力学诊断等方面对东亚高空急流的季节、年际及年代际等多尺度变化特征及其气候效应开展研究，重点阐述东亚副热带急流在初夏季节东西方向的突变特征、副热带急流和极锋急流的协同变化等新的现象及其与我国气候异常的联系。

第2章　东亚副热带西风急流的基本特征

由于太阳辐射加热的经向差异和地球自转作用而在中高纬地区形成的西风带是大气环流的主要特征（叶笃正和朱抱真，1958），对流层上层西风带强弱变化和位置移动体现了中纬度行星环流的季节变化，但由于海陆分布的不均匀性及大地形的动力和热力作用，西风带呈现出纬向非均匀性，出现了几个西风大值区，即西风急流区（Yang and Webster，1990）。西风急流区通常与锋区相对应，与大气的斜压性紧密相连，一般位于风暴轴的上方，而锋区内扰动的发展和风暴的生成往往会造成剧烈的天气过程（Chang et al.，2002），所以西风急流对中高纬度地区的天气气候影响显著（丁一汇，1991；邓兴秀和孙照渤，1997；孙照渤和朱伟军，1998）

位于对流层上层的东亚副热带西风急流是全球最强的西风急流，受其下垫面特殊的地理分布及大地形的影响，具有明显的季节变化特征，尤其是其季节性的北跳是大气环流季节转换的标志，是东亚地区划分自然季节的重要依据之一（叶笃正等，1958；盛承禹，1986）。众多研究表明东亚梅雨的开始和结束、东亚夏季风的爆发和推进与副热带西风急流的二次北跳密切相关（陶诗言等，1958；董敏等，1987；李崇银等，2004；Lau and Li，1984；He et al.，1987；Liang and Wang，1998）。Yang 等（2002）还指出相对于 ENSO 而言，急流对亚太地区气候的影响更为显著。由于东亚副热带西风急流对东亚气候的显著影响，人们在其形成机制、与东亚季风和 ENSO 的联系及其异常气候效应等方面做了大量研究（Bolin，1950；Smagorinsky，1953；Held，1983；董敏等，1999，2001）。但过去缺乏较长时间的高空资料序列，限制了对东亚副热带西风急流的深入研究，本章利用美国国家环境预报中心/美国国家大气研究中心（NCEP/NCAR）再分析资料细致研究东亚副热带西风急流的结构、强度和位置的季节变化，并对其季节变化的热力影响机制进行探讨。

2.1　西风急流的全球分布特征

2.1.1　风场的经向分布特征

从全球纬向平均纬向风场的经向-垂直剖面来看 [图 2.1（a）、（b）]，除了赤道附近地区，对流层从低层到高层都被西风带控制，这在冬季表现得最为明显：
南北半球在中纬度地区出现了较强的西风，西风急流核出现在中纬度地区对流层
上层的 200hPa 附近，北半球大于 25m/s 的强西风区从 400hPa 延伸至 100hPa，中
心位于 200hPa，强度超过 40m/s；南半球西风强度明显弱于北半球，中心值只有
30m/s 左右；赤道地区上空为弱东风控制。夏季，南北半球风场出现明显的不对
称性（这是由南北半球海陆分布的巨大差异而决定的），北半球的西风带明显减弱
北移，中心强度只有冬季的一半，在 25°N 以南的低纬上空则为东风系统。而在
南半球，西风带增强扩展，但可看到西风急流的季节变化幅度不如北半球明显。
对照图 2.1（c）、（d）中经向风的分布来看，冬季北半球西风急流的位置正处于低
纬南风与中高纬北风的交界处，表明西风急流是与冷平流和暖平流汇合所形成的
锋区相对应的，而在夏季这种特点则不明显。与此同时，经向风量值明显小于纬
向风，可认为经向风是叠加在纬向风背景上的扰动。

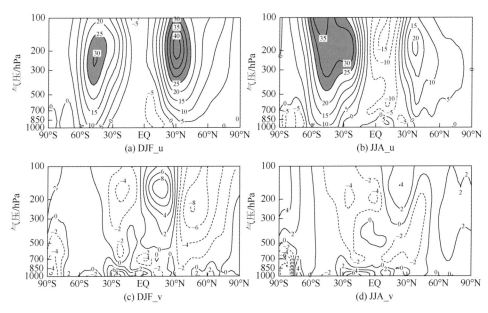

图 2.1 冬季（DJF）、夏季（JJA）全球纬向平均纬向风 [（a）、（b）] 和经向风 [（c）、（d）] 的
经度-高度变化图（单位：m/s）

2.1.2 全球西风急流的空间分布

由 2.1.1 节的分析可看到，西风急流位于对流层上层，为此选取西风最大的
200hPa 层查看西风急流的地域分布（图 2.2），从图中可看到，冬季北半球的三

个西风急流中心分别位于毗邻东亚大陆的西太平洋上空、阿拉伯半岛及北美南部，分别将其简称为东亚急流、中东急流及北美急流，其中以东亚急流最为强大，中心西风风速超过 70m/s；中东急流次之，中心强度为 50m/s 左右；北美急流最弱，中心强度仅 40m/s。而在南半球，副热带西风带没有明显的中心，呈带状分布，强度也只有 30m/s 左右。到了夏季，东亚出现两个急流中心，分别位于青藏高原北侧及伊朗高原北侧，但强度明显减弱，从而形成东亚副热带西风急流的两类型态，即青藏高原急流型态和伊朗高原急流型态，北美急流中心基本已减弱消失。而南半球的西风带却有明显增强，在澳大利亚东西两侧的海洋上空出现了两个强度为 50m/s 的中心。由上述分析可见，西风急流的这种空间分布及季节变化不但与行星尺度的环流变化有关，还与海陆分布及地形影响有一定的关系。

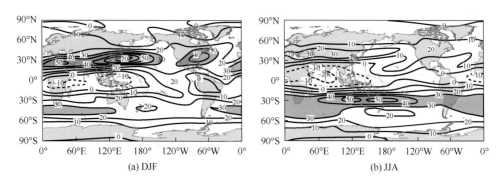

图 2.2　200hPa 纬向风速分布（单位：m/s）

（a）冬季；（b）夏季；阴影区数值超过 30m/s

2.1.3　全球西风急流的年际变率

通常利用标准差表示年际变率的大小，从图 2.3 中可看到，冬季 200hPa 纬向风的年际变率与其平均态的空间分布并不一致，三个西风急流中心的标准差较小，年际变率大值区位于洋面上空，其中，以太平洋上空最为明显，在中部太平洋地区从北到南有三个年际变率超过 7m/s 的大值中心分别位于 30°N、赤道及30°S 附近；另外大西洋上空纬向风的标准差处于 4~6m/s；而大陆上空纬向风的变率较小，基本处于 4m/s 以下。夏季纬向风年际变率较大的区域位于南半球 30°S附近，与纬向风的分布较为一致，最大值位于南太平洋；北半球标准差较大的区域位于西太平洋海陆交界。由此看来，太平洋上空是西风急流年际变化较明显的区域。

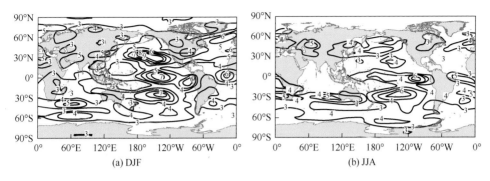

图2.3　200hPa 纬向风速标准差（单位：m/s）

（a）冬季；（b）夏季；小于3m/s 的等值线未显示

2.2　东亚副热带西风急流季节变化特征

2.2.1　东亚西风带垂直结构的季节变化

东亚地区地形复杂，海陆分布不均匀，特别是受青藏高原大地形的影响，导致西风带在东亚地区具有较为独特的结构和季节变化特征。基于西风最大值中心出现频数，选取 20°N～50°N、60°E～180°E 区域内不同等压面上西风最大值中心（以下简称西风中心）所在的经度、纬度及中心风速作为描述西风带结构的特征参数，并采用拉格朗日观点，动态追随西风中心进行研究。

图2.4 分别给出了多年平均的 1 月、4 月、7 月、10 月的西风中心经度、纬度及中心风速值随高度的变化，可分别代表不同季节的变化情况。从图中可看到，1 月，在 700hPa 左右的对流层低层，西风中心位于 165°E、35°N 附近的西太平洋上空，中心风速只有 20m/s 左右；西风中心位置随高度略向西倾斜，在 200hPa 等压面上位于 150°E，中心风速达到最大，超过 70m/s。中心纬度在不同层次上较一致，没有明显的南北偏移。4 月，中心经度随高度向西倾斜较明显，各层风速均较 1 月明显减小，在 200hPa 上只有 45m/s 左右，中低层的西风中心出现明显北移，北移幅度随高度增加逐渐减小，这样即造成了西风中心纬度随高度向南倾斜。7 月，西风中心在位置及强度上均有明显变化，从 300hPa 层次以上出现明显西移，200hPa 上西风中心已位于 90°E 以西，西风中心纬度与 4 月相比继续向北移动，高层移动比低层明显，高低层西风中心又处于较为一致的纬度上，均位于 45°N 南侧；风速为一年中最弱，200hPa 上西风中心风速只有 30m/s。10 月，西风中心经度与 4 月相似，有明显西倾，但较 4 月稍偏东，风速大小亦与 4 月相近，与此同时，中心纬度与 7 月相比向南移动。

　　由上述分析可以看出，西风带的强度和位置的垂直结构有明显的季节变化，冬季西风中心位于西太平洋上空，强度达到最强，位置偏南；夏季西风中心位置北抬，强度最弱，对流层上层西风中心西移至青藏高原上空。对流层高层西风中心的位置和强度的季节变化较低层明显，一年中西风最大值均位于200hPa高度上。

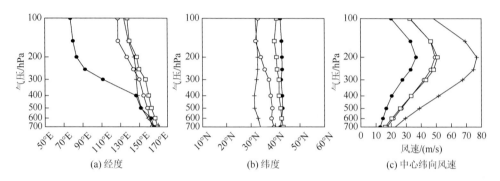

(a) 经度　　　　　　　　　(b) 纬度　　　　　　　　(c) 中心纬向风速

图 2.4　西风中心经度（a）、纬度（b）及中心纬向风速（c）随高度的变化

+：1 月；〇：4 月；●：7 月；□：10 月

2.2.2　东亚副热带西风急流水平结构的季节变化

　　对西风带垂直结构的分析可知，无论冬、夏季及不同的下垫面影响，西风中心均在200hPa高度达到最强，所以通常所说的东亚副热带西风急流（East Asian subtropical westerly jet，简称 EAWJ）即指200hPa高度上西风大值区域（一般为 $u \geqslant 30$m/s 的区域）。从多年平均的200hPa纬向风的水平分布来看（图2.5），200hPa高度上 10°N 以南为东风控制，中心位于印度尼西亚群岛附近，强度为10m/s。1月，10°N 以南为东风控制，10°N 以北地区均为西风控制，西风强度远远超过东风，在 20°N~40°N，西风强度较大，大多超过 30m/s，最大风速轴位于 30°N 附近，最强风速中心在日本以南的洋面上空，中心强度达 70m/s 以上。从 7 月情况来看，由于夏季风的爆发，南亚高压增强移上高原地区，热带东风急流增强并向北扩展至 20°N 以北，东亚副热带西风急流北撤至 30°N~50°N，急流轴移至 42°N 左右，比冬季北移了约 10°，而急流中心出现在亚洲大陆上空，中心位置位于青藏高原上空以北，中心强度较冬季明显减弱，最大风速只有 30m/s。4月和10月为过渡季节，具有类似的分布特点。

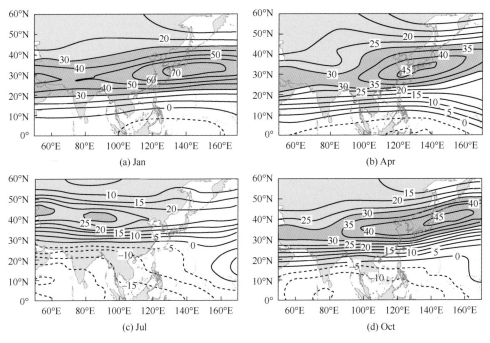

图 2.5　200hPa 纬向风速分布图（单位：m/s）

（a）1 月；（b）4 月；（c）7 月；（d）10 月；阴影区数值大于 30m/s

2.2.3　东亚副热带西风急流特征参数的季节变化特征

选取 200hPa 西风中心的经度、纬度及中心风速作为描述东亚副热带西风急流的特征参数，将 200hPa 高度上的最大西风中心称为东亚副热带西风急流中心（简称急流中心）。

图 2.6 给出了东亚副热带西风急流各特征参数的季节变化，从图中可看到，1～3 月急流中心经度逐渐西移，但幅度较小，始终位于 140°E 以东。4 月急流中心西进到 135°E 左右，但在 5～6 月又回撤，6 月退至 150°E 西侧。7 月急流中心位置出现突然的跳跃，西移至青藏高原所在位置的 85°E 左右上空。8 月急流中心略有东移但仍处于 90°E 附近。9 月急流中心明显东退，回撤至 130°E 以东。10 月位于全年最偏东的位置，到达 150°E 左右，10～12 月在 140°E 附近摆动。从急流中心纬度的季节变化来看，3 月急流处于最南位置，位于 32°N 附近，8 月处于最北位置，约在 43°N 以北，一年中急流中心位置变化约 11°。其中，3～8 月急流从南向北移动，两次较明显的北跳出现在 4～5 月及 6～7 月，第一次从 34°N 跳至 37.5°N，第二次从 39.5°N 跳至 42.5°N。而从 9 月到次年 3 月，急流则由北向南移动，南撤最明显时间出现在 10～11 月，从 40°N 南退至 35°N。从急流中心风速的

季节变化来看，1 月急流强度最强，中心风速达 77m/s，7 月最弱，只为 37m/s，急流中心风速的季节变化达 40m/s。2～7 月，急流减弱，从 8 月到次年 1 月，急流增强。对比急流中心纬度与中心风速的变化可看出，急流强度的变化要早于位置的南北移动，即位相提前 1～2 个月。

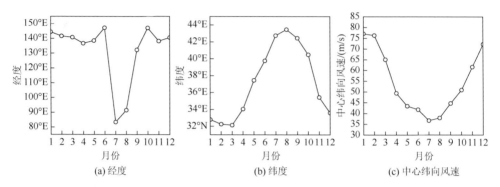

图 2.6   东亚副热带西风急流中心经度（a）、纬度（b）、中心纬向风速（c）的季节演变

2.2.4   东亚副热带西风急流轴的季节性推移

东亚副热带西风急流位置对中国季风雨带的移动有重要影响，夏季急流的位置偏南，则雨带偏南，长江流域降水偏多；急流的位置偏北，则雨带偏北，长江流域降水偏少，华北降水偏多，因此有必要细致地分析急流轴季节变化的气候特征。图 2.7 给出了各月东亚副热带西风急流轴的季节变化特征，分析发现，1～3 月急流轴较为平直，位于 30°N 左右，东段（120°E 以东的西太平洋上空）略向北倾斜，西段（80°E 左右青藏高原以西上空）则位于 30°N 以南，急流轴略呈东北-西南走向。4 月急流东段首先出现向北移动，到达 33°N 左右，中段和西段无明显移动，急流轴的东北-西南走向更为显著。5 月急流出现第一次明显的整体性北跳，但以急流轴中段（80°E～120°E 中国大陆上空）表现最为明显，从 30°N 以南跳至 35°N 以北，而东西两段亦行进至 35°N 以南。6 月急流轴继续北进，并以西段最为显著，北进至 42°N 左右，而东段北移幅度较小，急流轴变成西北-东南走向。7 月急流出现第二次整体性的北跳，这次北跳以东段最为显著，北进 5～7 个纬度，中西两段的北进幅度稍小，只有 3～4 个纬度，急流轴走向变得较为平直，处于 42°N～43°N 左右。8 月急流轴到达一年中的最北位置，西段和中段的位置与 7 月相差无几，但东段却北进至 45°N 以北，使得急流轴又呈现东北-西南走向。9 月急流轴开始整体南退到 40°N 附近，10 月退至 35°N 以南，11～12 月已基本退至 30°N 附近，并保持东北-西南走向的型态。

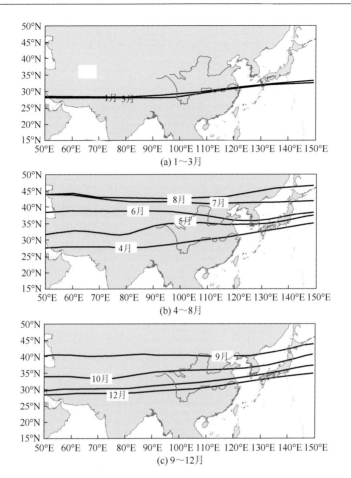

图 2.7　东亚副热带西风急流轴的季节演变

因此，从东亚副热带西风急流轴的季节移动来看，可分为三个阶段：停滞阶段：1～3 月，急流轴稳定少动；北进阶段：4～8 月，急流轴的北进过程中以二次北跳和走向变化为主要特点，急流的北跳由东向西传播；南撤阶段：在 9～12 月的南退过程中是以整体南退为特点。在以往的研究中，一般只定性提到急流的两次北跳，但从上面的分析中可看到，急流的季节性北跳具有东西向的不一致性。

2.3　东亚副热带西风急流季节变化的热力机制探讨

2.3.1　东亚副热带西风急流季节变化的热力影响机制分析

由 2.2 节的分析得知，急流的季节变化非常显著，那么是何种原因造成了急流的季节变化？从热力影响机制角度来探讨以下问题：最大西风中心为何一年中总是出现在 200hPa？急流轴的移动受什么因素所控制？决定急流的强度和位置季节变化的主要原因是什么？

根据热成风原理：

$$\frac{\partial u}{\partial p}=\left(\frac{R}{fP}\right)\frac{\partial T}{\partial y}$$

式中，u 为纬向风速；T 为气温；P 为气压；f 为科里奥利参数；R 为干空气气体常数。

可以看出，纬向风随高度的变化取决于气温的水平经向梯度。当气温的水平经向梯度由极地指向赤道，即南暖北冷时，西风将随高度增大；当气温的水平经向梯度由赤道指向极地，即南冷北暖时，西风将随高度减小。在气温的水平经向梯度反向的高度上，纬向风速将达到极值，且纬向风的变化幅度与气温的经向梯度强度成正比。

图 2.8 给出了气温的南北差异沿西风中心经度的纬度-高度剖面，图中的加粗点线为西风中心纬度随高度的变化（这里的南北温差指相隔 2.5°的相邻纬圈气温差异）。从图中可看出，急流中心位置总是位于最大南北温差中心位置上空。在

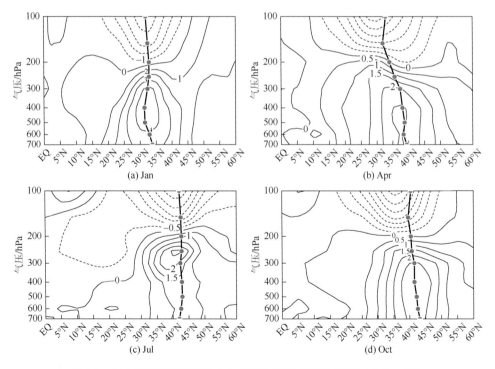

图 2.8　南北温度差异沿西风中心经度的纬度-高度剖面图（单位：℃）

（a）1 月；（b）4 月；（c）7 月；（d）10 月；图中加粗点线为西风中心纬度随高度的变化

最大南北温差中心所在纬度上，200hPa 以下的对流层南北温差为正（南暖北冷），
西风随高度逐渐增大。200hPa 以上，南北温差为负（南冷北暖），西风随高度逐
渐减小。南北温差反向的交界点基本位于 200hPa 等压面，意味着西风在此高度上
达到极大值，这就解释了东亚副热带西风急流一年中都位于此高度上的原因。

　　从图 2.8 中还可看出，1 月各层最大温差位置出现在 30°N～35°N 上空，最
大温差中心出现在 400hPa 高度上，温差强度超过 4℃，为一年中最强。与此相
对应，西风中心位于此纬度，强度最强。4 月温差中心出现在 500hPa，位置向
北移动至 40°N 南侧，强度只有 3℃ 左右，各层最大南北温差中心位置随高度向
南倾斜，相应地西风中心向北移动、强度减弱，并从低层到高层向南倾斜。7 月
最大温差中心出现在 45°N 以南的 300～200hPa，中心强度为一年中最弱，只有
2.5℃，与此同时，西风中心较冬季出现明显北移和强度减弱的特征。10 月最大
温差中心亦出现在对流层中层，并较 7 月略有南撤，强度稍有增强，所以西风中
心南撤并增强。从南北温度差异沿西风中心纬度的经度-高度剖面来看（图 2.9），
亦可看出上述特征，特别是 7 月温差中心的西移与对流层上层西风中心的西移
有很好的对应关系。

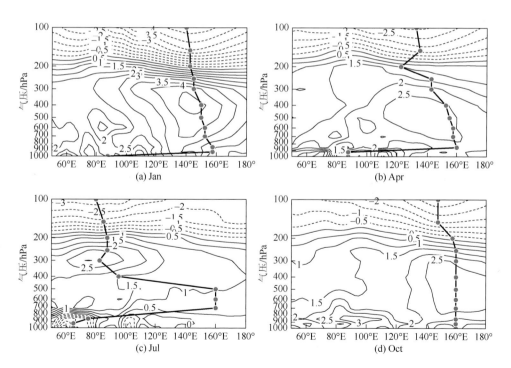

图 2.9　南北温度差异沿西风中心纬度的经度-高度剖面图（单位：℃）

（a）1 月；（b）2 月；（c）3 月；（d）4 月；图中加粗点线为西风中心经度随高度的变化

基于急流中心追随最大温差中心的特征,将温度场按质量加权从500hPa积分至200hPa,求出整层平均,以研究对流层中上层气温变化对急流的影响。这里需要说明的是,按照热成风的原理,应将温度场由地面积分至200hPa来探讨温度场与风场的关系,但由于对流层低层受下垫面的影响,局地变化差异明显,风场并不满足地转平衡,会存在地转偏差。而对流层中高层主要体现行星尺度环流的变化,受下垫面状况影响较小,可较好地满足地转平衡关系。与此同时,在计算中发现,对流层中上层平均温度基本体现了对流层的整体变化特征,所以在下面以分析500~200hPa对流层中上层平均温度变化为主。图2.10给出了沿急流中心经度200hPa风速和500~200hPa平均南北气温差异的时间-纬度变化图。可以看到图2.10(a)与图2.10(b)非常相似,急流强度和位置的变化基本体现了经向温差中心强度和位置的季节变化,1~3月经向温差中心位于32.5°N左右,中心强度较大,相应的200hPa急流也在此位置,中心风速较大。3~8月随着温差中心减弱并向北推进,急流亦减弱北移,9~12月温差中心增强南退,急流相应地加强南撤。图2.11给出了沿急流中心纬度200hPa风速和500~200hPa平均南北气温差异的时间-经度变化图,分析发现图2.11(a)与图2.11(b)亦十分相似,1~6月纬向温差中心均位于140°E以西,急流中心也相应地位于140°E附近,7~8月青藏高原对中高层大气的直接加热效应,使得温差中心西移至90°E附近,强度减弱,急流亦西移至此处,9~12月,随着纬向温差中心的加强东移,急流加强东移。

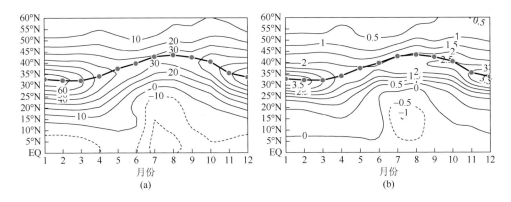

图 2.10　沿急流中心经度的时间-纬度变化图

(a)200hPa等压面上的纬向风速,单位:m/s;(b)500~200hPa整层平均气温南北差异,单位:℃;图中加粗点线为急流中心纬度的季节变化

图2.12还给出了500~200hPa平均温度南北差异轴线的季节演变。对比图2.7与图2.12可以发现南北温差轴线与急流轴线的变化是一致的,1~3月稳定少动,

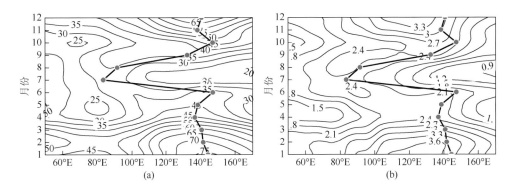

图 2.11　沿急流中心纬度的时间-经度变化图

（a）200hPa 等压面上的纬向风速，单位：m/s；（b）500～200hPa 整层平均气温南北差异，单位：℃；图中加粗点线为急流中心经度的季节变化

4～8 月以北进为特征，并有两次明显的北跳，其中以 6～7 月北跳最明显，且北进过程有东西向的不一致性，9～12 月，二者都以整体南撤为主要特征。

　　由此可见，东亚副热带西风急流强度及位置的季节变化与南北温差的结构变化具有很好的对应关系。由于在大尺度运动中，风场向气压场适应，温度场的变化必然引起气压场的调整，从而引起流场的响应，因此急流的季节性变化是对南北气温差异季节性变化的响应。

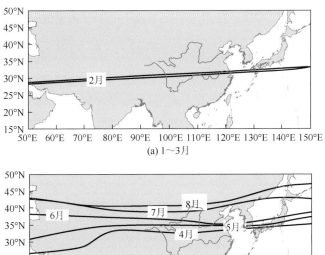

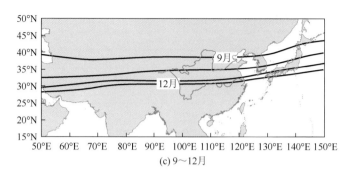

(c) 9～12月

图 2.12　500～200hPa 平均温度南北差异轴线的季节演变

2.3.2　热力学方程中各项在东亚副热带西风急流季节变化中的作用

热成风原理较好地解释了急流变化与气温经向梯度的密切联系。大气温度场的分布是由大气热量平衡决定的，大气的辐射收支、地球与大气的热量交换及大气运动引起的能量输送决定了大气的热量平衡状态。受海陆分布及地形特征的影响，大气温度随季节的变化具有显著的局地性特征，从而导致急流位置和强度的季节性变化。由热力学第一定律：

$$\frac{\partial T}{\partial t} = -V \cdot \nabla T - \omega \left(\frac{\partial T}{\partial P} - \frac{R}{C_P} \frac{T}{P} \right) + \frac{Q}{C_P \rho}$$

式中，V 为水平风矢量；T 为气温；ω 为垂直速度；Q 为非绝热加热；C_P 为干空气定压比热；ρ 为空气密度；P 为气压；R 为干空气气体常数；t 为时间。

温度的局地变化 $\left(\dfrac{\partial T}{\partial t} \right)$ 是由热量的水平输送（$-V \cdot \nabla T$）、垂直输送 $\left[-\omega \left(\dfrac{\partial T}{\partial p} - \right. \right.$
$\left. \left. \dfrac{R}{C_P} \dfrac{T}{P} \right) \right]$ 和非绝热加热 $\left(\dfrac{Q}{C_P \rho} \right)$ 造成的。温度局地变化有季节性的差异，从而导致南北温差位置和强度的局域性变化特征，那么方程中各热量输送项对温度南北差异的影响如何？首先计算出方程左边的局地变化项及右边的前两项，然后利用倒算法计算出非绝热加热项，并追随急流中心探讨各项对急流季节变化作用的相对贡献。

1. 各热量输送项的季节变化对急流的影响

图 2.13 和图 2.14 给出了 500～200hPa 平均的各热量输送项随急流中心的变化。由图 2.13（a）可见，2～7 月温度局地变化项皆为正值，表明大气处于升温阶段，与此相对应急流减弱北移。而 8～12 月温度局地变化项为负值，表明大气降温，此时急流增强南退。从图 2.14（a）看到，急流中心的西移主要出现在大气升温阶段，而东退基本发生在大气降温阶段。

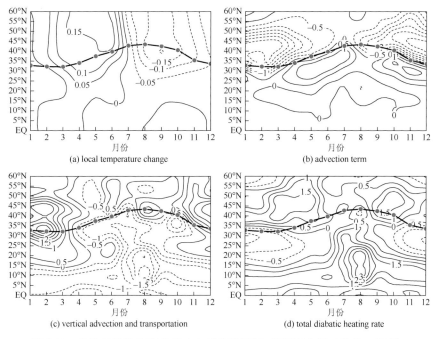

(a) local temperature change　　　　　　　　　(b) advection term

(c) vertical advection and transportation　　　　　(d) total diabatic heating rate

图 2.13　各热量输送项沿急流中心经度的时间-纬度变化图（单位：℃/d）

（a）局地变化项；（b）水平平流输送项；（c）垂直输送项；（d）非绝热加热项

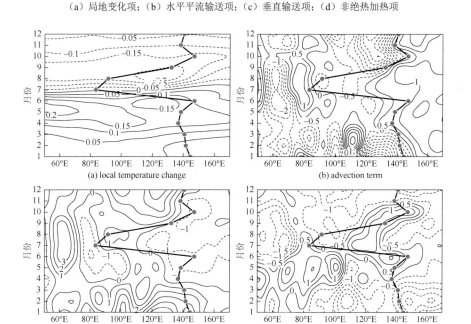

(a) local temperature change　　　　　　　　　(b) advection term

(c) vertical advection and transportation　　　　　(d) total diabatic heating rate

图 2.14　各热量输送项沿急流中心纬度的时间-经度变化图（单位：℃/d）

（a）局地变化项；（b）水平平流输送项；（c）垂直输送项；（d）非绝热加热项

水平平流输送项反映了热量的大尺度水平输送特征。由图 2.13（b）中看到，沿急流中心热量的平流输送项有很明显的特点：急流中心基本处于冷暖平流的分界处，南部为暖平流，北部为冷平流。2～7 月，冷平流减弱北退，暖平流增强并向北推进，急流中心向北移动；暖平流加强最明显的时段为 4～7 月，对应急流出现两次明显北跳。8 月至次年 1 月，冷平流增强并向南扩展，暖平流南退，急流中心随之南撤。所以热量水平平流输送项的季节变化在急流的南北移动过程中有显著的贡献，急流的南北移动也正是热带系统与中高纬系统势力对比的体现。

垂直输送项反映了热量的大尺度垂直输送特征，因为括号内数值基本小于 0，所以垂直输送项主要决定于垂直运动，当此项为负时，即为上升运动非绝热冷却，当此项为正时，即为下沉运动绝热增温。由图 2.13（c）及图 2.14（c）得知，11 月至次年 3 月急流中心处于气流下沉增温区域。4～10 月，急流中心处于上升冷却区，急流北侧为下沉增温或弱上升区，而其南侧则为明显的上升冷却区。

非绝热加热项体现了各种非绝热加热的综合效应。由图 2.14（d）中看到，4～10 月急流中心基本出现在非绝热加热的正值区中，表明急流有跟随非绝热加热中心移动的趋势，可认为夏半年非绝热加热对急流中心的东西移动有引导作用。在 4～7 月，由于青藏高原对对流层中高层大气的直接加热作用，在 100°E 以西出现了明显的非绝热加热中心，这种热量积累到一定程度引起的南北温差增大造成南北温差中心的明显西移，从而导致急流中心在 6～7 月的快速西移。8～10 月，青藏高原逐渐冷却，高原地区非绝热加热项为负值，而出现在 120°E 附近的非绝热加热正值区逐渐向东移动，对应急流中心的东移过程。

2. 热量输送各项的南北差异对急流的影响

对流层大气温度的南北差异是引起急流季节变化的主要原因，而对流层大气温度的南北差异与热量输送各项的南北差异有密切关系，所以以下面计算热量输送各项的南北差异用以分析其对急流影响的相对贡献。图 2.15 给出了沿急流中心的各热量输送项南北差异的变化，由图可见，局地变化项南北差异的变化与其他几项相比量级最小。平流输送项的南北差异在一年中均为正，且量值较大，表明急流中心南部热量的平流输送大于北部的热量输送，是造成急流中心南北温差的主要原因，1～8 月平流输送项南北差异基本呈下降趋势，与急流减弱相对应，9～12 月平流输送项南北差异为上升趋势，与急流加强相对应。而垂直输送项的南北差异除了 8 月外，一年中基本为负值，表明急流南侧的垂直输送小于北侧。从非绝热加热南北差异的季节变化来看，急流中心北侧非绝热加热大于南侧，但 1～6 月非绝热加热基本呈现上升趋势，表明这个时段非绝热加热对急流的作用是增强的。

图 2.16 和图 2.17 给出了各热量输送项南北差异沿急流中心的经、纬向变化。从温度局地变化的南北差异来看［图 2.16（a）和图 2.17（a）］，1～7 月急流中心

处于负值区，即急流中心南部增温小于北部增温，南北温差的减小造成急流强度减弱。8～12 月则出现相反的情况，南部降温小于北部降温，南北温差增大造成急流增强。而从平流项南北差异的变化来看 [图 2.16（b）]，急流总处于平流输送项南北差异的正值区中，急流中心基本上是追随经向梯度最大中心的位置南北移动。从非绝热加热的南北差异来看 [图 2.17（d）]，1～3 月非绝热加热的南北差异值基本为负，表明由非绝热加热所引起的南北温差在减小；4～6 月非绝热加热的南北差异出现明显的纬向不均匀性，140°E 附近仍为负值，但位于 80°E～100°E 区域。由于青藏高原对对流层中高层的加热作用，南北差异为正，且量值较大，这样非绝热加热作用贡献造成的东部（140°E 附近）南北温差减小，而西部（青藏高原附近）南北温差增大，根据前面得出的急流中心总是追随最大温差中心的特征，当西部南北温差增长到一定程度，超过了东部的南北温差时，急流中心将向西移动。所以 4～6 月青藏高原地区非绝热加热南北差异的急剧增长为夏季急流6～7 月向西的突然移动提供了条件。

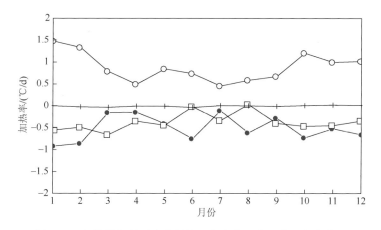

图 2.15　各热量输送项南北差异沿急流中心位置的季节变化图

+：局地变化项；○：水平平流输送项；●：垂直输送项；□：非绝热加热项

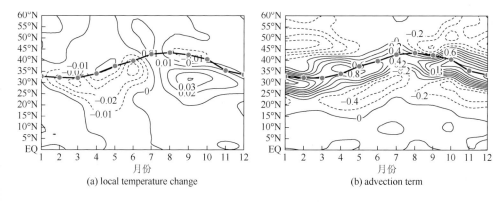

(a) local temperature change　　　　　(b) advection term

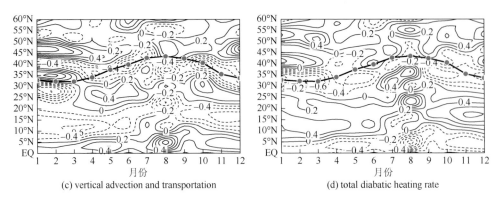

(c) vertical advection and transportation   (d) total diabatic heating rate

图 2.16　各热量输送项南北差异沿急流中心经度的时间-纬度变化图（单位：℃/d）
（a）局地变化项；（b）水平平流输送项；（c）垂直输送项；（d）非绝热加热项

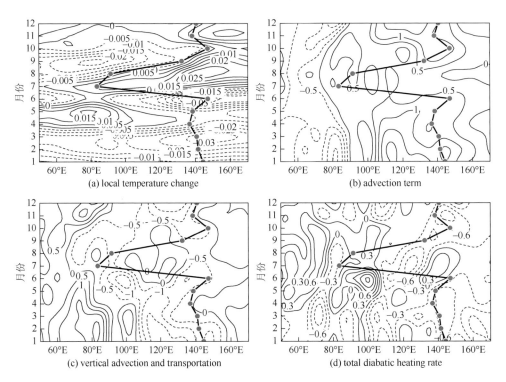

(a) local temperature change   (b) advection term

(c) vertical advection and transportation   (d) total diabatic heating rate

图 2.17　各热量输送项南北差异沿急流中心纬度的时间-经度变化图（单位：℃/d）
（a）局地变化项；（b）水平平流输送项；（c）垂直输送项；（d）非绝热加热项

3. 讨论

在上述分析中，基于气候学的角度，利用热力学第一定律公式来讨论急流变化与热量输送的关系，使用的是月平均资料，这里的 T、V、P、ω 等都是月平均值，若以 $T = \overline{T} + T'$，$u = \overline{u} + u'$ 的形式代入热力学第一定律公式中就会有 $\overline{T'u'}$ 和 $\overline{T'v'}$ 及 $\overline{T'\omega'}$ 等项，在计算中忽略了上述各项，因为非绝热加热是采用倒算法求得，所以相当于把上述各项归并到非绝热加热项中去了。这就引出一个问题：所用月平均量得出的结论是否在瞬时资料中亦能得到体现？为此，选用 1993 年、1994 年、1996 年、1997 年逐日资料来进行分析，得到与上述一致的结论。图 2.18 分别给出了 1997 年非绝热加热沿急流中心纬度的经度-时间变化及热量水平平流输送南北差异沿急流中心经度的纬度-时间变化剖面，此处的各热量输送项是通过日资料计算后进行月平均所得。由图 2.18（a）中分析可知，非绝热加热对急流中心东西向移动的引导作用是很明显的，而从图 2.18（b）中亦可看到急流中心跟随热量水平平流南北差异最大值南北移动，因此，逐日资料计算结果进一步验证了用月平均场得到的结论。

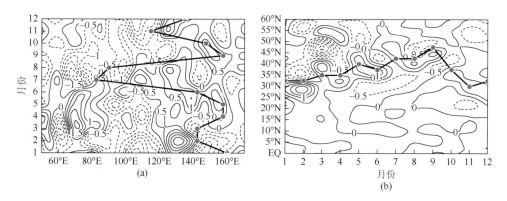

图 2.18　1997 年非绝热加热沿急流中心纬度的经度-时间变化（a）及热量水平平流输送南北差异沿急流中心经度的纬度-时间变化（b）（单位：℃/d）

第 3 章　季节转换期间东亚副热带西风急流变化特征

前人的研究认为，从高空环流的一些主要特性而论，在一年之中只有两个基本的自然天气季节即冬夏两季，其中，二者的转换分别以 6 月及 10 月东亚副热带西风急流的北进和南退为标志（叶笃正等，1958），这为人们研究急流对天气气候的影响奠定了基础。季风爆发前后大气环流发生了形态的季节性转变，在海平面气压、风场结构、雨带的移动、深对流的发展变化上都有很好的体现，所以季风爆发的时间及强度在很大程度上决定了东亚地区气候的季节变化情况。众多研究表明，孟加拉湾-中南半岛地区南北温度梯度最早反转，是东亚季风的首发地区和指示器，其温度梯度的反向特征逐渐向东、西两个方向扩展，南海夏季风及南亚季风先后爆发（钱永甫等，2004）。毛江玉等（2002）通过研究季节转换期间副热带高压形态变异和季风爆发之间的关系，提出了"季节转换轴"的概念，指出季风爆发前后，气柱的热力结构和动力结构都发生突变，其中，最具有反相特征的物理量是对流层中高层（500～200hPa）的大气经向温度梯度，即对流层中上层副高脊面附近建立的北暖南冷的温度结构，能够较好地反映亚洲各季风区夏季风爆发共同的本质特征。

东亚副热带西风急流作为副热带地区对流层中上层最重要的环流系统，其季节变化特征与海陆分布及高原大地形的影响密不可分，与对流层中上层温度经向梯度的变化密切相关，所以其季节性变化必然与东亚季风的变化有紧密的联系，这方面人们做了许多研究工作（Liang and Wang, 1998；李崇银等，2004），但以前的研究只关注到急流的季节性北跳与季风爆发及雨带移动的关系，并没注意到急流中心东西向的位置和形态变化在季风推进过程中的体现，高由禧（1999）的研究表明急流中心的南侧往往对应明显降水中心，所以急流中心位置改变所产生的气候效应是不可忽视的。在第 2 章的分析中看到，最大急流中心经度位置在 6～7 月有季节上的突变特征，这一改变的物理本质是什么？与东亚季风的爆发有何关系？针对这些问题，本章利用更短时间尺度（候平均）再分析资料对季节转换期间西风急流的南北移动特征及急流中心位置的东西向形态变化进行更细致的分析，并探讨其与东亚季风的联系。

3.1　东亚副热带西风急流年内形态变化特征

3.1.1　基本时空变化特征

对东亚地区上空多年候平均 200hPa 纬向风场进行 EOF 分析，结果表明，前四个特征向量场的方差贡献分别为 87.8%、10.2%、0.8%、0.5%，前两个特征向量的累积方差贡献达到了 98.0%，充分体现了 200hPa 纬向风场的年内变化特征。图 3.1 中给出了第一、二特征向量的空间分布和对应的时间系数，从图 3.1（a）中可看到，东亚地区基本为正值，中心区位于 30°N 左右日本南部的西北太平洋上空，此位置正是一年中大部分时间急流中心的位置所在，这种分布体现了东亚上空副热带西风带强度的季节性变化，从对应的时间系数来看［图 3.1（e）］，西风带的年变化非常明显，在第 6 候达到最强，此后逐渐减弱，到 44 候（8 月上旬）减至最弱，此后又慢慢增大。根据地转风的原理，纬向风的强弱与经向气压梯度力成正比，所以这基本体现了辐射及海陆分布不均而造成的热力差异的季节变化。

　　从第二个特征向量的分布来看，呈现南北反向的空间分布，零线位于 33°N 左右，其北面为正值区，有两个较明显的正值中心分别位于西北太平洋海面上空及青藏高原北部；33°N 以南为负值区，与正值区相对应，亦有两个负中心分别位于西太平洋及孟加拉湾，这是叠加在西风带强度季节变化大背景之上的纬向风南北反相的变化趋势，体现的是西风急流的南北移动。从时间系数的变化来看，从 12 候到 52 候，时间系数逐渐增大，其中 1~26 候时间系数为负值，27 候开始变为正值，表明在整体西风减弱的大背景基础上，33°N 以南的西风减弱，以北的西风加强，西风急流向北移动，东亚环流开始由冬季型向夏季型转变，比南海夏季风爆发的时间提早 1 候，表明急流的季节性北进是夏季环流出现的一个预示指标。从 53 候开始，时间系数逐渐减小，到了 66 候由正值变为负值，体现了在西风带总体增强的基础上，33°N 以南的西风增强，以北的西风减弱，西风急流向南移动，完成了秋季向冬季的转换。

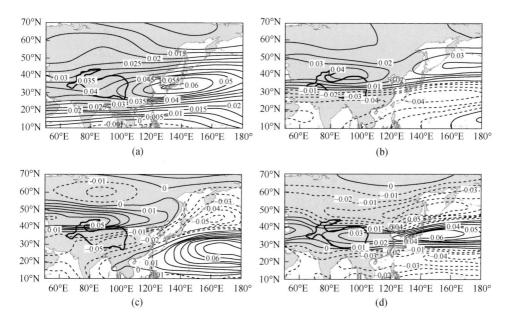

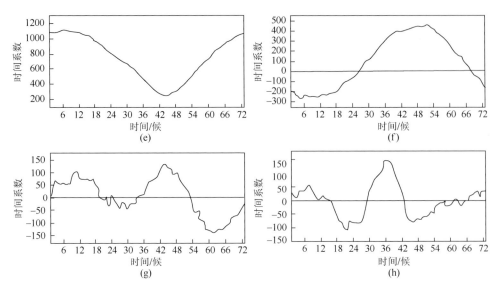

图 3.1　200hPa 多年平均逐候纬向风场 EOF 分解前四个特征向量及时间系数

（a）～（d）：第一至第四特征向量；（e）～（h）：第一至第四特征向量对应的时间系数

　　第三特征向量的分布体现的是大陆与海洋、青藏高原与高原以北的反相分布，对应的时间系数在 34～53 候持续为正，表明盛夏青藏高原和伊朗高原北侧上空的急流中心加强，而海洋上空的急流中心减弱，即夏季最大急流中心向大陆上空转移的变化特征，从时间的变化上来看，这与南亚季风的爆发时间及中国东部地区梅雨的开始相对应。从第四特征向量的分布来看，西太平洋和东亚地区呈现东亚-太平洋相关型（EAP），即南北向的波列变化分布，这种变化在 18～42 候的振幅较大，表明春夏季扰动的 Rossby 波列传播，而这种扰动对降水也有重要影响。西风急流强度变化和南北移动是急流最主要的季节变化特征，但叠加在此之上的急流中心东西向位置和形态变化及热带扰动通过 Rossby 波向中高纬度传播所引起的气候效应也不容忽视。急流的季节变化是东亚季风气候的重要体现，以往的研究中侧重于急流的季节性南北移动与东亚季风的建立和推进之间的关系，但并未注意到急流中心东西向位置和形态的变化。本章侧重于探讨造成急流中心在东西方向上位置和形态变化的热力影响机制，在此基础上分析其与夏季风的关系。

3.1.2　急流中心位置的季节变化

　　3.1.1 节对 200hPa 风场的 EOF 分析探讨了急流的整体性变化，为了更清晰地了解急流的变化特征，选取 200hPa 层区域（0～70°N、60°E～180°E）最大西风中心经度、纬度及风速值作为表征急流中心的参数。从急流中心经度变化来看［图 3.2（a）］，1~28 候急流中心经度基本位于 135°E~145°E，29~33 候位于 150°E 左右，36~37 候急流中心出现明显西移，38 候急流中心位于 110°E 以西，并维持到第 52 候，此后再向东移动。从急流中心纬度的季节变化来看［图 3.2（b）］，1~24 候始终处于 32°N~34°N，27 候北跳至 37°N 附近，此后逐渐北移，并在 38 候左右出现第二次北跳，与急流中心西移时间一致，43 候左右处于最北位置，约在 44.5°N，随后向南移动，一年中急流中心位置变化约 13 个纬度。从急流中心风速的季节变化来看［图 3.2（c）］，从冬季到夏，急流减弱；从夏到冬，急流增强，第 6 候急流强度最强，42 候最弱，急流中心风速的季节变化幅度超过 40m/s。

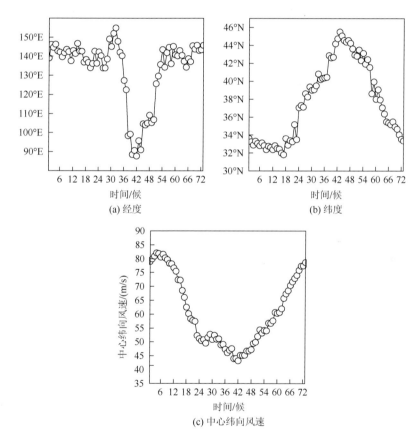

(a) 经度

(b) 纬度

(c) 中心纬向风速

图 3.2　东亚副热带西风急流中心经度（a）、纬度（b）、中心纬向风速（c）的逐候季节变化

3.1.3　急流轴的北跳特征

从 2.2.4 节的分析中得知急流的北跳过程具有东西向的不一致性，所以选取了三个区域进行分析：西太平洋区域（120°E~160°E）、中国东部地区（105°E~

120°E)、青藏高原地区（70°E～100°E），这三个区域对应下垫面分别为海洋、较平坦陆面及高原大地形。为了能够合理表征急流北跳的突变特征，将不同区域急流轴的位置作为表征急流北跳的参数，从图 3.3（c）中可看到西太平洋上空急流的初始北移出现在 22 候，此后逐步向北推进，在 42～44 候出现一次明显的北跳，从 42°N 以南跳至 45°N 以北，并在 45 候到达一年中的最北位置。而从中国东部地区上空的急流来看［图 3.3（b）］，急流轴在北进过程中出现了两次明显的北跳，第一次出现在 26 候（提前于南海夏季风爆发 1 候），从 30°N 南侧跳至 32°N 以北；第二次北跳出现在 41 候，从 39°N 南侧跳至 43°N 以北，对应梅雨结束时间。从青藏高原地区急流轴的变化来看［图 3.3（a）］，急流轴有一次最明显的北跳，即 28 候附近南支急流跳至 34°N 左右的青藏高原上空，与北支急流合并，标志着夏季环流的开始。可见，从候尺度上可更清晰地看到不同下垫面地区上空急流的北跳特征不一致。

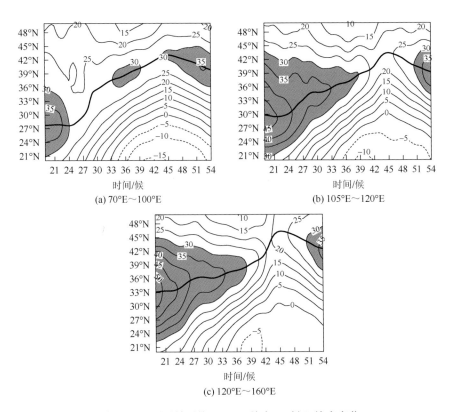

图 3.3　不同区域平均 200hPa 纬向风时间-纬度变化

（a）青藏高原地区：70°E～100°E；（b）中国东部地区：105°E～120°E；（c）西太平洋地区：120°E～160°E；阴影区纬向风速大于 30m/s；图中粗实线为急流轴

3.1.4   急流中心东西向形态变化特征

1. 垂直剖面的变化

图 3.4 给出了 30°N～45°N 平均纬向风的经度-高度剖面变化。从图中可看出，25～29 候，大于等于 30m/s 的西风急流核主要位于 120°E～160°E 的西太平洋上空，中心强度逐渐减弱；到了 31 候，急流核开始分裂，90°E～100°E 的上空出现另一个急流核，且呈增强趋势，这一时段对应南亚季风的爆发；33 候出现了三个大于等于 25m/s 的西风急流核，分别位于 40°E～60°E 的伊朗高原、80°E～100°E 的青藏高原及 120°E～160°E 附近的西太平洋上空，这种状态持续到 37 候。这期间，西太平洋上空急流核逐渐减弱，青藏高原上空急流核强度变化不大，并在 39 候左右占据主导地位，伊朗高原上空急流核基本维持；随着西太平洋上空急流

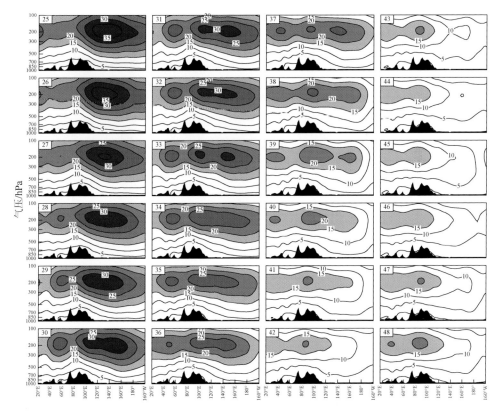

图 3.4   30°N～45°N 平均纬向风的经度-高度剖面的时间演变

单位：m/s；阴影区数值超过 15m/s，地形为沿 37.5°N 剖面

核的减弱消失,从 40 候开始只观察到两个急流核的存在,这种状态持续时间较长,可持续到 9 月中旬。从纬向风的垂直剖面来看,急流中心在东西方向的位置和形态变化非常明显。

2. 急流中心经度频数的变化

通过上一部分的分析可以看到,春夏季节由于大气加热的不均匀性,在不同区域出现了强度不相上下的急流核,用频数统计则可以更为清楚地反映这种变化。图 3.5 给出了不同月份最大急流中心经度位置在不同区域出现的频数,由图可知,

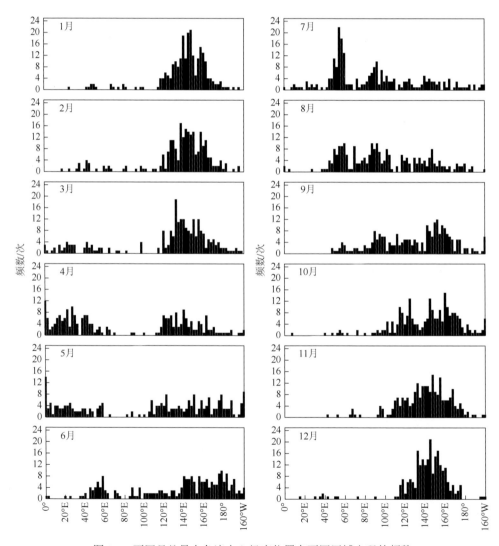

图 3.5　不同月份最大急流中心经度位置在不同区域出现的频数

1~3 月，急流中心集中出现在 140°E～160°E 附近的西太平洋上空；4 月，急流中心集中在两个区域，一个仍位于 140°E 附近的西太平洋区域，另一个位于 20°E 附近；5 月，急流中心位于 60°E 以西及 110°E 以东，而在东亚大陆上空没有出现；6 月，仍以 140°E～180°E 占优势，在 40°E～60°E 则出现了另一个集中区，同时急流中心也出现在 80°E～100°E 区域。7 月、8 月的分布较为相似，急流中心最集中的两个区域出现在 40°E～60°E 和 80°E～100°E，即伊朗高原上空和青藏高原上空，当然在西太平洋上空出现的频数也不能忽略，9~12 月，急流中心主要集中于西太平洋上空。

图 3.2 中用多年平均 200hPa 纬向风场计算出来的急流中心经度位置只是表示了频数占优的位置所在，但不能表现急流出现多个中心的分布特征。而由频数统计则可以看到，在 4~8 月东亚夏季风盛行的时段里，急流中心的表现较为复杂，这是东亚地区复杂地形所引起加热的不均匀性所导致，将在后面做进一步的分析。

为了更清楚地分析急流中心 6~7 月快速西移期间的形态变化特征，图 3.6 给出了 32~43 候期间区域（30°N～45°N、60°E～180°E）最大急流中心经度位置在不同区域出现的频数。如图 3.6 所示，缘于急流核强度对比的季节变化，急流主中心在 35 候之前主要位于 140°E 以东，随后在 36~39 候两个急流中心频数出现大值区分别位于 140°E～160°E 和 85°E～110°E，39 候以后，则主要位于 100°E 以西的青藏高原北侧上空，这段时期由于急流核强度对比变化，急流中心的快速西移时期发生在 6 月中下旬至 7 月上中旬，与东亚梅雨的开始和结束时间有较好的对应关系。

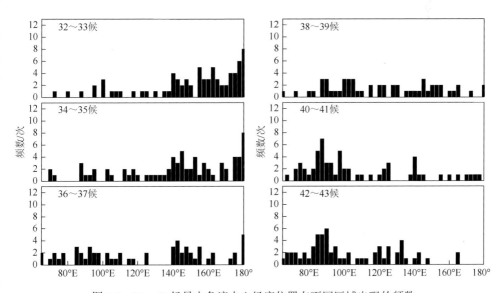

图 3.6 32～43 候最大急流中心经度位置在不同区域出现的频数

3.2　春夏过渡季节东亚副热带西风急流变化特征与夏季风的关系

3.2.1　东亚夏季风爆发前后各要素形态变化

1. 环流特征

季风的爆发标志着大气环流由冬季转变为夏季，其最主要的特征表现为盛行风向的改变。近年来的研究表明季风爆发前后不仅在盛行风以及降水的变化上有所体现，而且在地表温度、对流发展、加热特征等方面都有明显的反映。参照文献（毛江玉等，2002）选定三个季风区域（图3.7）：孟加拉湾东部-中南半岛区域（BOB）：5°N～15°N、90°E～100°E；南海季风区（SCS）：5°N～20°N、110°E～120°E；南亚季风区（IDO）：10°N～20°N、60°E～85°E。大量的研究表明多年平均BOB夏季风爆发最早，在5月上旬中后期，SCS出现在5月中旬，而IDO出现在6月初。

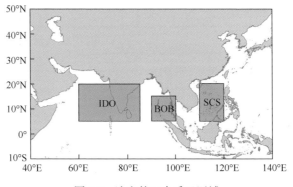

图3.7　选定的三个季风区域

为分析各要素在季风爆发前后的形态变化，图3.8分别给出了三个季风区纬向风、南北温差及散度垂直结构的时间演变特征，从图中可明显发现，三个变量在季风爆发前后都有明显的形态突变，且对流层高、低层并不完全一致，存在一定的时间差。首先从纬向风的变化来看，在BOB，季风爆发前后500hPa以下的对流层中低层由弱东风向弱西风转变，而500hPa以上的中上层主要体现为弱西风向强东风的转换。对应于纬向风的变化，南北温差亦出现相似的变化特征，在1～25候，700～200hPa气温分布为南暖北冷，南北温差为正值，对流层中高层为弱西风，从12候开始，800hPa以下的近地层出现南北温度逆转，但800hPa以上的大气仍为南暖北冷的分布,这种状态持续到季风爆发前。季风爆发后,150hPa 以下的对流层都出现南冷北暖的情形,南北温差为负值,最大负中心出现在 300hPa 附近,基于热成风的原理,西风随高度逐渐减小,在 500hPa 转向为东风,所以对流层中上层盛行东风,并随高度增大。与之相似,散度场的突变特征出现在 200hPa 以上和 300hPa 以下,前者由季风爆发前的辐合向爆发后的辐散转变,而后者则是相反,由辐散向辐合转变,300~200hPa 的辐散则在季风爆发后有所加强。对于 SCS,纬向风及南北温差在季风爆发前后的转变与 BOB 相似,而其散度的变化更主要体现为高层在季风爆发前后性质的转变。同样,对 IDO 进行分析亦得到相似的结论。

　　由于对流层中高层受局地环流的影响小,能更好地体现行星尺度季风的季节变化,其要素转换时间比低层更能体现出季风爆发的本质特征,这也是毛江玉等(2002)选择 500~200hPa 温度经向梯度作为普适指标来表征东亚季风及南亚季风的原因。从图 3.8 的分布来看,三个区域高层的变化较低层更具有明显的共性,因而选取表现大尺度季风爆发的指标应以高层更为合理。总体而言,200hPa 纬向风、300hPa 南北温差及 150hPa 散度的突变特征能更好地与季风的爆发相对应。

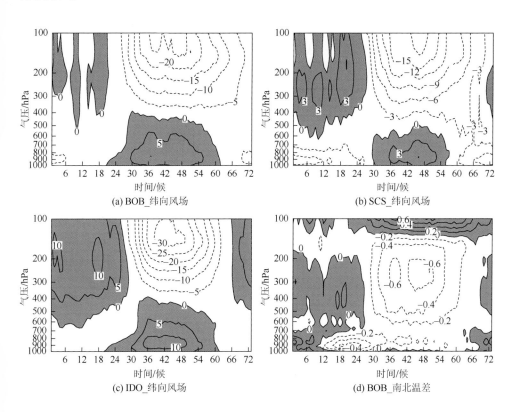

(a) BOB_纬向风场　　　　　　　　　　　　　　　(b) SCS_纬向风场

(c) IDO_纬向风场　　　　　　　　　　　　　　　(d) BOB_南北温差

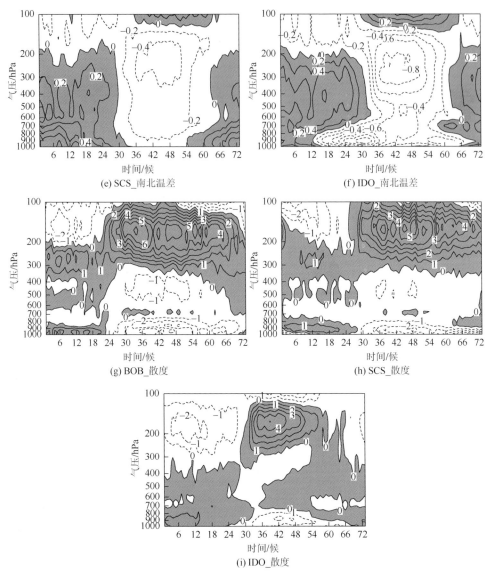

图 3.8　沿不同季风区各要素的时间-高度剖面

纬向风场的单位为 m/s、南北温差的单位为 K、散度的单位为 10^{-6}/s；阴影为正值区域

2. 加热场的演变

对流层中上层纬向风速及南北温差的变化可较好地体现季风爆发的特征，而根据热力学第一定理及热力适应理论，温度场结构的变化主要取决于非绝热加热源的分布（吴国雄等，2002）。大气的加热除了自身吸收的少部分太阳短波辐射以外，大部分来源于地表以长波辐射、感热及潜热形式向大气输送的热量。通过热

力适应理论，低层加热可影响到高层的环流，局地加热可影响到异地的环流，所以大气环流的转变与加热场息息相关，那么这些加热场在季风爆发前后的表现如何呢？

图 3.9 给出了三个季风区所在经度区域平均的地表感热（SHTFL）、潜热（LHTFL）及大气顶对外长波辐射（OLR）的时间-纬度变化。从地表感热的变化来看，90°E～100°E 的区域，季风爆发前，低纬地区的感热通量比较大，为季风的爆发起到预热作用，中纬青藏高原地区由于地表温度较低，感热通量较小；而季风爆发后，低纬感热迅速减小，这是由于季风爆发后降水增多，地气温度差异

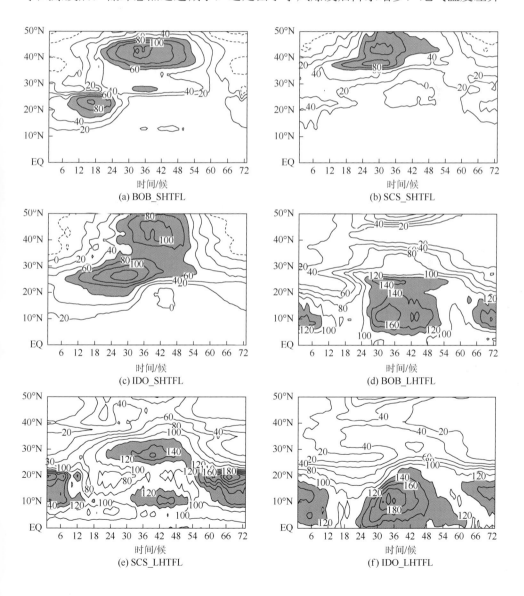

(a) BOB_SHTFL　　　　　　　　　　　　(b) SCS_SHTFL

(c) IDO_SHTFL　　　　　　　　　　　　(d) BOB_LHTFL

(e) SCS_LHTFL　　　　　　　　　　　　(f) IDO_LHTFL

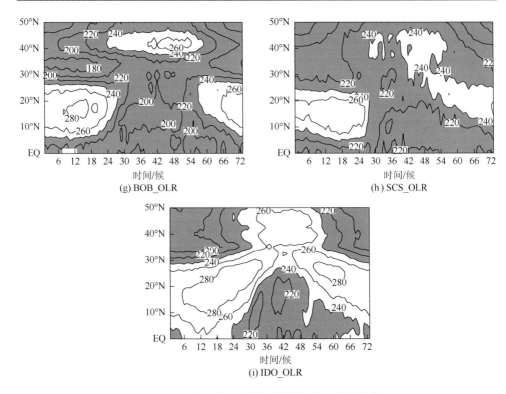

图 3.9　沿不同季风区各加热场的时间-纬度变化

BOB：90°E～100°E、SCS：110°E～120°E、IDO：60°E～85°E；感热（SHTFL）、潜热（LHTFL）、对外长波辐射
（OLR）的单位为 W/m²；阴影分别对应大于 60 W/m²、大于 120 W/m²、小于 230 W/m² 的区域

减小，而中纬地区由于青藏高原地表增温明显，感热通量明显增大。从潜热的变化来看，潜热的大值区冬季位于 15°N 以南，在季风爆发前有所减小，在季风爆发后迅速增大，并向北推进到 25°N 附近，这是对流增强导致降水增多及土壤湿度增大造成的，因此，张艳（2004）认为潜热的增加可理解为季风爆发的伴随现象。这一地区由于水汽充足，对流发展旺盛，凝结潜热的大量释放从低层到高层减弱了哈得来环流（祝从文等，2004），使得季风得以顺利大举北进，所以季风的爆发和潜热的释放是一个相互依赖的过程。OLR 的大小可体现出对流的强弱，从图中可明显看到，在 6～24 候的季风爆发前，5°N 以南及 25°N 以北分别有低于 230W/m² 的 OLR 区域，前者与赤道地区的深对流相对应，而后者则是中高纬地面温度较低所引起的长波辐射值较小所致，二者具有性质上的差异，季风爆发后，季风对流区迅速向北延伸，在 30 候，已达 35°N 左右。上述分析表明，地面加热场在季风爆发前后亦出现了突变。

　　南海夏季风爆发前后，地面加热场的变化不如孟加拉湾-中南半岛剧烈，但也有类似的变化特征。地面感热加热在季风爆发后大值区向北扩展，与雨带的推进相对应，蒸发潜热大值区亦在爆发后移至 20°N～30°N 的长江以南地区，同样，OLR 对应的对流区在季风爆发后亦出现明显的北移。相对孟加拉湾及南海地区，南亚区域的加热场变化有一定的渐进性，这从各加热场的变化亦可明显看出。通过上述分析可知，OLR 的突变可客观反映东亚季风爆发时间，但用来定义南亚季风的爆发效果稍差。

3.2.2　东亚西风急流北跳与夏季风的爆发

亚洲夏季风的爆发引起了大气环流各个方面的突变，所以人们从不同的角度分别对季风的爆发时间和强度等进行分析（黄荣辉等，1999，2003；左端亭等，2004；丁一汇等，2007；蓝光东等，2004）。但由于东亚季风和南亚季风的性质不同，前者包含了热带季风和副热带季风，风场和降水场的季节变化上都有明显的体现，后者属热带季风性质，风场性质的转变不是很突出，主要体现在降水量的急剧变化上，很难找到一个普适指标将二者很好地统一起来。毛江玉等（2002）的研究表明，对流层中上层脊面附近建立的北暖南冷的温度结构，能够反映亚洲各季风区夏季风爆发共同的本质特征，根据季节转换的热力学基础，对流层中上层经向温度梯度反转时间作为度量季风爆发的指标合理可行。

图 3.10 给出了典型季风区所在经度区域平均的 850hPa 风场、OLR 及 200hPa 西风急流轴线和 500～200hPa 平均的温度脊线（即副高脊面）。从图中可看到，在 BOB，4 月底（24 候）以前，热带地区对流较弱，只在 5°N 以南的地区出现深对流，28°N 以北的 OLR 低值区是地面温度低造成长波辐射较小所致，与低纬的深对流区有本质的不同。4 月底，赤道附近的南风突然增长并扩展到副热带地区，孟加拉湾季风区 850hPa 盛行西南风，同时，深对流区亦向北急速扩展，从图中可看到，急流轴线和温度脊线在 5 月初都有一次明显急速北跳，急流轴北跳至 35°N 以北的青藏高原上空，南支西风急流消失。季风爆发后，西风急流轴线以北主要为偏北风，以南主要为偏南风。这个特点在 SCS 表现得更为明显，副高脊面及西风急流轴线在 27 候附近出现北跳，对应季风的爆发时间，急流轴的南部为偏南风，北面为偏北风。在南亚季风 IDO，急流的北跳亦与季风的爆发时间一致，但 850hPa 风向的变化与东亚季风区有些差异，其强对流区表明南亚季风只能到达 25°N 以南的热带地区，季风区盛行西风。图 3.11 给出了降水、副高脊面及西风急流的时间-纬度变化，从降水的演变过程中可看到，降水大值区与 OLR 的深对流区有较好的对应，所以得到与上述一致的结论。

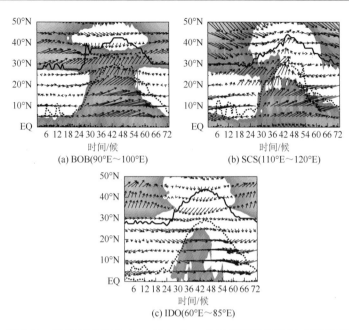

图 3.10　沿不同季风区 OLR 及 850hPa 风场等要素的时间-纬度演变

BOB：90°E～100°E；SCS：100°E～120°E；IDO：60°E～85°E；图中矢量为 850hPa 风场，阴影为 OLR 小于 230W/m²
的对流区，中纬粗实线为急流轴线，低纬粗虚线表示 500～200hPa 南北温差为 0 的曲线

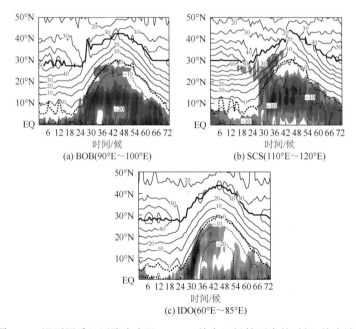

图 3.11　沿不同季风区降水率及 200hPa 纬向风场等要素的时间-纬度演变

BOB：90°E～100°E；SCS：110°E～120°E；IDO：60°E～85°E；图中等值线为 200hPa 纬向风场，阴影为降水率
大于 5mm/d 的区域，中纬粗实线为急流轴线，低纬粗虚线表示 500～200hPa 南北温差为 0 的曲线

3.2.3 南海夏季风爆发早晚年急流变化特征

南海夏季风的爆发预示着东亚季风向北推进,引起东亚地区环流形态的转变,夏季风爆发的早晚关系到东亚地区季节转换的早晚及雨带的进退情况,所以本节将重点放在研究南海季风爆发早晚年西风急流的北跳和东西方向形态变化有何差异。探讨这个问题之前,必须对南海季风爆发的早晚年进行确定,由于湿位涡能较好地体现湿度的变化,又包含了流场的改变,是一个较好体现南海夏季风的综合性指标,所以南海夏季风迟早年的选取参照姚永红(2003)利用湿位涡指数定义的南海夏季风爆发时间的标准化序列(图 3.12),以标准化距平大于等于 1 及小于等于–1 的年份为南海季风爆发迟早典型年,其中爆发早年:1966 年、1972 年、1976 年、1980 年、1985 年、1986 年、1994 年、1996 年;爆发晚年:1959 年、1963 年、1970 年、1973 年、1982 年、1987 年、1991 年、1993 年,并采用典型年合成方法来研究南海夏季风爆发早晚年的西风急流的差异。

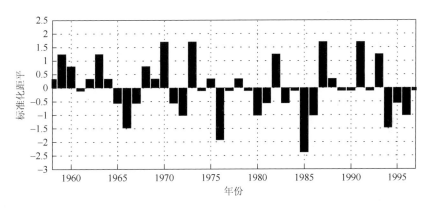

图 3.12 标准化的南海夏季风爆发日期变化图

1. 高低层纬向风场的差异

南海夏季风爆发的主要标志之一是对流层低层对流的爆发和西南风在南海一带的建立,在对流层高层表现为东西风急流在季风爆发前后的突变、南北温度梯度的反转及南亚高压等系统的季节性移动。从南海夏季风爆发迟早年高低层纬向风的时间变化来看(图 3.13),南海夏季风爆发早年,850hPa 上 15°N 以南东西风转换时间出现在 26 候,26 候以前 5°N~18°N 的南海大部地区低空一直由偏东气流控制,较强偏东风出现在 10°N 附近纬带上;24 候以后偏东气流逐渐减弱,到 26 候,偏西风全面进驻南海,但风速较小,33 候以后,南海中部地区偏西风最为强盛。而南海季风爆发晚年，南海地区在 31 候之前一直为东风控制，之后向西风转变，比爆发早年晚了 5 候，并且其爆发后，南海地区的西风迅速增强。

与低层相反，南海夏季风爆发前后高层风场是以西风急流的北撤和东风急流的建立为特征的。由图 3.13 可见，24 候之前，10°N 以南亚洲上空一直为东风气流所控制，但风速在 10m/s 以下，10°N 以北为西风气流控制，较强西风带位于 30°N 附近纬带上，风速在 40m/s 左右。24 候以后，西风开始北撤，西风急流轴线随时间向高纬倾斜，东风则逐步向中纬地区推进，到南海夏季风爆发，东风已向北扩展到 15°N 附近。南海季风爆发早年，低纬的东风向北推进的时间早，到达的纬度偏北，中纬的西风急流强度偏弱。季风爆发晚年则相反。从上面的分析还可看出，低空西风在南海地区的爆发和增强具有突发性，而高空西风转为东风的过程是渐进的。

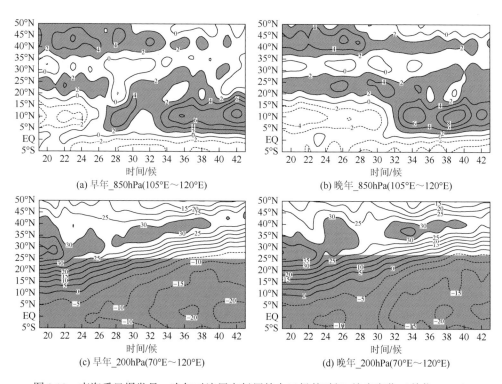

(a) 早年_850hPa(105°E~120°E)　　(b) 晚年_850hPa(105°E~120°E)

(c) 早年_200hPa(70°E~120°E)　　(d) 晚年_200hPa(70°E~120°E)

图 3.13　南海季风爆发早、晚年对流层高低层纬向风场的时间-纬度变化（单位：m/s）

2. 温度梯度场结构的差异

由于风场决定于温度梯度的变化，南海夏季风爆发早、晚年必然在温度梯度场上有所反映，图 3.14 给出了南海夏季风爆发早、晚年 300hPa 南北温差（5°N 减 15°N）与年平均之差的经度-时间变化，图中减去年平均是为了更好地体现各地南北温差的季节转换时间。从图中可以看到，季风爆发早年，南北温差与年平均的差在 26 候以前基本为正值，还表现出南暖北冷的冬季特征，27 候开始，孟加拉湾及南海地区开始出现南北温差的季节性反相，而西部的阿拉伯海及东部的西太平洋的转换时间则迟得多。季风爆发晚年，孟加拉湾及南海地区开始出现南北温差季节性反相的时间在 30 候左右。所以热带地区 300hPa 南北温差的季节性反相基本体现了热带地区风向的季节转变，反映了季风的爆发特征。

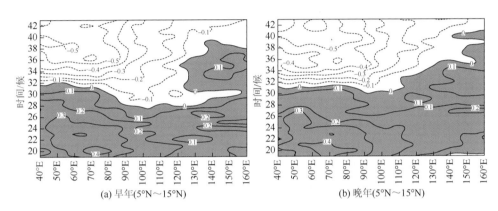

(a) 早年(5°N～15°N)　　　　　　　(b) 晚年(5°N～15°N)

图 3.14　南海夏季风爆发早、晚年 300hPa 南北温差（5°N 减 15°N）与年平均之差的经度-时间变化（单位：℃）

阴影区为正值

　　上述分析给出的是低纬热带地区南北温差的季节转换情况，那么与西风急流密切相关的中纬地区的温度场结构特别是青藏高原上空是否也有明显的不同呢？图 3.15 给出了 300hPa 沿 80°E～100°E 平均的南北温差与年平均之差的纬度时间变化，南北温差的季节转换表现在 20°N 以南有整体突变的性质，季风爆发早的年份明显早于季风爆发晚年。而在 30°N～45°N 的中纬地区，情况却有所不同，季风爆发早年，南北温差季节转换的时间在 28 候开始由南向北逐渐推进，而在季风爆发晚年却是在 33 候左右发生整体性的突变，这与 200hPa 纬向风变化一致。

　　东亚季风的爆发不仅与南北向的热力差异紧密联系，亦与东西向海陆热力差异密切相关，东西向海陆热力差异主要影响经向风的变化，类似上述分析，给出了季风爆发早晚年陆海温差（110°E 减 140°E）与年平均之差的时间纬度变化（图 3.16），从图中可以看出，东西向陆海温差的季节转换时间要早于季风爆发的时间，同样可以看到，季风爆发早年陆海温差的季节转换时间要明显早于季风爆发晚年。

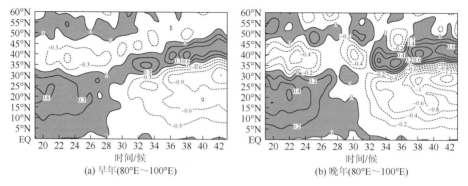

(a) 早年(80°E~100°E)　　　　　(b) 晚年(80°E~100°E)

图 3.15　南海夏季风爆发早、晚年南北温差（80°E~100°E 平均）与年平均之差的纬度-时间
变化（单位：℃）

阴影区为正值

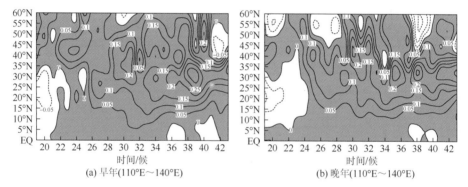

(a) 早年(110°E~140°E)　　　　　(b) 晚年(110°E~140°E)

图 3.16　南海夏季风爆发早、晚年陆海温差（110°E 减 140°E）与年平均之差纬度-时间变化
（单位：℃）

阴影区为正值

3. 加热场的差异

上述分析表明季风爆发早晚年在风场上、温度经向梯度及纬向梯度上都有明显的差异，下面进一步分析在地表加热场上是否也有体现。图 3.17 给出了沿105°E~120°E 平均的加热距平场的纬度时间变化，从感热的变化来看，季风爆发早晚年的差异主要出现在中纬地区，中纬地区的感热加热在季风爆发早年明显偏强，且具有较好的持续性，而在季风爆发晚年情况相反，相对而言，低纬地区的差异不甚明显，但还是可以看出与中纬地区相反，早年感热偏弱而晚年感热偏强。也许正是这种中高纬相反的感热差异造成了季风爆发早年温度场南北差异季节转换提前而季风爆发晚年推迟。

潜热释放是季风的伴随现象，所以季风爆发早年，低纬潜热大值时段出现在26~30 候的季风爆发后，而在季风爆发晚年则出现在 32~36 候。潜热变化的差异

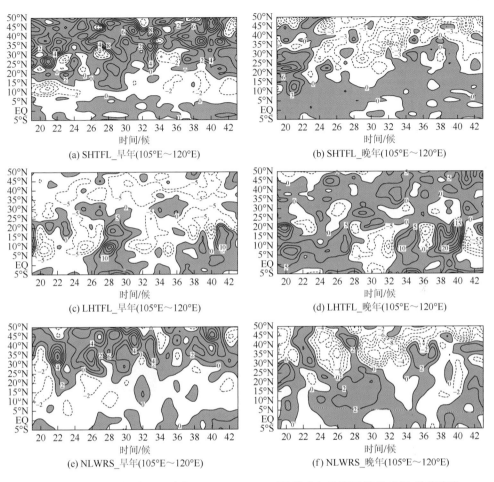

图 3.17　南海季风爆发早、晚年 105°E～120°E 平均地表加热距平场的时间-纬度变化
（单位：W/m²）

NLWRS 表示地表净长波辐射通量

在中纬地区较为显著，季风爆发早年，潜热为持续负距平，而晚年则为持续正距平。地表的净长波辐射也是大气的主要热量来源，同样，季风爆发早、晚年地表净长波辐射亦有明显的差异，早年对应 20°N～50°N 的对外净长波辐射明显较常年偏强，而晚年则偏弱，低纬地区则相反。

上面的分析表明，在季风爆发早晚年地表加热场在中纬度地区有显著差异，为了更好地理解这种差异，图 3.18 给出了沿 25°N～40°N 平均各不同加热项距平的时间-经度变化，从感热的变化来看，最明显的差异出现在 120°E 以西的陆面上，特别是青藏高原区域，青藏高原的地表加热呈现东西反相的变化，季风爆发早年，82°E 以西的区域，感热持续偏弱，而 82°E 以东的区域，感热持续偏强，而在季风爆发晚年则相反，青藏高原西侧的感热持续偏强，而东侧持续偏弱。地表潜热的差异则主要体现在 100°E～120°E 的中国东部地区，同样，在季风爆发早年地表潜热为持续负距平，而在晚年则主要体现为持续正距平。地表净长波辐射的差异与地表感热的差异比较相似。因此，地表对大气加热的不均匀性，即其在经向及纬向上的加热异常，会引起大气南北温差季节性转换的时间差异，从而导致大气环流转换的迟早，并体现在夏季风爆发的年际差异上，这在与夏季风密切相关的急流变化上亦得到明显体现。

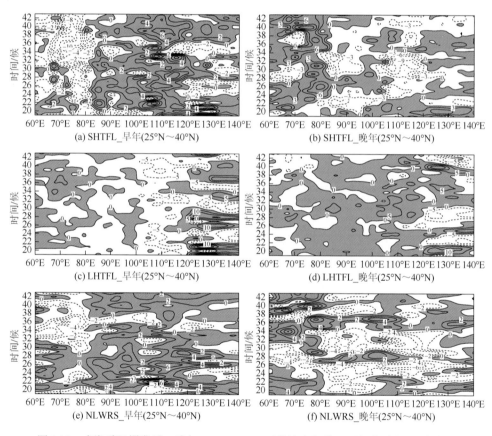

图 3.18　南海季风爆发早、晚年 25°N～40°N 平均地表加热距平场的时间-经度变化
（单位：W/m²）

3.2.4　急流中心东西向位置和形态变化与季风的关系

1. 南海夏季风爆发早晚年的差异

急流的东西向形态变化与青藏高原大地形加热有直接的关系，而青藏高原热

力作用的强弱对季风来说又是一个关键的影响因子。研究表明（张艳等，2004），中南半岛和印度半岛的局地加热有利于亚洲夏季风的早期建立，在季风爆发前起到预热作用，但并不是触发亚洲季风爆发的根本原因，而中纬度高原的感热加热所造成的经、纬向热力差异才是导致亚洲夏季风爆发的关键因素。当青藏高原热力作用强时，其上空对流层中上层的南北温度梯度反转时间早，急流中心建立较早，并将加速其东侧地区低层西南气流，相应季风爆发时间早；反之，当青藏高原热力作用弱时，其上空区域加热弱，对流层中上层的南北温度梯度反转时间晚，急流中心建立较迟。

为了更好地说明这个问题，选取南海夏季风爆发时间较早的 1994 年及较晚的 1991 年进行比较。图 3.19 分别给出了两个年份 30°N～45°N 平均纬向风垂直分布变化，从图中可以看到，南海夏季风爆发早的 1994 年，青藏高原上空急流核在 31 候已建立，西太平洋上空急流核减弱很快，在 39 候已基本消失，表明急流中心的"西移"较早。而在南海夏季风爆发晚的 1991 年，情况却有明显的不同，西太平洋上空的急流核在 40 候以前一直占据明显的主导地位，到 41 候以后才明显减弱，让位于青藏高原上空急流核，急流中心西移较迟。所以东亚夏季风爆发早、晚年在急流季节性的东西向位置和形态变化上也有明显的时间差异。

2. 急流中心季节性位置和形态变化与南亚季风爆发、梅雨始终期的关系

早在 20 世纪 50 年代，刘匡南和邹宏勋（1956）、陶诗言等（1958）研究认为梅雨期的开始与南亚季风的建立日期基本一致，并且梅雨期的开始及南亚季风的建立，都是发生在亚洲上空行星风带向北突然推进的时期，梅雨期的结束则发生在日本上空西风急流消失并且西太平洋脊线向北推进至 30°N 以北的时期。中国东部地区上空急流第一次北跳出现在 26 候，预示着南海夏季风即将爆发；急流核 31 候左右在青藏高原上空的建立意味着南亚季风爆发及梅雨的开始，而其逐步取代西太平洋上空急流核占据主导控制地位时间与梅雨结束相对应。分析表明，急流的北跳与急流中心的西移具有密切联系，青藏高原北侧急流核的建立标志着南支西风急流的北跳，而日本上空西风急流核的消失则表明青藏高原急流中心已占据主导地位。但这里只是从有限的资料样本及多年平均环流场得出的结论，下面对历年变化特征进行更细致的分析。

表 3.1 给出了历年青藏高原上空急流轴北跳、急流核建立及西太平洋上空急核消失、南亚季风爆发及梅雨季节开始和结束的时间（由于南亚季风爆发日期资料从 1980 年开始，所以表中只列出了 1980～2000 年各项参数的时间），其中南亚季风爆发的时间取自毛江玉等（2002），用 IDO 上层 500～200hPa 平均温度经向梯度反转时间来定义，入梅及出梅日期来自于江苏省南京市气象台，青藏高原上空急流北跳确定为 80°E～100°E 平均的急流轴跳至 35°N 以北的时间，青藏高原

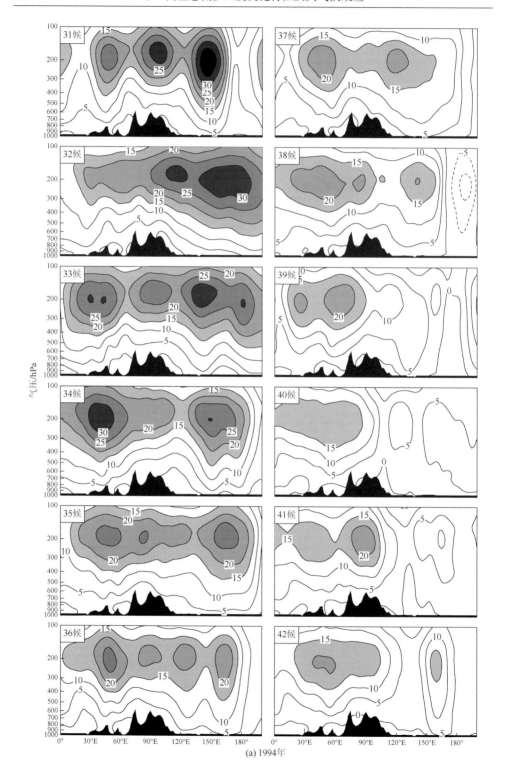

(a) 1994年

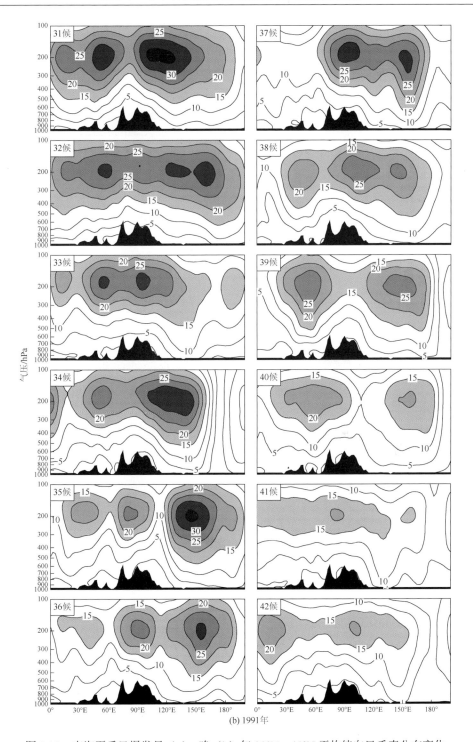

图 3.19　南海夏季风爆发早（a）、晚（b）年 30°N～45°N 平均纬向风垂直分布变化

上空急流核的建立及西太平洋上空急流核消失时间通过 30°N～45°N 平均的纬向风剖面进行选取。基于表 3.1,按时间先后顺序排列:青藏高原上空急流北跳—青藏高原上空急流核建立—南亚季风爆发—江淮地区入梅—西太平洋上空急流核消失、江淮地区出梅。可以看到,青藏高原上空加热到达一定的强度,减弱了其南侧的南北温差,加强其北侧温差,导致南支急流减弱消失,北支急流的增强,即急流的北跳;其后,随着青藏高原的持续加热,青藏高原上空急流核建立,南亚季风爆发;此后 2～3 候,江淮地区入梅;当西太平洋上空急流核减弱消失,青藏高原上空急流核占据主导地位时,江淮地区梅雨季节结束,与前人的结论基本一致。由于选用的南亚季风爆发日期用温度经向梯度而定,明显早于入梅时期,这样对梅雨的开始也有预示作用。

表 3.1　历年春夏过渡季节西风急流北跳、西移和南亚季风、梅雨季节开始及结束时间　　　　　　　　（单位:候）

年份	青藏高原上空急流北跳时间	青藏高原上空急流核建立时间	西太平洋上空急流核消失时间	南亚季风爆发时间	梅雨季节开始时间	梅雨季节结束时间
1980	30	31	41	31	33	41
1981	29	30	38	30	35	38
1982	31	31	43	33	33	42
1983	27	28	42	33	35	42
1984	27	29	37	30	32	38
1985	29	30	39	30	35	38
1986	31	31	42	31	35	42
1987	29	29	43	31	35	42
1988	29	32	38	32	34	38
1989	29	30	40	31	32	40
1990	28	29	38	29	34	38
1991	29	30	41	31	33	41
1992	30	31	41	33	36	39
1993	30	31	38	32	35	37
1994	29	29	39	31	35	39
1995	27	28	39	32	35	41
1996	31	31	41	31	34	41
1997	31	32	37	33	37	38
1998	28	33	38	33	36	41
1999	29	30	37	—	32	38
2000	26	32	36	—	35	37
平均	29.0	30.3	39.4	31.4	34.3	39.6

3.3　秋冬季转换季节东亚副热带西风急流的变化特征

相对春夏过渡季节夏季风的爆发、雨带的推进等特征，人们对秋冬季环流形势变化研究较少，在此期间大气环流是怎样转变的？急流具有怎样的变化特点？冬季环流建立的标志是什么？怎样确定冬季环流建立的时间？冬季环流建立的迟早是否对东亚冬季风的强弱有一定的影响？

3.3.1　秋冬季转换前后大气环流变化特征

1. 秋冬季节转换时间的确定

从图 3.20 给出的三个季风区纬向风、经向风时间演变特征来看，风场变量在秋冬季转换过程中表现不如在季风爆发前后那么突出。孟加拉湾季风区纬向风转换时间，500hPa 以下的对流层低层出现在 60 候前后，500hPa 以上的中上层却较迟，约在 72 候附近；南北温差转换时间出现在 66 候附近，散度场的变化主要体现在中层，但时间上却没有明显的突变性。从 SCS 来看，500~300hPa 南北温差的转换出现在 66 候左右，提前于 500~100hPa 上层纬向风的转换，而散度场的表现亦不明显。从 IDO 来看，南北温差及纬向风的转换时间都较 BOB 及 SCS 早，分别出现在 63 候和 66 候。从图 3.20 给出的各个季风区高低层的风速变化来看，低层风场的转变与高层风场的转变时间明显不一致，低层西风转为东风的时间在 42 候前后，而高层由东风转为西风的时间南亚季风区出现在 57 候，而孟加拉湾东部-中南半岛区及南海季风区则出现在 72 候附近，低层风场早于高层风场，且差异甚大。对于经向风的变化来看，低层南风转北风出现在 42 候前后，而高层亦偏迟许多，还可看到，南亚季风区的变化与东亚季风区的变化有明显不一致的特征。

如果以上述三个季风区的环流突变特征来定义东亚冬夏季环流的建立时间，则有明显的不一致性，此外，与叶笃正等（1958）得出的 6 月及 10 月冬夏自然季节转换时期相比，东亚夏季风的爆发早于夏季环流的建立时间，而东亚夏季风的撤退时间，则晚于冬季环流建立时间。细究其原因，由于所选定的季风区位于低纬地区，夏季风的爆发首先通过低纬向中国大陆推进，夏季风的爆发与夏季环流在中国大陆上空的建立有一定的时间差，而冬季风则是中高纬系统向南推移，其势力在初冬季节较弱，难以到达低纬，低纬地区夏季风的撤退必然晚于冬季风环流的建立。我国大部分地区处于副热带中纬度地区，探讨秋冬季节的转换问题须立足于中高纬环流形势的变化。

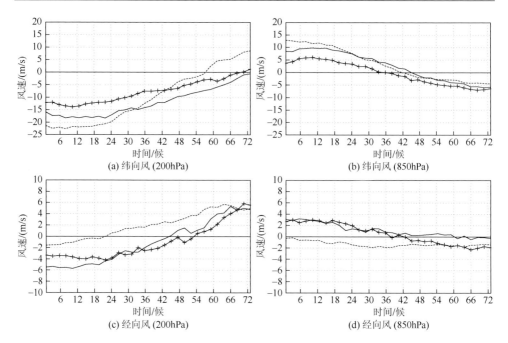

图 3.20　孟加拉湾季风区（实线）、南海季风区（＋线）、南亚季风区（虚线）风速变化
（单位：m/s）

　　气温变化是季节转换最直接的体现，图 3.21 给出了沿 32.5°N 地面气温（这里所用资料为 $\sigma = 0.995$ 层的气温）与年平均之差及沿 50°N 海平面气压的经度-时间变化，二者分别代表了中国大陆季节转换和西伯利亚冷高压的建立情况。可以看到，地表气温的季节性反转最早出现在 80°E 附近的青藏高原中部，其季节转换时间出现在 56 候，并向东西两侧扩展，60°E～75°E 的青藏高原西部及伊朗高

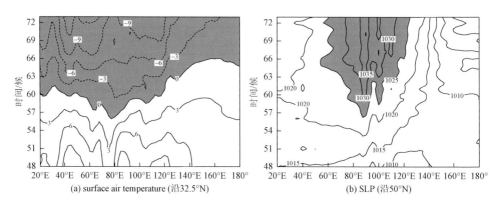

图 3.21　沿 32.5°N 的地面气温季节距平 [（a）气温与年平均之差，单位：℃] 及沿 50°N 的海
平面气压 [（b），单位：hPa] 的季节演变

原出现在 57~58 候,而青藏高原东部及其以东中国大陆地区的季节转换出现在 58~59 候,即 10 月中下旬,而 120°E 以东的海洋则迟得多,在 62~65 候。如果说中南半岛-孟加拉湾是东亚夏季风爆发最敏感的区域,其温度梯度的逆转标志着夏季风入侵东亚地区的开始,那么高原地区温度的季节性逆转是东亚地区秋冬季节转换的预示信号,其剧烈的降温将快速引导环流形势向冬季型转变。从沿 50°N 的海平面气压变化来看 [图 3.21(b)],1025hPa 西伯利亚冷高压出现的时间与青藏高原季节转换时间较为吻合,这表明一定强度西伯利亚冷高压的建立亦是季节转换的指示器。

2. 秋冬季节转换前后大气环流差异

1)高度场

地表气温的变化表明中国大陆秋冬季节转换的时间出现在 58~59 候,为了比较季节转换前后大气环流形势的差异,选取 56 候及 62 候来分析季节转换前后位势高度场变化情况(图 3.22)。从 100hPa 来看,最明显的特征在于南亚高压位置的变化,季节转换前南亚高压形态完整,16650 位势米闭合等高线控制了低纬的大部分地区,16700 位势米高压中心位于 25°N 的青藏高原南侧上空,东亚槽很浅。

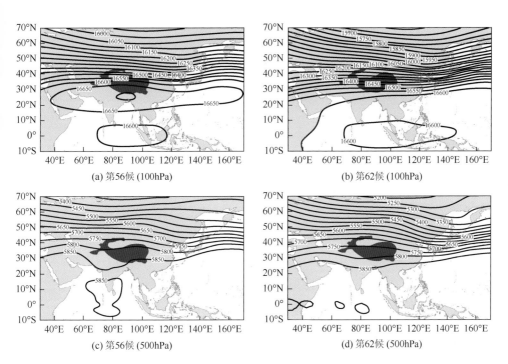

图 3.22　秋冬季节转换前 [(a)100hPa;(c)500hPa]、后 [(b)100hPa;(d)500hPa] 位势高度场的对比(单位:位势米)

而季节转换后，已不见闭合的南亚高压系统，16600 位势米等高线已南压至 20°N，南亚高压基本退至海上，大陆上空转由中高纬环流系统控制。从 500hPa 的形势来看，季节转换前印度地区还能看到明显的低槽和切断低压，西太平洋副高仍控制着东亚南部地区，5800 位势米等高线位于青藏高原北侧，贝加尔湖上空的高压脊和东亚大槽略有显现，但不明显。而季节转换后，贝加尔湖上空的高压脊和东亚大槽已成形，低纬印度地区只能观测到南支浅槽的存在，5800 位势米等高线已退至高原南侧，表明中高纬环流系统已占据明显的主导地位。

2）流场特征

与高度场的变化相对应，风场亦体现出了相应的转变特征（图 3.23）。从高层 200hPa 的流场来看，季节转换前，南亚高压对应的反气旋中心位于 20°N 以北的青藏高原南侧上空，高压脊线呈准纬向，中国东部大陆及南海位于南亚高压东侧，上空盛行偏北气流。而季节转换后，南亚高压移到海上，其对应的反气旋中心位于 20°N 以南的西太平洋上空，高压脊线呈东北-西南走向，20°N 以北的地区基本被西风带系统控制，孟加拉湾及南海等地盛行南亚高压反气旋西部的偏南气流，所以高层北风向南风的转换更为显著。从低层 850hPa 的流场来看，季节转换前，印度半岛出现低压气旋环流，主要受槽后的偏西北气流控制，赤道

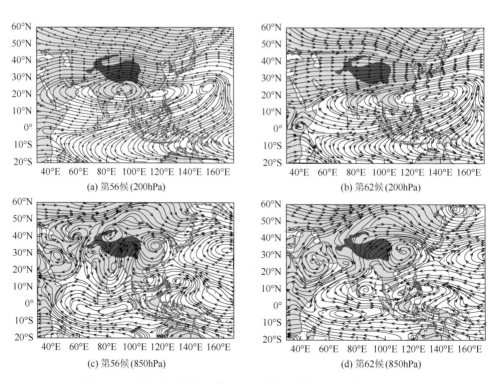

(a) 第56候 (200hPa)　　　　　　　　　(b) 第62候 (200hPa)

(c) 第56候 (850hPa)　　　　　　　　　(d) 第62候 (850hPa)

图 3.23　秋冬季节转换前 [（a）、（c）]、后 [（b）、（d）] 流场对比

辐合带（ICTZ）出现在 20°N 附近。季节转换后，印度半岛的低压槽消失，ICTZ
出现在 15°N 左右，中国大陆主要为高压反气旋控制。与 200hPa 形势对比来看，
低层系统在季节转换前后的变化没有高层明显，这和图 3.20 中低层 850hPa 风场
的变化相对应。

　3）垂直环流特征

　　研究表明，东亚夏季环流的一个重要特征是高原表面对大气的直接加热导致哈
得来环流被破坏，那么秋冬季转换过程中是否能看到相反的过程？图 3.24 给出了季
节转换前后沿 90°E 及 32.5°N 的垂直环流分布，从沿 90°E 的经向剖面来看，季节
转换前，青藏高原及其以南的低纬地区全部为上升气流所控制，哈得来环流已不明
显，高原北侧 40°N～48°N 附近为一局地下沉气流。而季节转换后可明显看到 30°N
以南地区的哈得来环流已基本建立，10°N 以南为上升气流，而在 15°N～35°N 的对
流层中高层为下沉气流，另外还可看到由西风急流引发的高原上空局地环流，急流
南侧为局地上升环流，而北侧为局地下沉环流。从沿 32.5°N 垂直环流的纬向剖面
来看，季节转换前后的主要差别体现在转换前高原上空的明显上升环流在季节转换
后已基本变为下沉气流，高原东侧的下沉气流范围由 130°E 扩至 140°E 附近。

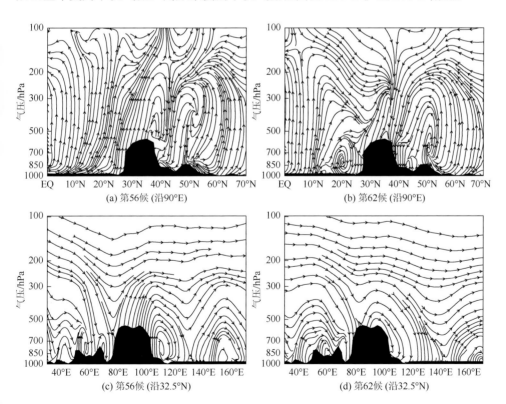

图 3.24　秋冬季节转换前后沿 90°E［(a)、(b)］、32.5°N［(c)、(d)］的垂直环流剖面

4）西风急流的位置和形态变化

叶笃正等（1958）提到急流的南退标志着冬季环流的正式建立，从图3.25（a）中给出的80°E～100°E平均西风急流的变化来看，57候急流中心位于40°N高原北侧上空，东风还控制着25°N以南的对流层中上层，58候急流有一定程度的南移，但仍位于35°N以北，59候急流中心已位于35°N左右，到了60候，可明显看到西风急流中心已南撤到了35°N以南的高原上空，低纬的东风已退到20°N以南，61～62候，急流已明显退至高原南侧，高原南支急流建立。与此同时，图3.25（b）

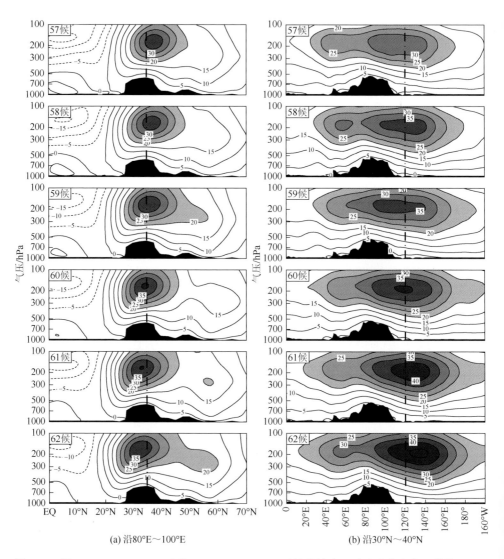

(a) 沿80°E～100°E　　　　　　　　　　(b) 沿30°N～40°N

图 3.25　沿 80°E～100°E（a）及沿 30°N～40°N（b）平均的纬向风垂直分布变化（单位：m/s）

给出了沿 30°N～40°N 平均的纬向风剖面图，从图中看到，54 候急流中心仍位于中国大陆上空，57 候西太平洋上空西风增大，急流核向东扩展，59～60 候急流中心位于海陆交界上空，到了 61～62 候，急流中心已明显移至西太平洋上空。

　　图 3.26 给出了 47～64 候急流中心经度位置的频数统计分布，从图中可以看到，与 6 月中下旬至 7 月上中旬急流中心的季节性西移过程相反，急流中心有一个明显季节性东退过程。50 候之前，急流中心主要位于 80°E～110°E 的青藏高原上空，西太平洋上空出现频数甚少，大气环流形势为夏季型；51～52 候，随着西太平洋上空急流的增强，急流中心在此区域上空出现的频数增多，而在青藏高原上空的频数则逐渐减少，急流中心开始"东退"，环流形势进入过渡时期；53～54 候，急流中心在 120°E 以东的频数已明显占优，在青藏高原上空的频数则显著减少，这种情况持续到 58 候左右；59～60 候，急流中心已稳定出现在 120°E 以东的西太平洋上空，青藏高原及其以东大陆上空的急流中心基本消失，表明急流中心已完成向西太平洋上空的稳定东退过程，标志着冬季环流形势的建立。因此，从上面的分析来看，急流的南撤与急流中心的东退是秋冬季节转换的标志，二者基本同步，急流轴南撤到 35°N 以南、急流中心稳定移到西太平洋上空标志着冬季环流的建立。

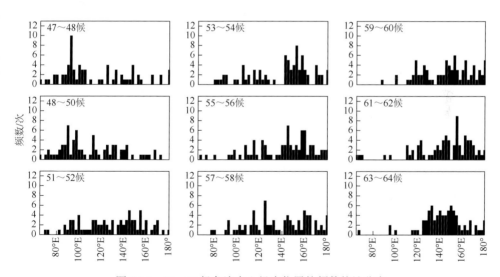

图 3.26　47～64 候急流中心经度位置的频数统计分布

3.3.2　秋冬季西风急流形态变化的年际差异

　　利用多年平均资料诊断出来的结果，将历年急流轴南撤至 35°N 以南、急流中心稳定移至西太平洋上空、青藏高原地表气温季节转换、南亚高压反气旋中心退至西太平洋上空时间列表如下（表 3.2）。从中看到急流南退、中心东移及南亚高压东撤的时间比较一致，主要集中于 56～62 候，多年平均出现在 59 候，即 10 月下旬前期。青藏高原地表气温季节转换的时间集中于 55～60 候，一般提前于急流突变 1～2 候，多年平均在 57～58 候，进一步说明了青藏高原的热力作用不但是东亚夏季风爆发的关键影响因子，也是东亚地区秋冬季节转换的触发因子。

表 3.2　历年青藏高原急流轴南撤至 35°N 以南（I1）、急流中心稳定移至
西太平洋上空（I2）、青藏高原地表气温季节转换（I3）、南亚高压
反气旋中心退至西太平洋上空（I4）时间　　　　（单位：候）

年份	I1	I2	I3	I4	年份	I1	I2	I3	I4
1961	61	63	57	61	1981	61	62	56	60
1962	58	59	56	59	1982	58	56	56	56
1963	58	59	58	59	1983	60	58	59	58
1964	63	60	58	61	1984	63	60	60	60
1965	58	58	56	58	1985	60	59	58	60
1966	55	59	57	58	1986	56	58	56	58
1967	57	58	56	58	1987	60	60	59	59
1968	58	59	58	58	1988	62	58	58	62
1969	57	57	55	56	1989	59	59	58	59
1970	62	63	58	62	1990	57	60	58	59
1971	60	60	59	63	1991	59	60	56	59
1972	59	59	56	56	1992	58	58	57	59
1973	59	59	59	60	1993	59	55	58	57
1974	64	56	59	60	1994	59	59	54	59
1975	61	57	58	61	1995	58	59	60	57
1976	58	61	58	62	1996	57	57	57	58
1977	58	57	56	58	1997	54	58	56	58
1978	59	57	57	59	1998	61	60	60	60
1979	58	60	58	59	1999	57	61	59	61
1980	58	60	59	61	2000	58	59	57	60
平均	58.9	58.9	57.5	59.2					

3.4　东亚副热带西风急流中心东西向位置变化的影响机制

3.4.1　温度场结构的变化

东亚副热带西风急流在夏季风盛行期间的变化特征与夏季风的爆发和推进有较好的对应关系，主要体现为急流轴的北跳及急流中心东西向位置和形态变

化，这种变化是东亚地区海陆分布的特殊性及复杂地形非均匀加热分布所导致的。由于东亚副热带西风急流位于对流层中高层，基于热成风原理，纬向风的变化取决于温度场的经向差异变化，为了比较二者的关系，图 3.27 给出了 25～42 候 500～200hPa 平均温度南北差异的变化图，图中的阴影表示 200hPa 纬向风速大于 30m/s 的区域，从图中可明显看到，在 25～29 候，中纬度地区位于 20°E 和 140°E 附近的两个南北温差大值区对应出现两个西风急流核，其中西太平洋的温差大值区不断向大陆上空扩展，31 候 80°E～100°E 区域出现温差大值中心，标志着青藏高原北侧上空急流核的建立，与南北温差大值区相对应，急流呈扁平

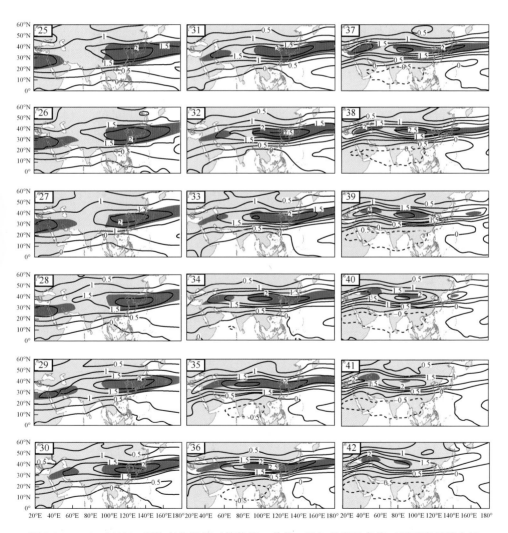

图 3.27　500～200hPa 平均南北温差（等值线；单位：℃）及西风急流（阴影表示纬向风大于 30m/s）的逐候时间演变

状，出现的三个急流核分别位于 40°E～60°E、80°E～100°E 及 130°E～150°E。这种情况持续至 40 候，41 候随着西太平洋上空南北温差中心的减弱消失，对应的急流核亦减弱消失，急流中心出现在青藏高原及伊朗高原北侧上空，呈现出盛夏急流的两类分布型态。从温差与急流的变化来看，温差中心的变化超前急流中心的移动，从候尺度上亦说明了温差的变化是导致流场变化的原因，即流场向气压场适应。

　　图 3.28 给出了分别沿 70°E～100°E、105°E～120°E、120°E～160°E 平均的急流轴线及南北温差轴线的季节变化，二者的变化趋势基本一致，但可看到不同下垫面上空，二者的变化有一定的差别。在西太平洋上空，两条曲线基本重合；在中国东部上空，在 30 候以前，温差轴线位于急流轴线北侧，在 30 候之后，南北温差轴位于急流轴南侧，直至 66 候左右，再次位于急流北侧，从二次北跳的情况来看，温差轴的北跳提前于急流轴；从高原上空的急流轴的变化来看，相似于中国东部地区，在 30～60 候的夏季环流期间，南北温差轴位于急流轴以南，而在冬季环流期间，温差轴处于急流轴的北侧，但这种差别较中国东部地区显著。因此，冬夏季环流的转变还体现在南北温差轴与急流轴配置上，其中的机理有待进一步深入研究。

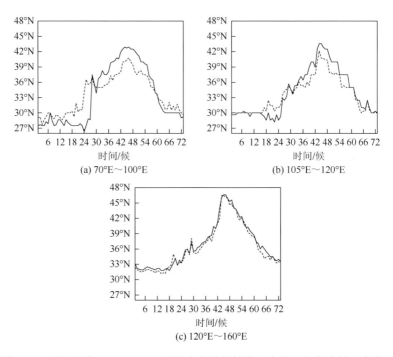

(a) 70°E～100°E

(b) 105°E～120°E

(c) 120°E～160°E

图 3.28　不同区域 500～200hPa 平均南北温差轴线（虚线）与急流轴（实线）位置随时间演变

3.4.2 热力学方程的诊断

急流的季节变化由南北温差分布的季节变化所决定,而温度季节增量的不均匀性决定了南北温差的季节性变化。图 3.29 给出了引起温度季节变化的各热量输送项量值的大小,从图中可明显看到,在 42 候以前,温度的局地变化南北差异为负,表明北部增温大于南部增温,南北温差减弱,西风带强度减弱,急流强度亦随之减弱,42 候以后,温度的局地变化南北差异为正,表明北部降温大于南部降温,南北温差增强,西风带强度增强,急流强度加大。从平流项的南北差异来看,正值区主要出现在 100°E 以东,即南部热量的平流输送大于北部。而垂直输送项的正值主要出现在 90°E 以西及 140°E 以东,在中国东部地区上空为负值,表明热量的垂直输送项对中国东部夏季急流的维持主要起到相反的补偿作用;对于非绝热加热项来说,正值区主要在 50°E~120°E 的伊朗高原和青藏高原及其东部地区。

为了比较不同区域各热量输送项南北差异对维持急流的不同贡献,选取 40°E~60°E、80°E~100°E、120°E~160°E 三个区域进行分析,分别对应着春夏季三个急流核所在区域(图 3.30),从其季节变化来看,温度的局地变化在量值上

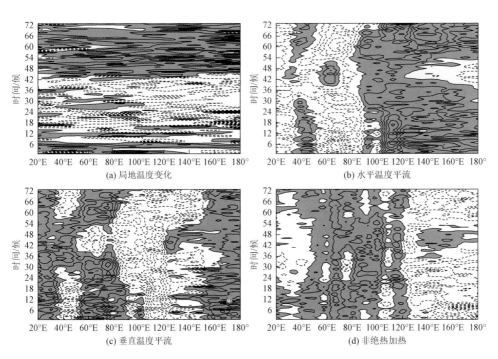

图 3.29 30°N~45°N 平均热力学方程各项南北差异随时间变化(单位:K/d)

阴影区数值为正值

较其他几项小，是其他几项作用下的余项。不同区域各热量输送项有显著的差异，温度平流南北差异对西太平洋上空对流层中上层的南北温差贡献在 42 候以前始终为正，且量值较大，而垂直项和非绝热加热项的南北差异都为负，所以维持西太平洋上空急流中心南北温差作用的主要是平流项；而青藏高原上空地区平流输送的贡献较小，主要是非绝热加热的作用，垂直输送主要是补偿非绝热加热所造成的南北温差变化；而伊朗高原上空，非绝热加热作用较小，主要是垂直运动起主要作用，平流输送则是削弱这种变化。因此，春夏季东亚上空的三个急流核的出现是气温经向梯度纬向不均匀的重要体现，但维持机制却有较大差异，伊朗高原上空急流核主要由气流下沉增温形成的南北温差维持，青藏高原上空急流核主要是非绝热加热的作用，而西太平洋上空急流核则主要是热量水平输送的贡献。

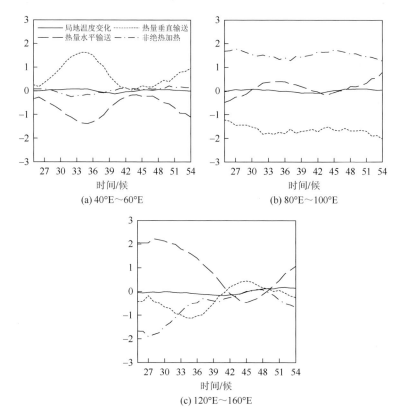

图 3.30　不同区域 30～45°N 平均各热量输送项南北差异随时间变化（单位：K/d）

3.4.3　非绝热加热对急流中心位置变化的引导作用

由 2.3.2 节分析得知非绝热加热对急流中心的移动具有引导作用，由 3.4.2 节的

分析表明青藏高原上空急流核主要是由非绝热加热导致的南北温差维持，图 3.31
给出的 30°N～45°N 平均非绝热加热率随时间的变化进一步证实了这个结论。由
图可见，在 24 候以前，非绝热加热大值区位于 130°E 以东，对应急流中心亦位于
此区域；24～37 候随着 80°E～100°E 青藏高原对上空大气非绝热加热的增强，同
时 120°E 以东非绝热加热逐渐减弱，当前者逐渐取代后者成为非绝热加热大值中
心区时，急流中心西移至青藏高原北侧上空；38～52 候，与夏季青藏高原非绝热
加热大值区相对应，急流中心盘踞在此；此后随着青藏高原的冷却及 130°E 以东
非绝热加热的增强，急流中心再向东移动。因此，非绝热加热作用对急流中心移
动的引导作用在这里也得到了验证。

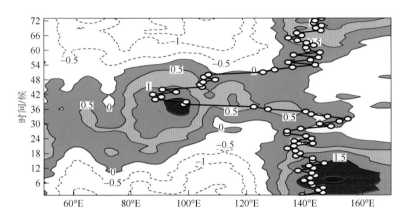

图 3.31　30°N～45°N 平均地面至 200hPa 平均非绝热加热率经度-时间变化（单位：K/d）

图中空心圆线为多年平均急流主中心经度位置

第4章 盛夏季节对流层上层西风急流的两类型态及其气候效应

研究发现盛夏季节南亚高压具有青藏高压和伊朗高压两类模态，且二者具有性质上的差异，并分别对应东亚地区气候的异常型态（Zhang et al.，2002）。由于风场与气压场动力学上的联系，南亚高压和西风急流具有密切关系，气压场的变化必然会导致风场的调整，风场的变化亦会引起气压场的变动。对盛夏季节高原上空的副热带西风急流的分析发现，盛夏期间对流层高层西风急流亦表现出青藏高原及伊朗高原两种型态，维持这两种急流型态的物理机制如何？与之相对应的气候特点是什么？下面将针对这些问题进行探讨。

4.1 盛夏季节对流层上层西风急流的两类型态

4.1.1 西风急流与南亚高压的关系

研究表明，南亚高压在 100hPa 上表现最为明显，一般采用 100hPa 上的位势高度场定义；而西风急流在 200hPa 层上最为强大，采用 200hPa 纬向风场表征急流。根据 Zhang 等（2002）的研究工作，选取 100hPa 上区域（0～50°N，60°E～180°E）位势高度最大值中心经度、纬度及位势高度值作为表征南亚高压的参数；选取相同区域 200hPa 上最大西风中心经度、纬度及风速值作为表征西风急流的参数。

图 4.1 给出了多年平均南亚高压与西风急流各项参数的季节变化。从南亚高压的经度变化来看，南亚高压在 10 月至次年 3 月位于 130°E 以东的西太平洋上空，4 月出现明显的西进，移到 100°E～110°E 的中南半岛上空，然后缓慢西移，7 月到达 70°E 附近，整个夏季稳定滞留在高原上空到 9 月，10 月急剧东退至海面上。从其季节性的南北移动来看，1～4 月，南亚高压位于 15°N 以南，4～5 月，急剧向东北移动至 20°N 以北的青藏高原南部上空，此次北跳对应了南海夏季风的爆发，此后，高压逐渐向北移动，于 7 月到达 33°N 左右，位于一年中的最北位置，8～10 月南亚高压逐渐南撤，并于 10 月撤出高原，退到太平洋上空。从中心强度的变化来看，南亚高压经历了由冬到夏增强、由夏到冬减弱的季节变化，最强出现在 7 月，最弱出现在 1 月。

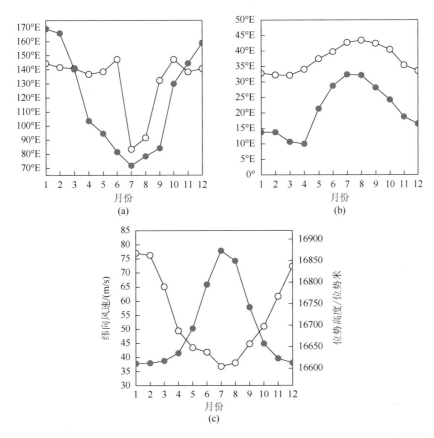

图 4.1 南亚高压（●）、西风急流中心（○）经度（a）、纬度（b）、强度（c）的季节变化

从南亚高压、西风急流中心的季节变化对比来看，急流中心位于高压中心北侧 10~15 个纬度，这表明南亚高压反气旋气流的北侧西风是西风急流的主要组成部分，4~8 月东亚季风盛行期间南亚高压中心的北移提前于西风急流中心的北移，可以看作高层气压的变化引起了流场的调整。二者的强度变化呈反相的季节变化，这是因为青藏高原表面升温对对流层中上层具有强大的加热作用及高压的趋热性，南亚高压在夏季表现为强大深厚的热力性高压，所以强度最强；而西风急流强度的减弱缘于热成风的原理，夏季气温经向梯度减弱所导致。春夏过渡季节是南亚高压和急流中心位置变动较明显的时期，二者的位置变动与东亚夏季风爆发密切相关。

4.1.2 盛夏西风急流的结构

图 4.2 给出了多年平均盛夏（7~8 月）100hPa 位势高度场、200hPa 风场及分

别沿 40°N、90°E 及 50°E 的垂直流场剖面。从图中可看到，南亚高压位于中纬地区 30°N 附近，中心位于青藏高原上空，其范围控制了北半球大部分副热带地区，是东亚对流层上层夏季主要控制系统，其形成与变化与青藏高原热力作用密切相关。从 200hPa 流场来看［图 4.2（b）］，与强大南亚高压相对应，中纬度上呈现为一强大的反气旋环流系统，高压脊线（东西风交界处，通常用纬向风为零的位置定义）北部盛行偏西风，南部盛行偏东风。从 200hPa 纬向风的分布得知［图 4.2（c）］，西风急流位于高压北部 40°N 附近的中纬度地区，并在伊朗高原及青藏高原北侧上空分别出现了强度大于 30m/s 的两个西风急流核。

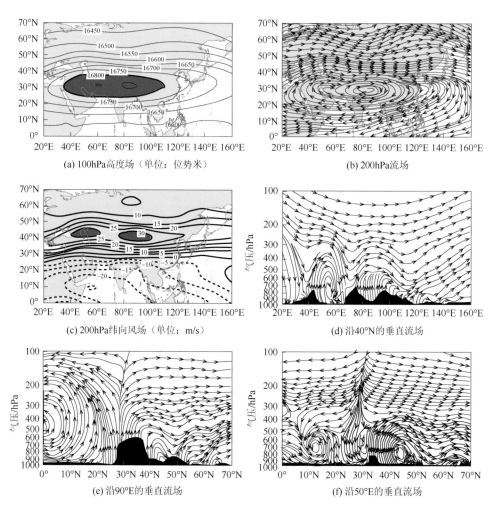

(a) 100hPa高度场（单位：位势米）

(b) 200hPa流场

(c) 200hPa纬向风场（单位：m/s）

(d) 沿40°N的垂直流场

(e) 沿90°E的垂直流场

(f) 沿50°E的垂直流场

图 4.2　盛夏（7～8 月）多年平均 100hPa 高度场（a）、200hPa 流场（b）、200hPa 纬向风场（c）及沿 40°N（d）、90°E（e）、50°E（f）的垂直流场

以往的研究表明（丁一汇，1991），西风急流与垂直环流有紧密的联系，即在急流入口区气块速度的增大而获得向北的非地转分量，导致急流北侧产生辐合气流，而南侧产生辐散气流，由此在急流入口区的北部激发出下沉气流而在南部出现上升气流，同时低层的流场产生与高层流场相反的变化，即急流入口区南侧出现辐合，而北侧出现辐散。从图4.2（d）中沿40°N剖面的垂直环流来看，在40°E～50°E及80°E～90°E的两个西风急流核的入口区可看到明显的局地上升气流，而在55°E～70°E及95°E～110°E的两个急流出口区则为下沉气流，这理论对应一致。从沿90°E的剖面来看［图4.2（e）］，最明显的特征则是从青藏高原上空扩展至赤道的行星尺度上升环流，这是夏季青藏高原的强大加热作用破坏了哈得来环流系统所致的。同时，也可看到由急流激发出的局地上升环流：在30°N～40°N的急流南侧300hPa以下盛行上升环流，而在45°N～50°N的急流北侧则是下沉气流，沿50°E剖面的垂直环流也可看到类似的次级环流［图4.2（f）］。

4.1.3　盛夏西风急流的两类型态

从4.1.2节的分析中可看到，西风急流主中心的经度位置在盛夏位于大陆上空，明显不同于其他季节，这是夏季青藏高原大地形对对流层中高层大气直接加热而造成的气温经向梯度的纬向不均匀性导致的。南亚高压在盛夏呈现双模态，同样，发现与之密切相关的西风急流亦呈现类似特征，从盛夏急流主中心经度位置在不同区域的统计频数来看（图4.3），急流主中心最集中的两个区域出现在45°E～60°E及85°E～100°E，即伊朗高原北侧上空和青藏高原北侧上空，将这种现象称为盛夏急流中心的两类型态，中心位于青藏高原北侧上空的急流型态称为青藏高原急流型（Tibetan Plateau jet mode，简称TJM），位于伊朗高原北侧上空的急流型态称为伊朗高原急流型（Iranian Plateau jet mode，简称IJM）。

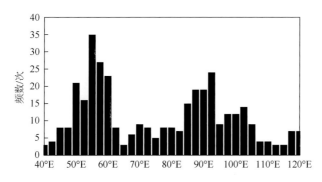

图4.3　盛夏西风急流主中心位置在不同区域出现频数

　　分析中选取每年第 37～48 候进行统计，将西风急流主中心所在位置位于 80°E 以东的归为青藏高原急流型，位于 60°E 以西的归为伊朗高原急流型。结果表明，在 40 年共 480 候中，有 211 个青藏高原急流型，211 个伊朗高原急流型，各占 44%，尚有 12%位于 60°E～80°E，这里暂不作讨论。图 4.4 给出了两类急流型对应的 200hPa 纬向风场合成分布，从图中可看到青藏高原急流型西风风速大于等于 30m/s 的急流核位于 80°E～100°E，急流轴位于 40°N 左右且较为平直，低纬的东风较弱；而伊朗高原急流型对应风速大于等于 30m/s 的急流核位于 40°E～60°E，急流轴线稍偏北，位于 42°N 左右，低纬的东风较强，向北推进明显。

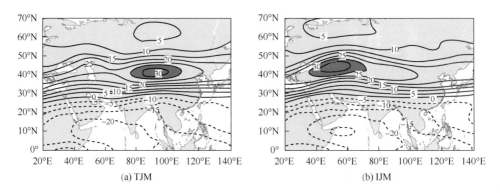

图 4.4　盛夏青藏高原急流型（a）、伊朗高原急流型（b）200hPa 纬向风合成分布（单位：m/s）
阴影区为纬向风速 $u \geqslant 30$m/s 的急流核

4.2　西风急流两类型态的环流差异

4.2.1　高度场

　　将 4.1 节中历年 37～48 候两类急流型分别进行合成，分析二者的环流差异。首先从 100hPa 高度场来看（图 4.5），青藏高原急流型对应的南亚高压呈青藏高压模态，16850 位势米等值线只盘踞在青藏高原上空，中心强度较弱，青藏高原北侧上空的等高线较密集，而在高纬的欧洲大陆为一高度脊，等高线分布较稀疏。伊朗高原急流型对应南亚高压呈伊朗高压模态，中心位于伊朗高原上空，中心偏强，伊朗高原北侧上空的等高线较为平直且分布密集，西伯利亚地区表现为高度脊，等高线较稀疏。从青藏高原急流型与伊朗高原急流型的差异场来看 [图 4.5（e）]，以西风急流轴线（42°N 左右）及 80°E 为分界线，呈现东西和南北反相的"双偶极型"分布特征，差异最大值区位于乌拉尔山以西的东欧平原，中心差值超过 60 位势米，处于其东南方向的伊朗高原上空则是负差值区。与此同时，位于 80°E 以东的中西伯利亚地区及其以南的中国大陆上空则出现北负南正的分布。这种中纬西负东正、高纬西正东负的分布将会加大 80°E～100°E 中高纬的气压梯度，而减弱 80°E 以西伊朗高原北侧的气压梯度，根据地转风关系，将导致青藏高原 80°E 以东的西风加强，80°E 以西的西风减弱，从而使西风急流表现为青藏高原急流型。

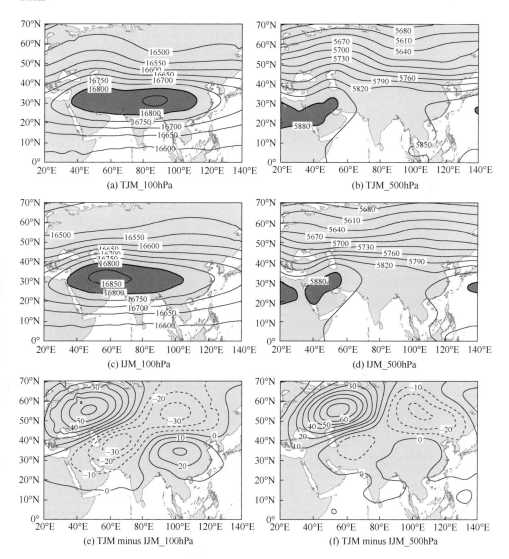

图 4.5　青藏高原急流型 [（a）、（b）]、伊朗高原急流型 [（c）、（d）] 位势高度场合成及差值分布 [（e）、（f）]（单位：位势米）

　　从 500hPa 对应的形势来看 [图 4.5（b）、（d）]，青藏高原急流型时，欧洲大陆出现高度脊，处于脊前的青藏高原北侧经向度加大，处于中低纬的北非副热带高压较弱；而伊朗高原急流型时，中高纬等高线较为平直，北非副高较强且明显北伸，伊朗高原上空等高线密集程度加大。这与100hPa的形势较为相似，表明中高层形势相互对应。从二者的差值场来看［图4.5（f）］，亦呈现"双偶极分布"，但以40°N以北地区的表现较为显著，即主要体现为东欧大陆为正、西伯利亚地区为负的分布，在青藏高原东、西侧出现的两个正、负值区表现较弱。从图中还可看到，西太平洋副高在急流的两类型态分布下差异不甚明显。

4.2.2　温度场

图4.6给出了两类急流型500～200hPa平均温度场的距平分布，同样，"双偶极"分布在温度距平中亦体现明显，青藏高原急流型对应分布有两个气温明显偏高的区域，一是在青藏高原东部及其以东以南地区，中心距平超过0.8K，另一个出现在20°E～70°E区域40°N以北的东欧大陆；而在青藏高原的西侧、里海及阿拉伯地区上空，气温较常年偏低，贝加尔湖地区亦为温度负距平区。伊朗高原急流型对应的气温距平分布与青藏高原急流型相反，80°E两侧分别出现了两个相反的中高纬反相分布型态，西侧在15°N～40°N为气温偏高的区域，中心位于35°N附近，45°N～65°N为距平负值区，中心位于55°N附近；东侧则为南负北正分布。

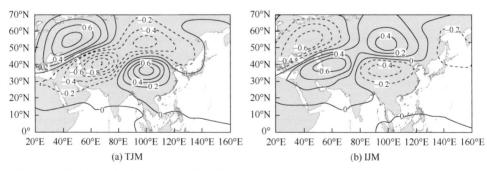

图4.6　青藏高原急流型（a）、伊朗急流型（b）500～200hPa平均温度距平分布（单位：K）

从上面的分析中可看到，青藏高原急流型对应青藏高原北侧上空的等高线较为密集，伊朗高原急流型对应伊朗高原北侧上空的等高线较为密集，等高线的密集程度可代表经向气压梯度力的大小。为了更清晰地体现这种特征，图4.7（a）、（b）给出了35°N与55°N位势高度差值的纬向-垂直分布，从图中可看到，从低层到高层南北高度场差异逐渐增大，最大值出现在200hPa，表明200hPa中高纬气压经向梯度最大，这与最大西风风速出现在200hPa相对应。从西风急流两个型态对应的中高纬位势高度差值来看，青藏高原急流型对应差值中心出现在80°E～100°E，闭合等值线450位势米东、西边界分别位于120°E及65°E附近，中心差值为 600 位势米；而伊朗高原急流型对应的差值中心出现在 40°E～60°E，闭合等值线 450 位势米东、西边界分别位于 20°E 及 100°E 附近。从二者的差值图来看，以 80°E 为分界，西部从低到高为负，东部为正，中心均出现在 200hPa 附近，这表明中高纬气压梯度力强弱对比与西风急流的两类型态一致对应。

同高度场的分析一样，给出了 35°N 与 55°N 气温差异的纬向-垂直剖面 [图 4.7 (c)、(d)]。图中可明显看到，青藏高原急流型时，200hPa 以下中高纬气温差异大于 15K 的区域主要位于青藏高原上空，最大值出现在 300hPa 附近；而伊朗高原急流型时，中高纬气温差异大于 15K 的区域主要位于 40°E～80°E 上空，这与位势高度场中高纬差值剖面相对应。

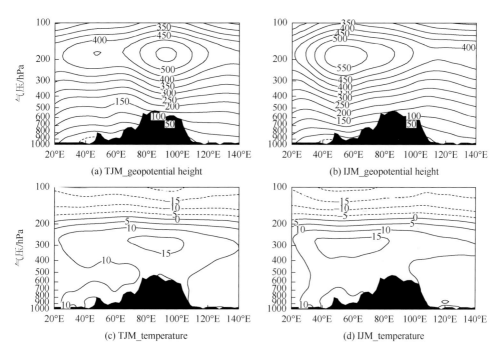

图 4.7　青藏高原急流型 [(a)、(c)]、伊朗高原急流型 [(b)、(d)] 35°N 与 55°N 的差值分布
(a)、(b) 为高度差值场；单位：位势米；(c)、(d) 为气温差值场；单位：K

4.2.3　流场

从 200hPa 流场来看，青藏高原急流型对应的反气旋中心位于 90°E 附近青藏高原上空；而伊朗高原急流型对应的反气旋中心位于 55°E 左右的伊朗高原上，这与南亚高压两个模态对应的环流形势一致。从二者的差值图上 [图 4.8 (a)] 可明显看到与位势高度差值场一致对应的"双偶极型分布"，即最明显的特征是以

80°E 为界，西部在中纬 35°N 和高纬 55°N 分别为气旋式差值环流和反气旋式差值环流，中纬气旋式差值环流北部的偏东气流及高纬反气旋式差值环流南部的偏东环流共同减弱了伊朗高原北侧上空的西风急流。而 80°E 以东的形势正好相反，在 100°E 的中高纬地区分别出现了反气旋式及气旋式差值环流，二者的作用则是加强了青藏高原北部上空的西风急流。

欧亚地区 500hPa 风场最显著的环流特征是位于中纬的西太平洋反气旋、北非反气旋及位于低纬的印度气旋，从青藏高原急流型与伊朗高原急流型 500hPa 差值环流图上来看 [图 4.8（b）]，在中高纬地区，出现了与 200hPa 相似的环流差异，即在 80°E 东部出现高纬的气旋式差值环流和中纬的反气旋式差值环流，而在西侧出现了相反的情况，但位置较 200hPa 偏东。从 850hPa 的差值流场来看，在 45°N 以北的高纬地区与中高层的形势较为相似，分别在 90°E 以东出现气旋式差值环流，以西出现了反气旋式差值环流，只是位置较中高层偏东，另外，值得注意的是，在 35°N 左右中国东部地区，出现了辐合的差值环流。

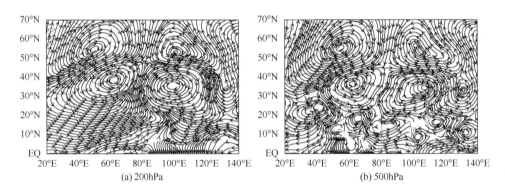

(a) 200hPa　　　　　　　　　　　　　　(b) 500hPa

图 4.8　青藏高原急流型与伊朗高原急流型的差值流场

4.2.4　垂直环流

分别沿两类急流型态的中心位置 90°E 与 50°E 对青藏高原急流型和伊朗高原急流型进行经向-垂直距平环流的合成分析 [图 4.9（a）、（b）]，从青藏高原急流型来看，48°N 以北是北风距平，以南是南风距平，所以 40°N~50°N 区域从低层到高层都表现为辐合下沉距平环流，而 35°N~40°N 的中高层及 50°N~60°N 的低层是上升距平环流，这与前面所说的急流与垂直环流的配置一致。伊朗高原急流型对应的垂直环流在 30°N~35°N 的 500hPa 以下为下沉距平环流，在 40°N~50°N 则表现为较强的上升距平环流，这是因为伊朗高原上空急流轴较青藏高原上空急流轴偏北。

由于垂直距平环流在中高纬 30°N～50°N 区域表现最为显著,图 4.9（c）、（d）还给出了沿 40°N 的距平环流剖面,从中可以看到,青藏高原急流型,在 300hPa 以下的中低层大陆上,基本为下沉距平环流,这表明急流南移,其北侧的下沉气流亦南移,这将导致位于此纬度的中国华北地区降水偏少。而伊朗高原急流模态下,除了 60°E～80°E 区域,其余大部区域为上升距平气流,表明急流偏北,其南侧的对流辐合上升区亦出现北抬,这与 4.4.2 节分析中提到的此模态下我国华北地区降水偏多一致。

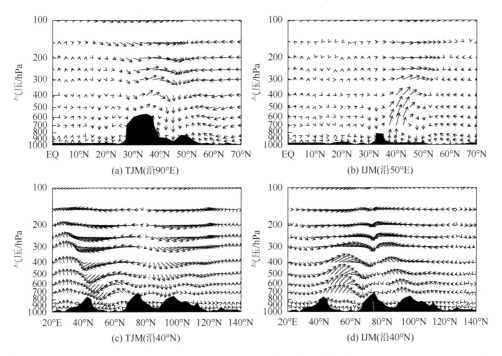

图 4.9　青藏高原急流型沿 90°E（a）、40°N（c）及伊朗高原急流型沿 50°E（b）、40°N（d）的距平垂直流场

4.3　西风急流两类型态的热力学特征

4.3.1　200hPa 风场的正斜压分解

刘宣飞等（1999）在研究南亚高压季节变化中的正斜压转换特征时,按照大气环流的垂直分解方案,将实际风场分解为正、斜压两部分进行分析,并指出斜压流场反映了大气中不均匀加热所驱动的热力环流,而正压流场则主要代表动力作用产生的环流。其分解方法如下:

$$V = V_{\mathrm{T}} + V_{\mathrm{C}}$$

其中：$V_{\mathrm{T}} = (P_{\mathrm{S}} - P_{\mathrm{T}})^{-1} \int_{P_{\mathrm{T}}}^{P_{\mathrm{S}}} V \mathrm{d}p$；则有 $V_{\mathrm{C}} = V - V_{\mathrm{T}}$

式中，P_{S} 为地面气压；P_{T} 为上边界等压面（本章研究中取为 200hPa）；V_{T} 表示 P_{S} 到 P_{T} 间的质量加权垂直平均风场，代表了实际风随高度不变的那部分，称为正压分量；V_{C} 为斜压分量，一方面它是 200hPa 实际流场的一个分量，同时又是 200hPa 与平均层（正压层）之间风的矢量差，近似代表了两层之间流场的斜压性。

　　按照上述方法将 200hPa 的风场分解为"正压"和"斜压"两个分量进行研究，由图 4.2（b）所示，200hPa 实际风场体现为一庞大的反气旋，中心位于青藏高原上空（80°E、30°N）附近，这是与南亚高压相对应的反气旋环流系统。从其正压分量来看［图 4.10（a）］，20°N～30°N 区域有三个反气旋中心位于 140°E、95°E、40°E，这与 500hPa 实际流场较为相似，分别对应西太平洋副热带反气旋、青藏高压反气旋及北非副热带反气旋，表明对流层中层副高主要是动力性的正压环流系统。其斜压分量与实际风场较为相似［图 4.10（b）］，亦表现为一个庞大的反气旋，但中心较实际风场稍偏西，所以 200hPa 风场主要体现大气的斜压性。

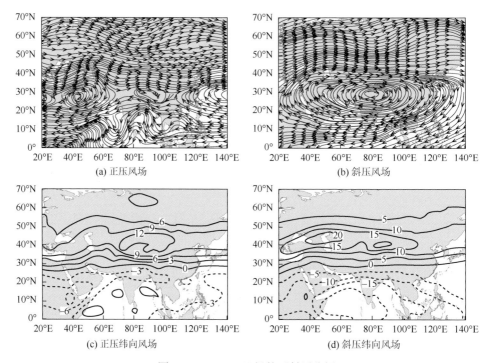

图 4.10　200hPa 风场的正斜压分解

由于关心的是西风急流的变化，所以给出了纬向风的分布，从［图 4.2（c）］来看，实际纬向风在 25°N 以南为东风，以北为西风，西风中心出现在大陆上空，在 90°E 及 50°E 上空分别有一强度为 30m/s 的西风大值中心。正压纬向风在实际风场中所占的比例不到 40%［图 4.10（c）］，超过 12m/s 的正压西风中心主要位于青藏高原，这可能与青藏高原大地形的动力作用有关。而斜压分量则与实际风较为相似［图 4.10（d）］，超过 20m/s 的斜压西风中心出现在 40°N 左右的 90°E 及 50°E 附近，斜压分量对实际风贡献超过正压分量。因此可认为青藏高原北侧上空的急流中心是正压分量与斜压分量同时作用的结果，而 50°E 上空的急流中心则是斜压分量起主导作用。

4.3.2　西风急流两类型态的热力学诊断

从 4.2.2 节的分析得知，两类急流型对应的温度场及高度场的南北差异与相应的流场一致，这证实了前面的结论。温度场的南北差异导致了高度场的差异，引起气压梯度力的对比变化，最终导致急流的不同型态，所以风场的型态差异可归结到温度场南北差异分布的纬向不均匀性。那么引起温度变化各项热量的水平输送、垂直输送和非绝热加热在急流不同型态中是如何表现的？对维持急流型态的贡献有多大？

图 4.11 给出了青藏高原急流型所对应的热力学方程中各项 35°N 与 55°N 差值的纬向变化垂直剖面。如图所示，温度的局地变化项南北差异在 80°E～140°E 区域从低层到高层都为正值，中心位于 100°E 上空 300hPa 高度，中心强度达到 0.2，这表明此区域中纬度温度的增高较高纬度显著（或高纬降温较中纬显著），增大了此区域气温的南北差异。由于急流中心总是追随最大南北温差中心移动，所以急流中心位于此区域上空，体现为青藏高原急流型。与此相反，在 40°E～80°E 上空，温度的局地变化项南北差异为负，中心位于 65°E 左右的 400～500hPa 高度，表明此区域中纬度升温弱于高纬（或中纬降温比高纬显著），减弱了此区域的南北差异。从图 4.11（b）～（d）来看，在青藏高原区域北侧上空南北差异为正值的主要有非绝热加热项，其次为平流输送项，而垂直输送项的南北差异为负值，这表明对增强青藏高原区域北侧上空温度南北差异贡献较大的主要是非绝热加热项和平流输送项，垂直输送项所起的作用则是减弱这种南北差异。

从伊朗高原急流型对应剖面图中可看到（图 4.12），温度的局地变化项南北差异正中心位于 60°E 上空 400hPa 附近，中心强度达到 0.3，这大大增强了此区域上空气温的南北差异；而在 80°E～120°E 上空，温度的局地变化项为负，但强度不明显。从图 4.12（b）～（d）来看，对伊朗高原上空温度南北差异贡献较大的项在 700hPa 以下的低层主要为非绝热加热，在 700～400hPa 的中层则是平流输送和垂直输送，前者作用于 50°E 附近，而后者作用于 55°E 以东，在 400～300hPa 的

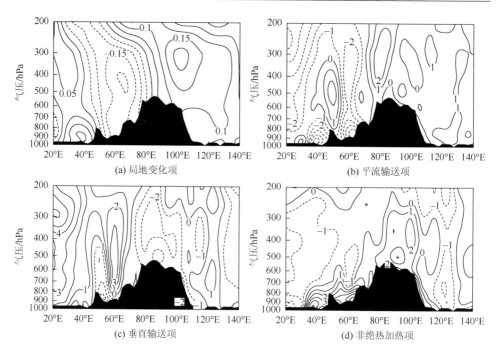

图 4.11　青藏高原急流型对应热力学方程项 35°N 与 55°N 的差值变化（单位：K/d）

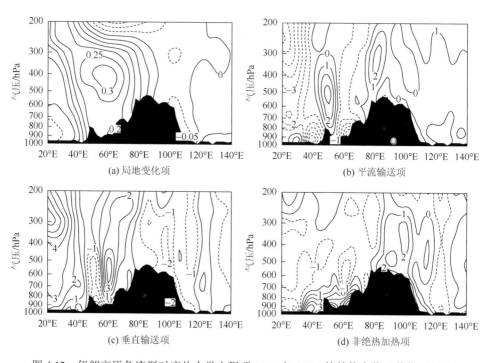

图 4.12　伊朗高原急流型对应热力学方程项 35°N 与 55°N 的差值变化（单位：K/d）

高层则是垂直输送起主要作用。由此可见，造成两种急流型对应各自区域上空南北温差加强的原因性质上不一样，青藏高原急流对应非绝热加热所造成的南北温差，属于热力型；而伊朗高原急流对应的主要是温度的水平平流和垂直输送造成的南北温差，属于动力型。

4.4 两类西风急流型态的气候效应

4.4.1 东亚地区的气候差异

从 4.2 节的分析中看到，两类急流型有着明显的环流差异，环流差异与气候差异具有密切联系，将两种急流型对应的降水、气温做合成分析以研究两类急流型态对应的气候异常。这里的气温资料选用 NCEP/NCAR 中 $\sigma = 0.995$ 层的气温格点资料，而降水选用的是 Xie 和 Arkin（1997）整理的 1979～2000 年共 22 年的候降水格点资料，对应 1979～2000 年盛夏 264 候中出现 122 个青藏高原急流型、110 个伊朗高原急流型，分别占总数的 46%和 42%，表明近年来青藏高原急流型的比例略高于伊朗高原急流型的比例。

从图 4.13 中可看到，青藏高原急流型与伊朗高原急流型气温差异的正值区主要位于欧洲大陆，中心超过 1K，另外青藏高原及其以南大部分为正值区，而在西伯利亚、青藏高原西部及伊朗高原地区为负差值区。从数值上看，超过 90%置信水平检验的显著差异区主要位于中高纬，而低纬大陆及海洋上差异不够显著。降水的正差值区主要位于西北太平洋上的朝鲜半岛和日本等地，候降水的差值达到 9mm，在 35°N 附近的青藏高原及其以北以东地区，降水差值亦为正值区，而 25°N 以南的低纬地区基本为负值区。从图中看到，达到置信水平检验的区域较为分散，主要差异区位于西北太平洋上的朝鲜半岛和日本等地。

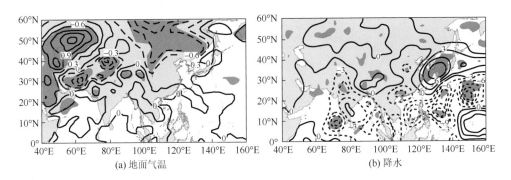

(a) 地面气温　　　　　　　　　　　　(b) 降水

图 4.13　青藏急流型与伊朗急流型的差值分布

（a）地面气温，单位：K；（b）降水，单位：mm/候；阴影区域达到 90%的置信水平检验

4.4.2 中国地区的气候差异

由于 4.4.1 节中格点分析资料的分辨率较低,不利于研究中国地区气候的差异,所以选取中国 518 站点实测气温、降水资料来进行分析。从图4.14的分布来看,青藏高原急流型对应青藏高原东南部、云贵高原及华南沿海的地面气温为正距平,其余各地为负距平;而伊朗高原急流型对应全国大部为气温的正距平区,以东北地区最为明显,达到 0.4K。从二者差异上可看到,长江流域以北的中国东部地区及青藏高原西部通过了置信水平检验,表明气温的差异是显著的。从降水的分布来看,青藏高原急流型对应降水的正距平区位于青藏高原南侧及长江下游,华北和华南为少雨区。而伊朗高原急流型对应的形势则相反,多雨的区域主要在华北和华南沿海,通过显著的区域位于华北、华南及青藏高原南部,而长江流域的降水差异不显著,这与 4.2.4 节中垂直环流距平上升及下沉区域是一致的。

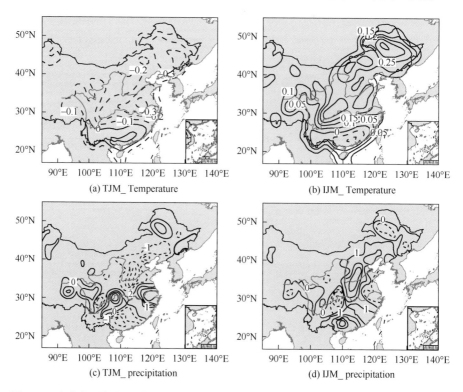

图 4.14 青藏高原急流型 [(a)、(c)]、伊朗高原急流型 [(b)、(d)] 中国东部地区气温
(单位:K) 及降水(单位:mm/候)的距平分布图

第5章 东亚副热带西风急流年际异常对东亚地区气候的影响

东亚副热带西风急流在东亚夏季风降水特别是在暴雨过程中的重要作用早已被人们所认识，游性恬等（1992）模拟了不同基本气流对低纬和中纬地区涡源扰动的强迫响应，讨论西风急流在大尺度流场强迫扰动中的作用。葛明和蒋尚城（1997）指出低空急流是产生中尺度扰动和次天气尺度黄河气旋的必要条件，高空急流为气旋的产生提供了必要的环境场。徐海明等（2001）探讨了高空急流轴的倾斜对急流出口处右侧辐散场形成的作用，表明高空急流轴走向的变化对于暴雨的发生发展具有很好的指示意义。王小曼等（2002）研究表明梅雨暴雨与高空急流关系密切。周兵等（2003）发现高空西风急流增强（减弱）有利于加强（减弱）低空急流，引起的暴雨中心位置偏南（偏北）。

与此同时，急流与东亚冬季风的重要联系亦越来越被人们所重视，陈隽和孙淑清（1999）在对强弱冬季风年份进行环流对比分析后得出中高纬天气系统的异常决定了冬季风的强度，冬季风的变化又改变了低纬地区的对流及热源状况，从而影响了低纬地区的天气系统。Jhun 和 Lee（2004）利用 300hPa 纬向风的经向切变定义了一个冬季风指数，分析表明其能很好地体现冬季风的强度和影响。王会军和姜大膀（2004）的研究亦表明冬季风的强度变化不单纯受局地气候系统的影响，而与北半球大尺度环流紧密相连，且北大西洋和北太平洋海温状况对同期东亚冬季风的强弱有显著的影响。本章分别对冬、夏两季定义表征东亚副热带西风急流强度及位置变化的定量指标，在此基础上研究其年际变化导致的气候异常。

5.1 东亚副热带西风急流的年际变化特征

5.1.1 夏季

由于东亚副热带西风急流在冬、夏季的显著差异，对不同季节分别进行讨论，首先对（10°N～70°N，50°E～180°E）区域 200hPa 纬向风场进行 EOF 分解，分析其时空变化特征。夏季纬向风 EOF 分解的前两个特征向量的方差贡献只分别占 16.6%和 11.3%，这也说明夏季大气环流形势较冬季复杂。从第一特征向量的分布来看[图 5.1（a）]，纬向风变化的最主要空间分布特征是以 40°N 为界 40°N～55°N 区域和 20°N～40°N 区域的南北反相变化，参照多年平均夏季急流所在的位置，得知这一特征向量反映了急流位置的南北移动，功率谱分析表明其相应的时间系数具有显著的 3 年和 5～6 年的年际变化周期 [图 5.1（b）]，从后面的分析中可看到急流位置的南北变化对中国夏季降水有明显的影响。

　　从第二特征向量的分布来看，在 40°N～50°N 区域有两个正值中心分别位于日本岛北部及青藏高原西北侧，体现了这两个急流中心的强度变化，相应的时间系数具有明显 4～5 年及准两年的年际振荡；从第三特征向量的分布还可看到相似于前面盛夏急流两类急流型态的"双偶极"分布 [图 5.1（c）]，这一分布特征体现了两类急流型态分布的时间变化。

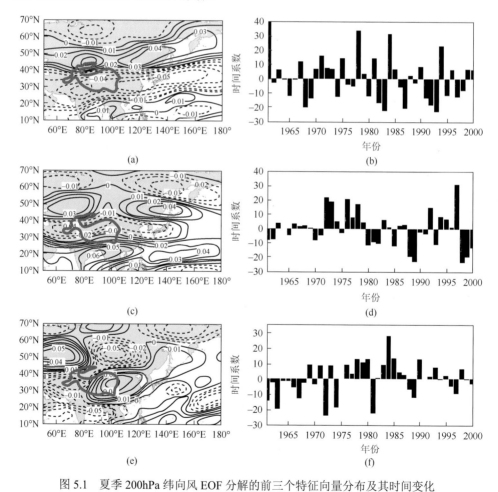

图 5.1　夏季 200hPa 纬向风 EOF 分解的前三个特征向量分布及其时间变化

（a）、（b）为第一特征向量及其时间系数；（c）、（d）为第二特征向量及其时间系数；（e）、（f）为第三特征向量及其时间系数

5.1.2　冬季

　　冬季东亚 200hPa 标准化纬向风场 EOF 分解的前两个特征向量方差贡献分别为 23.4%、21.6%,体现了最基本的时空变化。从第一特征向量的分布来看[图 5.2（a）],两条零线分别位于 20°N 和 40°N 附近,从低纬到高纬呈准纬向的"负-正-负"波列状空间分布,正中心位于 30°N 附近的海陆交界区域,负中心位于中高纬的鄂霍次克海附近,这种南北反相分布反映了纬向风此消彼长的经向变化。由于冬季西风急流位于 20°N~40°N,中心位于日本南部的西太平洋上空,与上述特征向量的正值区域及中心位置一致,所以其对应时间系数变化基本体现了急流强度的时间变化特征[图 5.2（b）],对其进行功率谱分析发现,这种分布型具有显著的 3~4 年的年际振荡[图 5.3（a）]。

　　第二特征向量零线分别位于 30°N 及 52°N 附近,从低纬到高纬呈现"正-负-正"的分布[图 5.2（c）],由于冬季急流轴位于 30°N 附近,其两侧西风的反相变化反映了急流的南北位移,南侧的西风加强（减弱）,北侧的西风减弱（加强）,则西风急流南移（北移）。对应的时间系数具有明显年代际变化,20 世纪 60 年代前期急流偏南,60 年代后期到 70 年代急流偏北,80 年代前期偏南、后期偏北,90 年代偏南,功率谱分析亦表明其具有 12 年的年代际振荡及 2~3 年的年际振荡周期[图 5.3（b）]。

　　分别选取第一、二特征向量时间系数大于 20 和小于 20 的年份作 100°E~140°E 平均的 200hPa 纬向风经向变化合成分布（图 5.4）,可更加明显看到第一特征向量体现了急流强度的差异[图 5.4（a）],强年与弱年急流轴上西风风速可相差 10m/s,而 45°N~70°N 区域与西风急流区（25°N~40°N）呈明显的反相变化。第二特征向量典型年的合成分布则体现了急流位置的差异[图 5.4（b）],可看到典型年急流轴位置可相差 3~5 个纬度。

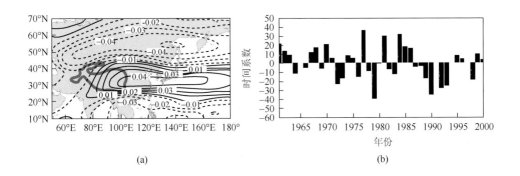

(a)　　　　　　　　　　　　　　　　　　　(b)

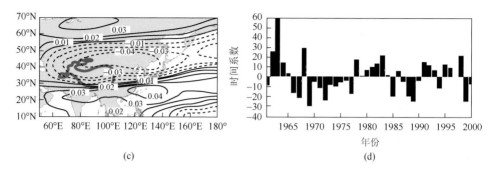

图 5.2　冬季 200hPa 纬向风 EOF 分解的前两个特征向量分布及其时间变化

（a）、（b）为第一特征向量及其时间系数；（c）、（d）为第二特征向量及其时间系数

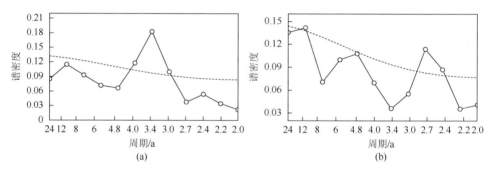

图 5.3　冬季 200hPa 纬向风第一（a）、第二时间系数（b）的功率谱分析

虚线为 95% 置信水平的红噪声检验曲线

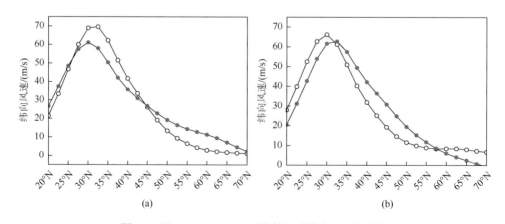

图 5.4　沿 100°E～140°E 平均的冬季纬向风经向变化

（a）为第一特征向量时间系数大于 20（—○—）及小于–20（—●—）的变化；（b）同（a），但为第二特征向量；单位：m/s

5.2   东亚副热带西风急流位置异常对中国东部夏季降水的影响

5.2.1   东亚副热带西风急流轴线指数的定义

1. 定义

长江中下游位于季风盛行区，是东亚季风进退的必经之地，旱涝灾害频发。选取长江中下游地区（105°E～120°E，28°N～32°N）夏季平均降水，与同期 200hPa 纬向风场相关（图 5.5）。从图中可看到，对流层高层风场与长江中下游降水有较高的相关性，主要相关区从低纬到高纬呈正负相间的分布：在 10°N～20°N 的低纬地区为显著负相关，在 25°N～38°N 的中纬地区为显著正相关，而在 45°N～50°N 的高纬地区为显著负相关，且中心相关系数均达到 0.5 以上。图中阴影区域为夏季多年平均东亚副热带西风急流（$u \geqslant 30$m/s 的区域）所在位置，其位于青藏高原的北侧 40°N 左右的上空，急流南、北侧分别为显著正、负相关区。据此可推断，当急流位置偏南时，40°N～50°N 西风增强，25°N～40°N 西风减弱，长江中下游降水增多；反之，当急流位置偏北时，长江中下游降水减少，即东亚副热带西风急流位置的变化与长江中下游降水有密切联系，由此引入一个能准确表述东亚副热带西风急流位置南北移动的定量参数具有重要意义。

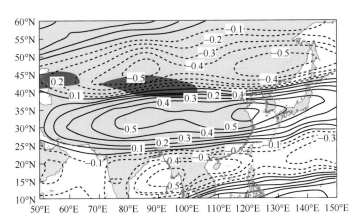

图 5.5   长江中下游夏季降水与同期 200hPa 纬向风场相关图

图中阴影区为东亚副热带西风急流（$u \geqslant 30$m/s）多年平均位置

参数的选取主要基于两方面的考虑：一是能够准确描述夏季东亚副热带西风急流位置的南北变化；二是能较好地反映急流对降水的影响。对东亚西风带结构的分析可知，夏季由于青藏高原大地形的动力和热力影响，急流位于 30°N～50°N，急流轴移至 40°N 左右，急流中心移至青藏高原北侧上空。基于图 5.5 中急流的多年平均位置及降水与风场的高相关区，定义东亚副热带西风急流轴指数（I1）：200hPa 等压面上 70°E～120°E 区域经圈上 30°N～50°N 最大西风所在纬度的平均值。

为检验此定义的合理性，参照 Lau 等（2000）对东亚夏季风指数的定义，依据图 5.5 主要相关区域，定义一个西风切变指数（I2）：区域（80°E～140°E，43°N～48°N）与区域（80°E～140°E，28°N～35°N）的平均纬向风之差，并将长江中下游夏季平均降水定义为降水指数（I3）。图 5.6 给出了三个指数随时间的变化，可清楚看到，东亚副热带西风急流轴线指数与西风切变指数具有一致的变化，相关系数达到 0.82，距平同号率达 95%；与降水指数呈明显的反相变化趋势，相关系数为−0.624，均达到 99%以上的置信水平。这表明东亚副热带西风急流轴线指数较好地反映了急流的南北变化及其对长江中下游降水的影响：当指数偏大时，急流偏北，长江中下游降水偏少；当指数偏小时，急流偏南，长江中下游降水偏多，定义合理且有明确的意义。

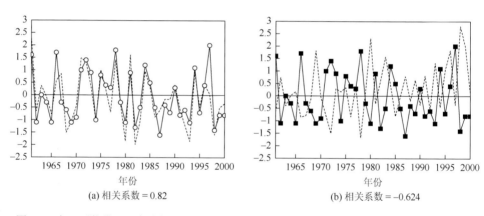

(a) 相关系数 = 0.82　　　　　　　　　　　　(b) 相关系数 = −0.624

图 5.6　东亚副热带西风急流轴线指数（实线）与西风切变指数［（a）中虚线］及降水指数［（b）中虚线］随时间变化曲线（均为标准化数值）

2. 东亚副热带西风急流位置的年际及年代际变化

从东亚副热带西风急流轴指数 1961～2000 年的变化情况来看，东亚副热带西风急流轴 40 年的平均位置为 40.5°N。1997 年急流位置最偏北，位于 42.9°N，其次是 1978 年，位于 42.6°N；1987 年急流位置最偏南，位于 38.6°N，其次为 1998 年，位于 38.8°N。东亚副热带西风急流轴的南北摆动在 4 个纬度左右。从图 5.6（a）中还看出，急流的位置移动有年代际的变化：60 年代急流多偏南，70 年代急流多偏北，80 年代以后急流多偏南，这与长江流域 20 世纪末多洪涝灾害是相对应的。对序列进行最大熵谱分析，得知其有明显的 2.67 年际振荡，这与长江中下游降水的准两年振荡亦较一致，表明东亚副热带西风急流位置变化在年代际及年际尺度上都对长江中下游降水有明显的影响。

3. 东亚副热带西风急流轴线指数与东亚夏季风的关系

东亚副热带西风急流是东亚夏季风的一个重要成员，其位置的变化是否与东亚夏季风有较好的对应关系？人们通常针对所研究的问题，从不同的要素出发定义不同的指数研究东亚夏季风的年际变化，本书选取 3 种较为典型的东亚夏季风指数进行比较。

（1）施能等（1996）从气压场定义的东亚夏季风指数（SZWI）：

$$I = \sum_{i=20°\mathrm{N}}^{i=50°\mathrm{N}} (\mathrm{SLP}^*_{160°\mathrm{E},i} - \mathrm{SLP}^*_{110°\mathrm{E},i}) \,; \quad \mathrm{SZWI} = \frac{I - \bar{I}}{\sigma_I}$$

其中，SLP^* 表示标准化的海平面气压值；$\bar{I}$ 为 I 的多年平均值；σ_I 为标准差。

（2）张庆云等（2003）从 850hPa 风场定义的东亚夏季风指数（ZTCI）：

$$\mathrm{ZTCI} = u_{850\mathrm{hPa}}(10°\mathrm{N} \sim 20°\mathrm{N}, 100°\mathrm{E} \sim 150°\mathrm{E}) - u_{850\mathrm{hPa}}(25°\mathrm{N} \sim 35°\mathrm{N}, 100°\mathrm{E} \sim 150°\mathrm{E})$$

（3）Lau 和 Yang（1996）从 200hPa 风场定义的东亚夏季风指数（LauI）：

$$\mathrm{LauI} = u_{200\mathrm{hPa}}(40°\mathrm{N} \sim 50°\mathrm{N}, 110°\mathrm{E} \sim 150°\mathrm{E}) - u_{200\mathrm{hPa}}(25°\mathrm{N} \sim 35°\mathrm{N}, 110°\mathrm{E} \sim 150°\mathrm{E})$$

其中，u 表示纬向风速。

这三个指数分别从海平面气压场、对流层低层风场及高层风场定义了东亚夏季风指数，具有明显的代表意义。表 5.1 给出了东亚副热带西风急流轴线指数与这三个指数的相关系数，从中可看出，东亚副热带西风急流轴线指数与这三个指数都为正相关，其中与 LauI 的相关系数最大，为 0.664，超过了 99%的置信水平，这是因为二者同用 200hPa 风场定义；其次，与 ZTCI 的相关系数为 0.495，也达到了 99%的置信水平；与 SZWI 的相关系数较低，只为 0.164。与此同时，亦求出了各夏季风指数之间的相关系数，其中相关系数最大为 0.276，没有达到 95%的置信水平检验，表明三个夏季风指数之间相关性较小，相互比较独立。上述分析可知，东亚副热带西风急流轴线指数与东亚夏季风有较好的对应关系，且较好地体现了东亚夏季风影响期间高低层风场的变化，当东亚夏季风强时，急流偏北；反之，当夏季风弱时，急流偏南。

表 5.1　东亚副热带西风急流指数与东亚夏季风指数的相关系数

相关系数	I1	SZWI	ZTCI	LauI
I1	1.00	0.164	0.495	0.664
SZWI	0.164	1.00	−0.09	0.260
ZTCI	0.495	−0.09	1.00	0.276
LauI	0.644	0.260	0.276	1.00

5.2.2　东亚副热带西风急流位置变化对中国夏季降水的影响

从 5.2.1 节的分析可知，东亚副热带西风急流轴线指数不但准确体现了急流位置的南北变化及其对长江中下游降水的影响，而且与东亚夏季风有较好的对应关系，中国雨带的移动与东亚夏季风的推进是一致的，东亚夏季风偏强时，雨带向北推进明显，华北及华南沿海降水偏多，而江淮流域降水偏少；东亚夏季风偏弱时，雨带停滞在江淮流域，造成江淮流域的多雨，而华北及华南沿海地区降水偏少。既然东亚副热带西风急流轴线指数与东亚夏季风有较好的对应关系，那么雨带的这种变化是否也能从急流位置的南北移动中体现出来？下面将对此问题进行讨论。

从东亚副热带西风急流轴线指数与中国夏季降水的相关图上可看出（图 5.7），高相关区主要位于长江流域，相关系数在–0.5 以上，达到了 99% 的置信水平，华北大部及华南沿海地区为正相关区，但只达到 95% 的置信水平，这表明东亚副热带西风急流位置变化对中国雨带的影响与东亚夏季风保持一致，当急流偏南时，雨带位于长江中下游地区；当其偏北时，雨带推进到华北地区，同时在华南沿海出现一个副雨带。

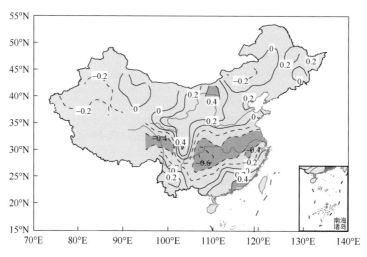

图 5.7　东亚副热带西风急流轴线指数与中国夏季降水同期相关图

阴影区超过 99% 的置信水平检验

选取东亚副热带西风急流轴线指数及西风切变指数标准差均大于 1 的年份为东亚副热带西风急流异常偏北年份：1961 年、1971 年、1972 年、1978 年、1981 年；以东亚副热带西风急流轴线指数及西风切变指数标准差均小于–1 的年份为东亚副热带西风急流异常偏南年份：1969 年、1980 年、1982 年、1993 年、1998 年。分别对上述年份作中国夏季降水的合成分析（图 5.8），从图中分析得知：东亚副热带西风急流异常偏北年，长江中下游夏季平均降水较常年偏少 2～3 成，而黄河流域特别是河套地区及华南沿海较常年偏多；急流异常偏南年，长江中下游夏季平均降水较常年偏多 2～4 成，而华北大部及华南沿海较常年偏少，尤其是河套地区更为明显。

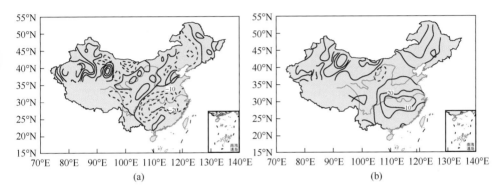

图 5.8　东亚副热带西风急流异常偏北年（a）、偏南年（b）中国夏季降水距平百分率合成
分布图（单位：%）

5.2.3　西风急流位置影响长江中下游地区降水机制探讨

5.2.2 节的分析表明，夏季东亚副热带西风急流位置的南北移动对中国降水特别是长江中下游地区降水的影响非常显著。本节将对东亚副热带西风急流位置异常年份进行环流的合成分析，试图揭示东亚副热带西风急流位置影响中国夏季降水特别是长江中下游地区降水的机制。

1. 高度场

从高度场的对比来看（图 5.9），100hPa 高度场上热力性的南亚高压是对流层高层影响东亚气候的主要系统，其在东亚副热带西风急流位置异常年份有明显的不同：急流异常偏北年，南亚高压脊线位于 30°N 以北，中心强度偏弱，16800 位势米闭合等值线范围较小，且位置偏西，呈伊朗高压模态；而在东亚副热带西风急流异常偏南年，南亚高压脊线位于 30°N 以南，中心强度达到 16850 位势米，中心位置偏东，呈青藏高压模态，16800 位势米闭合等值线范围较大，东至长江中游上空。从偏北年与偏南年的差异上来看，30°N 以南的低纬均为负值区，而正值区域位于 80°E 以东的中纬地区上空，而不是纬向一致的，这表明急流位置偏北年与偏南年南亚高压不但在南北位置上不同，而且在型态上也有差异。

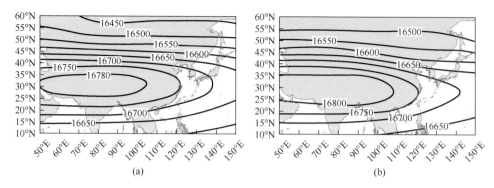

图 5.9　东亚副热带西风急流异常偏北年（a）、偏南年（b）100hPa 高度合成分布
（单位：位势米）

从 500hPa 层来看（图 5.10），西太平洋副高的强度和位置对气候的影响是至关重要的，急流异常偏北年，等高线平直，5850 位势米线西伸到 115°E 左右，北扩至日本南部，这表明副高强度偏弱，中心位置偏东，脊线偏北。反之，在急流异常偏南年，等高线经向度加大，在东亚地区向东南倾斜，冷空气易南下，5850 位势米等值线控制了长江以南的大部分地区，北扩至日本以南洋面，通常用于定义副高的 5880 位势米线已伸至台湾以东的洋面上，北侧处于长江以南，表明副高偏强，中心位置偏南偏西，南下的冷空气与副高边缘的暖湿气流交绥，从而造成长江中下游的降水偏多。

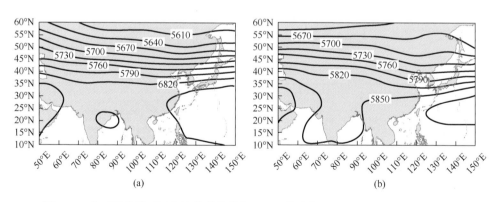

图 5.10　东亚副热带西风急流异常偏北年（a）、偏南年（b）500hPa 高度合成分布
（单位：位势米）

2. 风场

从 200hPa 纬向风场的合成图来看（图 5.11），东亚急流异常偏北年，急流轴几乎是平直的，位于 40°N 以北，急流轴线指数的合成值为 42.1°N，较多年平均

值偏北 1.6 个纬度,最大中心位置偏西,南侧的等值线较稀疏;而在急流异常偏南年,急流轴倾斜,呈现出西北-东南走向,特别是青藏高原以东的地区急流轴明显偏南,位于 40°N 以南,急流轴线指数的合成值为 39.0°N,较平均值偏南 1.5个纬度,其南侧的等值线较为密集,长江流域上空为较强的西风切变。从偏北年与偏南年的差异图上来看,东亚地区 40°N~50°N 地区上空,为明显的正值区,而在 25°N~40°N 的中纬地区上空,为明显的负值区,表明西风急流北抬,引起40°N 北侧的西风增强,40°N 南侧的西风减弱,这与 5.2.1 节对急流轴指数的分析结果一致。

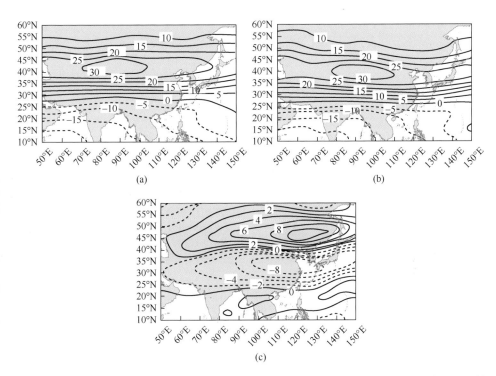

图 5.11　东亚副热带西风急流异常偏北年(a)、偏南年(b)200hPa 纬向风合成分布及二者的
差异(c)(单位:m/s)

与 100hPa 高度场相对应,在 200hPa 风场距平上,急流异常偏北年,长江流域上空为明显的东风距平,减弱了南亚高压所对应的反气旋环流;而在急流异常偏南年则相反,长江流域上空为明显的西风距平,且在 80°E~130°E 左右有从西到东增强的趋势,这相当于加强了高层气流的辐散,相应地必然有低层的气流辐合加强相对应。

从低层 850hPa 的风场距平图中可看到(图 5.12),在东亚副热带西风急流异常偏北年，长江流域上空为南风距平，说明东亚夏季风偏强，距平风场辐合区在40°N～45°N 地区，加强华北地区气流的辐合上升。而在急流异常偏南年，30°N～40°N 中纬地区为较强的北风距平，表明西风指数低，环流经向度强，东亚夏季风弱，冷空气南下明显，而 20°N～30°N 为较弱的北风距平，长江流域冷暖空气交绥，低空为气旋式距平环流，引起辐合上升气流加强，对应 200hPa 高层的辐散气流加强，从而引起降水偏多。

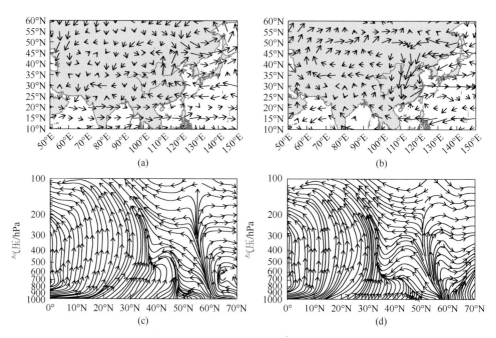

图 5.12　东亚副热带西风急流异常偏北年、偏南年 850hPa 风场距平合成分布图［（a）偏北年，（b）偏南年］及 100°E～120°E 平均经向垂直环流［（c）偏北年，（d）偏南年］

其中垂直速度放大 100 倍

3. 垂直环流

图 5.12（c）、（d）给出了东亚副热带西风急流异常年 100°E～120°E 平均的经向垂直环流。一般在东亚副热带西风急流的南侧出现辐合上升，而在北面则出现下沉。对比分析可知，在西风急流异常偏南年，气流的辐合上升区位于 35°N 以北，上升的强度偏弱，引起的降水中心偏北，强度偏弱。在急流异常偏南年，辐合上升区位置偏南，在 32°N 左右，比前者偏南了 2～3 个纬度（这与急流的位置差异刚好对应），对流旺盛，在 800～300hPa 对流层均有明显的辐合上升，强度偏强，所以引起的降水中心偏南，强度偏强。

5.2.4　西风急流位置、形态变化影响"南涝北旱"降水异常分布的机理

从北半球欧亚副热带高空西风急流位置的气候平均态来看，夏季 7~8 月欧亚大陆上副热带西风急流主要有两个中心，分别位于 35°N~45°N，40°E~60°E 的伊朗高原附近和 35°N~45°N，70°E~100°E 青藏高原北侧上空 [图 5.13（a）、（b）]，其中东亚副热带西风急流位置和形态在 1951~1979 年、1980~2004 年两个时段存在显著差异 [图 5.13（a）、（b）中小方框内区域]，1951~1979 年急流次大风速（$u \geqslant 25\text{m/s}$）覆盖的椭圆形区域呈明显的纬向分布特征，与所在纬度平行，而 1980~2004 年，东亚副热带西风急流呈西北-东南走向，急流中心覆盖面积（$u \geqslant 30\text{m/s}$）明显扩大，而且急流轴线略微向南偏移。图 5.13（c）、（d）给出了

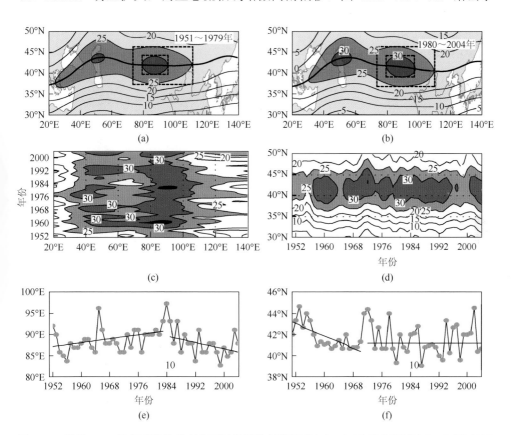

图 5.13　夏季 7~8 月东亚副热带高空西风急流的年代际 [（a）、（b）] 和年际 [（c）、（d）] 风速变化（m/s）及急流中心经度（e）、纬度（f）

图中阴影区为 $u \geqslant 25\text{m/s}$，（a）、（b）中粗线和矩形框分别是急流轴和急流区；（c）、（d）中分别取 38°N~43°N 和 80°E~95°E 区域平均

1951～2004 年同期东亚副热带西风急流位置和强度的年际变化,从图中可以看到,1951～1980 年急流东西位置稳定在 80°E～100°E,急流中心区（$u \geq 30\text{m/s}$）和次大风速区（$u \geq 25\text{m/s}$）东侧均有向东移动趋势,急流覆盖范围偏小［图 5.13（c）］;而 1980 年后西风急流中心（$u \geq 30\text{m/s}$）和外围次大风速区显著向西移动。从东亚副热带西风急流南北位置的年际变化来看［图 5.13（d）］,1980 年后东亚副热带西风急流位置与 1951～1979 年相比略微向南移动,尤其是从 25m/s 等风速线的分布来看更为显著。

为了进一步分析急流中心位置变化趋势,选取 200hPa 高度上 30°N～60°N、80°E～130°E 范围内最大西风中心所在的经度、纬度来表征急流中心位置,并利用线性倾向估计法（施能等,1996）对急流中心经纬度位置的气候变化趋势进行定量判别［图 5.13（e）、（f）］。从急流中心经度趋势变化来看［图 5.13（e）］,1951～1984 年有显著向东伸展的趋势,其气候趋势系数为 0.39,气候倾向率为 1.39°/10a,通过 95%置信水平检验。在 1985～2004 年,急流中心向西移动,其气候趋势系数为 0.4,气候倾向率为–2.28°/10a。与此同时,急流中心在 1951～1970 年明显南移［图 5.13（f）］,气候倾向率为–1.08°/10a,气候趋势系数为 0.71,通过 95%的置信水平检验。急流中心经过 20 世纪 70 年代初期短暂的明显向北移动后（约 3 个纬度）,1980 年后再一次整体向南撤退,并且所在纬度位置相对于 1951～1970 年的位置略微偏南。对比急流位置空间变化可以看到,急流中心位置向西移动的趋势开始于 80 年代中期并一直持续至今,与同时段东亚夏季风减弱趋势相一致,而从 70 年代末开始急流中心向南偏移,尤其是 80 年代末到 90 年代初最为显著。

综合对比急流位置、形态的东西向和南北向变化特征可以看出,东亚副热带西风急流位置和形态在 1975～1980 年为一个转折期,在其前面的 20 年间急流位置偏北,急流中心有向东伸展的趋势,急流中心维持在 80°E～100°E,强度较弱;而在 1980 年前后急流强度与东亚副热带西风急流位置、形态相对应,华北在 1957～1964 年为显著多雨时期,而在 1980～1987 年、1997～2002 年则为相对少雨期;长江中下游地区在 1956～1963 年为少雨期,在 1992～1999 年为多雨期。下面将利用同期高低空急流耦合、中低层水汽通道对比分析高空西风急流对形成南涝北旱降水分布形势的影响。

1. 华北地区夏季降水异常时期西风急流位置、形态特征对比

图 5.14 给出了华北地区夏季降水异常（多雨和少雨）时期全国降水距平百分率和同期西风急流空间分布,分析发现 1957～1964 年华北地区夏季平均降水量较常同期偏多 2 成以上,长江流域及以南地区较常年偏少,尤其是长江中下游地区更为显著,中国西北大部分地区以偏少为主［图 5.14（a）］。1980～1987 年华北地区夏季平均降水较常年同期偏少 1～2 成,而长江流域特别是中下游较常年

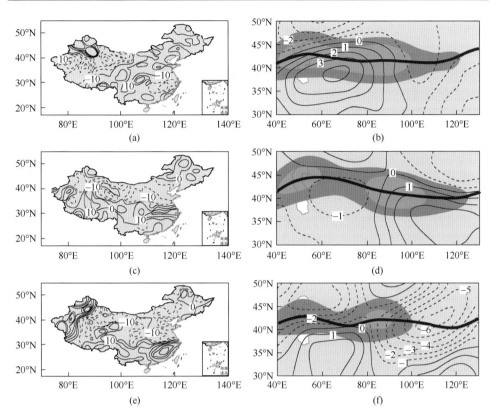

图 5.14　华北降水偏多 [（a）、（b）] 和偏少 [（c）～（f）] 时期合成的降水距平百分率（单位：%）
200hPa 纬向风距平（单位：m/s）空间分布

图中阴影区为 $u \geqslant 25$m/s；粗线为急流轴。（a）、（b）为 1957～1964 年；（c）、（d）为 1980～1987 年；
（e）、（f）为 1997～2002 年

偏多 [图 5.14（c）]。1997～2002 年以长江为界的中国北方大部分区域降水偏少，其中华北地区夏季平均降水量较常年偏少 2～3 成，长江以南地区较常年同期偏多 3～5 成，尤其是华南中北部地区更为明显 [图 5.14（e）]。对比 1980～1987 年和 1997～2002 年降水距平百分率的空间分布，自 20 世纪 80 年代以来中国北方地区夏季降水量减少趋势明显，降水偏少的区域向南扩展，容易引发大范围严重少雨事件，同时南方同期降水量将显著增加，易发生洪涝，加重了东部南涝北旱的降水分布形势。对比 1957～1964 年多雨期和 1980～1987 年少雨期东亚副热带西风急流的位置可以发现，1957～1964 年东亚副热带西风急流偏西（位于 100°E 以西），西风急流中心区东侧位于河套地区以西 10 个经度的地区，急流外围则在河套北部，急流主体呈东西走向，位置偏北，华北处在急流出口南侧。而 1980～1987 年西风急流形态呈西北-东南走向，急流分裂成两段，东段西风急流中心位置明显向东伸（东侧位于 110°E），急流轴线南撤到 40°N 附近的河套地区，25m/s

等风速线覆盖了华北大部分地区。从纬向风距平值的空间分布可见，在中纬地区西风较常年偏强，偏强 3m/s 以上。而华北地区另一段相对少雨期 1997～2002 年的急流东西位置和形态与前者有显著差异 [图 5.14（f）]，急流范围和强度明显减小，急流中心区域呈南北向分布，中心位置西移到 90°E 以西，急流中心区域和外围次大风速区域均远离华北地区，急流中心轴线北进至 42°N 附近，急流向西移动的幅度比北进显著。综上所述，当急流主体显著向东伸，急流中心轴线南撤至河套北部边缘时，华北地区被急流覆盖，对应着华北地区少雨期；当急流减弱西移并远离华北地区时，也对应华北地区少雨期。因此，急流位置与华北地区降水多寡的对应关系不仅要考虑急流中心的南北向移动，还需要综合分析急流位置和形态的纬向变化特征，急流位置显著西移也可能形成华北地区少雨的高层环流形势。

2. 高低空急流耦合

在 1957～1964 年华北地区多雨期间，200hPa 高空西风急流呈纬向分布，急流东侧位于 100°E 附近。在 850hPa 等压面上有一支强的西南低空急流，低空急流一直延伸到 46°N 附近。强的气流辐合区主要集中在华北地区，长江流域为辐散区。在 1980～1987 年华北地区少雨期间，急流偏南，急流主体东伸到达河套西北侧。从 850hPa 风场分布来看，辐合区与长江走势一致，形成了一条沿长江分布的低空风场辐合带，而华北地区无低空风场辐合区，相反却是辐散区，无高低空急流耦合，不利于华北地区产生降水 [图 5.15（c）]。对比 1997～2002 年与 1980～1987 年的华北地区两个典型少雨时期的环流形势可见，其环流形势差异显著，1997～2002 年，高空急流整体减弱偏北（在 40°N 以北），急流主体和外围已经西移到 100°E 以西地区，远离华北地区。同样，也无高低空急流耦合，在 850hPa 风场上华北地区仍为辐散区，而长江流域及以南区域为风场辐合。因此，当高空急流偏强时，高低空急流耦合和高空急流南北位置是主导华北地区降水异常的重要动力因子；而在急流偏弱时，急流显著西移和无高低空急流耦合是造成华北地区少雨的重要环流因素。综合来看，1957～1964 年华北地区为显著多雨时期，而 1980～1987 年和 1997～2002 年华北地区均处于显著少雨时期，夏季中国东部北涝南旱和南涝北旱降水分布形势与高空西风急流强度和位置及高低空急流耦合有着密切联系。从水汽输送来看 [图 5.15（b）、（d）、（f）]，华北地区多雨时，华北地区水汽含量大，并且不断有水汽从中国东部和南边海洋上空输送到这里，则华北地区有充足的水汽条件，华北地区降水偏多。而华北地区少雨时，从周围地区输送到华北地区的水汽通量较小，从周边输送过来的水汽主要是集中在长江流域及以南地区，于是华北地区无充足的水汽条件供应，华北地区降水偏少。

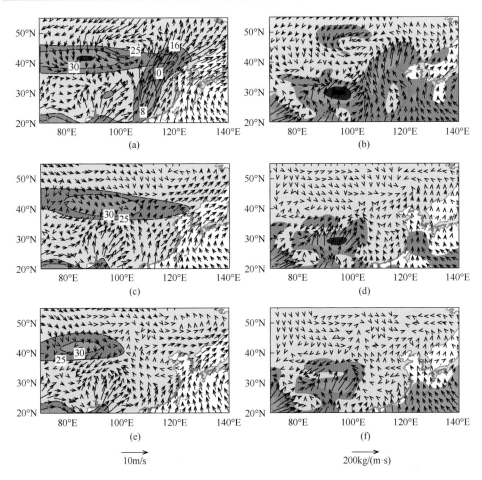

图 5.15 华北降水偏多 [（a）、（b）] 和偏少 [（c）～（f）] 时期 850hPa 合成风风矢量（左）和
整层水汽通量矢量（右）

左图中虚线包围的阴影区表示 200hPa 急流区，实线包围的阴影区表示 850hPa 低空急流区；右图中阴影区为水汽
通量≥50kg/(m·s)。（a）、（b）为 1957～1964 年；（c）、（d）为 1980～1987 年；（e）、（f）为 1997～2002 年

3. 平均经向环流特征

图 5.16 给出了华北地区 1957～1964 年多雨时期和 1980～1987 年、1997～
2002 年少雨时期平均经向风剖面和相应的垂直环流剖面，从 1957～1964 年经向
风的分布来看，低层南风高值区位于 38°N～43°N，高层南风高值区位置比低层略
偏北，南风强度较强，其风速均在 4m/s 以上。对比分析 1980～1987 年和 1997～
2002 年经向风的分布可知，低层南风的高值区前者比后者偏北显著，即 1980～
1987 年位于 30°N 附近，1997～2002 年位于 30°N 以南地区。在 300hPa 以上的
高层，35°N 以北地区 1980～1987 年南风风速比 1997～2002 年偏强显著。高

层北风的高值区 1980～1987 年和 1997～2002 年分别位于 30°N 附近和 25°N 以南。由此可见，多雨时期在华北地区从低层到高层均为强的经向风辐合，而两个少雨时期在华北地区从低层到高层均为经向风辐合上升运动偏弱或辐散运动偏强，强的经向风辐合上升区位置偏南。1957～1964 年在 35°N～41°N 从低层 800hPa 到高层对流层顶均有较强的上升运动，辐合气流偏强，对流旺盛。对比分析华北地区两个少雨时期垂直环流可知，其垂直环流存在显著的差异。1980～1987 年气流强辐合上升区位于 30°N 附近，对流旺盛，700～150hPa 对流层均有显著辐合上升运动，强度偏强。而在 35°N 以北地区无明显辐合运动，上升运动微弱，这种垂直环流形势与同期中国东部降水距平百分率空间分布具有一致性。1997～2002 年强辐合上升区主要位于 30°N 以南地区，从低层到高层均有明显的辐合上升运动，其强度偏强，而在 35°N 以北无明显辐合上升运动，这样的垂直环流分布与同期中国东部降水距平百分率的南北位置分布相一致 [图 5.14（f）]。

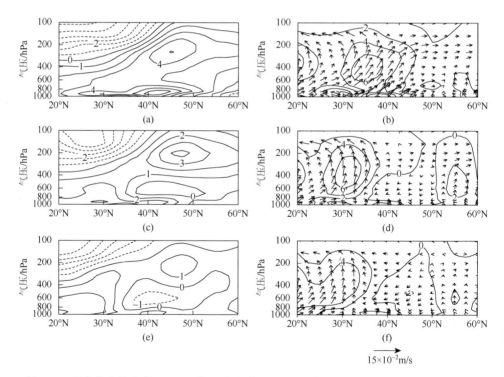

图 5.16　华北降水偏多 [（a）、（b）] 和偏少 [（c）～（f）] 时期 110°E～120°E 平均经向风（单位：m/s）和垂直环流（单位：10^{-2}m/s）

等值线为扩大 100 倍后的垂直速度。（a）、（b）为 1957～1964 年；（c）、（d）为 1980～1987 年；（e）、（f）为 1997～2002 年

5.3　东亚副热带西风急流强度变化与冬季风的关系

东亚冬季风是北半球冬季最活跃的环流系统，它的活动范围可以影响全球范围大气环流的变化，不仅会造成中高纬度强烈降温、降雪、大风、霜冻等灾害性天气，还可引起低纬地区以至印度尼西亚、澳大利亚等地的暴雨。伴随冬季风的异常，全球的大气环流亦出现异常，不仅如此，东亚冬季风的异常还将引起后期大气环流的异常，孙淑清和孙柏民（1995）指出，对于夏季长江、淮河流域旱涝天气，其前冬大气环流形势已经存在较大的差异，中高纬地区的环流形势以及低纬地区的对流特征和海洋热力状态等方面都迥然不同。李崇银（2000）的研究亦表明强冬季风的爆发通过海气相互作用对于厄尔尼诺现象有激发作用。因此，研究冬季风的结构变化及异常机理有助于对后期气候变化趋势进行预测，本节从对流层高层大气环流的变化探讨急流与东亚冬季风的关系，进而研究其对区域气候的影响。

5.3.1　急流特征指数与冬季风指数的关系

1. 急流特征指数的定义

从对冬季 200hPa 纬向风 EOF 分解中看到，第一特征向量体现了急流强度的变化，第二特征向量体现了急流位置的变化。在以下的分析中将第一特征向量对应的时间系数定义为冬季西风急流强度指数 I_js；其高值对应急流偏强，低值对应急流偏弱；将第二特征向量对应时间系数定义为西风急流位置指数 I_jl，其大值表示急流偏南，小值表示急流偏北。将此指数与原纬向风场求相关（图 5.17），可看到二者与原场的相关非常显著，急流强度指数与西风急流区域的正相关达到 0.8 以上，而位置指数与多年平均急流轴线指数南北侧的相关系数亦达到 0.7 以上，所以两个指数随时间的演变清晰地体现了急流的强度及位置变化。

2. 东亚西风急流特征指数与几类冬季风指数的对比分析

为了能定量地反映冬季风的强弱变化，人们先后从不同的角度定义了不同的指数来反映冬季风的异常活动，主要如下：

（1）I_guoS。由郭其蕴（1994）提出，利用西伯利亚地区的海平面气压距平定义冬季风指数，反映了源地冷空气强度：

$$I\_guoS = [SLP'(60°N, 100°E) + SLP'(60°N, 90°E) + SLP'(50°N, 100°E)] / 3$$

式中，'表示距平。

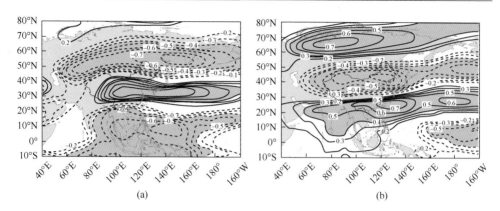

图 5.17　冬季西风急流强度（a）、位置指数（b）与 200hPa 纬向风场的相关分布

阴影区达到 99% 的置信水平检验

（2）I_guoE。亦由郭其蕴（1994）提出，利用海陆热力差异而导致的海平面气压差定义，反映了冬季风在东亚沿岸盛行及冷空气向南扩展情况：

$$I\_guoE = \left[\sum_{\varphi=10°}^{60°} [SLP(\varphi,110°E) - SLP(\varphi,160°E)] \right]$$

（3）I_shi。由施能等（1996）提出，与 I_guoE 较为相似，只是消除了局地方差不均匀造成的影响，纬度区域有些变化：

$$I\_shi = \left[\frac{1}{m} \sum_{\varphi=20°}^{50°} [SLP^*(\varphi,110°E) - SLP^*(\varphi,160°E)] \right]^*$$

式中，*表示标准化；m 为经向格点数。

（4）I_h500。由崔晓鹏和孙照渤（1999）提出，利用 500hPa 东亚大槽的强度定义：

$$I\_h500 = \left[\frac{1}{n} \sum_{\lambda=110, \varphi=35}^{\lambda=130, \varphi=40} H^*(\varphi,\lambda) \right]^*$$

式中，n 为区域格点总数。

（5）I_wester。由陈海山和孙照渤（2001）提出，利用东亚地区上空 500hPa 中纬（40°N）与高纬（70°N）的位势高度差定义，反映了中高纬地区的经向环流特征：

$$I\_wester = \frac{1}{k} \left\{ \sum_{\lambda=80}^{120} [H(40°N,\lambda) - H(70°N,\lambda)] \right\}$$

式中，k 为纬向格点数。

以上所列式中 SLP 表示海平面气压；H 表示 500hPa 位势高度场；λ、φ 分别表示经度和纬度。

为了研究东亚西风急流与冬季风的关系，将急流强度指数、位置指数与上述几种冬季风指数分别求相关，相关系数在表 5.2 中列出。从表中看到，几种冬季风指数之间有明显的相关，其中 I_guoE 与 I_shi 本质上较为一致，所以相关系数最高，达到 0.927；I_wester 与 I_shi 的相关系数较低，只有−0.310，表明中高纬环流与东亚地区海陆热力对比有一定的差异。由于东亚西风急流强度指数与五种冬季风指数的相关系数均在 0.65 以上，达到了 99% 的置信水平检验，其中与 I_h500 的相关系数最高，达到−0.728，这表明东亚西风急流强度指数亦能较好地体现东亚冬季风的变化，特别是东亚大槽的强度变化。但东亚急流位置指数与冬季风的相关系数则较低，与 I_shi 的相关系数最高，达 0.431，而同 I_guoS 及 I_wester 相关系数都很低，这可能由于急流位置南北变化主要受中低纬地区海陆热力对比影响，而高纬地区环流对其影响甚微。上述相关表明冬季急流强度较位置南北移动与冬季风的关系更为密切，所以在下面的分析中主要探讨冬季西风急流强度变化与冬季风的关系。

表 5.2　东亚西风急流特征参数与各类冬季风指数的相关系数

指数	I_guoS	I_guoE	I_shi	I_h500	I_wester	I_js	I_jl
I_guoS	1.000	**0.629**	**0.463**	**−0.617**	**−0.743**	**0.676**	−0.067
I_guoE		1.000	**0.927**	**−0.572**	−0.320	**0.705**	0.365
I_shi			1.000	**−0.521**	−0.310	**0.676**	**0.431**
I_h500				1.000	**0.679**	**−0.728**	−0.307
I_wester					1.000	**−0.660**	0.157
I_js						1.000	0.000
I_jl							1.000

注：加粗数字达到 99% 的置信水平检验。

为了更细致地比较各种指数所表征冬季风强弱的典型年，将几种冬季风指数进行标准化后选取标准化距平大于（小于）等于 1（−1）的年份选取为冬季风典型年（表 5.3）。可以看到，各种冬季风指数表征的冬季风强弱年份并不完全一致，特别在弱冬季风典型年的选择上没有一年能完全通过所有指数的标准，表明冬季风在不同层次的天气系统体现上有一定的差异。传统的观点认为冬季风是大陆与海洋对于热量吸收和热量释放缓急不同造成的，海陆海平面气压差大小可以从本质上体现季风的强弱，具体来说就是大陆西伯利亚高压与海洋上阿留申低压的强度变化，如果二者强度均偏强，表明海陆热力差异明显，气压差加大，冬季风增强；反之，冬季风减弱。为了查看各类指数对两个系统变化的表现能力，将上述指数分别与 NCEP/NCAR 再分析海平面气压资料求相关（图 5.18），从图中可看到 I_guoS 与海平面气压之间的高相关区主要位于中高纬的西伯利亚大陆地区，未能较好地体现阿留申低压的变化；I_guoE 与 I_shi 的相关型相似，高相关区体现了中低纬地区纬向海陆热力的对比，但对高纬源地冷空气的强度变化表现不理想；I_h500 的两个相关区主要位于 50°N～70°N 的高纬大陆及 20°N～40°N 的西太平洋，体现了海陆的经向热力对比；I_wester 的高相关区主要出现在高纬大陆，亦体现了源地冷空气的强度；I_js 的显著相关型与 I_h500 的较为一致，主要体现了西太平洋与高纬大陆的热力对比，较好地反映了大陆冷高压与阿留申低压的强度变化，所以东亚急流强度指数 I_js 亦是表征冬季风强弱变化的一个很好的指标，急流增强（减弱）对应大陆西伯利亚冷高压偏高（低），海洋阿留申低压加强（减弱），东亚冬季风偏强（减弱）。

表 5.3　由各类指数划分的冬季风强弱典型年

指数	强冬季风年	弱冬季风年
I_guoS	1964，1965，1967，**1968**，1969，**1977**，**1984**，1985，1986	1973，1979，1987，1989，1993，1997
I_guoE	1962，1967，**1968**，**1977**，1981，**1984**，1986，1996	1969，1971，1972，1973，1979，1990
I_shi	1962，**1968**，**1977**，1981，**1984**，1986，1996	1966，1969，1972，1973，1979，1990
I_h500	1963，**1968**，**1977**，1981，**1984**，1986	1979，1987，1989，1990，1993，1998，1999
I_wester	**1968**，1970，**1977**，**1984**，1985，2000	1979，1987，1993，1997，1998
I_js	**1968**，1970，**1977**，1981，**1984**，1985，1986	1972，1979，1990，1992，1993，1998

注：加粗年份为通过所有指数标准的典型年；1964 代表 1963/1964 年冬季，其余相同。

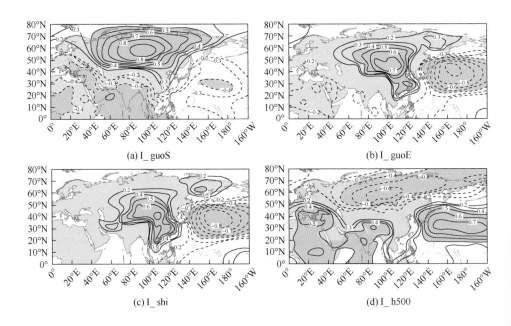

(a) I_guoS　　(b) I_guoE　　(c) I_shi　　(d) I_h500

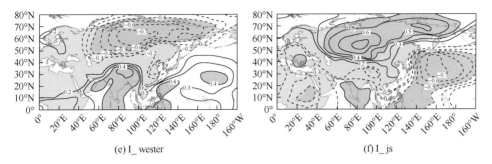

(e) I_wester　　　　　　　　　　　　　(f) I_js

图 5.18　各类冬季风指数及东亚急流强度指数与同期海平面气压相关分布

阴影区达到 99%的置信水平检验

　　冬季风的气候效应通常体现在地面气温的变化上，二者之间存在相互影响的正反馈过程：冬季风强时，对流层低层通常受异常偏北气流的影响，地面气温降低，而气温的降低往往增大海陆热力差异，使冬季风得到加强（Jhun and Lee，2004）。将上述各指数与再分析资料的地表 2m 气温求相关可看到（图 5.19），共同的特点是主要显著高相关区位于 20°N～50°N 的青藏高原以东以北的中国大陆、朝鲜半岛、日本岛及西太平洋的黑潮暖流区。由于各指数分别由不同层次上的不同要素定义，这表明东亚冬季风是一个深厚系统，其低层的变化在中层及高层环流系统都有明显的反映。当然各个指数的相关分布还有一些细微的区别，例如，I_shi 和 I_guoE 与气温在高纬的正相关在其他指数上表现不明显，东亚的显著相关

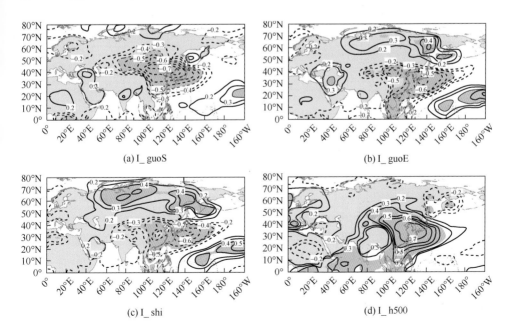

(a) I_guoS　　　　　　　　　　　　　(b) I_guoE

(c) I_shi　　　　　　　　　　　　　(d) I_h500

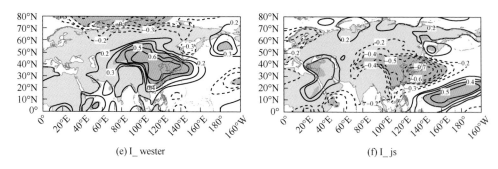

(e) I_wester　　　　　　　　　　　(f) I_js

图 5.19　各类冬季风指数及东亚急流强度指数与同期地面气温相关分布

阴影区达到 99% 的置信水平检验

区较其他指数略偏南,这与它们本身主要体现了冷空气的南扩程度亦是相对应的。总的来说,六种指数均能较好地体现东亚地区地面温度的变化情况。但从与中国地区的实际气温相关对比来看,I_guoS、I_h500 及 I_wester 较其他三种指数更好地体现中国大陆地区的温度一致变化,可能这与中国大陆气温的总体变化主要决定于西伯利亚的冷空气强度有关。

5.3.2　东亚西风急流强度指数与冬季大气环流的关系

1. 急流强度与 850hPa 风场的关系

冬季风环流系统异常不仅包括了海平面气压的变化,还体现在中高层大气环流场及气候要素的变化上,850hPa 东亚海陆毗邻区域上空的偏北风是体现冬季风强度的一个重要指标。图 5.20 给出了急流强度指数与 850hPa 风场的相关矢量分布,从图中可看到,850hPa 风场变化与西风急流强弱有较好的对应关系,通过检验的显著相关区位于 50°N~70°N 的西伯利亚地区,出现一个反气旋式的相关分布,表明对流层上层的急流增强时,对应低层西伯利亚高压增强,其反气旋式环流系统亦随之增强;中纬东亚大陆近海地区与西北太平洋为显著的气旋式相关,表现为阿留申低压环流与急流强度的一致变化。日本南部及中国东部海陆交界区域,相关为显著的偏北矢量,而此区域冬季盛行的偏北风是体现冬季风强弱的明显标志,所以这种显著的偏北相关矢量表明急流强度的变化与冬季风密切联系,急流的增强将对应东亚地区北风分量的明显加大;在低纬赤道西太平洋,相关呈现反气旋变化,此区域的气流与西太平洋副高有一定的联系。这种分布型表明低层西伯利亚高压、西太平洋北部的阿留申低压及南部的西太平洋副热带高压与高层的西风急流强度同相变化。

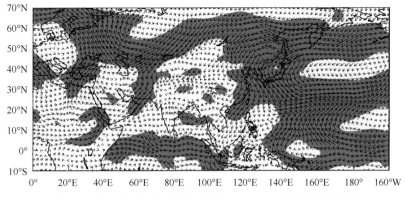

图 5.20　东亚急流强度指数与同期 850hPa 风场相关矢量分布

阴影区达到 99%置信水平检验

2. 急流强度与高度场的关系

从急流强度指数与高度场的关系来看（图 5.21），从低层到高层都有着很相似的分布：在 50°N 以北的高纬大陆上为显著正相关，而在 20°N～45°N 的中纬西太平洋上空为显著负相关。在 1000hPa 等压面，相关型与图 5.18（f）一致，正相关中心位于贝加尔湖以西、巴尔喀什湖以北的西伯利亚平原地区，中心值超过 0.7，负相关中心位于日本岛南部的西太平洋，并向西南延伸至菲律宾群岛附近的赤道西太平洋，体现了海陆热力差异对比的变化。850hPa 上分布型没有大的变化，只是正相关中心有稍许西移，显著负相关区向北收缩。到了 500hPa，这种西移北缩的现象更为显著，正相关中心已移到咸海北侧，而显著负相关的南缘已移至 20°N 以北，西缘移至 100°E 东侧，负相关中心已位于朝鲜半岛和日本岛上空，表明急流强度与欧亚脊及东亚大槽强度同相变化。200hPa 高度上，正相关区没有明显的中心，而负相关区的西移北抬更为明显，在中国南部沿海地区上空还出现了一个局地的正相关区。这种上下较为一致的急流与高度场的相关分布主要是由冬季正压环流决定的，但从下至上显著相关区有一定程度的西倾和北抬，表明斜压环流亦占一定的比重。从分析中可再次看到，东亚冬季风活动的异常并不只是对流层中低层的现象，而在整个对流层都有明显反映。

3. 急流强度与对流层温度场的关系

类似地，给出了急流强度指数与对流层温度场的相关分布（图 5.22），急流强度指数与温度场的相关不如高度场规则和具有高低层的一致性。在 1000hPa 的等压面上，中国大陆东部及朝鲜半岛和日本岛附近的海面上为显著的负相关区，低纬的西太平洋上为正相关区，这种分布表明，西风急流强时，西伯利亚的冷高压

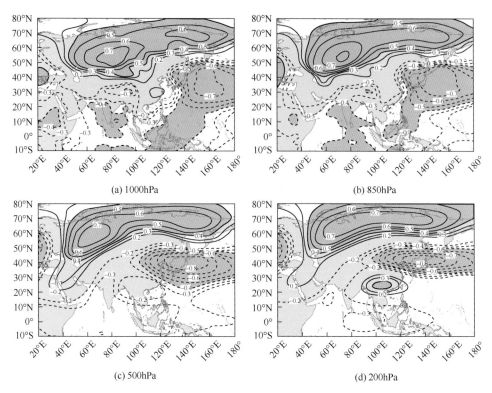

(a) 1000hPa

(b) 850hPa

(c) 500hPa

(d) 200hPa

图 5.21　东亚急流强度指数与同期位势高度场相关分布图

阴影区达到 99% 置信水平检验

偏强，冬季风增强，东亚大陆及其附近海域受到异常北风控制及南下的冷气团影响，导致气温偏低，而低纬的海洋上则出现异常南风（图 5.20），受南方暖湿气团的影响，气温偏高，850hPa 的相关型态与 1000hPa 的相似。在 500hPa，相关分布从低纬到高纬呈现"正-负-正"的分布，东亚地区明显的负相关区亦出现西移北抬的现象，中国南部南海地区上空则出现了正相关区。到了 200hPa 高度，急流强度与气温的相关已不明显。所以从上述分析来看，急流强度的变化并不由 200hPa温度场的变化决定，而是与其下部的温度变化有关，这是由热成风原理所决定的。为了更清楚地分析急流强度与哪一层次的温度场关系最好，分别沿 110°E～140°E和 35°N～40°N 平均作相关的垂直剖面（图 5.23），从经向剖面来看，急流强度与低纬地区的正相关，主要出现在 500～250hPa 的对流层中高层，与中纬度地区的负相关及与高纬地区的正相关均出现在 300hPa 以下。而从沿 35°N～40°N 平均的纬向剖面来看，急流与温度场的显著负相关区则只出现在 400hPa 以下的青藏高原以东地区，这表明青藏高原对东亚冬季风的阻挡作用是很明显的，同时表明青藏高原的存在对急流强度也有影响。

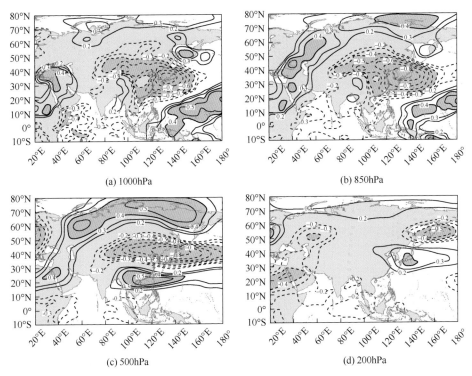

(a) 1000hPa

(b) 850hPa

(c) 500hPa

(d) 200hPa

图 5.22　东亚急流强度指数与同期温度场相关分布图

阴影区达到 99% 置信水平检验

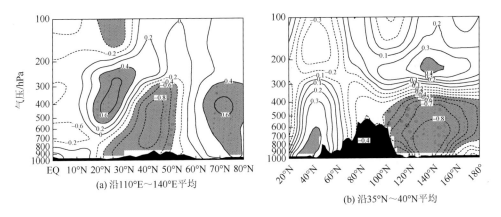

(a) 沿110°E～140°E平均

(b) 沿35°N～40°N平均

图 5.23　东亚急流强度指数与同期温度场相关垂直分布

图中阴影区达到 99% 置信水平检验

4. 急流强度与向外长波辐射的关系

通常利用向外长波辐射（OLR）表示热带地区对流的强弱，低纬地区 OLR

低值对应强对流区，高值对应弱对流区，而在中高纬地区由于对流较弱，OLR的大小主要取决于地面温度的高低。从急流强度指数与 OLR 的相关图上来看（图 5.24），中纬东亚大陆地区（包括中国北部、朝鲜半岛、贝加尔湖地区）为显著负相关，这与此区域急流与地面气温的相关一致；低纬和赤道地区的孟加拉湾、南海及西太平洋暖池，亦体现 OLR 与急流强度的反相变化，表明此区域的对流增强时，急流同样是加强的，由于急流强度与冬季风变化强弱变化一致，因此冬季风、急流、东亚低纬的对流活动是同相变化的，其中机制可理解为冷空气在低纬地区的入侵（冷涌）将导致对流的增强，从而加大低纬与中纬地区的经向温差，根据热成风的原理，位于副热带地区的西风急流势必加强。同时还可看到在中太平洋地区还有一南正北负的显著相关区，这可能与沃克环流及哈得来环流变化有关（陈隽和孙淑清，1999）。

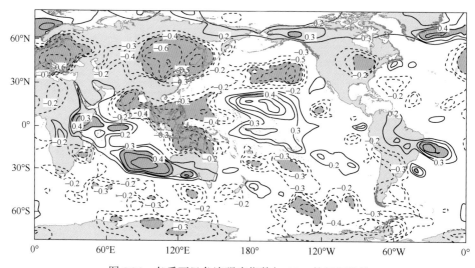

图 5.24　冬季西风急流强度指数与 OLR 的同期相关

阴影区达到99%置信水平检验

5. 冬季急流强度与地面热量平衡各项的关系

地表以蒸发潜热、感热及有效净长波辐射等方式向大气输送热量，所以地表的热量平衡状况是影响大气环流变化的重要因子，图 5.25 给出了西风急流强度与地面净短波辐射、净长波辐射、感热、潜热通量的相关分布。从图中可看到，与西风急流强度指数相关较高的区域是位于中国东部及西太平洋的黑潮暖流区，此区域净长波辐射、感热、潜热加热与西风急流强度的相关都达到99%置信水平检验，表明此区域的加热异常对冬季高层急流的强度变化有明显的影响。但除此之外，各通量项与急流强度的相关还有一些差别，菲律宾附近赤道暖池区的有效长波辐射与急流强度为显著负相关关系，但在感热通量与潜热通量项中却不明显，另外，有效长波辐射与潜热在高纬西伯利亚地区呈负相关，但感热通量却呈正相关。净短波辐射通量与急流的正负显著相关区亦分别位于黑潮暖流区和赤道西太平洋暖池区，但相关程度明显偏弱。

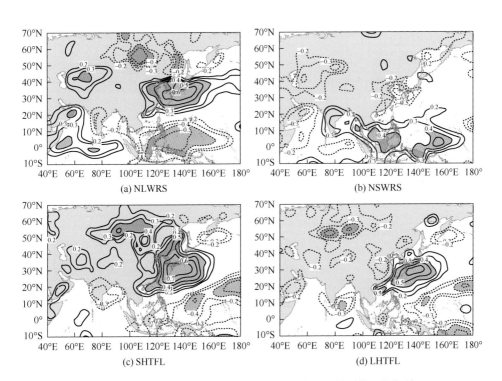

图 5.25　东亚急流强度指数与地表热量平衡各通量项的同期相关

（a）净长波辐射通量；（b）净短波辐射通量；（c）地表感热通量；（d）地表潜热通量；图中阴影区达到 99%置信水平检验

6. 冬季急流强度与中国地面气温及降水的关系

高层西风急流强度异常与大气环流异常密切相关，意味着急流强度的变化会引起异常的气候效应，从图 5.26 冬季西风急流强度指数与中国地面气温及降水的相关来看，急流的增强（减弱）必将引起我国大部分地区气温的降低（升高）及降水的减少（增多），亦即急流强年对应干冷冬季，急流偏弱年对应湿暖冬季，这种对应关系在沿海地区及北方表现得更为明显。从急流强度指数与中国气温 EOF 的第一特征向量对应时间系数的时间变化来看（第一特征向量方差贡献为 57.8%），空间分布表现为全国较为一致的变化，其对应时间系数基本体现了中国气温的时间演变（图 5.27），二者基本呈反相变化，相关达到–0.47，并可看到从 20 世纪 80 年代后期开始，西风急流强度减弱，而气温则明显偏高，即急流强度的减弱可能是 80 年代以来暖冬频繁出现的重要环流背景。

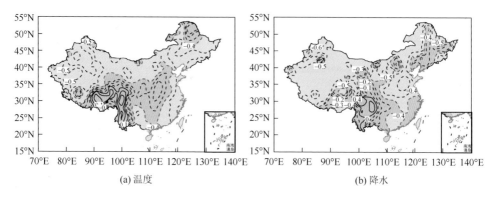

(a) 温度　　　　　　　　　　　　　　　　(b) 降水

图 5.26　西风急流强度指数与中国地面气温（a）、降水（b）相关分布

阴影区达到 99%置信水平检验

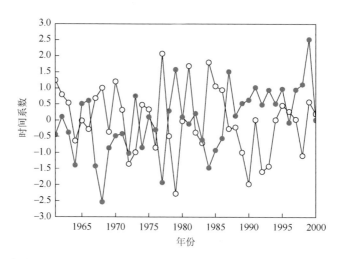

图 5.27　西风急流强度指数（–○–）与中国冬季气温 EOF 第一特征向量时间系数（–●–）演变

5.3.3　冬季急流强度与北极涛动的关系

1. 北极涛动指数

北极涛动（AO）是一种行星尺度的大气环流异常型，其特征表现为冬季海平面气压场上北极地区与其周围环状地区之间气压的跷跷板式分布，是北半球大气环流最基本的结构，AO 的强弱直接导致北半球中纬度地区与北极地区之间气压

和大气质量反相性质的波动，AO 为正异常时，中纬度气压上升而极地下降，AO 为负异常时，对应相反的环流形势。Thompson 和 Wallace（1998，2000）等指出，AO 和北大西洋涛动（NAO）二者在本质上是一致的，是同一事物在不同侧面的两种表现，它们实际上反映的是中纬度西风带的强弱，近几十年来 NAO 向高指数持续变化的趋势是北半球冬季变暖的重要原因。在 Jhun 和 Lee（2004）的研究中提到，东亚冬季风指数与 AO 在年代际尺度上有明显的联系。Wu 和 Wang（2002）的研究表明 AO 通过影响西伯利亚高压与东亚冬季风，进而影响东亚地区的气候，而 AO 的正负位相可表征西风气流的稳定和强弱，这是大气基本环流形势的最重要的一个判据和指标。AO 体现了高纬度与中纬度的气压差，龚道溢（2003）、龚道溢等（2002）在研究 AO 对东亚夏季降水的影响时提到 AO 和东亚夏季降水的关系与 200hPa 纬向风场相似，AO 可能是通过影响急流来影响降水的，但没有对这个问题进行深入的探讨，AO 体现了高纬度与中纬度气压的反相变化，这种关系在对流层高层的西风急流上如何体现？二者与冬季风关系有何不同？接下来将针对这些问题进行分析。

　　AO 指数取为冬季 20°N 以北海平面气压 EOF 分解的第一时间系数（图 5.28），从图中可看到，海平面气压场的特征向量分布主要体现为极地高纬和中纬地区的反相变化，中纬地区变化的大值中心位于北非大西洋地区，主要体现为 NAO 的变化，而在东亚地区的变化不甚明显，时间系数（AO 指数）的变化具有明显的年代际变化。

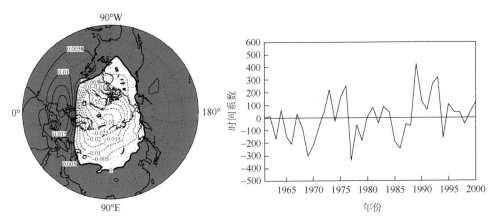

图 5.28　冬季海平面气压 EOF 分解的第一特征向量（阴影区域为正值）及时间系数（AO 指数）

2. 冬季西风急流强度、北极涛动与东亚冬季风的关系比较

　　图 5.29（a）给出了冬季西风急流强度指数与 AO 指数的变化（为了便于比较，

二者均已标准化），二者的相关达到-0.39，为显著的负相关关系，达到 95%置信水平。由于原始序列中包含了趋势变化、年际变化及年代际变化，将上述几种分量进行分离，首先求出趋势序列，将去掉趋势的序列进行 11 点平滑后得到年代际变化，原始序列减掉趋势及年代际变化即得到周期小于 10 年的年际振荡。首先来看二者的趋势变化［图 5.29（b）］，AO 强度呈现明显的上升趋势，而冬季西风急流强度则呈下降趋势，二者趋势完全相反。从年代际的变化来看［图 5.29（c）］，二者表现出相反的年代际变化（相关达到-0.67），在 1980 年以前，西风急流的年代际变化振幅较小，之后振幅明显增大；AO 指数在 20 世纪 60 年代后期至 70 年代初偏弱，70 年代中期明显偏强，70 年代末到 80 年代后期偏弱，80 年代末至 90 年代前期偏强，90 年代后期偏弱。除了 70 年代后期外，二者的年代际变化基本反相，表明二者在年代际变化上关系是显著的。从图 5.29（d）中的年际变化分量来看，二者的相关系数为-0.26，没有达到 95%的置信水平检验。所以冬季西风急流强度与 AO 指数变化的关系主要表现在线性趋势与年代际变化上，而在年际尺度变化上的关系不明显。

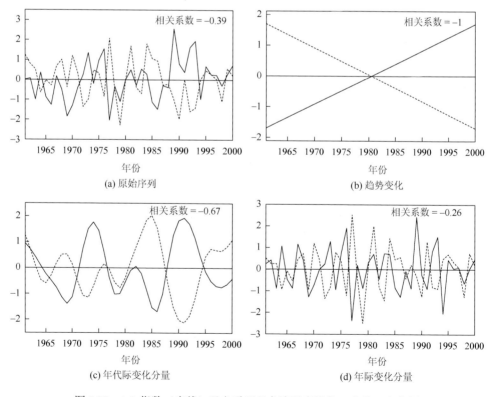

图 5.29　AO 指数（实线）及冬季西风急流强度指数（虚线）变化图

　　为了比较二者各个分量在大气环流变化中的作用，分别将各个分量与同期海平面气压求相关（图 5.30）。从图 5.30（a）中可看出，西风急流强度原始序列与 SLP 的显著相关主要分布在欧亚及西太平洋地区，其中欧亚大陆为明显正相关区，西太平洋及位于低纬的孟加拉湾及南海地区为负相关区，充分体现出东亚地区的海陆热力差异。而 AO 指数与 SLP 的相关显著区位于极地、北非及大西洋地区，极地为明显的负相关区，北非及大西洋为明显的正相关 [图 5.30（d）]。所以西风急流指数与 AO 指数的强弱分别体现了不同区域不同意义上的热力差异对比，前者主要体现欧亚大陆与西太平洋的差异，后者主要体现极地与中纬度环状模的反相变化。但从二者年代际尺度上的变化来看 [图 5.30（b）、（e）]，西风急流强度年代际变化分量与 SLP 的关系是很显著的，显著正相关区主要位于大西洋及非洲西北部，中心位于北大西洋上，相关超过 0.8；观之 AO 指数的年代际分量与 SLP 的相关，显著负相关区亦位于西北非及大西洋，但中心位置较前者稍偏东，显著程度亦略低于前者，这说明二者在年代际尺度的变化上是非常一致的。从年际尺度上来看 [图 5.27（c）、（f）]，二者在年际尺度上的相关表现与原始序列较为一致，说明二者对海平面气压的影响主要体现在年际尺度上，所以二者年际尺度分量与 SLP 的相关亦表现出不同型态。

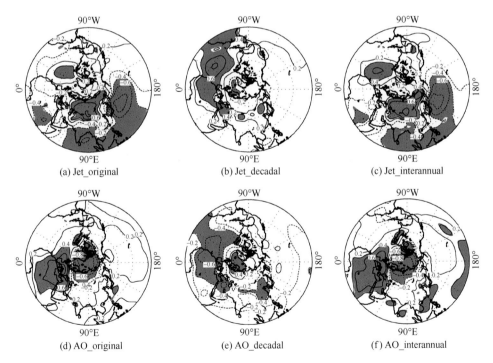

　　(a) Jet_original　　　　(b) Jet_decadal　　　　(c) Jet_interannual

　　(d) AO_original　　　　(e) AO_decadal　　　　(f) AO_interannual

图 5.30　西风急流强度指数及 AO 指数原始序列 [（a）、（d）]、年代际分量 [（b）、（e）]、年际分量 [（c）、（f）] 与同期海平面气压的相关分布

阴影达到 99%置信水平检验

　　500hPa 上的欧亚脊及东亚大槽亦是冬季风环流的重要系统，类似上述分析，将西风急流强度指数与 AO 指数不同分量与 500hPa 高度场求相关（图 5.31）。从原始序列来看，西风急流与 SLP 的相关型为北大西洋-西欧-西伯利亚-东亚大陆沿海的"正-负-正-负"的波列状分布，体现出急流变化与欧亚脊和东亚大槽的一致对应，即西风急流强（弱）时，欧亚脊和东亚大槽亦偏强（弱）；而 AO 指数与高度场的相关分布则体现出以极地为中心的负相关及分别以中高纬北美、西欧及东亚为中心的正相关分布，没有体现出与东亚冬季风系统的直接对应关系，表明 AO 指数对东亚冬季风的影响不如西风急流直观明显。从年代际分量来看 [图 5.31（b）、（e）]，主要体现为极地-北大西洋的一个偶极型相关分布，在东亚高纬地区亦是一个显著的相关区域，二者的相关型分布较为一致，表明二者在年代际变化上的确有明显的关系。从年际分量来看 [图 5.31（c）、（f）]，相关型与原始序列相似，这里不再赘述。为了直接比较 AO 指数与纬向风场的关系，对上述指数与 200hPa 风场作相关分析，也可得到与上述分析一致的结论，即 AO 指数与西风急流指数在年代际尺度上反相变化非常显著。但为什么二者在年代际尺度上的变化如此一致？这有待进一步的研究。

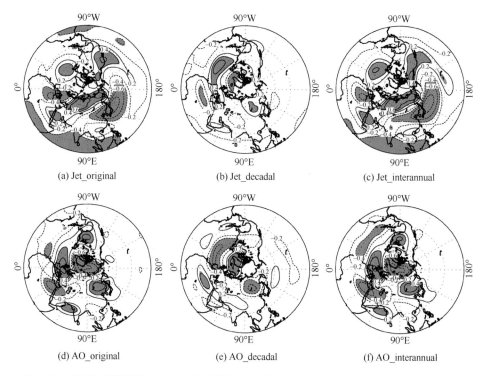

(a) Jet_original　　　　　　　(b) Jet_decadal　　　　　　　(c) Jet_interannual

(d) AO_original　　　　　　　(e) AO_decadal　　　　　　　(f) AO_interannual

图 5.31　西风急流强度指数及 AO 指数原始序列 [（a）、（d）]、年代际分量 [（b）、（e）]、
年际分量 [（c）、（f）] 与 500hPa 位势高度场的相关分布

阴影达到 99% 置信水平检验

5.3.4　冬季西风急流强度变化的预测意义

人们在研究冬季风时发现，冬季风的异常往往会引起后期大气环流异常及气候异常，孙淑清和孙柏民（1995）研究认为这种影响是基于海温的记忆作用，通过海气相互作用来实现的。蔡尔诚等（2002）从冬季西风急流与夏季副热带高压之间的动能互补与能量平衡关系论证了夏季气候的可预测性，认为 1 月冬季急流轴的位置对预测 7 月西太平洋副高脊线的位置非常重要，所以研究急流与后期气候的关系对于短期气候预测有非常重要的参考价值。同时为了比较 AO 指数与西风急流强度对后期大气环流影响的差别，将二者与后期 3～10 月的环流指数进行相关分析（表 5.4）。从中可看出，西风急流强度及 AO 指数与后期环流有明显的相关关系，但二者对后期环流的影响却有显著差别，西风急流主要影响欧亚地区的天气系统如西太平洋副高、印缅槽、高原高度场等，而 AO 对后期的北非大西洋地区及极地天气系统如大西洋副高、极涡强度等有明显的影响。因此，上述分析表明东亚地区冬季风急流的强度不但与冬季风有密切的关系，还对后期环流形势产生影响，具有明显的预测意义，对于东亚地区的气候变化来说，研究西风急流的变化较 AO 指数更加重要。

表 5.4　冬季急流强度指数及 AO 指数与后期环流指数的相关

西风急流强度 I_js			冬季北极涛动指数（AO 指数）		
月份	环流指数	相关系数	月份	环流指数	相关系数
3 月	北美区极涡面积指数	0.396	3 月	北非副高强度指数	−0.344
	高原高度场	0.302		北非大西洋副高强度指数	−0.303
4 月	西太平洋副高面积指数	−0.315		北半球副高北界	−0.307
	印度副高面积指数	−0.398		北非副高北界	−0.336
	大西洋欧洲区极涡面积指数	−0.348		北非大西洋副高北界	−0.338
5 月	北半球极涡中心强度	0.317		亚洲区极涡强度指数	−0.416
	印缅槽	−0.353	4 月	北半球区极涡强度指数	−0.389
6 月	西太平洋副高面积指数	−0.339		印度副高脊线	0.318
	西太平洋副高北界	0.321	5 月	亚洲区极涡强度指数	−0.315
	西太平洋副高西伸脊点	0.332		亚洲纬向环流指数	−0.303
	印缅槽	−0.415		北非副高脊线	0.365
7 月	西太平洋副高面积指数	−0.304	6 月	大西洋欧洲区极涡面积指数	−0.320
	南海副高面积指数	−0.381		北半球极涡强度指数	−0.353

续表

西风急流强度 I_js			冬季北极涛动指数（AO 指数）		
月份	环流指数	相关系数	月份	环流指数	相关系数
7 月	西太平洋副高强度指数	−0.305	6 月	北半球极涡中心位置	−0.311
	南海副高强度指数	−0.329		亚洲纬向环流指数	−0.326
	北半球副高脊线	0.308	7 月	北非大西洋副高北界	−0.326
	北半球副高北界	0.394		北美副高北界	−0.413
	欧亚纬向环流指数	0.323		北美大西洋副高北界	−0.397
	印缅槽	−0.439		北半球极涡中心强度	−0.364
8 月	东太平洋副高脊线	0.317	8 月	亚洲经向环流指数	−0.310
	大西洋欧亚环流型 W	−0.353		大西洋欧洲区极涡面积指数	−0.398
9 月	北美区极涡面积指数	0.309		大西洋欧洲环流型 C	0.315
	欧亚经向环流指数	0.337	9 月	亚洲区极涡面积指数	0.358
10 月	东太平洋副高脊线	−0.307		北美区极涡面积指数	−0.330
	亚洲纬向环流指数	−0.383		大西洋欧洲区极涡强度指数	−0.324
	太阳黑子	−0.316		欧亚纬向环流指数	−0.384
			10 月	西太平洋副高脊线	0.337

第6章　东亚副热带西风急流变化机制

大量研究表明，对流层上层西风急流变化与大气加热场有密切关系，例如，Krishnamurti（1961，1979）发现三个热带加热中心和冬季北半球的三个西风急流中心有明显的联系。Wallace（1983）的研究表明大地形强迫决定了冬季上层位势高度场的主要特征，而海陆温差所造成的热力差异则是季风环流形成的原因。Lau和 Boyle（1987）在研究热带非绝热加热对大尺度冬季环流的影响时，发现中西太平洋海表加热的变化将导致全球大气环流的显著变化，其中包括西风急流的变化。Yang 和 Webster（1990）进一步研究发现，夏季热带地区的对流加热可以跨赤道影响另一个半球冬季西风急流的位置和强度，且急流的年际变化与厄尔尼诺-南方涛动现象有密切联系。董敏等（1999）研究了东亚西风急流与热带地区对流非绝热加热的关系，结果表明急流中心的季节变化与热带对流非绝热加热的季节变化具有密切联系。

近年来的一些研究表明中高纬度地区特别是青藏高原夏季强大的热力作用对大气环流变化有显著影响。董敏等（2001）研究发现青藏高原地表热通量的异常将影响高原地区上空的垂直运动及辐合辐散，从而引起东亚地区高度场及风场的异常。蔡尔诚（2001）在研究中国夏季主雨带的形成时提出了赤道与极地之间的温差决定了急流的强度和位置，西风强度与南北温差成正比，造成温差加大的因子主要是极地冷气团的季节变化。李崇银等（2004）在研究东亚夏季风活动与东亚高空西风急流北跳关系时，发现高空急流的两次北跳分别与亚洲大陆南部地区对流层中上层经向温度梯度的两次逆转有关，青藏高原的加热所导致的对流层中上层经向温度梯度的两阶段明显相反是急流北跳的重要原因。Walland 和 Simmonds（1997）、Clark 和 Serreze（2000）的分析表明东亚西风急流的变化与欧亚积雪的变化也有密切联系。

由此可见，热力作用对东亚副热带西风急流变化的影响是非常重要的，研究亦发现西风急流中心强度和位置的季节变化是叠加在整个中纬度西风带上的扰动，那么区分中低纬各种加热场对西风带背景及急流强度和位置变化的贡献大小就显得极为重要。本章拟对东亚地区地表感热、潜热通量场与200hPa纬向风场作奇异值分解（SVD），分析地表感热和潜热加热场影响西风急流强度及位置变化的关键区，在此基础上利用数值模式对诊断结果进行验证。

6.1　200hPa 纬向风场与地表加热场的奇异值分解

6.1.1　东亚地表加热场及 200hPa 纬向风分布的季节性差异

东亚地区在独特的海陆分布及高原大地形的动力热力影响下形成了典型的季风气候，大气环流及气象要素有明显的季节变化。从多年平均 200hPa 纬向风场分布来看（图 6.1），冬季 10°N 以南为东风，中心位于印度尼西亚群岛附近，强度为 10m/s 左右。10°N 以北为西风，西风的强度远远超过东风，在 20°N～40°N，西风强度较大，大多超过 30m/s，西风急流轴位于 30°N 附近，最强风速中心在日本以南的洋面上空，中心位于 140°E、30°N，强度达 70m/s 以上。从夏季情况来看，由于夏季风的爆发，南亚高压增强移上高原地区，伴随热带东风急流增强并向北扩展至 20°N 以北，西风急流轴移至 42°N 左右，比冬季北移了约 10°，与此同时，急流中心位于亚洲大陆青藏高原北侧上空（90°E、42°N），强度较冬季明显减弱，中心风速只有 30m/s。

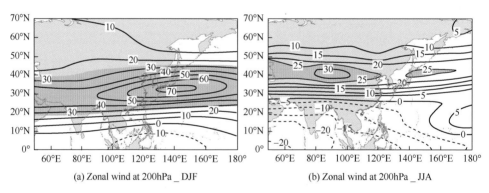

(a) Zonal wind at 200hPa _ DJF　　　　　　(b) Zonal wind at 200hPa _ JJA

图 6.1　冬季（a）、夏季（b）200hPa 纬向风分布（单位：m/s）

DJF 代表 12 月至次年 2 月；JJA 代表 6～8 月；阴影区为数值大于 25m/s 的区域

同样，显著的季节差异也存在于东亚地区地表加热场中。从图 6.2（a）、（b）中地表感热通量的分布来看，冬季由于太阳辐射减小，中高纬地表温度下降明显，东亚大陆上感热通量基本为负值，表现出冷源的特性，感热通量的正值区主要出现在西太平洋上及 30°N 以南的大陆地区，主要加热中心位于西太平洋上日本岛附近的黑潮暖流区，强度达到 150W/m² 以上，这是由于冬季风爆发，较强的偏北气流引起冷平流而造成较大的海气温差，从而形成了较强的感热加热中心。到了夏季，由于土壤的热容量较小，陆面加热后升温明显，地气温差变大，导致感热通量增大，大陆上出现较大的感热通量，主要加热中心出现在阿拉伯半岛，另一加热中心出现在以 100°E、40°N 为中心的青藏高原东北部地区。从地表潜热通量的分布来看 [图 6.2（c）、（d）]，冬季，由于大陆上盛行干冷的冬季风，降水很少，土壤湿度小，所以地表潜热通量很小，主要的潜热加热出现在西太平洋上，中心位于日本南部及台湾以东的洋面上，中心加热强度达 240W/m² 以上，另外两个潜热加热中心分别位于阿拉伯海及孟加拉湾地区，但强度相对较弱，加热区域也较窄。夏季，西太平洋上的潜热加热中心明显减弱，同时大陆上由于降水的增多，土壤湿度增加，潜热急剧增加，另外，阿拉伯海及孟加拉湾地区则由于夏季风爆发西南风增大，潜热加热明显增强。

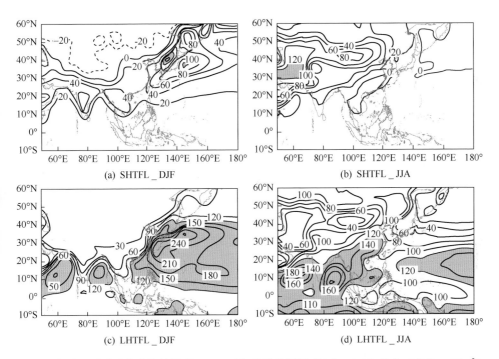

图 6.2　冬季、夏季地表感热通量 [（a）、（b）] 及潜热通量 [（c）、（d）] 分布（单位：W/m²）

阴影区为数值大于 120W/m² 的区域

6.1.2　东亚地表加热场与 200hPa 纬向风的奇异值分解

　　为探讨东亚地区加热场与 200hPa 西风急流的关系，将地表加热场范围选取为 40°E～180°E、10°S～50°N。同时，考虑到冬季、夏季东亚副热带西风急流强度及位置有明显的差异，200hPa 纬向风场区域的选取以西风急流中心所在的位置为基础，冬季取为 90°E～180°E、20°N～55°N，夏季取为 60°E～150°E、20°N～55°N，并将地表加热场作为左场，将 200hPa 纬向风作为右场进行奇异值分解。

1. 冬季

表 6.1 给出了冬季东亚地区地表感热、潜热通量与 200hPa 纬向风场奇异值分解前四对奇异向量的解释方差及相关系数。从中可看到，感热通量与 200hPa 纬向风场奇异值分析的前四对奇异向量分别解释了总方差的 27.6%、17.1%、9.9%、8.6%，累积方差贡献达 63.2%，相关系数分别为-0.885、0.722、0.705、-0.803。而潜热通量与 200hPa 纬向风场的奇异值分解前四对奇异向量的解释方差分别为 25.9%、14.9%、9.9%、9.0%，累积方差贡献为 59.7%，相关系数分别为 0.885、0.917、-0.753、-0.782。奇异向量的相关均已达到 99%的置信水平检验，表明冬季东亚地表感热、潜热通量场与 200hPa 纬向风场都有较密切的关系。以下的分析中只讨论前两对方差贡献较大的奇异向量所反映两场之间的相互关系及时间变化特征。

表 6.1　冬季东亚地区地表感热、潜热通量与 200hPa 纬向风场奇异值分解前四对奇异向量的解释方差及相关系数

项目	感热通量				潜热通量			
奇异向量	1	2	3	4	1	2	3	4
方差贡献/%	27.6	17.1	9.9	8.6	25.9	14.9	9.9	9.0
累积方差贡献/%	27.6	44.7	54.6	63.2	25.9	40.8	50.7	59.7
左场方差贡献/%	12.7	13.7	7.5	4.5	10.9	5.4	6.3	6.1
右场方差贡献/%	35.9	19.3	12.3	12.1	35.6	22.4	12.4	9.8
相关系数	-0.885	0.722	0.705	-0.803	0.885	0.917	-0.753	-0.782

1）感热通量场与 200hPa 纬向风的耦合分布特征

图 6.3 给出了冬季东亚地表感热通量场与 200hPa 纬向风奇异值分解的前两对奇异向量的异性相关分布及时间系数变化，从图中看到，第一对奇异向量的左异性相关场达到 95%置信水平检验的显著负相关区域位于日本南部的西太平洋黑潮暖流区，向南延伸至南海，向北达朝鲜半岛，中心相关系数达-0.8 以上。从冬季感热加热的气候态来看，此区域正是加热的大值区，表明此区域感热通量的变化与高层纬向风的变化有较好的对应关系。另一个相关区位于赤道印度洋，但相关区域及显著程度均弱于西太平洋黑潮暖流区。从右异性相关场的分布来看，零线位于 40°N 附近，南北呈现反相相关分布，显著正相关区位于 25°N～35°N 并呈准纬向分布，相关系数达 0.6 以上的区域主要位于 30°N 左右，此区域正是冬季西风急流所在区域；40°N 以北地区为显著负相关区，中心位于鄂霍次克海附近，对应东亚大槽所在的位置。从表 6.1 可看到第一对奇异向量右场在冬季 200hPa 纬向风

场中的方差贡献达 35.9%，表明以 40°N 为界纬向风南北反相变化是冬季 200hPa 纬向风场变化的主要模态。因此，第一对奇异向量的耦合空间分布表明西太平洋黑潮暖流区的感热通量变化与西风急流及东亚大槽变化密切相关，由于此对奇异向量时间系数的相关为负值，当西太平洋黑潮暖流区的感热加热增强时，对应 40°N 以南中低纬高空的西风增强，急流亦加强；40°N 以北西风减弱，东亚大槽增强，中高纬环流经向度增加。从相应的时间系数变化来看 [图 6.3（c）]，相关达到-0.885，有几乎反相的变化，这种耦合型态存在明显的年际振荡特征。

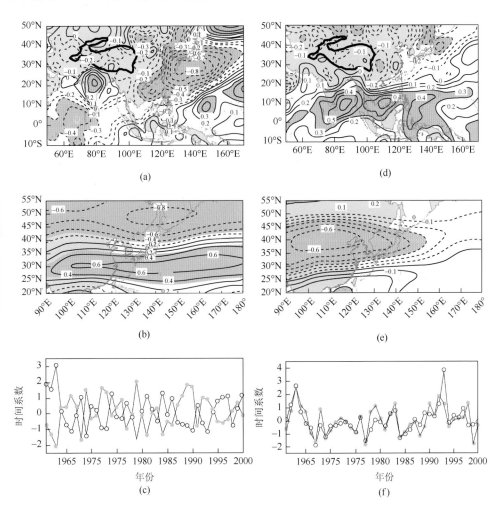

图 6.3　冬季地表感热通量与 200hPa 纬向风速奇异值分解前两对奇异向量所对应的异性相关分布及时间系数演变

（a）、（b）、（c）为第一对奇异向量的左、右异性相关分布及时间系数；（d）、（e）、（f）为第二对奇异向量的左、右异性相关分布及时间系数。（c）、（f）中空心圆线表示左场时间系数，实心圆线表示右场时间系数。阴影区为相关超过 95%置信水平检验的区域；青藏高原廓线为 2500m

　　第二对奇异向量解释了总方差的 17.1%,从左异性相关场分布来看 [图 6.3 (d)],其中正相关区主要位于 15°N 以南的低纬热带地区,通过置信水平检验的显著相关区位于孟加拉湾、南海南部海域及菲律宾东部的暖池海区;20°N 以北的区域主要表现为负相关,但相关值较小,所以这种分布体现了热带和副热带地区感热加热的反相变化对 200hPa 纬向风变化的影响。右异性相关分布的显著区位于 25°N～50°N 的西风带区域 [图 6.3 (e)],中心位于 40°N 附近的青藏高原东北侧大陆上空,这种分布体现了西风带的整体一致性变化。这对耦合型的相关达到 0.722,表明热带地区感热增强,副热带地区感热减弱时,200hPa 西风带将减弱,反之,西风带将增强。从二者的时间系数变化来看 [图 6.3 (f)],这种耦合分布型主要体现为年代际变化:20 世纪 60 年代前期低纬感热增强,中纬感热减弱,西风带减弱;60 年代后期到 80 年代前期,低纬感热减弱,中纬感热增强,西风带增强;80 年代后期到 90 年代,西风带偏弱。

　　2)潜热通量场与 200hPa 纬向风的耦合分布特征

　　潜热通量场与 200hPa 纬向风场的奇异值分解结果与感热通量场和风场的分解结果非常相似(图 6.4)。第一对奇异向量的解释方差为 25.9%,左异性相关场的显著正相关区位于日本南部的西太平洋黑潮暖流区,中心相关系数超过 0.7,其余大部分地区相关值较小。从右异性相关场的分布看来,亦是以 40°N 为界的南北反相相关分布,北侧为显著负相关区,南侧为显著正相关区,与图 6.3 (b)的分布很相似。由于这对奇异向量相关为正,表明黑潮暖流区的潜热加强(减弱)与西风急流的加强(减弱)相对应,这和感热加热与急流的关系一致。从第二对奇异向量的分布来看,左异性相关场的显著正相关区位于孟加拉湾及南海地区的南部海域,中心相关系数达 0.6,其余地区的相关系数较小,没有达到置信水平检验。右异性相关场的分布亦同图 6.3 (e)分布相似,体现了西风带一致性的变化。因此,这种耦合型表明孟加拉湾及南海南部海域的潜热变化与西风带整体强弱变化有紧密联系。从前两对两奇异向量的时间系数变化来看,这两种耦合型分布亦存在明显的年际及年代际变化。

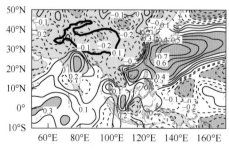

(a)

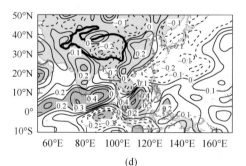

(d)

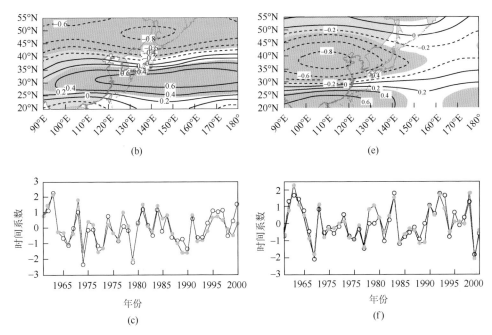

图 6.4　冬季地表潜热通量与 200hPa 纬向风速奇异值分解前两对奇异向量所对应的异性相关分布及时间系数演变

（a）、（b）、（c）为第一对奇异向量的左、右异性相关分布及时间系数；（d）、（e）、（f）为第二对奇异向量的左、右异性相关分布及时间系数。（c）、（f）中空心圆线表示左场时间系数，头心圆线表示右场时间系数。阴影区为相关超过 95%置信水平检验的区域；青藏高原廓线为 2500m

　　从上述对冬季地表感热、潜热加热场与 200hPa 纬向风场关系分析来看，中纬度的西太平洋黑潮暖流区及热带地区的孟加拉湾及南海南部海域是影响 200hPa 纬向风变化的关键区域，但二者的作用却不一致，热带地区的感热和潜热加热主要影响西风带的整体强度变化，而副热带西太平洋黑潮暖流区的加热变化则是影响急流强度变化的重要因素，引起 40°N 以南的中低纬与以北的中高纬地区纬向风的反相变化。

　　2. 夏季

　　同样，对夏季地表加热场与 200hPa 纬向风场进行奇异值分解得知（表 6.2），感热通量与 200hPa 纬向风场奇异值分解的前四对奇异向量分别解释了总方差的 17.9%、13.1%、9.1%、7.0%，相关系数分别为−0.702、−0.725、−0.880、0.811。潜热通量与 200hPa 纬向风场奇异值分解的前四对奇异向量分别解释了总方差的 16.9%、11.2%、9.6%、7.0%，相关系数分别达−0.748、−0.781、−0.884、−0.852，均已达到 99%的置信水平检验。但与冬季相比，收敛性较差，表明夏季加热场与高层纬向风场的关系较冬季复杂。

表 6.2　夏季东亚地区地表感热、潜热通量与 200hPa 纬向风场奇异值分解前四对奇异向量的解释方差及相关系数

项目	感热通量				潜热通量			
奇异向量	1	2	3	4	1	2	3	4
方差贡献/%	17.9	13.1	9.7	7.0	16.9	11.2	9.6	7.0
累积方差贡献/%	17.9	31.0	40.7	47.7	16.9	28.1	37.7	44.7
左场方差贡献/%	18.1	7.9	5.3	4.3	12.7	5.5	4.7	4.4
右场方差贡献/%	18.3	21.2	11.8	8.7	20.5	19.4	12.7	8.4
相关系数	−0.702	−0.725	−0.880	0.811	−0.748	−0.781	−0.884	0.852

　　图 6.5 给出了夏季地表感热通量与 200hPa 纬向风场的前两对奇异向量的异性相关分布及时间系数变化。从第一对奇异向量左异性相关分布来看 [图 6.5（a）]，陆地为正相关区，海洋为负相关区，显著负相关区位于西太平洋、南海及孟加拉湾；显著正相关区位于青藏高原东侧的大陆上，这种分布反映了与风场密切相关的海陆相反的感热加热变化。从右异性相关场的分布来看 [图 6.5（b）]，两个正相关中心分别位于青藏高原西北部及中国东北地区上空，而东亚大部分中低纬地区为显著负相关区，体现了受海陆加热变化差异影响高原地区与沿海大陆及毗邻海域上空纬向风变化的不一致性。从二者的耦合分布来看，海陆感热加热变化差异对东亚地区 20°N～38°N 中低纬上空纬向风的影响较大，由于二者时间系数为负相关，可看到这种耦合分布型态与冬季相反，这可能与冬季对流层高层环流以正压流场为主，而夏季以斜压流场为主有关（刘宣飞等，1999），其中的机理有待进一步分析。由于第一对奇异向量右场在 200hPa 纬向风场的方差贡献为 18.3%，小于第二对奇异向量的方差贡献 21.2%，所以此向量分布不是风场的最主要变化模态。研究亦表明，夏季东亚副热带西风急流对天气气候的影响主要体现在其位置的南北移动上（Liang and Wang，1998；Ding，1992），所以以下面着重探讨第二对奇异向量的分布及变化 [图 6.5（d）、（e）、（f）]。第二对奇异向量左异性相关场的正相关区位于青藏高原及其以东的大陆及日本岛附近的洋面上，而其余地区为负相关区，达到显著检验的相关区域主要位于阿拉伯海及印度半岛北部，这种分布体现了加热场的局地性变化对风场的影响，可能与高原大地形的影响有关。从右异性相关场的分布来看，正相关中心位于 80°E 附近的青藏高原上空，而负相关中心出现在同一经度位置的 50°N 附近，零线沿 40°N 纬向延伸，由于夏季急流中心位于青藏高原北侧，急流轴位于 40°N 左右，所以这种南北反相变化的分布型态，体现了夏季西风急流位置纬向一致的南北移动，并且对中国东部地区的夏季降水有重要影响（龚道溢等，2002）。因此，这种耦合型分布体现了加热的局地性变化与急流位置经向异常有密切的联系，阿拉伯半岛与印度半岛地区加热

偏强（偏弱），则急流轴南移（北抬）。对应的时间系数有明显的年代际变化，主要体现为急流在 80 年代以来有明显的加强与南移。

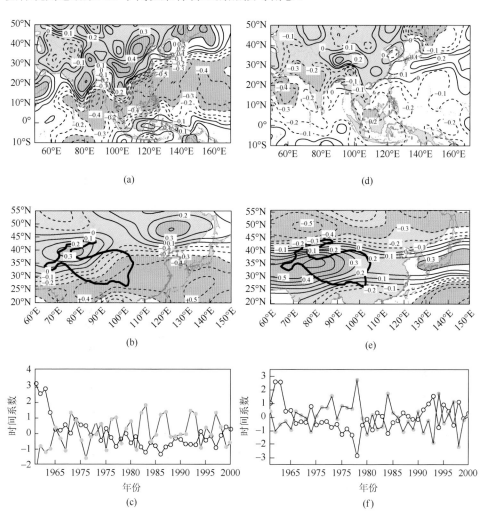

图 6.5　夏季地表感热通量与 200hPa 纬向风速奇异值分解前两对奇异向量所对应的异性相关分布及时间系数演变

（a）、（b）、（c）为第一对奇异向量的左、右异性相关分布及时间系数；（d）、（e）、（f）为第二对奇异向量的左、右异性相关分布及时间系数。（c）、（f）中空心圆线表示左场时间系数，实心圆线表示右场时间系数。阴影区为相关超过 95%置信水平检验的区域；青藏高原廓线为 2500m

从潜热加热与 200hPa 纬向风场奇异值分解的结果来看，情况较为复杂，显著相关区分布比较零散，这可能与夏季降水变化的空间不均匀性有关。分析得知，影响西风急流强度变化的区域主要在中国东部海域，而影响急流位置南北移动的区域主要在高原南侧的印度半岛。

6.2　地表加热场对高层风场影响机理

6.2.1　冬季西太平洋黑潮暖流区加热强弱年的合成分析

　　通过分析西风急流季节变化的热力机制可知，西风急流中心总是位于最大温度梯度中心上方，其强度的变化与对流层中上层温度梯度成正比。由热力学方程可知，温度随时间的个别变化是由非绝热加热引起的，所以温度场结构变化与加热场有密切的联系，加热场变化必然导致温度场的响应，从而引起风场的改变。因而研究加热场对风场的影响，首先应探讨温度场对加热场变化的响应。基于前面的分析，冬季西太平洋黑潮暖流区加热与急流强度变化有较好的对应关系，选取西太平洋暖流区域（20°N～35°N、120°E～150°E）平均的地表感热通量与潜热通量进行分析，由于冬季感热与潜热加热变化较为一致（图 6.6），相关系数达 0.924，所以将二者合起来考虑，选取二者之和标准化距平大于 1 的年份为加热强异常的年份：1963 年、1981 年、1984 年、1986 年、1996 年、1997 年、1999 年、2000 年，二者之和标准化距平小于–1 的年份为加热弱异常的年份：1964 年、1965 年、1966 年、1969 年、1972 年、1973 年、1979 年、1990 年，采用合成分析方法探讨加热异常年份温度场结构及大气环流型态的差异。

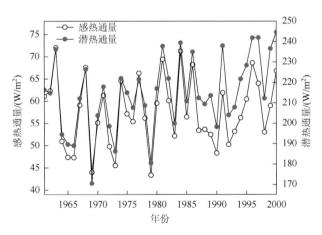

图 6.6　冬季西太平洋暖流区平均表面感热通量及潜热通量演变曲线

　　图 6.7 给出了西太平洋黑潮暖流区加热强、弱年 200hPa 纬向风差值及 500～200hPa 平均气温经向差异差值分布，这里气温的经向差异是用相隔 2.5 个纬度南北纬圈上的温度相减得到。从图 6.7（a）中可明显看到，200hPa 纬向风差值图上 25°N 以南为负值，25°N～40°N 为正值，40°N～60°N 为负值，即从低纬到高纬呈

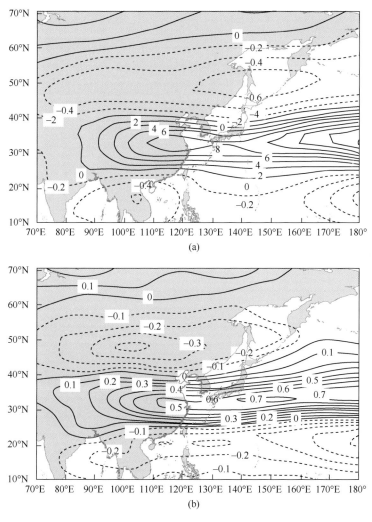

图 6.7 西太平洋暖流区加热异常强、弱年 200hPa 纬向风速差值（a, 单位: m/s）及 500～200hPa 平均气温的南北差异差值图（b, 单位: K）

现"负-正-负"的反相波列分布。对照图 6.7（b）中黑潮暖流区加热强、弱年 500～200hPa 平均气温经向差异差值分布可以发现，二者非常相似，经向温度差异亦从低纬到高纬存在明显的"负-正-负"的分布形势，且正值中心正好位于 30°N 附近的邻岸洋面上空，中心值达 0.7，这与 200hPa 纬向风在急流中心的加强一致。这种分布意味着西太平洋暖流区地表加热强年，500～200hPa 平均温度的经向差异在 20°N 以南及 40°N～60°N 地区将会减小，而在 20°N～40°N 中低纬地区将有明显的增大，从而引起 200hPa 西风相应的变化，西风急流有明显的增强，中心强度在加热强、弱年的差异达到 8m/s，振幅约为西风急流强度的 12%。为了更好地研究暖流区加热强弱年的急流变化情况,对 200hPa 纬向风及 500~200hPa 平均温度的经向差异在 120°E~160°E 区域内进行平均,得出加热强、弱年二者随纬度的变化(图 6.8),从中可更清楚地看到暖流区加热强、弱年所对应的对流层中上层经向温差的变化正是导致高空急流强度变化的原因。

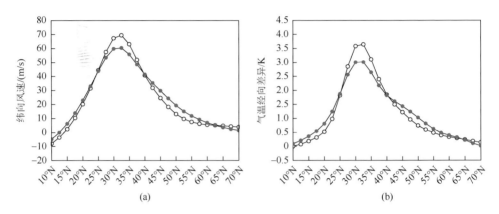

图 6.8　西太平洋暖流区加热异常强(空心圆线)、弱年(实心圆线)沿 120°E~160°E 平均的纬向风风速(a)及 500~200hPa 平均气温经向差异(b)的经向变化

下面分析高度场的差异,从图 6.9 中可看到 500hPa 高度场的差异正值区主要位于大陆上空,大值中心位于 50°N~70°N 的西伯利亚地区,而西太平洋上空则为负值区,表明加热强年欧亚大陆上空的脊加强,东亚槽向南加深;而 100hPa 高度场的差异与 500hPa 较为相似,大陆上空为正差异区,而海洋上空为负差异区,体现了冬季大气环流的正压性结构,说明地表加热场的变化亦会引起对流层中高层高度场(气压场)的响应。

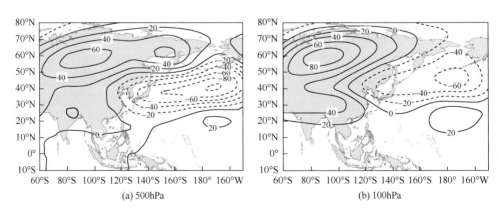

图 6.9　西太平洋暖流区加热异常强、弱年高度场差异(单位:位势米)

6.2.2　夏季地表加热强弱年的合成分析

夏季，地表感热与风场奇异值分解的第一对奇异向量体现了海陆感热加热反相变化对东亚中低纬地区纬向风的影响，为此选取超过相关检验的西太平洋暖流区与青藏高原东侧大陆平均感热通量之差、东亚中低纬 200hPa 平均纬向风及相应区域 500～200hPa 平均经向温差的变化进行对比，分析发现加热场与风场、温差场的相关系数分别达到-0.55、-0.54，而风场与温差场的相关系数则达到 0.97，表明西太平洋黑潮暖流区加热的变化对高层风场的影响无论冬夏都是显著的。除此之外，对于西风急流轴的南北移动，考虑感热通量与 200hPa 纬向风速奇异值分解结果中第二对奇异向量的分布，由于左奇异向量分布中青藏高原主体及其以东地区与其西南侧呈反相分布，所以对应的时间系数反映了阿拉伯海及印度半岛等低纬地区与青藏高原及其以东等中纬地区感热变化的对比，大值表示阿拉伯海及印度半岛等低纬地区感热偏强，青藏高原及其以东等中纬地区偏弱，反之亦然。这里分别选取时间系数大于等于 1 及小于等于-1 的年份作为典型年份进行合成（图 6.10），从中可看到西风急流主要体现在南北位置的偏移上，阿拉伯海及印度半岛地区感热加热强的年份，急流偏南；感热加热弱的年份，急流偏北；从图 6.10（b）中 500～200hPa 平均气温的经向差异分布来看，与风速的分布相似，表明加热场差异导致的温度场差异是引起风场变化的原因。

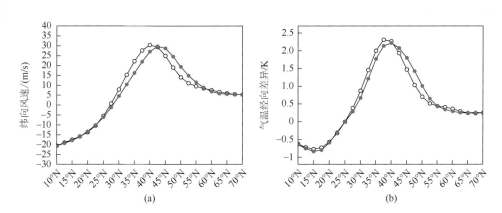

图 6.10　阿拉伯海及印度半岛地区感热强（空心圆线）、弱年（实心圆线）沿 70°E～85°E 平均的纬向风风速（a）及 500～200hPa 平均气温经向差异（b）的经向变化

上面的分析表明地表加热场的变化引起对流层中高层温度场、高度场等的响应，从而导致风场的变化，那么这种响应的物理机制如何？吴国雄等（2002）利用位涡方程将表面加热与高层大气环流联系起来，解释了表面加热对副热带高

压形态变异影响的物理机制，指出大气运动在定常外源作用下系统的垂直结构完全由热源分布决定，且对于大尺度运动，流场向气压场适应。参照上述理论，以冬季为例（图 6.11），由于冬季较强的表面加热出现在西太平洋黑潮暖流区，加热随高度向上减小，即 $\dfrac{\partial Q}{\partial z}<0$，根据位涡方程，表面加热产生了反气旋涡源，这时有 $V\cdot\nabla\zeta_z+\beta v<0$（$Q$ 为非绝热加热，V 为风速矢量，ζ_z 为相对涡度的垂直分量，v 为经向风，β 为地转偏向力随纬度的变化），这样在 β 效应作用下，加热区上空出现北风，其西侧为反气旋，东侧为气旋，亦即低空大洋上出现气旋（暖低），大陆上出现反气旋（冷高），而对流层高层大洋上为脊，陆地上为槽（东亚大槽）。基于此热力适应的理论，较强的表面加热产生了较强的反气旋涡源，从而低层的大陆冷高压及对流层中上层的东亚大槽亦随之增强，相应流场亦发生类似变化，西风急流加强，这从图 6.9 中的对流层中高层位势高度差值场中亦可明显看出。此外，孙照渤和朱伟军（1998）指出西北太平洋暖海温异常这一外源强迫对北太平洋风暴轴的维持和发展起着重要作用，而风暴轴位置与西风急流有很好的对应关系，一般前者位于后者的北侧和下游地区，二者的强度亦有一致的变化（邓兴秀和孙照渤，1997）。因此，高层风场的变化与地表加热场变化是有机联系在一起的，而不只是统计意义上的联系，当然，这种物理机制的分析还有待利用数值模式进一步验证。

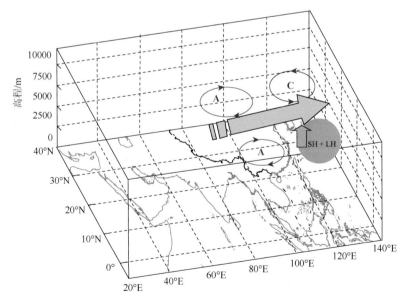

图 6.11　冬季表面加热对高空环流影响示意图

图中 A 表示反气旋式环流，C 表示气旋式环流，SH + LH 表示表面加热

6.3　冬季西太平洋暖流区加热异常对西风急流的影响机制

6.3.1　数值试验方案

诊断分析的结果表明，冬季西太平洋黑潮暖流区表面热通量的异常通过海气相互作用及热力适应理论，引起大气环流场的响应，是影响冬季东亚副热带西风急流强度变化的关键海区，为此利用中国科学院大气物理研究所的全球格点大气模型（GAMIL）设计相应的数值试验对此结论进行验证，试验方案设计如下。

CTNL：控制试验，首先采用 1 月多年平均大气状态为初始场，利用有季节变化的气候态海温场及海冰场作为外强迫，从 1 月 1 日开始积分至 10 月31 日。再以积分所得的 10 月 1 日大气状态为初始场，从 10 月 1 日开始积分至次年的 3 月 2 日，选取 12 月至次年 2 月的平均场作为控制试验对冬季的模拟结果。

HT +：加热正异常试验，与控制试验一样，从前一年的 10 月 1 日积分至第二年 3 月 2 日，但冬季（12～2 月）积分时段西太平洋黑潮暖流区（选取 25°N～40°N，120°E～150°E）海表向大气的感热及潜热通量输送在原来基础上增大 30%（约 1.5 倍标准差的异常）。

HT－：加热负异常试验，与 HT + 一样只是冬季（12 月至次年 2 月）西太平洋黑潮暖流区海表向大气的感热及潜热均减小 30%。

图 6.12 给出了西太平洋黑潮暖流区加热正异常（HT +）与负异常（HT－）试验与控制试验（CTNL）地表热通量的差异，可以看到，在所给定加热异常的区域

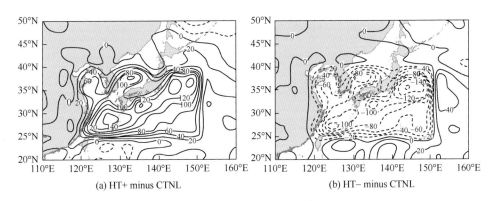

(a) HT+ minus CTNL　　　　　　　　　　(b) HT− minus CTNL

图 6.12　冬季西太平洋黑潮暖流区表面加热正异常（a）、负异常（b）试验感热与潜热之和与控制试验的差值（单位：W/m²）

范围（25°N～40°N、120°E～150°E），海表感热与潜热通量出现显著的变化：HT＋试验中，二者的总加热效应与控制试验相比增大了 50～140W/m²，由于原场加热分布的不均匀性，所以按一定比例给出的异常亦具有空间分布的不均匀性。从图 6.12（b）上则可看到 HT-试验中黑潮区加热的负异常特征。

在结果分析中，将 HT＋与 CTNL 的结果相减即得到黑潮暖流区加热正异常对大气环流的影响，而 HT-与 CTNL 的结果相减则得到黑潮暖流区加热负异常对大气环流的影响，为了将这种影响效果放大，重点分析 HT＋与 HT-两个试验结果的差异。

6.3.2　结果分析

1. 对高度场的影响

图 6.13 给出了加热正异常 HT＋与加热负异常 HT-试验的位势高度差值分布，从 100hPa 的差值场来看，40°N 以北的中高纬地区基本为负值区，最大负中心位于北太平洋上空，中心值达到-80 位势米以上，表明黑潮暖流区加热的正异常将导致上层中高纬度高度场的偏低，东亚大槽偏强。而从 500hPa 的差值图上可看到，形势分布与 100hPa 不太一致，其中北太平洋上空为负差值，中心值达-100 位势米，东亚大陆为正差值区，中心位于高纬的东西伯利亚地区，这种分布表明加热的正异常将引起极涡向东南偏移，大陆冷高压及北太平洋上阿留申低压均加强，且位置稍向东移，同时位于低纬太平洋上的西太平洋副高亦增强，这种分布形势将使得东亚冬季风加强。

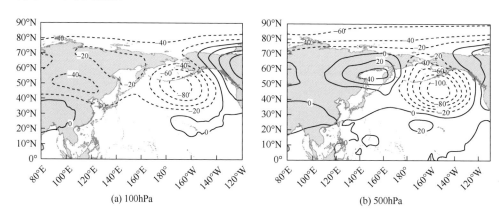

(a) 100hPa　　　　　　　　　(b) 500hPa

图 6.13　HT＋与 HT-试验位势高度场差异（单位：位势米）

根据 500hPa 上差异大值区，做出 HT＋与 HT-的位势高度差值沿 40°N～

60°N 平均的垂直剖面图（图 6.14），从图中可以看到，与上面的分析一致，差异最明显的地方出现在北太平洋上，从低层到高层都为负差值区，差值中心位于 300～200hPa 高度，在 160°E 以西的中高纬大陆上，对流层低层为正差值区，而对流层高层为负差值区（140°E～170°E 的大陆海洋毗邻地区，正差值可达到 300hPa 以上），但差值远不如海洋上显著。但环流对加热异常响应的最明显区域并不在加热异常区的正上空，而是在其下游地区，对这点如何理解？这有可能是由于冬季强大西风带的平流效应，黑潮暖流区的加热异常效应主要体现在其下游的海洋上空。从 180°～60°W 的剖面来看，10°N～30°N 以南的低纬地区为正差值区，而 30°N～65°N 的中高纬为明显负差值区，这种分布将导致 30°N 地区明显的经向气压梯度加大，并与急流的增强相对应。

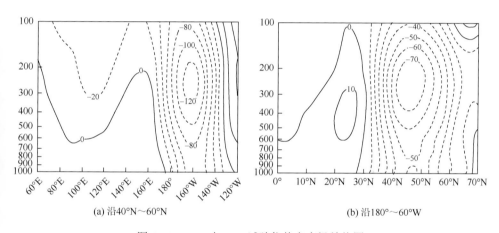

(a) 沿40°N～60°N　　　　　　　　　　(b) 沿180°～60°W

图 6.14　HT＋与 HT−试验位势高度场差值图

（a）沿 40°N～60°N 平均垂直剖面；（b）沿 180°～60°W 平均垂直剖面；单位：位势米

2. 对风场的影响

根据热力适应理论，表面加热异常将会引起环流的响应，从图 6.15 给出的 HT＋与 HT−试验的 200hPa 及 850hPa 的流场差值分布来看，这点得到了进一步的验证。基于热力适应理论，表面加热的正异常，将会产生较强的反气旋涡源，根据位涡守恒，加热区上空将出现异常的偏北气流，其西侧为反气旋异常环流，东侧为气旋异常环流，从而低层的大陆冷高压及对流层中上层的东亚大槽亦随之增强。从图上看到，东北太平洋上出现了明显的气旋差值环流，而在中高纬大陆海洋交界地区出现反气旋式差值环流，同时由于西风带的平流作用，出现的位置稍偏东，这使得位于东亚大槽南侧的西风带气流出现明显的西风差值，意味着西风急流加强。

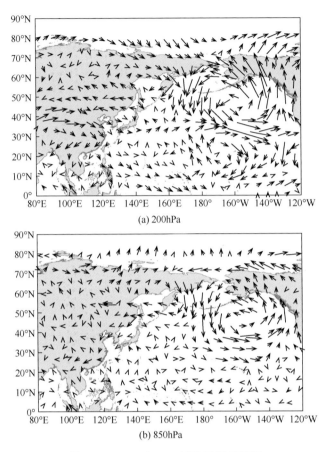

(a) 200hPa

(b) 850hPa

图 6.15   HT + 与 HT−试验风场差值图

6.3.3   对温度场及西风急流的影响

从风场的变化中已证实了表面加热异常对环流的影响作用，为了从热成风角度进一步验证这个问题，图 6.16 给出了 HT + 与 HT−试验 500hPa 温度场及 200hPa 纬向风场的差值分布。从温度场来看，30°N 以南的低纬地区为正差值区，而以北的地区为负差值区，这种分布将加大 30°N 左右的经向温度梯度，使急流加强。从图 6.16（b）纬向风的差值上，这点得到了较好的验证，在 28°N～40°N 的西风急流区，有明显的西风差值，但大的差值区分别出现在太平洋中部上空及大陆上空，在急流中心所在的日本南部西太平洋上空，风场差异不是很明显，可能是急流中心变率较小以及西风带的平流作用导致的。因此，从两个敏感性试验的结果来看，与诊断分析的结果较为一致，分别从热力适应理论及热成风原理进一步验证了黑潮暖流区表面加热异常对急流的影响机理。

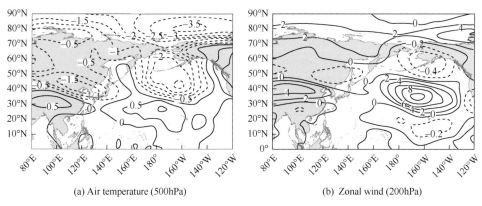

(a) Air temperature (500hPa)　　　　(b) Zonal wind (200hPa)

图 6.16　HT＋与 HT−试验 500hPa 温度（a，单位：K）、200hPa 纬向风（b，单位：m/s）差值图

6.4　春夏季节青藏高原热力作用对西风急流的影响机制

青藏高原的热力作用是东亚季风气候的关键影响因子，人们对青藏高原的动力及热力作用对大气环流及季风等的影响已做过大量的研究，对急流的影响也进行过一些分析，但主要是针对急流的南北位置变化，在对急流的强度及东西向形态变化影响方面则鲜有提及，为此本节利用气候模式对春夏季青藏高原热力作用影响西风急流变化机制做进一步分析。

6.4.1　数值试验方案

PCTNL：控制试验，采用 1 月多年平均大气状态为初始场，利用有季节变化的气候态海温场及海冰场为外强迫场，积分至 3 月，然后再从 3 月 1 日开始积分至 8 月 31 日，选取 3～8 月月平均结果进行分析；

PSHN：无青藏高原表面感热加热试验，其余条件与控制试验一样，只是在 3～8 月的积分过程中不考虑青藏高原（选取范围为 25°N～40°N、80°E～100°E）地表向大气的感热输送，即人为给定为 0；

PLHN：无青藏高原表面潜热加热试验，与 PSHN 相似，只是保留青藏高原表面感热加热而将地表潜热加热设为 0。

6.4.2　结果分析

1. 对急流轴位置的影响

图 6.17 给出了三个试验沿（80°E～100°E）平均纬向风垂直剖面变化，分析

发现，在 PCTNL 试验中，4 月，高层东西风交界位于 20°N 以南，西风急流中心位于 30°N 附近，中心强度约为 40m/s，北支西风急流位于 55°N 左右；5 月，东风北推至 25°N 附近，西风急流亦跳至 35°N 以北，南北两支急流合并，急流中心强度有所减弱；6 月，东风继续北移至 30°N 附近，西风急流位于 40°N 左右，中心强度变化不大。7～8 月，西风急流的位置变动不大，基本停留在 40°N 附近，强度在 7 月明显减弱，8 月有稍许增强。从控制试验结果来看，青藏高原上空急流北移最明显出现在 4～6 月，即青藏高原加热最明显的季节。

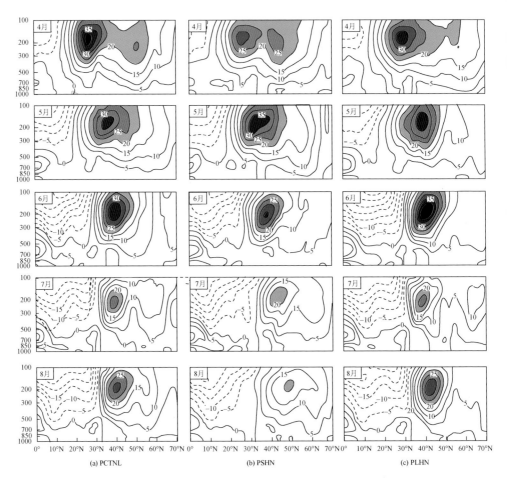

图 6.17　PCTNL、PSHN 及 PLHN 试验（80°E～100°E）平均纬向风垂直剖面变化（单位：m/s）

从 PSHN 试验结果来看，4 月，西风急流中心强度较 PCTNL 偏弱约 10m/s，北支急流的位置明显偏南；5 月，西风急流明显北移，中心强度比控制试验稍强，位置略偏南；6 月，急流北移至 40°N 附近，中心持续偏弱。7～8 月，与 PCTNL

明显不同，急流并没有停滞，而是以与 4～6 月差不多的幅度明显北移，而且强度减弱非常显著，8 月，急流中心位于 50°N 附近，强度只有 20m/s，比 PCTNL 中偏弱 10m/s 左右。

从 PLHN 的结果与控制试验对比来看，PLHN 中急流 4～5 月的北移幅度明显大于 PCTNL，中心已经移至 40°N，此后急流中心的位置就在 40°N 附近小有摆动，没有明显的南北移动，倒是强度在 6 月达到最强，在 7 月最弱，总的来看，表面潜热加热对急流南北位置和强度的影响不明显。

2. 对急流东西向形态变化的影响

为了分析青藏高原热力作用对急流东西向形态变化的影响，图 6.18 中给出了三个试验沿 30°N～45°N 平均纬向风垂直剖面变化。PCTNL 试验中，4 月，西太

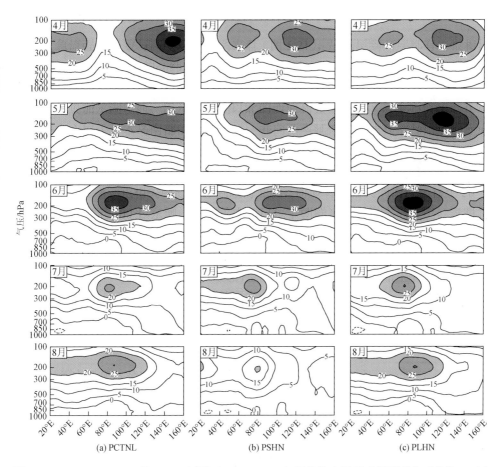

图 6.18　PCTNL、PSHN 及 PLHN 试验（30°N～45°N）平均纬向风垂直剖面变化（单位：m/s）

平洋上空急流中心及中东上空急流中心在图中能够明显看到，急流带在青藏高原上空断裂；5 月，青藏高原上空出现急流中心并与西太平洋上空急流中心贯通，形成明显的纬向急流带；6 月，青藏高原急流中心占据主导地位，中心强度有所加大，西太平洋上空急流中心消失；7～8 月，急流中心维持在青藏高原上空。而从 PSHN 试验中来看，4 月，两个急流中心分别位于青藏高原的东西两侧，东侧强度比 PCTNL 中明显偏弱，5～6 月，青藏高原上空出现急流中心，但 6 月强度明显较 PCTNL 中偏弱，7～8 月，急流中心出现在青藏高原上空 80°E 以西，比 PCTNL 中强度明显偏弱及位置明显偏西。而从无潜热试验 PLHN 中可看到，与 PCTNL 差异最明显出现在 5～6 月，主要体现为强度的差异，而 7～8 月则相差不大。

　　为了定量分析青藏高原地表感热及潜热作用对青藏高原上空西风急流强度及位置变化的影响，考虑到急流中心位置的变化，3～5 月选取区域（80°E～100°E、25°N～40°N）、6～8 月选取区域（80°E～100°E、35°N～45°N）平均 200hPa 西风风速分别定义急流强度指数，选取区域 80°E～100°E、20°N～50°N 西风急流轴的平均纬度定义急流位置指数。从强度指数的变化来看 [图 6.19（a）]，PCTNL 试验中，西风急流强度在 3～5 月变化不大，而 6 月却明显增强，7 月显著减弱，8 月却稍有增大。从 PSHN 试验中看到，3 月西风急流强度大于控制试验，4 月则较之偏弱，5 月又较之偏强，而 6～8 月，西风急流已北跳至青藏高原上空，缺少了青藏高原的感热加热将会使高原上空的南北温差减小，导致急流强度比控制试验明显减弱。从 PLHN 试验的结果来看，地表潜热的影响在 4～6 月与地表感热加热的影响基本相反，而 7～8 月对急流强度的影响不明显。从位置指数的变化来看，青藏高原感热对 4～5 月急流的北跳及 6～8 月急流在高原上空的维持具有重要作用，潜热加热的作用不明显。这与前面的分析结论一

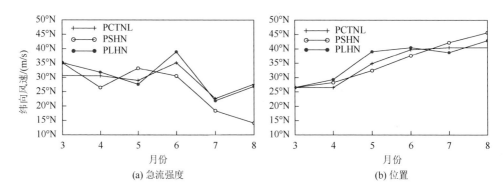

图 6.19　PCTNL、PSHN 及 PLHN 试验东亚副热带西风急流强度 [（a）单位：m/s]] 及位置（b）的时间演变

致，亦证实了 Kuang 和 Zhang（2005）得出的青藏高原表面感热与夏季急流强度呈明显正相关关系的结论。

从上述分析来看，青藏高原表面感热对于维持夏季东亚副热带急流中心的强度及位置起到重要的作用。与之相比，4～6 月地表潜热对急流强度的影响与感热相反，而对夏季急流强度和位置的变化影响不大。

第7章 东亚副热带急流和极锋急流协同变化特征及其气候效应

北半球中高纬度大气环流的显著特征是环绕纬圈的西风带，西风的强度和位置代表了大气环流的状态，影响不同纬度之间质量、动量和热量交换，从而影响半球乃至全球尺度的天气气候异常。沿西风带往往有经向大振幅的波动，甚至有阻塞高压和切断低压等组成的环流形势，其冷暖气团之间交换强烈，易产生大范围异常天气气候。阻塞高压崩溃时，往往发生极端的天气变化，如寒潮爆发等，因此西风带环流特征对中、高纬度的天气气候有重要意义。东亚地区独特的地理自然环境形成了其独特的动力和热力条件，因而该地区高空急流的结构和变化特征也呈现出独特性。观测表明在东亚对流层上层到平流层低层存在两支高空急流，分别称为东亚副热带急流和极锋急流或温带急流。东亚副高空急流的位置和强度季节变化伴随着东亚地区大气环流的转变，冬季两支急流分别位于青藏高原的南北两侧，东亚副热带急流强度变化较大，位置变化不明显，而极锋急流强度较弱，但其位置变动大，因此对东亚地区的天气气候产生重要影响。

东亚副热带急流和极锋急流自身存在明显的强度和位置变化，同时两支急流在时间和空间上具有协同变化特征，表现为一支急流强度和位置的变化时，另一支急流也同时或超前、滞后发生相应变化。两支急流的协同变化能够完整地反映东亚地区大气环流变率，其协同效应引起的温度或降水变化更能体现出大气环流异常对局地天气气候的影响。因此，本章重点关注东亚副热带急流和极锋急流位置和强度的协同变化关系，从东亚高空急流的空间结构入手，确定两支急流的协同变化特征，进一步分析其主要变化模态及其产生的气候效应，从大气内部动力过程和外强迫作用角度探讨东亚高空急流强度和位置协同变化的机制。

7.1 东亚高空急流的空间结构

7.1.1 北半球西风急流的基本特征

利用纬向风表征高空急流的空间结构时，其在北半球有着非常独特的分布形态——准螺旋结构，如图 7.1 所示。一支起源于中大西洋热带的西风急流沿着西风急流轴向东延伸，同时伴随着不断的北抬；另外一支从东北太平洋开始，同样向东北方向伸展，经过北美大陆之后，合并成一支迅速北移的北大西洋急流，同原来的南支副热带急流分离开来。北支和南支的急流并行经过亚欧大陆，在东亚沿岸地区，北支急流转向南移，与北抬的南支急流汇合在东亚副热带西风急流中心。在东亚大陆上空，有一支非常强的西风带位于高原南侧，风速向北逐渐减弱，在高原北侧的极锋区形成西伸的风速脊。虽然在东亚极锋急流区也存在急流轴，但风速达不到 20m/s，低于传统 30m/s 的急流定义。在气候平均态风场上，很难在东亚将极锋急流和副热带急流区分开来。

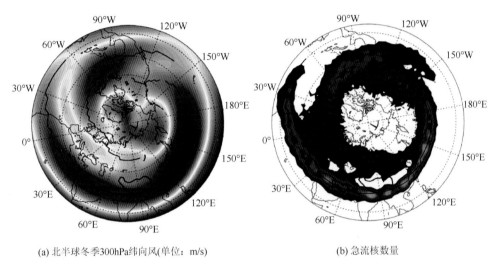

(a) 北半球冬季300hPa纬向风(单位：m/s)　　　　(b) 急流核数量

图 7.1　北半球冬季 300hPa 纬向风和急流核数量（JCN）

图中粗实线表示西风急流轴，位置定义为最大西风所在经度

在急流核的分布图上也能明显看到类似准螺旋结构，同时和风速分布有明显差异。在从中大西洋一直延伸到北太平洋的副热带西风急流轴上，只有两个西风中心，对应着中东急流和东亚急流，沿副热带急流分布着多个急流核。而从东北太平洋一直延伸到欧亚大陆上空极锋急流轴上，急流核的分布比较均衡，只有在北美东岸有一个弱的急流核中心。在青藏高原的上空出现急流核低值区，从而把极锋急流从副热带急流中分离开来。

7.1.2　北半球西风指数与环状模

西风指数（ZI）定义为 35°N 和 55°N 之间纬向平均的海平面气压（SLP）之差，ZI = SLP（35°N）–SLP（55°N），该西风指数广泛用于大气环流研究。西风强烈的纬向环流盛行时称高指数，经向环流盛行时称低指数。西风指数具有 3～6 周的循环特征，称为指数循环（index cycle）（Wallace and Hsu，1985）。由于当时的观测资料有限，关于 35°N 和 55°N 是否是最理想的关键纬度的选择问题，后面的研究提出了多种类似的西风指数。Feldstein 和 Lee（1996）对纬向平均角动量的垂直积分进行 EOF 分解，取第一模态作为西风指数，用于表征副热带急流位置的南北移动。龚道溢和王绍武（2002）定义西风指数为 40°N 和 65°N 之间 500hPa 高度场的差异，Li 和 Wang（2003）通过计算纬向平均 SLP 之间的相关，选择关键纬度 35°N 和 65°N。由此可见，考虑不同的变量或者高度层会影响关键纬度的选择，但是这些西风指数在本质上都是一致的，反映了中高纬度之间动量和质量的交换以及急流位置的南北振荡（Namias，1950；Kidson，1985；Kass and Branstator，1993）。

　　类似于 Li 和 Wang（2003），图 7.2 给出了不同纬度之间 500hPa 高度场的相关系数分布。很明显，中纬度和高纬度 500hPa 高度场之间存在强负相关，反映了中纬度和高纬度-极地之间的振荡型。这里用 500hPa 高度场得到的结果与 SLP（Rossby，1939；Li and Wang，2003）、角动量（Feldstein and Lee，1996）非常相似。为此，选择 40°N 和 65°N 分别作为中、高纬度的代表纬度，用 500hPa 高度差定义为西风指数 ZI_HGT$_{500}$：

$$ZI\_HGT_{500} = HGT_{500}(40°N) - HGT_{500}(65°N)$$

式中，HGT$_{500}$ 代表 500hPa 位势高度。

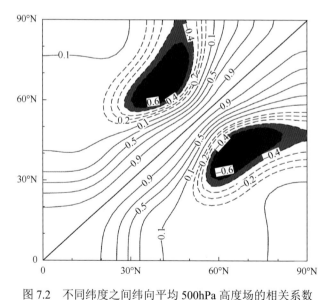

图 7.2　不同纬度之间纬向平均 500hPa 高度场的相关系数

时间序列为 1971~2010 年共 30 个冬季；图中阴影的部分表示相关系数超过 99%的置信水平检验

　　大气的低频变率是大尺度天气气候变化的主要特征，观测中发现的亚速尔高压和冰岛低压之间气压的反向变化关系被称为北大西洋涛动（NAO）（Walker and Bliss，1932），即当亚速尔地区气压偏高时，冰岛地区气压偏低，而当亚速尔地区气压偏低时，冰岛地区气压偏高（Wallace and Gutzler，1981）。Thompson 和 Wallace（1998）基于北半球 SLP 的分析，发现了极地和中纬度之间存在类似于跷跷板的振荡关系，提出了北极涛动（AO）的概念。Wallace（2000）指出，AO 与 NAO 二者本质上是一致的，是同一事物在不同侧面的两种表现，实际上反映的都是中纬西风的强弱，只不过 AO 尺度更大，而 NAO 是其在北大西洋区域的表现。Gong 和 Wang（1999）在南半球提出了类似的振荡型，命名为南极涛动（AAO）。为了避免"涛动"意义的缺失，在 Thompson 等（2000，2003）后面的工作中把这种极地和中纬度反位相的变化称作环状模（AM）。

环状模是一种全球尺度的气候变率，反映了中纬度大气内部动力学过程的变化。在南北半球的大气中都存在类似的环状模结构，分别称为北半球环状模（NAM）和南半球环状模（SAM）。环状模能够很好地解释热带外大气从逐周、逐月到逐年尺度的方差，在这一点上环状模要优于其他的气候现象。从气压场上来看，环状模表征了极地和中纬度地区大气质量的南北移动。从风场上来看，环状模描述了热带外纬向风的南北振荡，中心分别位于 30°N～35°N 和 55°N～60°N 附近。通常，环状模的高指数定义极地低压异常和 55°N～60°N 的西风异常。一般认为，中纬度对流层波流相互作用引起的南北方向西风动量输送驱动了环状模变率。反过来说，没有纬向风和波通量之间的正反馈就没有环状模的存在（DeWeaver and Nigam，2000；Lorenz and Hartmann，2003）。图 7.3 给出了南半球纬向风和 850hPa 位势高度（Z850）（北半球纬向风和 Z850）对 SAM（NAM）指数的回归系数（Thompson and Wallace，2000），从纬向平均纬向风的垂直剖面来看，SAM 反映了副热带急流和极锋急流强度的反位相变化。从位势高度的水平分布上看，极地和极地外的振荡在南半球的极地外异常几乎环绕纬圈一周；而在北半球的北大西洋和北太平洋分别形成了极地外中心，对应着局地的 NAO 和 NP（北太平洋型）模态。

7.1.3　东亚副热带急流和极锋急流的空间结构

世界气象组织（World Meteorological Organization，WMO）给出的急流定义：①急流是指对流层上部或平流层中狭窄的强风带，一般长几千千米，宽几百千米，厚几千米；②急流轴上的风速下限为 30m/s，水平风切变 0.05m/(s·km)，垂直风切变 5～10m/(s·km)。

图 7.4 给出了东亚地区冬季 300hPa 风场气候平均态的分布，从图上可以看到一支强的急流在高原南侧自西向东延伸，强度不断增强同时伴随着位置的北移，

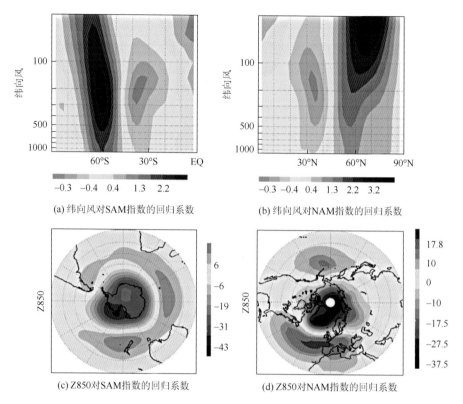

(a) 纬向风对SAM指数的回归系数　　　　　(b) 纬向风对NAM指数的回归系数

(c) Z850对SAM指数的回归系数　　　　　(d) Z850对NAM指数的回归系数

图 7.3　纬向平均纬向风和 850hPa 位势高度对 SAM 指数和 NAM 指数的回归系数

（a）、（b）中的单位为 m/s，（c）、（d）中的单位为 m（引自 Thompson and Wallace，2000）

在日本岛以南的洋面上形成了最强的副热带急流（EASJ），中心风速超过 60m/s。之后，急流继续向东，进入北太平洋，强度降低，在日界线附近急流出口区形成北太平洋风暴轴（Blackmon，1976；Blackmon et al.，1977）。从风场来看，高原南侧副热带急流以纬向西风为主，故亦称副热带西风急流。在高原北侧，经向风分量占据重要比例，只有一个很弱的西风轴即东亚极锋急流（EAPJ），没有出现强的风速中心。风速从高原南侧的西风急流轴往北逐渐减小，EAPJ 和 EASJ 没有明显的界线，很难区分开来。

由于 EAPJ 在高原北侧活动区域广，风速变化范围大，而气候平均 EASJ 的风速非常强劲，EAPJ 相对较弱，所以很难在月平均资料上把 EAPJ 从 EASJ 区分开来。为此，利用高时间分辨率的再分析资料，从急流定义本身出发，将 EAPJ 表征出来。

（1）急流发生频率（jet occurrence percentage，JOP）（Koch et al.，2006）。

格点风速≥30m/s，定义为该网格点上出现一次急流。计算每年冬季该格点的急流发生次数：

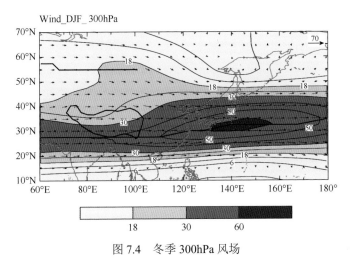

图 7.4　冬季 300hPa 风场

等值线表示全风速（单位：m/s），南北两条粗实线表分别东亚副热带急流和东亚极锋急流的西风轴，青藏高原 3000m
轮廓也标明

$$JOP = 急流发生次数 / 总观测次数 \times 100\%$$

（2）急流核数量（jet core number，JCN）（Zhang et al.，2008b；Ren et al.，
2010）。

中心风速值≥30m/s；该中心周围 8 个格点上的风速值均小于该中心的风速
值，则定义为该格点上出现一次急流核。对逐年冬季资料重复进行这一过程，计
算出每年冬季该格点的急流核数量。

图 7.5 给出了冬季 300hPa 的全风速和 JOP 的分布。高原南侧 EASJ 急流轴附
近的急流发生频率超过 75%，在 EASJ 中心附近急流发生频率接近 100%，JOP 和
全风速的分布几乎一致，逐日资料统计的急流发生频率与气候平均态的全风速成
正比。在高原北侧，JOP 迅速减少，急流发生频率不到 30%。但是，在没有出现
强风速中心的 EAPJ 急流轴附近出现了 JOP 中心，反映了在逐日风场上该地区是
急流的频发地带，正好对应着 EAPJ 位置，EAPJ 的频发区域和 EASJ 的急流轴被
高原分隔开来。

相较于 JOP 而言，JCN 的定义要更加严格，更能抓住极锋急流的瞬变特性。
图 7.6 给出了冬季 300hPa 高度上全风速和 JCN 的分布，与 JOP 类似的是，一条
JCN 沿着 EASJ 急流轴位于高原南侧，一条沿着 EAPJ 急流轴位于高原北侧。不同
的是，在 EASJ 急流轴上 JCN 有多个中心，而且大陆上空的 JCN 中心强于海洋上
空的 JCN 中心。同时，在高原北侧的 JCN 的分布能够合理地表征 EAPJ 的位置。
沿着 EAPJ 急流轴存在一条强的 JCN，之后向东南方向伸展与北抬的 EASJ 汇合于
东亚沿岸，形成最强的西风急流中心。高原上空的 JCN 低值区，把南侧的 EASJ
和北侧的 EAPJ 区分开来。

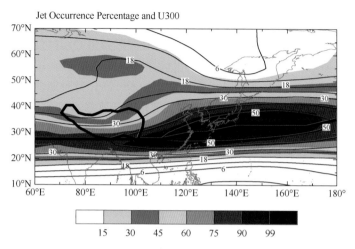

图 7.5　冬季 300hPa 全风速（等值线）和急流发生频率（阴影）分布

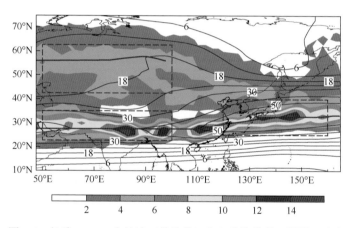

图 7.6　冬季 300hPa 全风速（等值线）和急流核数量（阴影）分布

图中红色虚线矩形框分别代表极锋急流、高原南侧和西北太平洋上空的副热带急流区域

　　东亚高空急流不仅存在经向差异，而且在纬向分布上也不均匀。为了比较高空急流在不同经度上的分布特征，对比分析沿着 90°E、115°E 和 140°E 的垂直剖面图，分别对应青藏高原、东亚沿岸和急流中心的位置。图 7.7 为沿着三个经度垂直剖面上的纬向风，同时叠加了温度经向梯度（MTG）。高空急流中心位于 200hPa 的等压面上面，下方有强的 MTG。沿着 90°E 的垂直剖面，西风中心位于高原南侧，对应着 EASJ 的位置。在高原的北侧没有形成风速中心，但是在低层到地表的极锋区形成了一个西风急流轴。以往极锋急流的研究关注的是近地层西风，尤其是在南半球（Kidston and Gerber，2010）。对比可见，由西向东，西风急流中心不断增强，同时逐渐北抬。在 115°E 和 140°E 的垂直剖面图上，低层的极

锋区没有出现急流轴，表明极锋急流已经消失或者汇合到副热带急流当中。MTG
伴随着西风的增加而逐渐增强，与热成风平衡关系相对应。

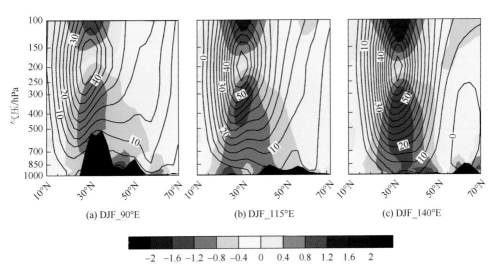

(a) DJF_90°E　　　　　　　　(b) DJF_115°E　　　　　　　(c) DJF_140°E

$$-2 \quad -1.6 \quad -1.2 \quad -0.8 \quad -0.4 \quad 0 \quad 0.4 \quad 0.8 \quad 1.2 \quad 1.6 \quad 2$$

图 7.7　沿不同经度剖面 90°E（a）、115°E（b）和 140°E（c）上冬季纬向风（等值线，单位：
m/s）和经向温度梯度（阴影，单位：10^{-5}K/m）

图中黑色阴影表示地形轮廓

　　在急流轴附近存在强的水平和垂直风切变，水平风切变在急流轴南北的分布
并不对称，在高原南侧风切变明显强于北侧，表明用最大西风定义的急流轴和西
风带的平均位置并不一致。因此，在研究急流南北位置的变化时，关于如何确定
急流的位置，有多种不同定义。

　　从前面垂直风场来看，很难把 EAPJ 从气候平均态的纬向风中分辨出来。为
了抓住 EAPJ 的瞬变特性，利用 300hPa 上的瞬变扰动动能（eddy kinetic energy，
EKE）表示天气尺度瞬变扰动活动的位置和强度。

$$\text{EKE} = \overline{u'^2 + v'^2}$$

其中，u' 和 v' 分别表示 2～8d 滤波后的经向风和纬向风；上划线表示时间平均。

　　图 7.8 给出了纬向平均的瞬变 EKE 垂直分布。在高原上空，对流层高层存在
两个 STEA 闭合高值中心，分别对应于南北两支瞬变 EKE 活跃带 ［图 7.8（a）］，
其中北支中心位于 55°N，分布在高原以北的广大区域，并在 300hPa 高度上存在
闭合中心；南支位于 35°N 以南自西向东的狭长区域内，并在 200hPa 最显著，其
强度只有北支的一半。南北两支瞬变 EKE 之间是扰动活动的小值区，显示出大地
形对扰动活动的抑制作用。由以上可见，与陆地上空强盛的 EASJ 相伴随的是较

弱的南支瞬变 EKE，而较弱的 EAPJ 却与活跃的北支瞬变 EKE 相伴而存。在海洋上空，两支急流汇合成最强的西风急流中心，同时也伴随着强瞬变 EKE。由此可见，不同位置的东亚高空急流具有不同的内部动力学机制。

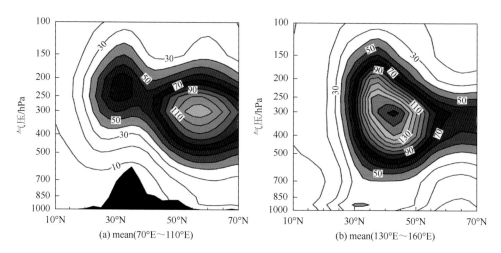

(a) mean(70°E～110°E)　　　　　　(b) mean(130°E～160°E)

图 7.8　纬向（70°E～110°E）（a）、纬向（130°E～160°E）（b）平均的瞬变 EKE（单位：m²/s²）
的垂直分布图

图中黑色阴影表示青藏高原；图中纵坐标为用气压表示的高度，单位为 hPa

7.2　东亚副热带急流和极锋急流的协同变化特征

7.2.1　东亚副热带急流和极锋急流的关键区

从急流核分布及急流轴所在纬度（图 7.6）可以看出，在东亚大陆上空存在两支急流，而在西太平洋上空只存在一支。考虑到两支急流存在协同变化，尤其是在表征两支急流位置协同变化的角度上，可以将副热带急流划分为两段急流，一段是海洋上空的副热带急流，一段是陆地上空的副热带急流。这样就可以很好地选取极锋急流、陆地上空副热带急流和海洋上空副热带急流的关键区域（图 7.6中红色虚线矩形框所围的区域），进一步研究在陆地上空的两支急流位置和强度的协同变化。为了更好地分析两支急流位置和强度的协同变化，选取东亚大陆上空高原南侧的副热带急流和高原北侧的极锋急流进行研究。从急流核分布来看，青藏高原南侧副热带急流核分布较多，而极锋急流区急流核数较少，因此根据急流核大值区选取副热带急流和极锋急流的关键区，如图 7.6 和表 7.1 所示，后面分析急流位置和强度的协同变化时，都选择这几个关键区的高空急流作为研究对象。

表 7.1　急流关键区的范围

急流名称	区域范围
副热带急流（陆地）	22.5°N～35°N、50°E～100°E
极锋急流	42.5°N～62.5°N、50°E～100°E
副热带急流（海洋）	25°N～40°N、120°E～160°E

7.2.2　两支急流位置和强度变化特征

在确定陆地上空两支急流的关键区之后，接下来关注两支急流位置和强度的变化特征。利用冬季 594 候的风场资料得到东亚北半球风速随时间的变化（图 7.9），图中红色线表征区域平均风速，蓝色实线为风速最大值所对应的纬度，即急流轴。从图中可以看出，高空风场在 20°N～35°N 与 45°N～65°N 存在两个大值区域分别对应两支急流所在的区域。急流位置与强度均呈现显著的年变化，副热带急流的位置变化范围为 22.5°N～32.5°N，而极锋急流的位置变化较大，为 45°N～65°N；两支急流的强度变化都不明显，相对而言，副热带急流的强度变化较大。

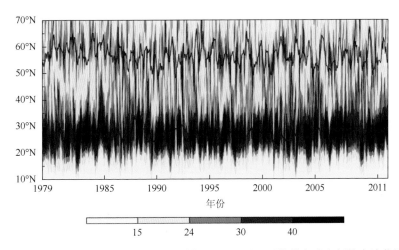

图 7.9　东亚陆地上空纬向风速（红色线，单位：m/s）以及副热带急流和极锋急流位置（蓝色实线）随时间的变化分布

进一步将每年冬季 18 个候的风场前后各延长 6 个候得到每年 30 个候即总共990 个候的风场，分别计算副热带急流和极锋急流关键区内平均风场之间超前滞后相关（图 7.10），图中等值线为相关系数，阴影区表示相关系数超过了 99%的置

信水平检验。从图中看出这两支急流主要为负相关，90 年代之前，两者表现为同期相关，且相关性较弱；而从 90 年代以来，两支急流的相关性增加，相关系数可达到 0.66，且两者表现出超前 1～2 候的相关，但是最显著的相关仍表现为同期相关性。

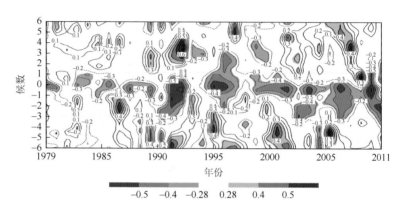

图 7.10　东亚副热带急流和极锋急流强度的超前滞后相关系数（阴影）随时间的变化分布

7.2.3　两支急流的主要协同变化模态

7.1 节通过纬向风场的相关性分析发现两支急流主要表现为同期的负相关变化，并且从风场的时间变化发现两支急流的位置变化比较明显，极锋急流位置的南北变化较大，而副热带急流位置变化范围较小。下面利用 EOF 方法分解风场主要变化模态，进一步找出两支急流的位置和强度变化存在怎样的协同关系。

根据 7.1 节选取的关键区，这里将冬季北半球 50°E～100°E 的风场进行质量加权 EOF 分解。图 7.11 为冬季全风速 EOF 前两个方差贡献最大的主分量回归到 1000～100hPa 垂直风场的空间分布图，第一模态解释方差为 27.5%，其标准化主分量时间序列 PC1 有显著的年变化特征，空间型表现为 300～400hPa 附近的经向偶极子型，对应的两个异常值中心位于 27.5°N 和 52.5°N，分别对应东亚副热带急流和极锋急流所在的区域，该模态反映了副热带急流和极锋急流强度的反位相变化特征，即副热带急流增强（减弱），同时极锋急流减弱（增强）。第二模态的解释方差为 19.8%，其标准化主分量时间序列 PC2 也存在显著的年际变化，对应空间型反映了东亚副热带急流和极锋急流南北位置变化：低纬地区存在一个以 250～300hPa 的副热带急流为中心的偶极子，中高纬度地区存在一个以 300～400hPa 的极锋急流为中心的偶极子。该模态清晰地表征出两支急流位置的变化。值得注意的是，急流位置变化表现在同期距离的远近，即在正位相时，副热带急流向北移动而极锋急流向南移动，这样两支急流相互靠近；相反，在负位相时，副热带急流南移，极锋急流北移，两支急流相互远离，该模态反映的两支急流位置变化则进一步体现了两支急流距离远近的变化特征。

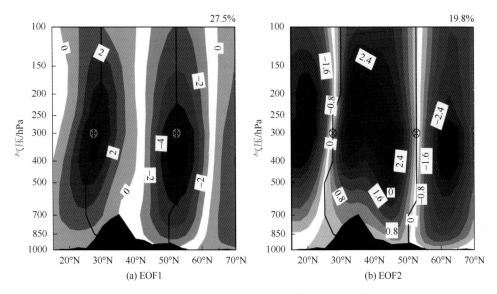

图 7.11　东亚陆地上空（50°E～100°E）平均纬向风的质量加权 EOF 前两个模态的空间分布和标准化的时间序列

图中叉圈符号表示 300hPa 上两支急流的中心位置面；垂直实线表示每个垂直层面上急流的位置

　　从风场的 EOF 分析可以得出两支急流在位置和强度上表现出协同变化，当一支急流位置或强度发生变化时，另一支急流同期也表现出位置或强度的变化。当关注两支急流强度的协同变化关系时，同时也关注两支急流在位置上存在的变化关系，以及两支急流在位置变化时其强度会出现怎样的协同变化，因此接下来进一步分析 EOF 两个模态对应的大气环流变化特征及其气候效应。

7.3　高空急流协同变化的气候效应

7.3.1　急流强度协同变化对应的大气环流特征

　　通过对比可以发现，西风指数 ZI、北半球环状模 NAM 和主分量 PC1 有相似的空间特征。为此，首先比较 ZI 和 PC1 的相关关系，然后计算各主分量模态同北半球主要遥相关型之间的相关。

　　图 7.12 给出了主分量 PC1 和利用 SLP、HGT500 定义的西风指数的年际变化

和相关指数，从相关系数上来看，ZI_SLP 和 ZI_HGT500 的高相关表明不同层次
不同变量定义的西风指数风场接近，都能够反映北半球西风变率特征。而从 PC1
和西风指数的相关来看，西风指数只能部分反映东亚地区副热带急流和极锋急流
系统变化特征。20 世纪 90 年代后期，PC1 的年际方差明显减小，而并没有在西
风指数上反映出来。由此可见，利用西风指数反映纬向平均西风的变化，在东亚
地区有一定的局限性，而 PC 则可以较好地反映东亚地区两支急流协同变化及其
对应的大气环流特征。

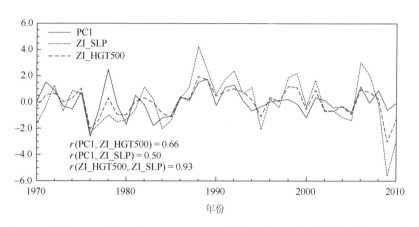

图 7.12　主分量 PC1 和利用 SLP、HGT500 定义的西风指数的年际变化与相关系数
其中红色实线表示 PC1，点线和虚线分别表示用 SLP 和 500hPa 高度场定义西风指数 ZI_SLP 和 ZI_HGT500

　　为了进一步了解纬向风年际变率模态 PC1 和 PC2 同北半球主要低频模态之间
的联系，计算了主分量序列主要遥相关指数的相关系数（表 7.2）。PC1 与 Jhun 和
Lee（2004）定义的冬季风指数 EAWMI 相关达到了−0.94，表明纬向西风年际变率
也可以代表东亚冬季风的年际变率。同时，PC1 与 AO、西伯利亚高压（SH）、太
平洋-北美遥相关型（PNA）的相关表明，冬季风变率受到北半球主要低频活动的
调制，而且也会对低层西伯利亚高压异常以及对下游的北太平洋和北美造成影响。
这里使用到的几个指数如下：北极涛动 AO、北大西洋涛动 NAO、太平洋-北美遥
相关型 PNA，资料均从 CPC 网站获取（http://www.cpc.ncep.noaa.gov/data/indices/）；
西伯利亚高压 SH（80°E～120°E、40°N～60°N 区域平均的 SLP 距平）；Niño-3.4
（热带中东太平洋海表温度距平，范围为 5°N～5°S、170°E～120°W）；东亚冬季
风指数 EAWMI（Jhun and Lee，2004）。PC1 与 Niño-3.4 指数和 NAO 指数在年际
变化上相关性较弱，与其他指数的相关性都较为显著。PC2 的空间型对应着急流
位置和经向形态的变化，它与所选用的 6 个指数在年际变化的相关都非常低，这
在一定的程度上表明，东亚副热带急流和极锋急流位置的变化反映了大气内部动

力学过程的影响。从时间变化上来看，PC2 的平均周期比 PC1 长，反映了东亚高空急流多年到年代际的变化。PC2 的变化可能会受到来自大气外部更低频活动的调制，如太平洋年代际振荡 PDO、大西洋多年际振荡 AMO。

表 7.2　主分量 PC1 和 PC2 同北半球主要遥相关指数的相关系数

	PC1	PC2	AO	NAO	PNA	SH	Niño-3.4	EAWMI
PC1	1	0.00	**0.52**	0.10	**−0.59**	**−0.72**	0.04	**−0.94**
PC2		1	0.15	0.09	−0.07	0.08	0.15	0.01
AO			1	**0.77**	−0.35	−0.3	−0.20	−0.28
NAO				1	0.00	0.05	−0.11	0.11
PNA					1	0.39	**0.52**	**0.49**
SH						1	−0.20	**0.78**
Niño-3.4							1	−0.19
EAWMI								1

注：加粗黑体数字表示相关系数通过了 99%的置信水平检验。

通过对东亚地区纬向平均风场作 EOF 分解，发现第一模态具有类似于西风指数和环状模的空间型，反映了东亚副热带急流和极锋急流的强度反位相变化。为了比较两支急流协同变化所对应的北半球环流，进一步分析 PC1 强弱年合成 500hPa 高度场和 850hPa 温度场的异常。首先根据标准化的 PC1 时间序列，挑选出强（PC1＞1）、弱（PC＜−1）年份，其中强（弱）年代表极锋急流的增强（减弱）和副热带急流的减弱（增强），图 7.13（a）给出了 500hPa 高度场和风场在强弱年的差异。PC1 和 AO 的正相关，其合成图上也反映了与 NAM 正位相类似的异常结构——极地（极地外）低压（高压）加深。从经向分布来看，高度场的异常同 Wallace 和 Gutzler（1981）年给出的欧亚遥相关型（EU）相似。欧亚浅槽加深并东移，东亚大槽变浅。在东亚-北太平洋形成一个较大范围的反气旋异常环流，南侧的东风减弱副热带西风急流，而北侧东北风加强极锋急流地区的西风，同时减弱其北风分量。图 7.13（b）给出了 850hPa 温度场和风场在强弱年的差异，高层的反气旋异常对应着低层的加热异常，高层极锋急流区域北风分量减弱，造成极地冷空气南下受阻，在低层出现高温异常。温度正异常位于西风急流轴北侧，引起南北温度梯度减弱，进而使得高空副热带急流减速。

由此可见，东亚高空急流的协同变化-副热带急流（极锋急流）的减弱（增强）伴随着极涡加深，东亚-北太平洋高层反气旋异常，以及东亚低层的升温。在分析中也发现，如果对东亚区域 300hPa 纬向风作 EOF 分析，得到空间型的前两个模态解释方差非常接近，同时对区域大小和时间序列的选择比较敏感。

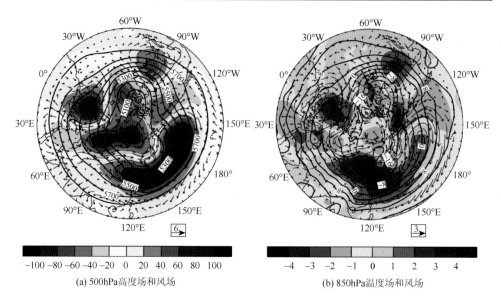

(a) 500hPa高度场和风场　　　　　　　　　(b) 850hPa温度场和风场

图 7.13　合成的 500hPa 高度场、850hPa 温度场（阴影，单位：m）和风场（箭矢，单位：m/s）
在强 PC1 指数年和弱 PC1 指数年的差异

其中等值线表示气候平均 500hPa 高度场

　　在年际变化上，副热带西风急流的南北位置变化是主要的，其次，PC1 可以
解释东亚冬季风 20 世纪 90 年代中期以来的减弱，而在 PC2 上多年周期的变率没
有明显减弱反而略有增强，这是否意味着东亚高空急流协同变化模态从 PC1 向
PC2 或者其他模态转化，值得进一步研究。

7.3.2　急流强度协同变化对应的中国地区温度和降水异常

　　利用中国地区 738 个地面站点逐日气温和降水的观测资料，分析冬季 EAPJ
和 EASJ 协同变化的不同配置对中国气候的影响。首先，依据表 7.1 确定区域内的
EAPJ 和 EASJ 区域平均风速 30 年（1971～2000 年）冬季逐候的时间序列（图 7.14）。
从图 7.14 来看，虽然 EAPJ 的强度明显小于 EASJ，但前者季节内的变化明显强于
后者，这与 EAPJ 的瞬变特性密切相关。然后在标准化的 EAPJ 和 EASJ 逐候时间
序列中挑选出一强一弱（强弱），一弱一强（弱强），同时偏强（强强）和同时偏
弱（弱弱）四种配置的候数，如表 7.3 所示。不同强弱临界值，会影响各种配置
出现的次数。虽然 EASJ 风速很强，但其位置相对稳定，其强度的变化相对较小。
传统的 ±1 阈值会使得两支急流同时出现极度异常的次数非常少，为了既能体现
不同配置的差异，同时保证分组后的样本数量，这里选择了 ±0.8 作为标准化序列

强弱的标准。之前分析得到的 EAPJ 和 EASJ 在强度上存在负相关，在急流强弱的四种配置中，反映出 EAPJ 偏弱同时 EASJ 偏强的候数较多，EAPJ 和 EASJ 同时增强或减弱的候数较少。

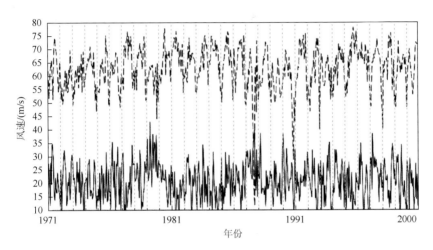

图 7.14　EASJ（虚线）和 EAPJ（实线）风速的逐候时间序列

表 7.3　30 年冬季逐候 EAPJ 和 EASJ 区域平均风速强度四种不同配置的候数

临界值	强强	弱弱	弱强	强弱
0.5	36	32	88	62
0.8	13	16	45	32
0.9	6	11	35	22

图 7.15 和图 7.16 分别为根据表 7.3 中的四种急流配置下给出的中国地区气温和降水的异常。当 EAPJ 和 EASJ 同时增强，全国最强的降温出现在新疆和东北北部。当二者同时减弱，降温从新疆、内蒙古西部一直延伸到华南，华东和华北受影响较小。当 EAPJ 偏弱同时 EASJ 偏强，这类配置发生频率最高，全国范围出现强降温，对应着图 7.13（b）的典型异常环流型。当 EAPJ 偏强同时 EASJ 偏弱，发生频次多，全国范围出现强升温，对应着图 7.13（a）的典型异常环流型。对于图 7.15 中的第三类急流配置，全国大范围出现平均降温超过 3℃，其中许多台站伴随着降温超过 10℃ 的全国性寒潮（叶丹和张耀存，2014）。对于图 7.15 中的第四类急流配置，华北地区平均增温超过 3℃。总体来看，高空急流协同变化会带来全国范围的气温异常，与冷空气活动或者寒潮爆发具有密切关系。

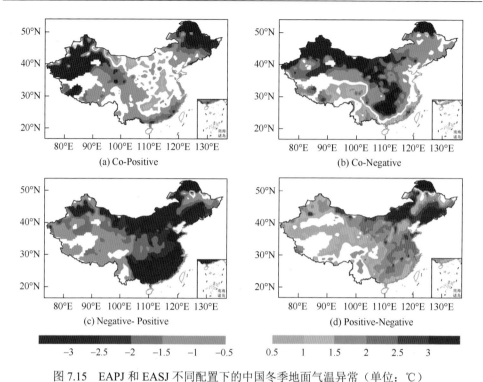

图 7.15　EAPJ 和 EASJ 不同配置下的中国冬季地面气温异常（单位：℃）

图中 Co-Positve、Co-Negative 分别表示极锋急流和副热带急流同时强、弱，Negative-Positive 表示极锋急流弱、副热带急流强，Positive-Negative 表示极锋急流强、副热带急流弱

　　由于中国冬季北方降水量非常少，主要降水集中在南方地区。从降水的异常来看（图 7.16），高空急流的协同变化主要影响中国南方冬季降水异常。EAPJ 和 EASJ 同时增强（减弱）时，长江以南地区降水偏少（偏多），最大异常超过 2mm/d。对于发生频率最高的 EAPJ 偏弱 EASJ 偏强的配置，长江以北的黄淮地区降水偏少，而在长江以南地区则是降水偏多。这样，形成了类似以长江分界的"南多北少"型。当 EAPJ 偏强同时 EASJ 偏弱，整个华南地区的降水偏少。相较而言，华南地区的降水偏多（少）主要是对应着 EAPJ 的弱（强），长江-黄淮流域的旱（涝）主要对应着 EASJ 的强（弱）。

7.3.3　急流强度协同变化对应的中国境内冷空气活动特征

　　在冬季风盛行期间，经常会有冷空气向南爆发，达到一定的强度即为寒潮，造成中国境内剧烈降温、降雪、大风、霜冻等灾害性天气。当寒潮爆发时，高空波动和高空急流存在着明显的相互作用，并引起能量和动量的转换，这种转换会导致东亚高空急流发生变化（Chang and Lau，1980）。作为东亚-太平洋上空的重

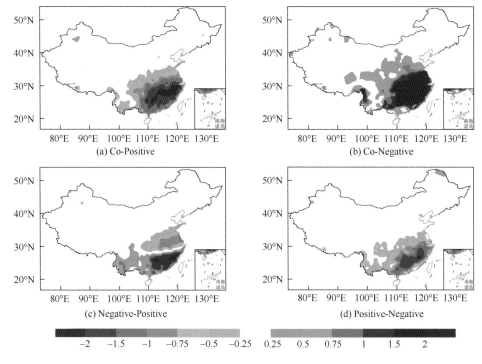

图 7.16　EAPJ 和 EASJ 不同配置下的中国冬季降水异常（单位：mm/d）

要环流系统，东亚高空急流必然和中国境内冬季冷空气的活动有联系，本节从副热带急流和极锋急流协同变化的角度分析其对我国冷空气活动的影响。

冷空气南下过程中经常伴随着大风，所以经向风从某种程度能反映冷空气的活动情况，并且是表征寒潮的一个重要指标。图 7.17 给出的是 1000hPa 中国东部区域（105°E～120°E、25°N～50°N）平均的冬季经向风与 300hPa 全风速的相关图和冬季 300hPa 全风速分布，从图中可清楚看到副热带急流的控制范围为 120°E～160°E、25°N～35°N，而极锋急流的控制区不是很明确。从图中相关系数特征来看（填色），经向风与副热带急流区和极锋急流区相关系数最高，与 EAPJ 中心达到 0.7，与 EASJ 中心达到–0.7，这说明东亚冬季冷空气的活动与陆地上空的极锋急流和海洋上空的副热带急流相关关系密切。结合图 7.6 高空急流核的分布特征以及图 7.17 中经向风与 300hPa 全风速的相关分布，选取 70°E～110°E、45°N～60°N 范围为极锋急流关键区，选取 27.5°N～37.5°N、130°E～160°E 范围为副热带急流（海洋支）关键区。对关键区的全风速进行区域平均，以候为时间尺度，计算 EAPJ 和 EASJ 在 48 个冬季的逐候风速距平，再依次对每一个冬季 18 个候的区域平均风速距平进行标准化（即每年 18 候标准化一次），用标准化后的风速距平值分别代表极锋急流指数和副热带急流指数，以±0.8 为标准，如果指数大于 0.8（小于 0.8），表示强（弱）EAPJ 和 EASJ。在总共 864 候中，二者都强（记为 SS），有 33 候；二者都弱（记为 WW），有 31 候；EAPJ 强、EASJ 弱（记为 SW），有 55 候；EAPJ 弱、EASJ 强（记为 WS），有 66 候（表 7.4）。

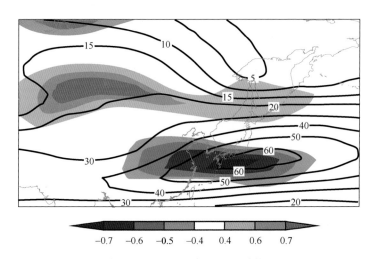

图 7.17 东亚地区 1000hPa 经向风与 300hPa 全风速相关系数（阴影区）和 300hPa 全风速的
30 年气候平均（等值线）

表 7.4 SS、WW、SW、WS 四种情况在 864 候中的发生次数及比例

项目	SS	WW	SW	WS
次数/候	33	31	55	66
比例/%	3.8	3.6	6.4	7.6

以温度的持续降低作为冷空气活动的指标，利用地面 24h 变温分析冷空气活动特征，图 7.18～图 7.21 分别给出了上述四种急流强度配置情况下逐日 24h 变温的合成图。图 7.18 是 SS 情况，从图中可看出最先在中国东北北部有降温发生，之后降温幅度最大区出现在东北地区东部，可见冷空气从我国东北入侵，向东南方向移动，之后入海消失，但强度不大，影响区域也只在中国东北部且影响时间很短。图 7.19 是 WW 情况，从图中可看出最先在新疆北部有明显的降温，之后最大降温区扩展到全国大部分地区，甚至会影响到华南，降温幅度大，影响范围广，且持续时间长。图 7.20 是 SW 情况，从图中可看出降温是从中国东北部开始逐步向中国南部移动，但强度不是很大，但影响范围较广，一直影响到华南。图 7.21 是 WS 情况，从图中可看出降温在内蒙古北部开始，向南移动，影响到华南，但影响强度不大，影响范围也较为广泛。

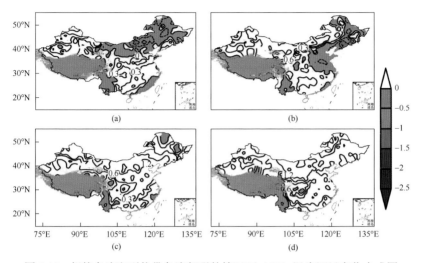

图 7.18   极锋急流和副热带急流都强的情况下（SS）温度逐日变化合成图

（a）、（b）、（c）、（d）图依次是所在候的第一天减去之前一天的温度、所在候的第二天减去第一天的温度、所在候的第三天减去第二天的温度、所在候的第四天减去第三天的温度

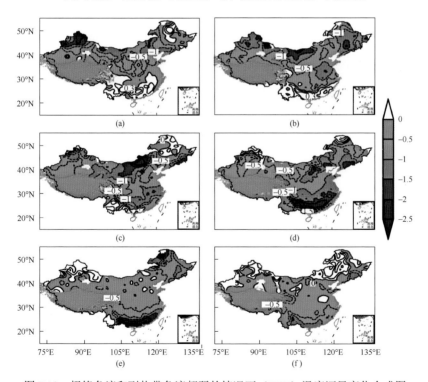

图 7.19   极锋急流和副热带急流都弱的情况下（WW）温度逐日变化合成图

（a）、（b）、（c）、（d）、（e）、（f）图依次是所在候的第一天减去之前一天的温度、所在候的第二天减去第一天的温度、所在候的第三天减去第二天的温度、所在候的第四天减去第三天的温度、所在候的第五天减去第四天的温度、所在候的第六天减去第五天的温度

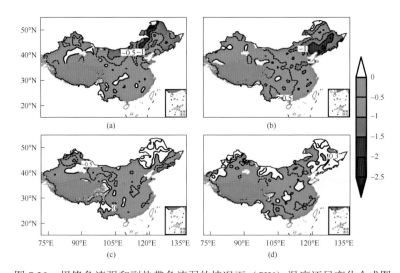

图 7.20　极锋急流强和副热带急流弱的情况下（SW）温度逐日变化合成图

（a）、（b）、（c）、（d）图依次是所在候的下一候的第一天减去所在候第五天的温度、下一候的第二天减去下一候第一天的温度、下一候的第三天减去第二天的温度、下一候的第四天减去第三天的温度

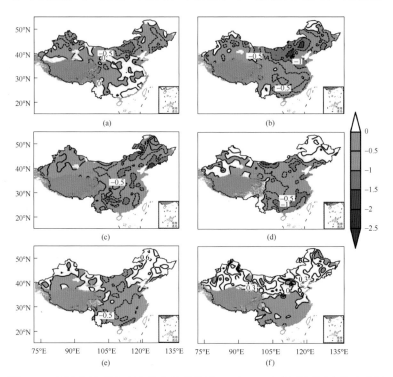

图 7.21　极锋急流弱和副热带急流强的情况下（WS）温度逐日变化合成图

（a）、（b）、（c）、（d）、（e）、（f）图依次是前一候的第四天减去第三天的温度、前一候的第五天减去第四天的温度、所在候的第一天减去前一候的第五天的温度，所在候的第二天减去第一天的温度、所在候的第三天减去第二天的温度、所在候的第四天减去第三天的温度

图 7.22 给出的是 850hPa 温度距平场（与冬季平均态的差值）、高度距平场的合成图，其中图 7.22（a）是 SS 前两候的情况，可以看出，最大的温度负异常区位于新地岛以东的洋面及陆地上，经度中心位于 120°E，之后温度负异常扩展到中国，而 SS 情况下，冷空气的入侵区域正位于我国东北部，所以冷源的位置可能就在新地岛以东地带；图 7.22（b）是 WW 前两候的情况，温度负异常的最大值区位于巴尔喀什湖的西部，从前一候的合成差值场看到，最大负异常中心略微东移至巴尔喀什湖，结合这两张图可以看出，冷源的位置大概在巴尔喀什湖以西的大陆上，与从新疆北部入侵的冷空气源地较为一致；图 7.22（c）是 SW 前两候的情况，温度负异常的最大区位于西西伯利亚偏东的位置；图 7.22（d）是 WS 前两候的情况，温度负异常的最大区位于巴尔喀什湖，负异常的范围很大，一直扩展到中国境内。

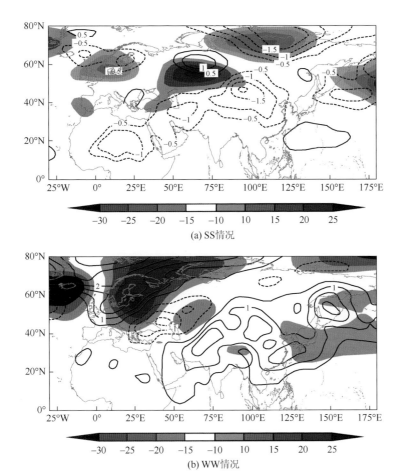

(a) SS情况

(b) WW情况

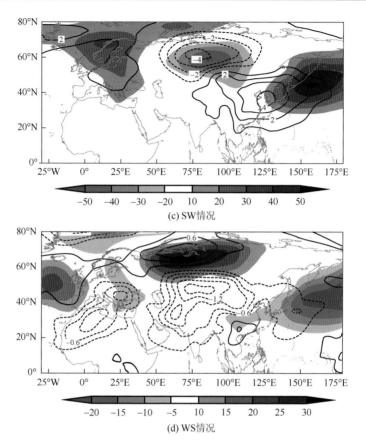

(c) SW 情况

(d) WS 情况

图 7.22　SS、WW、SW 和 WS 情况下前两候的 850hPa 温度距平场（等值线）及高度距平场（填色图）的合成图

　　从朱乾根等（2000）关于寒潮的研究中可知，冷空气从关键区（西伯利亚中部 70°E～90°E，43°N～65°N）侵入我国的路径主要可分为四条：①西北路径，冷空气自新地岛以西的白海、巴伦支海经西伯利亚、蒙古国进入我国；②北方路径，冷空气自新地岛以东喀拉海或新西伯利亚进入亚洲北部，自北向南经蒙古国进入我国；③西方路径，冷空气在 50°N 以南欧亚大陆自西而东经我国新疆、内蒙古影响我国东部；④冷空气自鄂霍次克海或西伯利亚东部向西南影响我国东北，较少发生且强度一般也不大。为了进一步探讨冷空气活动路径及方向，接下来分析四种急流配置情况所对应的大气环流特征。首先，看四种情况下的海平面气压场情况，图 7.23 和图 7.24 分别是合成场与距平场。从合成场（图 7.23）可以看出四种急流配置情况下西伯利亚高压和阿留申低压的中心位置特征：WW 情况下，阿留申低压中心位置比其他三种情况偏东，WS 情况下略微偏西；而 SS 情况下，西伯利亚高压中心更偏向西南。从合成的海平面气压距平场（图 7.24）可以看出，

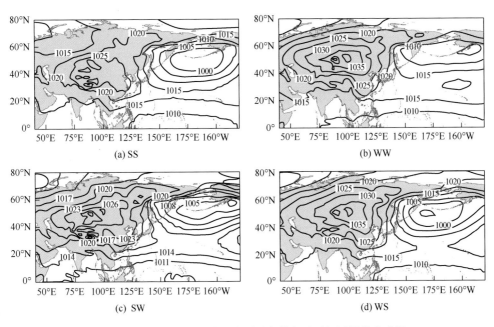

图 7.23　四种急流配置情况分别对应的海平面气压场的合成图

等值线间隔为 5hPa

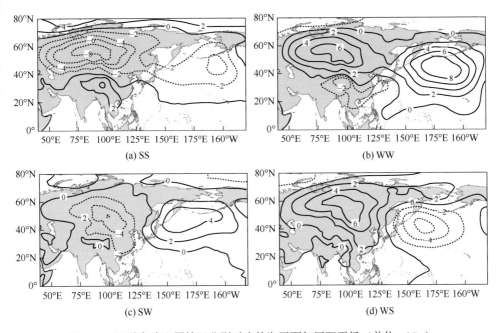

图 7.24　四种急流配置情况分别对应的海平面气压距平场（单位：hPa）

当极锋急流强时，SS 和 SW 这两种情况下，西伯利亚高压为负距平，较平均态弱，SS 负距平值更大，当极锋急流弱时，WW 和 WS 这两种情况则刚好相反；当副热带急流强时，SS 和 WS 这两种情况下，阿留申低压为负距平，较平均态强，WS 负距平更大，当副热带急流较弱时，WW 和 SW 这两种情况，则刚好相反。此外，WW 和 WS 两种情况下，500hPa 东亚大槽的曲率最大，SS 和 SW 两种情况下，比较平缓。寒潮冷空气一般沿着东亚大槽槽后的西北气流前进，曲率大，则易于冷空气的南下（图 7.25）。图 7.26 为四种情况下的 1000hPa 经向风分布，WW 情况下，在中国东部有很强的北风，而其他四种情况东部几乎没有显著的东风，而 WS 情况下，来自西伯利亚的西北风，转向海上的一支更强，而沿中国境内向南的一支较弱。通常沿着西伯利亚东部而来的强的西北风，在日本南部分为两支，一支向东穿过副热带海洋和太平洋中部，另一支沿着东亚进入南海（Academia Sinica, 1957；Krishnamurti et al., 1973）。而 SS 和 SW 两种情况下，西西伯利亚地区的北风要弱于 WW 和 WS 两种情况。

综上所述，当 EAPJ 弱、EASJ 强的时候，西伯利亚高压最强，阿留申低压也最强，500hPa 东亚大槽最深，槽线的曲率非常大，经向风在海洋一支非常强，但是冷空气南下情况少而且弱，因为在西伯利亚高压过于强大的时候，短波槽移动的速度更快，引起的扰动就比较小，发生的冷空气南下的情况少。而二者都弱的

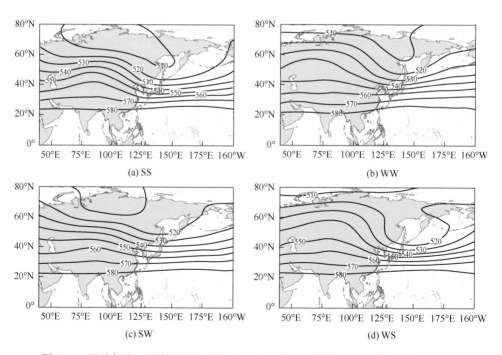

图 7.25　四种急流配置情况分别对应的 500hPa 位势高度场的合成图（单位：hPa）

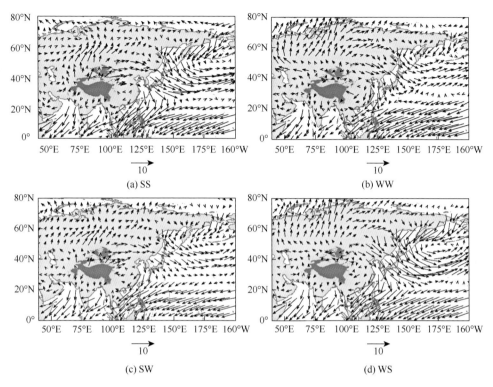

图 7.26　四种急流配置情况下合成的 1000hPa 的经向风（单位：m/s）

情况下，环流经向度增大，相较于 SW 的情况，阿留申低压浅薄，500hPa 东亚大槽偏弱，但是曲率还是比较大，更有利于冷空气爆发，所以在这种情况下，爆发的冷空气强，且影响范围大。而其他两种情况 SS 和 SW，西伯利亚相较于前两者来说弱很多，500hPa 大槽也很弱，冷空气强度弱，从中国东北部入侵，持续时间短。

当冷空气的南下路径是西方路径或西北方路径（即对应 WW 和 WS 两种情况），冷空气从新疆、内蒙古入侵我国，对 45°N 以南的区域带来降温，而极锋急流关键区在 45°~60°，所以南北温度梯度减小，斜压性减弱，对应的极锋急流减弱。而当冷空气的南下路径从我国东北移入，则对新疆南部影响较小，温度梯度改变不大，对极锋急流影响不大。

7.3.4　急流位置协同变化对应的大气环流特征

为分析副热带急流和极锋急流位置的协同变化对中纬度大气环流的影响，在保证总体样本量达到显著统计检验的情况下，基于标准化 PC2 时间序列选取两支急流相距较近（PC2＞0.8）、相距较远（PC2＜-0.8）的候进行合成分析。急流相距较近表明副热带急流位置偏北,同时极锋急流位置偏南;而急流相距较远表示副热带急流位置偏南而极锋急流位置偏北。

图 7.27 分别为急流相距较近、较远时 300hPa 平均纬向风场及其距平场分布。当急流相距较近时 [图 7.27 (a)],强风速带位于 20°N~50°N,两支急流无法明显区分开;当急流相距较远时 [图 7.27 (b)],两支急流在风场上可以清晰地区分开。相比较来看,急流相距较近时,副热带急流和极锋急流分别表现出北移与南移的特征;而相距较远时,副热带急流向南移动,移动距离不大,而极锋急流北移比较明显,移至 60°N 附近。而从风场的异常分布图 [7.27 (c)、(d)] 可以清晰看出,当两支急流相距较近时,副热带急流南侧风速减弱、北侧风速增加,急流北移至 27.5°N~30°N,而极锋急流南侧风速增加、北侧风速减弱,急流移至 45°N~50°N;当两支急流相距较远时,副热带急流南移至 20°N~25°N,极锋急流移至 55°N~60°N。进一步从合成的急流核分布图(图 7.28)来看,不仅可以看出两支急流的南北位置移动变化情况,还可以发现当两支急流相距较近/远时,两支急流区急流核数均增加 [图 7.28 (a)]/减少 [图 7.28 (b)],这说明副热带急流和极锋急流存在位置和强度的协同变化关系,即当两支急流相距较近时,两支急流强度均增强,而两支急流相距较远时,两支急流均有所减弱。

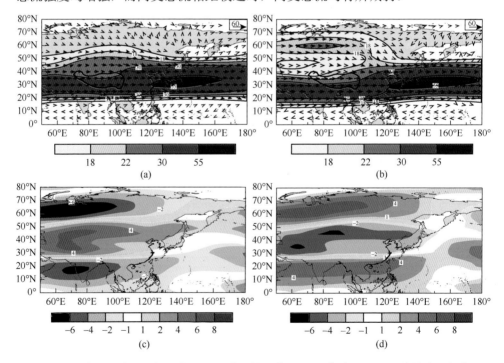

图 7.27　两支急流距离相距较近 [(a)、(c)] 和较远 [(b)、(d)] 时 300hPa 平均纬向风场 [(a)、(b)] 及其距平场 [(c)、(d)] 分布

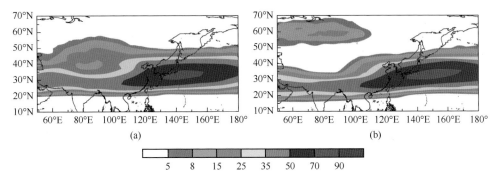

图 7.28　两支急流相距较近（a）和较远（b）时 300hPa 平均急流核的分布

从 500hPa 高度场中可以看出两支急流相距较近时，500hPa 高度场在欧洲地区中高纬及太平洋地区上空出现正的异常中心，而在欧亚大陆呈现负异常中心 [图 7.29（a）]；而当两支急流距离较远时，500hPa 高度场在欧洲地区中高纬及太平洋地区上空出现负的异常中心，而在欧亚大陆呈现正异常中心 [图 7.29（b）]。这种在北半球中纬度地区 500hPa 高度场出现的"正-负-正"或者"负-正-负"的环流型异常与 EU 大气低频遥相关非常相似（Wallace and Gutzler，1981）。标准化的 PC2 时间序列和 EU 指数的相关系数可以达到 –0.39（通过 95% 的置信水平检验），由此也能说明急流位置协同变化与 EU 大气低频遥相关存在很好的联系。图 7.30 给出了 850hPa 温度场和风场在急流相距较近/较远时的差异，结合图 7.29

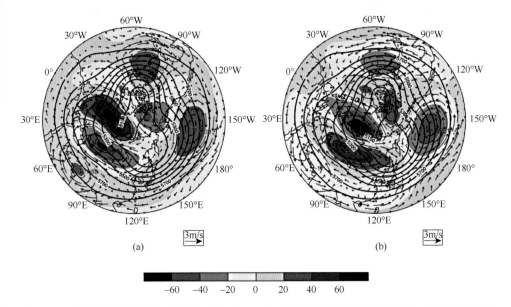

图 7.29　急流相距较近（a）或较远（b）时 500hPa 平均位势高度（黑色实线）、位势高度异常（阴影）及风场异常（箭头）合成分布

进行分析发现，与 500hPa 高度场的正异常中心相对应，850hPa 温度场为正距平，风场上表现为反气旋异常，而对应 500hPa 高度场的负异常中心，850hPa 上温度场为负距平，风场上表现为气旋性异常环流。由此可见，东亚副热带急流和极锋急流的协同变化不仅对中纬度大气环流产生影响，还影响对流层下层的温度场结构。

通过对海平面气压场（SLP）进行合成分析，可得到急流位置远近变化时对应的 SLP 异常分布（图 7.31）。从图中可以看出，在北半球极地地区的 SLP 异常

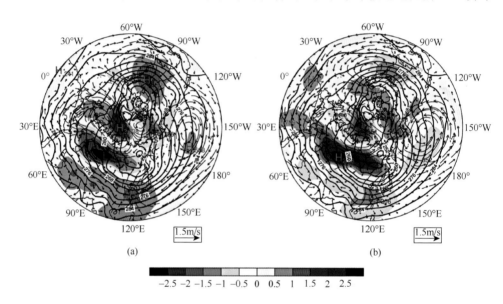

图 7.30　急流相距较近（a）或较远（b）时 850hPa 温度场（黑色实线）、温度异常（阴影）及风场异常（箭头）合成分布

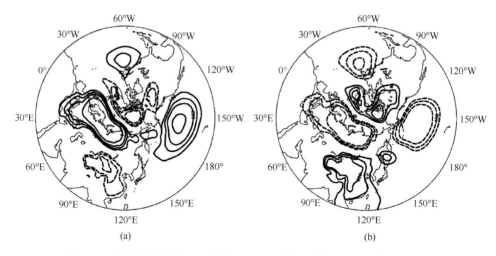

图 7.31　急流相距较近（a）或较远（b）时海平面气压距平场的合成分布

与相邻的中纬度地区的 SLP 异常呈现出跷跷板式的变化,这种变化与 AO 型相似,这也说明急流位置远近变化与 AO 型存在一定的联系。除此之外,在欧亚大陆-太平洋上空也存在着类似 EU 的 SLP 异常,说明高低层的大气环流配置表现较为一致。

7.3.5　急流位置协同变化对应的中国地区温度和降水异常

通过 7.3.4 节的分析发现急流位置和强度协同变化对中高纬地区大气环流具有很大影响,本节进一步探讨急流协同变化关系对我国气温和降水的影响。利用中国地区 573 个地面站点逐日气温和降水的观测资料,并转化为逐候资料,分析冬季两支急流不同位置配置对中国气候的影响。同样根据第二主分量标准化的时间序列确定两支急流相距较近/较远的情况,然后通过逐候的温度和降水资料进行合成。首先来看温度的异常变化,图 7.32 给出了在两支急流相距较近或较远时,中国地区的温度异常分布。从图中可以看出,当两支急流相距较近时,我国东北地区尤其是黑龙江地区温度异常偏冷,而其他大部分地区出现温度异常增暖,尤其是新疆中部、内蒙古西部,出现增暖大值中心。另外,湖南北部、广西南部也出现不同程度的异常增暖中心。当两支急流相距较远时,可以看到我国内蒙古中东部地区及整个东北地区出现异常增暖现象,新疆北部地区也存在异常增暖中心,长江和黄河中下游地区也存在不同程度的增暖。除此之外,其他区域全部表现出温度的异常偏冷,整个中西部地区、西南地区及南部沿海地区降温现象更明显。

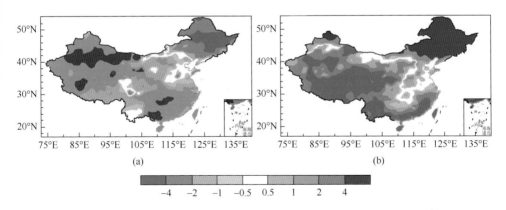

图 7.32　急流相距较近(a)或较远(b)时中国地区地面温度异常的合成图(单位:℃)

图 7.33 给出了在两支急流相距较近或较远时,中国地区降水的异常分布。我国冬季北方降水量较少,主要降水集中在我国中部及南方地区。从图中可以看出,当两支急流相距较近时,黄淮流域地区降水偏少、长江流域降水增加、南部沿海

地区降水也减少，这样形成"涝-旱-涝"的分布；而当两支急流相距较远时，黄河中游、长江中下游及南部沿海地区降水增加，我国中部地区降水减弱，形成了"旱-涝-旱"的降水分布。另外，西南地区也出现了降水异常增加的特征。总体来看，副热带急流和极锋急流的协同变化与全国范围的温度异常和中部及南方地区的降水异常存在密切关系。

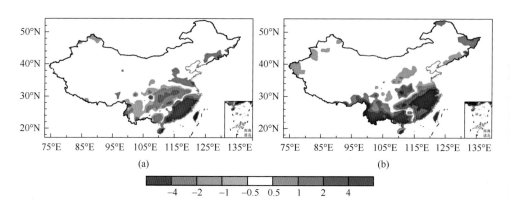

图 7.33　急流相距较近（a）或较远（b）时中国地区地面降水异常的合成图（单位：mm）

7.4　东亚高空急流位置和强度协同变化机制

根据 EOF 分解得到的主分量时间序列，通过对表征两支急流位置远近变化的第二模态时间序列进行合成，探讨东亚副热带急流和极锋急流出现位置协同变化时两支急流强度的变化原因，这里主要从热力学和动力学两个方面进行分析讨论。

7.4.1　经向温度梯度变化

根据热成风原理 $\dfrac{\partial U}{\partial P} = \left(\dfrac{R}{fP}\right)\dfrac{\partial T}{\partial y}$ 可以看出，纬向风随高度的变化取决于气温的水平经向梯度，即南北经向温度梯度，纬向风速随高度的变化与经向温度梯度成正比。当南北经向温度梯度增大，也就是南偏暖北偏冷时，纬向西风随高度增加；当经向温度梯度减弱，也就是南偏冷北偏暖时，纬向西风随高度减小，使得纬向风速在对流层高层温度梯度反向之处达到最大。图 7.34 为两支急流相距较近/较远时所对应的纬向风及经向温度梯度随高度变化图，从图中可以看出，当两支急流相距较近时［图 7.34（a）］，东亚陆地上空 200hPa 附近出现一个较强的风速最大值中心，但是无法通过风速的分布来分辨两支急流的位置。然而从经向温度梯度的分布可以看到，在副热带区域 30°N 附近出现经向温度梯度的大值中心，同时在 45°N 附近也存在一个范围比较小的大值中心，两个大值中心比较靠近，分别对应着距离相近且强度都增加的副热带急流和极锋急流区。与此同时，在东亚沿岸、西太平洋上空出现了一个风速大值中心［图 7.34（b）］，中心风速可达 70m/s，对应在低层也出现了很强的经向温度梯度中心。当两支急流距离较远时［图 7.34（c）］，副热带地区高空风场位置稍微有些偏南，中心风速也减弱，对应的低层经向温度梯度强度减弱、范围减小。不仅如此，可以同时看到在 60°N 附近也出现一个风速的大值中心，中心高度位于 300hPa，伴随着的低层经向温度梯度大值中心的范围和强度都减小，说明当两支急流相距较远时，其强度都减弱。海洋上空的风速大值中心的强度也有所减小，经向温度梯度强度减弱，其对应的急流也会减弱。

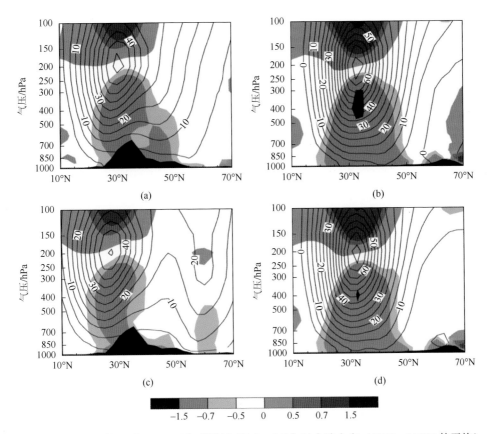

图 7.34　急流相距较近［(a)、(b)］或较远［(c)、(d)］时大陆上空（50°E～100°E 的平均）和海洋上空（120°E～160°E 的平均）经向温度梯度及纬向西风随高度的变化

由上述分析可见，热成风原理很好地解释了急流变化与经向温度梯度的关系。当副热带急流和极锋急流相距较近/较远时，其低层经向温度梯度的位置也会靠近/远离，伴随着经向温度梯度强度的增加/减弱，两支急流强度同时增加/减弱，这说明两支急流位置变化时，其热力学特征也会随着改变，那么具体是什么原因导致这种南北温度梯度的增强或者减弱，从而影响急流强度的变化？下面从温度平流角度进行探讨。

7.4.2　温度平流输送异常

大气的辐射收支、地球与大气的陆气热量交换及大气运动引起的能量输送决定了大气中的热量平衡，从而影响大气温度场变化。通过热力学第一定律：

$\frac{\partial T}{\partial t} = -V \cdot \nabla T - \omega\left(\frac{\partial T}{\partial P} - \frac{R}{C_P}\frac{T}{P}\right) + \frac{Q}{C_P\rho}$，可以看出温度的局地变化$\left(\frac{\partial T}{\partial t}\right)$是由

热量的水平输送（$-V \cdot \nabla T$）、垂直输送$\left[-\omega\left(\frac{\partial T}{\partial P} - \frac{R}{C_P}\frac{T}{P}\right)\right]$及非绝热加热$\left(\frac{Q}{C_P\rho}\right)$共

同造成的。两支急流位置变化伴随的大气环流异常对热量的输送产生差异导致南北温度梯度位置和强度变化（况雪源和张耀存，2006b）。下面通过分析热力学方程中热量输送的各项分布异常对温度梯度造成的影响探讨两支急流协同变化的热力学机制。根据副热带急流和极锋急流位置相距较近/远的两种配置下，首先计算出方程左边的局地变化项以及方程右边的前两项，再对这三项进行 700～200hPa 的垂直积分，然后通过计算倒推出非绝热加热项，用于分析各项对急流强度变化的相对贡献。

图 7.35 为副热带急流和极锋急流相距较近时，温度平流项的异常图。从图中可以看出，当两支急流相距较近时，东亚大陆上空副热带急流区和极锋急流区的温度局地变化项均为正异常，说明为局地增暖，但是异常值较小 [图 7.35 (a)]。从热量水平输送项来看 [图 7.35 (b)]，副热带急流区为负异常，对应冷平流，极锋急流区为正异常，对应暖平流。从热量垂直输送项来看 [图 7.35 (c)]，副热带急流和极锋急流区分别具有向上和向下的热量输送。另外从非绝热加热项来看 [图 7.35 (d)]，也只有副热带急流区存在明显的非绝热加热中心。这说明，当两支急流靠近时，增强的非绝热加热和垂直热量输送增加了急流区南北温度梯度；同时，暖平流的水平输送增加了极锋急流区的经向温度梯度，从而产生如图 7.34 (a) 所示的经向温度梯度分布。当两支急流相距较远时（图 7.36），青藏高原南侧为温度的局地冷异常，在极锋急流区表现为暖异常。水平热量输送减弱，暖平流中心随着极锋急流一起北移至 60°N 附近。垂直热量输送也有一定程

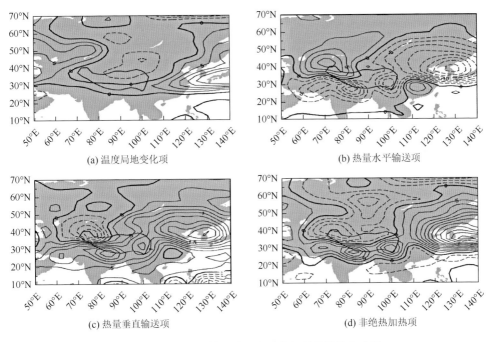

(a) 温度局地变化项　　　　　　　　　　　　(b) 热量水平输送项

(c) 热量垂直输送项　　　　　　　　　　　　(d) 非绝热加热项

图 7.35　急流相距较近时温度平流各项的异常合成图

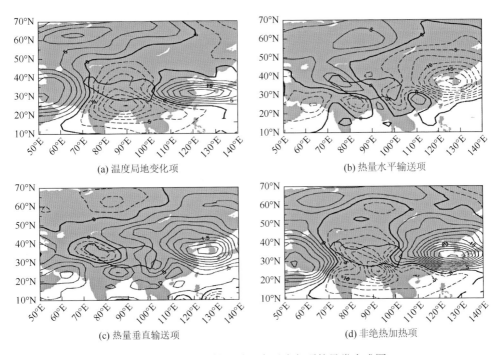

(a) 温度局地变化项　　　　　　　　　　　　(b) 热量水平输送项

(c) 热量垂直输送项　　　　　　　　　　　　(d) 非绝热加热项

图 7.36　急流相距较远时温度平流各项的异常合成图

度的减弱，副热带急流区的非绝热加热也从增加转为减少，另外在极锋急流区也出现了一个正中心，但是强度比较弱。这说明在两支急流相距较远时，热量输送和非绝热加热减弱都导致了经向温度梯度的减弱［图 7.34（c）］。由此可见，热量的水平输送和非绝热加热对于南北温度梯度的增减起到了非常关键的作用，当两支急流位置变化时，热量输送的异常造成南北温度梯度出现区域性变化最终导致两支急流的强度发生变化。

7.4.3　热带海温强迫

　　热带地区加热异常与高空急流的变化有着密切关系，热带海洋的海表温度异常等外强迫对东亚高空急流的变化起到很重要作用（朱伟军和孙照渤，1999；Lee and Kim，2003）。研究表明副热带急流受热力作用影响较极锋急流显著（Liao and Zhang，2013），为了分析热带地区的热力强迫对两支急流协同变化的影响，这里通过对异常海表温度和向外长波辐射进行合成，分析不同急流位置下热力强迫异常对急流强度的影响。图 7.37 为两支急流相距较近/较远时，对应的海温异常和向上长波辐射的异常分布图，从图中可看出当两支急流相距较近时，西太平洋及北印度洋海温异常增暖［图 7.37（a）］，对应着热带地区的向上长波辐射在热带对流区为负异常，尤其是阿拉伯海和孟加拉湾地区［图 7.37（c）］，说明该区域的对流活动增强。热带海洋的海温增暖伴随着对流活动增强，导致热带地区与副热带地区的南北温差增加，温度梯度增大，从而使副热带急流增强。当两支急流相距较远时，热带海洋海温异常变冷［图 7.37（b）］，并且孟加拉湾及阿拉伯海的中部地区对流活动减弱［图 7.37（d）］，导致南北温度梯度减小从而使副热带急流减弱，整个对流区热力强迫对极锋急流的影响不明显。通过上述分析可知，两支急流位置变化伴随着热带地区对流活动及海洋温度的异常对急流尤其是副热带急流的强度变化产生很大的影响。

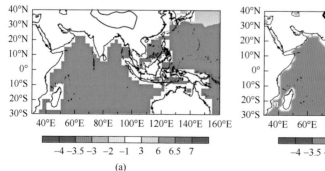

(a)

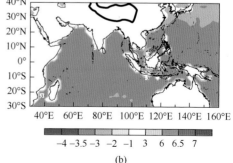

(b)

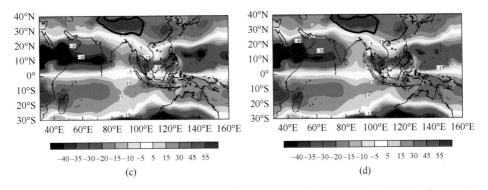

图 7.37　急流相距较近 [（a）、（c）] 或较远 [（b）、（d）] 时热带地区海洋表面温度 [（a）、（b）；
单位：K] 与向外长波辐射 [（c）、（d）；单位：W/m²] 的异常合成图

7.4.4　天气尺度瞬变强迫作用

为了分析天气尺度瞬变波活动及其对纬向西风的影响，利用天气尺度扰动动
能 $K_e = \overline{(u'^2 + v'^2)}/2$ 表征天气尺度瞬变扰动活动的强弱，其中 u' 和 v' 分别为纬向
风速和经向风速，公式中的 "′" 表示通过 2.5～8d 的带通滤波得出的扰动值，
"—" 表示时间平均（Murakami，1979）。然后再计算 E 矢量 $[E = \overline{(v'^2 - u'^2, -u'v')}]$，
Hoskin 等（1983）的散度进一步分析天气瞬变波活动对纬向西风的强迫作用。已
有研究发现东亚至西太平洋地区的西风急流与天气尺度瞬变波活动有很大的联系
（Ren and Zhang，2007），Ren 等（2008）指出西风急流的位置和强度与瞬变扰动
活动密切相关而且这种关联主要取决于纬向风与扰动活动之间的动力相互作用，
即波流相互作用，因此本节从天气尺度瞬变波活动的角度分析瞬变波与平均流的
相互作用对急流位置和强度协同变化的影响。

首先来看东亚地区天气尺度瞬变活动的气候态分布（图 7.38），从图中可以看
到北半球冬季在东亚大陆上空 [图 7.38（a）] 存在两个天气尺度瞬变扰动活动的
大值中心，分别位于青藏高原的南北两侧，对应在副热带急流区和极锋急流区，
青藏高原区受地形影响，瞬变活动受到一定程度的抑制。副热带急流区大值中心
在 250～200hPa 附近，强度较弱；而极锋急流区的瞬变活动大值中心在 300hPa
附近，其强度比南边的大值中心要强得多，最大值可达 65m²/s²。与此同时，在西
太平洋区域上空也出现一个瞬变活动的大值中心，而且这个中心比陆地上空的两
个中心都要强，最大值可达到 70m²/s² 以上。而从两支急流位置相距较近/较远配
置下合成的天气尺度瞬变活动异常分布（图 7.39）看到，当两支急流相距较近时
[图 7.39（a）]，副热带急流区高空 250～200hPa 出现天气尺度瞬变活动的负异常
中心，极锋急流区 300hPa 附近出现正异常中心；当两支急流相距较远时，副热带

急流区出现了瞬变活动的正异常中心，极锋急流区瞬变活动中心移至60°N附近，仍为正异常中心。

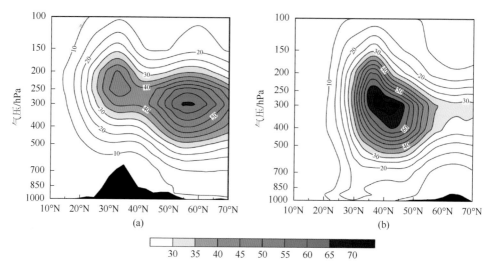

图7.38 东亚陆地上空急流区（a）和海洋上空急流区（b）对应的天气尺度瞬变扰动活动随高度变化的气候态分布（单位：m²/s²）

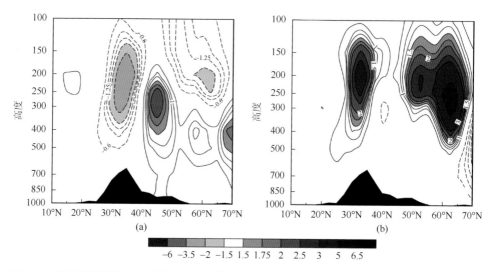

图7.39 急流相距较近（a）或较远（b）时陆地上天气尺度瞬变活动异常分布特征（单位：m²/s²）

中纬度天气尺度的瞬变活动主要由大气斜压性决定，因此通过计算最大斜压增长率（Eady，1949；Hoskins and Valdes，1990）来分析在副热带急流和极锋急流位置发生变化时伴随的瞬变活动异常变化的原因。斜压增长率定义为

$\sigma = 0.31 f(\partial |\overline{V}|/\partial z) N^{-1}$，其中 f 为科里奥利参数，N 为浮力振荡频率（s^{-1}），$\overline{V}$ 为全风速，z 为垂直高度。其计算公式为 $\rho^{1/2} \left(g \frac{1}{\theta} \frac{\partial \theta}{\partial p} \right)^{1/2}$，$\rho$ 为密度，g 为重力加速度，θ 为等压面上的位温，p 为气压。由于大气斜压扰动发展主要发生在对流层低层（Lunkeit et al.，1998），因此在 700hPa 和 850hPa 等压面上计算大气斜压增长率。从急流位置变化不同配置下斜压增长率的分布来看（图 7.40），当两支急流位置靠近时，低层斜压性的气候平均值在东亚大陆上空出现两个大值区，分别对应着副热带急流与极锋急流区 [图 7.40（a）]。从其异常分布看 [图 7.40（c）]，副热带急流区的斜压增长率大值中心略微减弱，而极锋急流区的斜压增长率大值中心为正异常。当两支急流位置远离时，斜压性的气候平均态上的两个大值中心也相互远离 [图 7.40（b）]，而从异常分布来看，副热带急流区和极锋急流区的压性都增强 [图 7.40（d）]，对应着高层瞬变扰动的两个大值中心。从上述分析来看，低层斜压性的增减与中纬度地区高空瞬变波活动的异常具有密切联系。在极锋急流区，低层斜压性增强与增长率的大值中心很好地对应高层极锋急流区瞬变活动位置和强度的变化，但这种关系在副热带急流区不是很明显。由于青藏高原在东

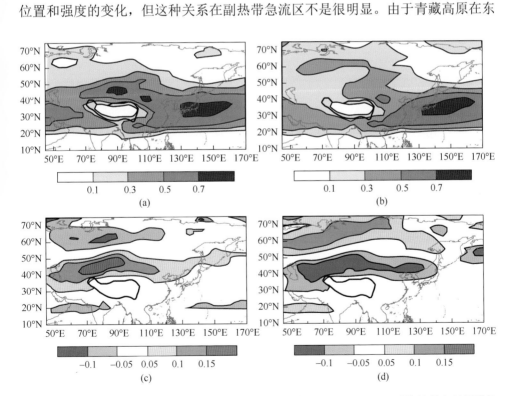

图 7.40　急流相距较近 [（a）、（c）] 或较远 [（b）、（d）] 时 850～700hPa 平均的最大斜压增长率气候态 [（a）、（b）] 及其距平 [（c）、（d）] 分布

亚副热带急流区，因此推测出当极锋急流靠近副热带急流时，强的斜压中心在极锋急流区发生发展使中纬度的天气尺度瞬变活动增强，但是南侧的瞬变活动则受到抑制。而当两支急流的位置相互远离、极锋急流北移至中高纬地区时，强的斜压中心也随之北移。斜压性在中高纬地区发生发展并且向赤道地区传播，导致副热带急流区的天气尺度瞬变活动也随之增强。

为了揭示天气尺度瞬变活动异常对纬向平均流的影响，利用水平 Eliassen-Palm 矢量（简称 E 矢量）分析波流相互作用。E 矢量也称为扰动涡动通量，能够简单解释瞬变扰动活动对于纬向西风的影响。E 矢量的辐合（辐散）反映了扰动活动对平均水平环流的强迫从而起到增强（减弱）纬向西风的作用。图 7.41 为两支急流的位置相距较近/较远时，E 矢量及其散度的合成分布。从图中可以看出，E 矢量及其散度主要分布在中高纬地区，当两支急流相距较近 [图 7.41 (a)] 时，E 矢量的辐散区域在 40°N~50°N，几乎覆盖整个极锋急流区，说明纬向风速增加从而使极锋急流增强。当两支急流相距较远时 [图 7.41 (b)]，E 矢量的辐散区也向北移动至 55°N~65°N 而且范围变窄，甚至有些区域存在辐合的 E 矢量。这说明急流位置远离时，扰动涡动通量对纬向风的强迫减弱，在一定程度上减弱了极锋急流的强度。与此同时，E 矢量在副热带急流区的变化不明显，说明天气尺度瞬变活动的强迫对副热带急流强度变化影响较小。

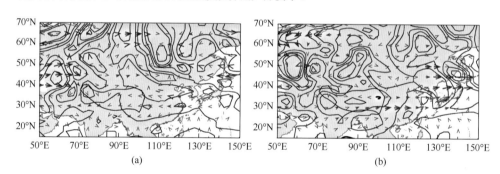

图 7.41　急流相距较近（a）或较远（b）时 300hPa 天气尺度瞬变扰动活动（箭头）及其散度（等值线）的分布图（单位：m^2/s^2）

7.4.5　定常波活动异常

使用空间滤波方法（Chen and Sun, 2003）分析冬季定常波对纬向平均流的作用，首先对位势高度场进行傅里叶展开：$H_m = a_0 + \sum_{n=1}^{\infty} a_n \cos(nm\Delta\lambda) + \sum_{n=1}^{\infty} b_n \sin(nm\Delta\lambda)$，$m = 1, 2, \cdots, M$，这里 M 是格点数，$\Delta\lambda$ 是每个格点的度数（$\Delta\lambda = 2\pi/M$），a_n 和 b_n 是傅里叶系数，n 是波数。因此，波动的振幅可以表示为 $C_n = \sqrt{a_n^2 + b_n^2}$。在球

坐标系中准地转 E-P 通量的经向与垂直分量表达式分别为 $F_{\varphi}(F_{\varphi}=-\rho a\cos\varphi\overline{u'v'})$
和 $F_z(F_z=-\rho a\cos\varphi f\overline{v'\theta'}/\theta_z)$，其中，$\rho$ 为空气密度，a 为地球半径，φ 为纬度，
f 为科里奥利参数，θ_z 为位温，u 和 v 为分别是纬向和经向风速，"'" 和 "—" 分
别表示纬向偏差和平均值，其散度的计算公式为 $D_F=\dfrac{\nabla\cdot\boldsymbol{F}}{\rho a\cos\varphi}$，根据欧拉平均纬

向风方程：$\dfrac{\partial\overline{u}}{\partial t}-f\overline{v}^*-\overline{X}=D_F$，其中 $\overline{v}^*$ 为经向剩余环流，$\overline{X}$ 为摩擦以及其他外强
迫的纬向平均值，由此可以看到辐散的 E-P 通量能够增强纬向平均西风，辐合的
E-P 通量减弱纬向西风。E-P 通量作为诊断工具能够用于分析波活动的传播
（Andrews et al.，1987），在三维空间中，当定常波发生变化时 E-P 通量散度也会
发生变化，从而通过波流相互作用影响纬向西风。已有研究表明，广义 E-P 通量
理论能够很好地解释对流层高层西风急流的增强或减弱现象（Gao and Tao，1991；
Pfeffer，1992），Edmon 等（1980）通过计算球坐标系中准地转 E-P 通量的散度证
实了由定常波引起的涡动强迫对纬向平均流的影响。因此这里将探讨急流不同位
置配置下，定常波活动是否也会发生变化从而影响急流的强度，利用空间滤波方
法探讨冬季定常波与纬向平均流的相互作用。

　　王林等（2007）指出行星尺度定常波和天气尺度定常波对 E-P 通量都有一定
的影响，但是天气尺度定常波对中高纬地区 E-P 通量南北位置移动的影响更为明
显，因此将针对天气尺度定常波分析两支急流的位置和强度协同变化关系，这
里天气尺度定常波为包含 4~9 个波数的波。图 7.42 为两支急流相距较近/较远
时，天气尺度定常波及其散度的分布图。从图中可以看到，当两支急流相距较

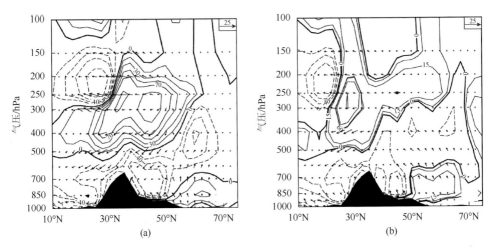

图 7.42　急流相距较近（a）或较远（b）时 300hPa 天气尺度定常波 E-P 通量（箭头，单位：
m²/s²）及其散度（等值线，单位：10^{-5}m/s²）的分布图

近时 [图 7.42 (a)]，高层出现了南北两个天气尺度定常波 E-P 通量的辐散中心，分别对应副热带急流区和极锋急流区，对高层纬向西风都起到增强的作用。当两支急流相距较远时 [图 7.42 (b)]，南侧的辐散中心向赤道方向移动，北侧的辐散中心向极地方向移动，并且辐散中心的强度都有所减弱。这种位置和强度的变化导致了副热带急流和极锋急流的减弱。以上分析说明，天气尺度定常波 E-P 通量散度的位置和强度的变化能够很好地反映副热带急流和极锋急流位置和强度协同变化关系，辐散（辐合）的 E-P 通量能够加强（减弱）纬向平均流，对两支急流产生影响。

　　本章讨论了高空急流位置和强度的协同变化关系特征及这种协同变化关系对中纬度大气环流系统、中国地区温度和降水的影响，分析发现高空急流强度协同变化与北半球大部分遥相关型存在较好相关关系，同时高空急流位置协同变化伴随两支急流的强度也随之产生协同变化，从而造成环流的异常。高空急流作为中纬度大气环流的重要组成部分，为热带地区和中高纬度之间的联系起到重要的纽带作用。通过对高空急流协同变化机理分析发现，无论是热力强迫还是中高纬大气内部动力过程，都能对急流产生很大的影响，从而产生异常温度或降水等气候效应。

第 8 章　东亚副热带急流和极锋急流不同配置对梅雨期降水的影响

东亚高空急流对梅雨期降水具有重要的影响（黄士松和汤明敏，1995；Xuan et al.，2011；Chen et al.，2005；Chen and Chang，1980；Chen and Trenberth，1988），但是之前的研究主要是从东亚副热带急流单支急流的角度出发（Ninomiya，1971；Ninomiya and Muraki，1986；Ninomiya and Murakami，1987；Chen et al.，2013；Ren et al.，2013；Suda and Asakura，1955），副热带急流的变化可以很好地反映低纬度系统对梅雨的影响，但是不能体现中高纬系统的影响，梅雨期降水主要由北方南下的冷空气和南方北上的暖湿空气在江淮地区汇合形成（黄伟和陶祖钰，1995），梅雨期间东亚地区高低纬系统之间具有复杂的协同作用和相互联系，只有同时考虑低纬度系统和中高纬度系统的影响（Trenberth and Guillmot，1996；Wang et al.，2000），才能够更好地理解梅雨期降水的环流形势，提高梅雨预测水平。同时考虑东亚副热带急流和极锋急流，可以更好地反映东亚大气环流系统的变化特征。本章在区分极锋急流和副热带急流的前提下，从两支急流协同变化角度出发，研究东亚高空急流对梅雨期降水的影响。由于梅雨开始和结束的日期具有明显的年际变化特征，气候平均上看，江淮梅雨开始于 34 候左右，结束于 38 候左右，因此在本章中选取每年的 6 月 20 日到 7 月 10 日为气候梅雨期。此外，本章中的江淮地区是指 110°E～122°E、28°N～34°N 的区域。

8.1　梅雨期东亚上空两支急流强度的变化特征

8.1.1　梅雨期东亚上空两支急流的基本特征

观测表明，北半球对流层上层到平流层低层大气中存在南北两支不同的急流，分别是副热带急流和极锋急流（或温带急流）。急流的位置和强度具有季节变化，急流在冬季风速最强，位置最南，在夏季风速最弱，位置最北。图 8.1（a）是利用 NCEP/NCAR 再分析资料得到的梅雨期 300hPa 风场。在梅雨期间，北半球急流带呈螺旋结构，只有在欧亚大陆上空，可以明显看到南北两支平行的急流带，在其他区域则表现为一支急流。副热带急流存在三个明显的中心，分别位于阿拉伯半岛、西北太平洋及大西洋上空。在东亚地区，中低纬地区副热带急流狭窄，风速较大，高纬地区的极锋急流活动范围较大但平均风速较弱，东亚地区天气气候受两支急流共同影响。图 8.1（b）是梅雨期东亚地区上空（80°E～140°E）平均风速的纬度-高度剖面，从南北方向看，东亚高空存在两个风速大值中心，位于 35°N～40°N 的副热带急流和位于 60°N～70°N 的极锋急流。从垂直方向看，从地表向上风速逐渐增加，东亚副热带急流最大风速中心位于 200hPa，极锋急流风速最大值出现在 300hPa。在气候态上，东亚副热带急流最大风速超过 30m/s，极锋急流风速只有 19m/s，副热带急流明显强于极锋急流。副热带急流中心的高度跨度很大，从 300hPa 到 150hPa 都是其大值中心位置，极锋急流只在 300hPa 存在大值中心，在其他高度上风速都比较小，所以下面重点关注 300hPa 高度上东亚上空两支急流的协同变化。

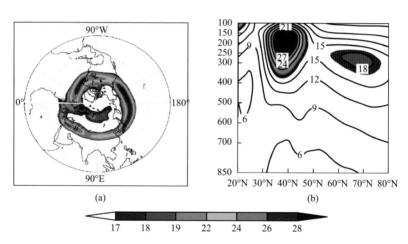

图 8.1　梅雨期 300hPa 全风速分布（a）（以色标表示）和梅雨期 80°E～140°E
平均风速的纬度-高度剖面图（b）（单位：m/s）

除了气候平均态，东亚高空两支急流随时间的演变情况也非常重要。图 8.2 给出了 1960～2009 年共 50 年的东亚地区（80°E～140°E 平均）300hPa 风速的纬度-时间剖面，从图中可以看到，东亚地区高空存在两个风速大值区，分别对应东亚副热带急流和极锋急流，在梅雨期间（34～38 候），两支急流的风速是连续、稳定的，直到 7 月底、8 月初（43 候），北支急流的风速大值带消失。梅雨期间，副热带急流位于 37°N 附近，极锋急流位于 65°N～70°N。

8.1.2　梅雨期两支急流关键区的确定

从梅雨期东亚上空两支急流逐日风速变化图中（图 8.3）可以看到，梅雨期东亚上空两支急流风速的日变化非常明显，副热带急流风速变化范围在 21～30m/s，极锋急流风速的变化范围为 17～25m/s。总体而言，副热带急流风速变化较小，极锋急流风速变化较大。为了进一步研究两支急流强度变化特征，需要选取两支急流的关键区，利用急流关键区的平均风速表征两支急流的强度。急流关键区的选取是基于风速的大小和急流发生频数，急流关键区应处于纬向风速的大值区内，同时还应该是急流发生频数的高值区，为此需要确定急流出现的频数。急流频数的统计方法：①格点风速≥25m/s；②该格点周围的 8 个格点的风速均小于等于该格点的风速。如果某一格点的风速满足以上两个条件，则称这个格点出现一次急流。图 8.4是东亚地区梅雨期平均的 300hPa 风场和急流出现次数的分布图，300hPa 风速大值区和急流出现频率的大值区位置是一致的，都位于两支急流区。根据图 8.1～图 8.4，选取东亚上空两支急流的关键区：35°N～40°N、100°E～140°E 为副热带急流关键区，62.5°N～72.5°N、80°E～140°E 为极锋急流关键区。由于副热带急流风速明显大于极锋急流风速，为便于比较急流的强弱，首先计算两支急流关键区的逐日平均风速，然后对其分别进行标准化，将两支急流关键区标准化后的逐日平均风速分别定义为副热带急流强度指数 Index-SJ 和极锋急流强度指数 Index-PJ，用以表征副热带急流和极锋急流的强度：

$$Index\text{-}SJ = std[ave\_w300(35°N～40°N、100°E～140°E)]$$
$$Index\text{-}PJ = std[ave\_w300(62.5°N～72.5°N、80°E～140°E)]$$

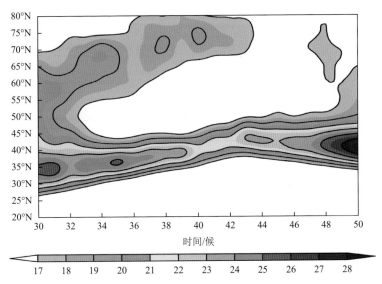

图 8.2　80°E～140°E 平均的 300hPa 风场纬度-时间剖面图（单位：m/s）

色标表示风速值

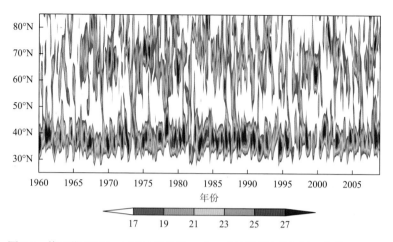

图 8.3　梅雨期 80°E～140°E 平均的 300hPa 风速逐日变化图（单位：m/s）

阴影代表风速值

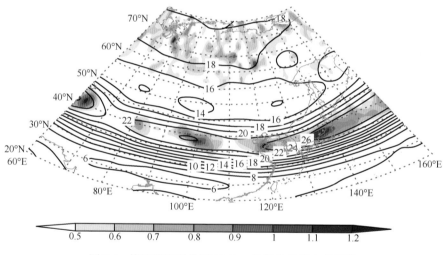

图 8.4　梅雨期东亚地区 300hPa 风场和急流出现频数

等值线表示风速，单位为 m/s，阴影表示每年急流出现的次数

8.1.3　梅雨期两支急流强度的不同配置

根据两支急流逐日强度指数，可以分析两支急流不同强度的配置情况。图 8.5 给出了梅雨期两支急流逐日的强度配置分布，从图中可以看到，副热带急流和极锋急流强-强、强-弱、弱-强、弱-弱四种配置出现次数比较均匀。表 8.1 更明确地给出了不同临界值下，两支急流不同强度配置出现的天数。考虑到所选样本的数量和代表性，选取 0.5 作为临界值，把两支急流的强度配置分成四种情况：①两

支急流都强（Index-SJ≥0.5，Index-PJ≥0.5，记为 SS）；②副热带急流强、极锋急流弱（Index-SJ≥0.5，Index-PJ≤-0.5，记为 SW）；③副热带急流弱、极锋急流强（Index-SJ≤-0.5，Index-PJ≥0.5，记为 WS）；④两支急流都弱（Index-SJ≤-0.5，Index-PJ≤-0.5，记为 WW）。

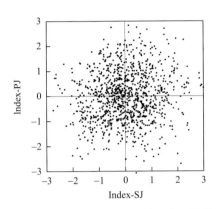

图 8.5　梅雨期两支急流逐日的强度配置分布

表 8.1　不同临界值时两支急流四种配置出现的天数

临界值	SS	SW	WS	WW
0	250	250	263	279
0.5	113	91	88	136
0.8	54	37	36	73

　　图 8.6 为两支急流四类强度配置季节内的变化情况，图中给出了 6 月 20 日～7 月 10 日共 21 天内，四种配置每天出现的次数，并计算了它们季节内的变化趋势。从图中可以看到，两支急流都强的情况出现的次数随时间推移明显减少，季节内变化趋势通过 90%的置信水平检验。副热带急流强、极锋急流弱，副热带急流弱、极锋急流强，两支急流都弱三种配置在梅雨期内均匀出现，季节内变化趋势不明显。由此可见，季节内尺度上，两支急流不同强度配置并不是急流的时间演变造成的。

　　图 8.7 给出了两支急流四类强度配置逐年出现的次数，并对逐年出现次数进行低通滤波平滑。由图 8.7 可以看出，两支急流四类强度配置的出现具有明显的年际变化特征。两支急流都强的配置在 80 年代到 90 年代中期出现次数明显增多，副热带急流弱、极锋急流强的配置在 70 年代和 90 年代后期出现次数多，两支急流都弱的情况在 90 年代后期以后出现增多。

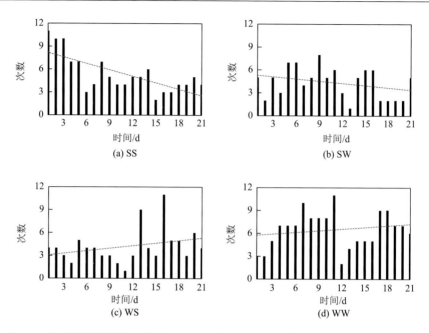

图 8.6　两支急流四类强度配置在 6 月 20 日~7 月 10 日共 21 天中每天出现的次数

横坐标为 6 月 20 日~7 月 10 日共 21 天，纵坐标为个例的出现次数，直线为季节内变化趋势；（a）两支急流都强；
（b）副热带急流强、极锋急流弱；（c）副热带急流弱、极锋急流强；（d）两支急流都弱

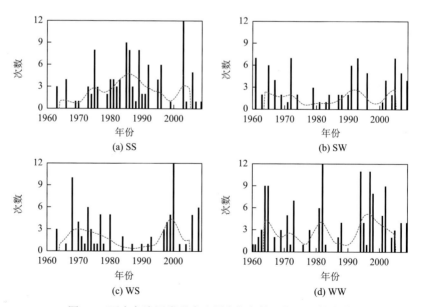

图 8.7　两支急流四类强度配置在每年梅雨期出现的次数

（a）两支急流都强；（b）副热带急流强、极锋急流弱；（c）副热带急流弱、极锋急流强；（d）两支急流都弱

8.2　东亚上空两支急流不同配置对梅雨期降水的影响

降水强度和雨带位置是梅雨期降水两个重要的关注点，下面探讨东亚上空两支急流不同强度配置对梅雨期降水强度和雨带位置的影响。为了表征梅雨期的降水强度和雨带位置，这里将江淮地区所有观测台站日降水量的平均值定义为江淮地区逐日降水强度，将江淮地区出现降水的观测台站所处的纬度平均值定义为逐日雨带位置。

8.2.1　两支急流单独变化对降水的影响

首先分析副热带急流和极锋急流单独变化时对梅雨期降水的影响。图 8.8 给出了梅雨期副热带急流/极锋急流强度单独变化与降水强度的关系，从图中可以看到，不论是副热带急流还是极锋急流，急流强度指数增大时，降水强度会随之增大，副热带急流指数 Index-SJ 和降水强度的相关系数为 0.32，极锋急流指数 Index-PJ 和降水强度的相关系数为 0.28，都通过了 95%的置信水平检验，这反映了副热带急流和极锋急流两者与降水强度关系密切，急流强度越强，降水量越大。图 8.9 给出了梅雨期副热带急流/极锋急流强度单独变化与雨带位置的关系，从图中可以看到，副热带急流强度指数增大时，雨带北移，而极锋急流强度指数增大时，雨带南移，副热带急流指数 Index-SJ 和雨带位置的相关系数为 0.20，极锋急流指数 Index-PJ 和雨带位置的相关系数为-0.21，都通过了95%的置信水平检验，反映了副热带急流与极锋急流对雨带位置南北移动的相反作用。

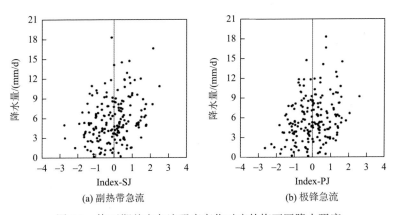

图 8.8　梅雨期单支急流强度变化对应的梅雨区降水强度

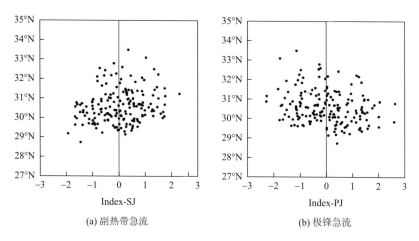

(a) 副热带急流　　　　　　　　(b) 极锋急流

图 8.9　梅雨期单支急流强度变化对应的江淮地区雨带位置

8.2.2　两支急流不同强度配置对梅雨期降水的影响

作为高空急流系统两个重要组成部分，副热带急流和极锋急流之间存在着相互作用与协同变化，既然两支急流的单独变化对降水有影响，那么两支急流协同作用下梅雨期降水如何变化？根据前面两支急流不同强度配置的四种分类，给出了两支急流四种配置情况下的降水分布特征，如图 8.10 所示。在两支急流都强（SS）的情况下，降水发生在江淮地区中部，最大降水区沿长江流域分布，降水量超过 15mm/d。在副热带急流强、极锋急流弱（SW）的情况下，降水主要集中在长江以北地区，最大降水量超过 13mm/d。在副热带急流弱、极锋急流强（WS）的情况下，超过 11m/d 的降水大值区出现在长江以南地区。在两支急流都弱（WW）的情况下，降水大值区出现在华南，江淮地区没有明显的降水大值区。

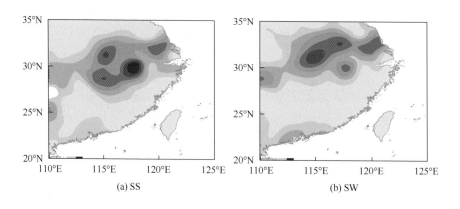

(a) SS　　　　　　　　　　　　(b) SW

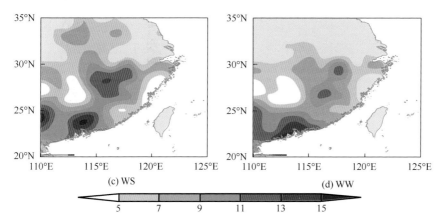

图 8.10 梅雨期副热带急流和极锋急流不同强度配置对应的降水分布

（a）两支急流都强；（b）副热带急流强、极锋急流弱；（c）副热带急流弱、极锋急流强；（d）两支急流都弱

8.3 东亚上空两支急流不同配置对应的环流特征

梅雨期降水是低纬度系统和中高纬系统共同作用的结果，来自北方南下的冷空气与西南气流挟带的暖湿空气在江淮地区汇合形成降水，因此下面主要分析两支急流不同强度配置情况下对应的环流场特征。图 8.11 给出了两支急流不同强度

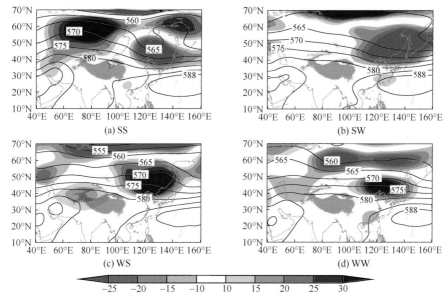

图 8.11 梅雨期副热带急流和极锋急流不同强度配置对应的 500hPa 位势高度（等值线，单位：位势什米）及异常（阴影）

（a）两支急流都强；（b）副热带急流强、极锋急流弱；（c）副热带急流弱、极锋急流强；（d）两支急流都弱

配置下 500hPa 位势高度及其距平，当两支急流强度都强（SS）时，西北太平洋副热带高压强盛，588 位势什米线西伸到 122°E。中高纬地区的环流场呈现典型的脊-槽-脊型：位势高度场的两个正异常中心出现在乌拉尔山和鄂霍次克海，一个负异常中心（东北冷涡）位于两个正异常中心之间。当副热带急流强、极锋急流弱（SW）时，西太平洋副高位置偏北并且西伸至大陆上空，贝加尔湖以东一直到鄂霍次克海地区被位势高度负异常控制。当副热带急流弱、极锋急流强（WS）时，西太平洋副高东退回海洋上空，中高纬地区表现为一槽一脊的配置：位势高度负异常中心位于乌拉尔山，正异常中心位于贝加尔湖以东一直到鄂霍次克海地区。当两支急流都弱时，西太平洋副高强度偏弱，范围收缩，广大的中高纬地区都被位势高度负异常控制，只有中国东北地区存在一个正异常中心。

　　中高纬度阻塞高压的出现会伴随着强的冷空气活动，与梅雨期降水关系密切（Wang，1992；李峰和丁一汇，2004），为此统计了两支急流不同强度配置下，不同经度上阻塞高压出现的次数和位置。阻塞高压的定义使用的是 Barriopedro 等（2006）提出的方法，根据 500hPa 位势高度场的经向梯度定义，具体方法：对于任意一个格点，它的纬度为 Φ，经度为 λ，500hPa 位势高度表示为 $Z(\lambda,\Phi)$，500hPa 位势高度经向梯度由下式计算：

$$\text{GHGN} = \frac{Z(\lambda, \Phi N) - Z(\lambda, \Phi 0)}{\Phi N - \Phi 0}$$

$$\text{GHGS} = \frac{Z(\lambda, \Phi 0) - Z(\lambda, \Phi S)}{\Phi 0 - \Phi S}$$

$$\Phi N = 77.5°N + \Delta$$

$$\Phi 0 = 60.0°N + \Delta$$

$$\Phi S = 40.0°N + \Delta$$

$$\Delta = -5°, -2.5°, 0.0°, 2.5°, 5°$$

在一条经线上，如果有一个点满足：

$$\begin{cases} \text{GHGN} < -10\text{gpm}/°\text{lat} \\ \text{GHGS} > 0 \\ Z(\lambda, \Phi 0) - \bar{Z}(\lambda, \Phi 0) > 0 \end{cases}$$

则定义这条经线出现阻塞，连续 5 条及以上的经线出现阻塞（可允许中间存在一条经线为非阻塞），定义为一个阻塞高压体。如果两个阻塞高压体的中心距离小于 45°，则认为它们属于同一个阻塞高压。图 8.12 给出了梅雨期两支急流不同强度配置下阻塞高压在不同经度出现的次数，从图中可以看到，当两支急流强度都强时（SS），阻塞高压主要出现在 120°E～160°E 和 60°E～80°E 两个地区。当副热带急流强、极锋急流弱（SW）时，中高纬度很少出现阻塞高压，当副热带急流弱、极锋急流强（WS）时，阻塞高压表现为东阻形势，集中出现在 120°E～160°E，当两支急流都弱时，阻塞高压表现为西阻型，大部分阻高位于 40°E～80°E。由此可见，两支急流不同强度配置对应着不同的中高纬环流场特征。

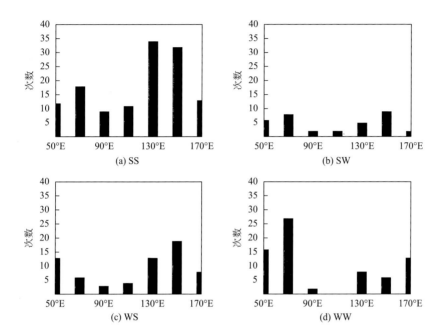

图 8.12　梅雨期副热带急流和极锋急流不同强度配置对应的中高纬阻塞高压在不同经度上出现的次数

（a）两支急流都强；（b）副热带急流强、极锋急流弱；（c）副热带急流弱、极锋急流强；（d）两支急流都弱

季风气团与梅雨期降水有着直接的联系，一般可以用 850hPa 上假相当位温的 340K 等值线表征季风气团的边界（伍荣生，1999），图 8.13 给出了两支急流不同

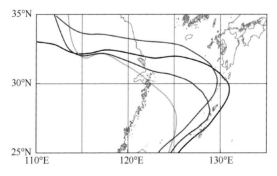

图 8.13　梅雨期副热带急流和极锋急流不同强度配置对应的 850hPa 假相当位温的 340K 等值线

黑线：两支急流都强；红线：副热带急流强、极锋急流弱；蓝线：副热带急流弱、极锋急流强；
黄线：两支急流都弱

强度配置下 850hPa 上假相当位温 340K 等值线的位置。在副热带急流强、极锋急流弱时，340K 等值线位置最北，即挟带水汽的季风气团推进得最北，与图 8.10（b）中雨带位置一致。在副热带急流弱、极锋急流强时，340K 等值线位置偏南，对应了长江以南的降水 [图 8.10（c）]。

8.4 东亚上空两支急流不同配置与冷、暖空气活动的关系

一般而言，梅雨期降水的出现是冷暖空气交汇辐合造成的，以往也有一些从冷暖空气活动的角度研究梅雨的工作（Shinoda et al.，2005；姚秀萍和于玉斌，2005），但是一直没有找到可以定量衡量冷暖空气活动强度的大尺度环流指标，本节分析副热带急流、极锋急流单独与冷暖空气活动的关系，以及两支急流不同强度配置下的冷暖空气活动特征。

8.4.1 副热带急流和暖湿空气活动

为了分析副热带急流和暖湿空气活动的关系，选取 18 次副热带急流由弱到强的过程。急流由强到弱的过程需满足以下 3 个条件：①这个过程要持续 4d 或以上，前两天的急流强度指数小于 0，最后两天的急流强度指数大于 0；②整个过程中，急流指数最小要小于−0.5，最大要大于 0.5；③在整个过程中，后一天的急流强度要大于前一天或前两天的急流强度。图 8.14 给出了副热带急流 18 次由弱到强的过程中急流强度的演变，由于副热带急流由弱到强的过程一般持续 5d，因此图中显示了 5d 的演变过程。

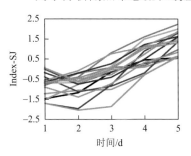

图 8.14 东亚副热带急流 18 次由弱到强的过程中强度随时间的演变

下面分析副热带急流由弱到强的 18 次过程中，暖湿空气的活动情况。利用 24h 变温和 24h 比湿的变化表征暖湿空气活动及强度，图 8.15 是副热带急流由弱到强的 18 次过程中，110°E～120°E 平均、连续 4 天的 24h 变温和比湿变化的经向-垂直剖面图。分析发现，第一天暖中心位于 25°N～27°N，最大暖中心高度在 925hPa 上，温度升高约 0.25℃，湿度增加中心超前于温度增加中心，湿度增加的中心在 30°N 附近。第二天暖中心向北移到 29°N～30°N，最大中心高度在 850hPa，温度升高 0.35℃，此时湿度增加中心位于 33°N。第三天暖中心继续北移到 31°N，温度升高 0.2℃，湿度增加中心达到 35°N 以北。第四天暖中心进一步北移到 33°N，最大增温中心位于地面，温度升高 0.35℃，而湿度增加中心已经达到 37°N。单独、逐个来看 18 次过程，暖湿空气随

副热带急流增强而增强的结果同样存在。综上所述，随着副热带急流的增强，低层的暖湿空气向北推进，副热带急流强度与暖湿空气活动密切相关。

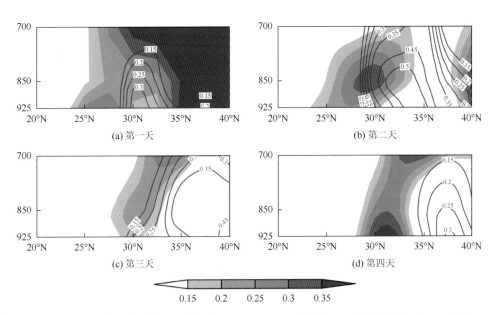

(a) 第一天　　　　　　　　　　　　(b) 第二天

(c) 第三天　　　　　　　　　　　　(d) 第四天

0.15　0.2　0.25　0.3　0.35

图 8.15　副热带急流由弱到强的过程中 110°E～120°E 平均的 24h 变温（单位：℃，阴影）和 24h 比湿变化（单位：10^{-3}g/kg，等值线）

8.4.2　极锋急流和冷空气活动

类似副热带急流由弱到强过程的选取方法，下面选取极锋急流由弱到强的 12 次过程用于分析极锋急流和冷空气活动的关系。图 8.16 是 12 次过程中极锋急流连续 6d 的强度演变情况，进而基于极锋急流的强度演变分析了 12 次过程中冷空气活动特征，这里利用中高纬地区 24h 变温表征冷空气活动。图 8.17 是极锋急流由弱到强的 12 次过程中，110°E～120°E 平均、连续 5d 的 24h 变温的经向-垂直剖面图。从图中看到，第一天最大降温中心位于 55°N，降温幅度为 0.35℃，第二天降温中心位于 50°N，最大降温中心下沉到 850hPa，温度下降 1～1.5℃。第三天降温中心向南移到 43°N，温度继续下降 1℃。

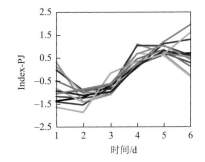

图 8.16　极锋急流 12 次由弱到强的过程中急流强度随时间的演变

第四天降温中心南移到 40°N，第五天时降温区域到达江淮地区。12 次过程逐个分析的结果和上面结果基本一致。由此可见，极锋急流由弱到强的过程中，对流层上层的冷空气会下沉到低层并南下到江淮地区，极锋急流强度和冷空气活动密切相关。

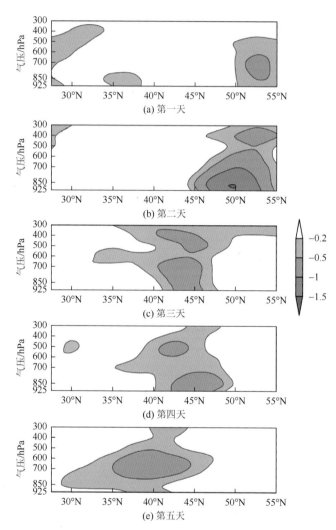

图 8.17　极锋急流由弱到强的过程中 110°E～120°E 平均的 24h 变温（单位：℃，阴影）

8.4.3　两支急流不同配置与冷暖空气活动

由于副热带急流和暖湿空气活动有关，极锋急流和冷空气活动有关，两支急流不同强度配置能否反映不同强度的冷暖空气相互作用？本节分析两支急流不同配置情况下的冷暖空气活动特征。

根据 8.1.3 节划分的四种急流不同强度配置类型，图 8.18～图 8.20 给出了两支急流不同配置情况下的冷暖空气活动特征，图中 day = 0 是指满足 SS、SW、WS 三种情况的时间，day = −n 表示提前 n 天的时间。图 8.18 是两支急流都强的情况下冷暖空气活动特征，由图可以看到，两支急流都强时冷暖空气活跃。从图 8-18（a）暖湿空气可以看到，到达 SS 以前，25°N～30°N 区域连续四天升温，升温幅度为 0.5℃以上，升温中心高度由 700hPa 以上下降到 925hPa；刚开始的两天，江淮地区湿度变化不大，但达到 SS 的前两天，25°N～35°N 区域的湿度有显著的增大。从图 8.18（b）冷空气活动可以看到，到达 SS 前，冷空气南下，50°N～30°N 的范围出现了明显的降温 [图 8.18（b）]，冷空气中心位置较高，一般位于 700hPa 以上。南下的冷空气与北上的暖空气交汇在 30°N 附近，导致沿长江流域的强降水。

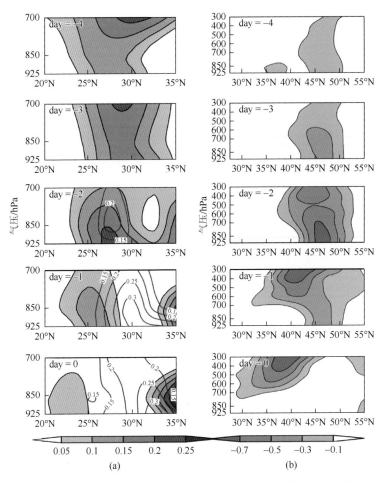

图 8.18　两支急流都强情况下的暖湿空气（a）和冷空气（b）活动

等值线：24h 比湿变化，阴影：24h 变温

　　图 8.19 表示副热带急流强、极锋急流弱情况下（SW）冷暖空气的活动特征，从图中可以看到，这种急流配置下暖空气势力要强于冷空气，暖空气北推到更北的地方。在 SW 前四天，25°N～33°N 区域内温度总计上升约 0.8℃，而湿度在 33°N～35°N 区域内有明显增大 [图 8.19 (a)]。北方冷空气从 45°N 南下到 33°N，最大降温中心为 35°N～40°N 区域，降温幅度为 0.6℃ [图 8.19 (b)]。冷暖空气交汇在 33°N 附近，导致长江以北地区的强降水。图 8.20 是副热带急流弱、极锋急流强情况下（WS）冷暖空气的活动特征，这种急流配置下冷空气活动要强于暖空气，冷空气南下到比较南的位置。在到达 WS 前的四天，20°N～25°N 区域

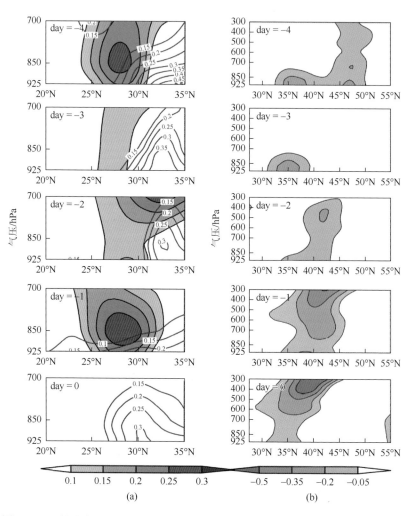

图 8.19　副热带急流强、极锋急流弱情况下的暖湿空气（a）和冷空气（b）活动

等值线：24h 比湿变化，阴影：24h 变温

有弱的升温。冷空气势力很强，降温区域为 45°N～25°N，降温中心快速南下到江淮地区，造成江淮地区连续 3 天的降温 [图 8.20 (b)]。冷暖空气交汇在 25°N 附近，导致长江以南地区的降水。在两支急流都弱的情况下，冷暖空气活动特征不明显。

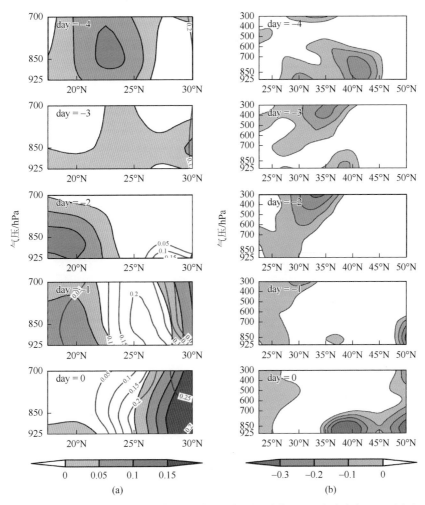

图 8.20　副热带急流弱、极锋急流强情况下的暖湿空气（a）和冷空气（b）活动

等值线：24h 比湿变化，阴影：24h 变温

以上主要从东亚副热带急流和极锋急流协同变化的角度，分析了两支急流的不同强度配置对江淮地区梅雨期降水强度和雨带位置的影响，结合冷暖空气活动特征解释了两支急流不同强度配置影响梅雨的途径。相比于以往基于单支急流的研究，从两支急流协同变化的角度出发，不仅能反映低纬环流系统的影响，同时

也反映了中高纬环流系统的影响，因此，能更好地理解不同纬带环流系统协同作用对梅雨期降水的影响机制。

8.5 梅雨期东亚极锋急流与中高纬环流系统的关系

梅雨期降水不仅受低纬环流系统的影响，而且受中高纬环流系统及其相关联的冷空气活动影响，为了深入理解长江中下游梅雨期降水的变化规律，必须考虑中高纬环流系统的作用。梅雨期处于北半球的初夏，暖湿气流逐渐活跃，冷空气势力逐渐减弱，此时冷空气势力的强弱对梅雨期降水强度和位置具有重要作用（胡娅敏和丁一汇，2009）。但是以前关于东亚高空急流对梅雨影响的研究，主要是针对副热带急流及相关的低纬度环流系统的影响，对中高纬环流系统及相关的冷空气活动研究相对较少，由于副热带急流不能充分反映中高纬环流系统的变化，因此有必要加强与冷空气活动相关的中高纬环流系统变化的研究。下面将从东亚极锋急流的角度出发，研究梅雨期极锋急流与东亚中高纬环流系统之间的联系，进而讨论极锋急流对梅雨期冷空气活动路径、源地的影响。

8.5.1 极锋急流区经向风和纬向风的变化特征

梅雨期东亚副热带急流位于 37°N～40°N，极锋急流位于 60°N～75°N，副热带急流以纬向风为主，而极锋急流具有明显的经向分量，两支急流共同构成了东亚高空急流系统，这里首先分析梅雨期东亚高空急流中的经向风特征。图 8.21 给出了梅雨期平均的 300hPa 风场及其方差，图 8.21（a）、（b）、（c）分别是 300hPa 全风速、纬向风速和经向风速的绝对值，图 8.21（d）、（e）、（f）分别是 300hPa 全风速、纬向风速和经向风速绝对值的方差。从图 8.21 中可以明显看到东亚高空急流的两个分支，其中副热带急流区的纬向风速为 20m/s 以上，经向风速小于 7m/s，极锋急流区的纬向平均风速为 8～10m/s，经向风速为 11m/s 以上；东亚高空全风速的方差范围为 8～10m/s，两支急流区并没有出现全风速方差的大值区，但从纬向风速和经向风速的方差可以看到，极锋急流区纬向风的方差可达 12～14m/s，经向风的方差为 12～13m/s，均大于其平均场。由此可见，极锋急流中经向、纬向分量都非常重要。

由于极锋急流具有明显的瞬变特性，位置变化范围很大，因此需要在逐日风场中寻找大值区，确定极锋急流的位置。在 80°E～140°E、50°N～80°N 范围内，采用 60°（经度）×10°（纬度）的滑动框南北滑动，寻找全风速最大的区域，定义为极锋急流区域。将极锋急流区域内全风速的平均值定义为极锋急流的风速

（PJ_W），极锋急流区域内纬向风速的平均值定义为极锋急流的纬向风速（PJ_U），极锋急流区域内经向风速绝对值的平均值定义为极锋急流的经向风速（PJ_V）。由于极锋急流经向风具有不均匀性，在选定的极锋急流区域内再次使用 15°（经度）×10°（纬度）的滑动框东西滑动，寻找局地经向风最大值（V_max）。将逐日的极锋急流风速 PJ_W、纬向风速 PJ_U、经向风速 PJ_V 进行标准化，得到标准化的指数 Index_PJ_W、Index_PJ_U、Index_PJ_V，并且当 Index_PJ_W≥1 时为强极锋急流，当 Index_PJ_W≤−1 时为弱极锋急流。

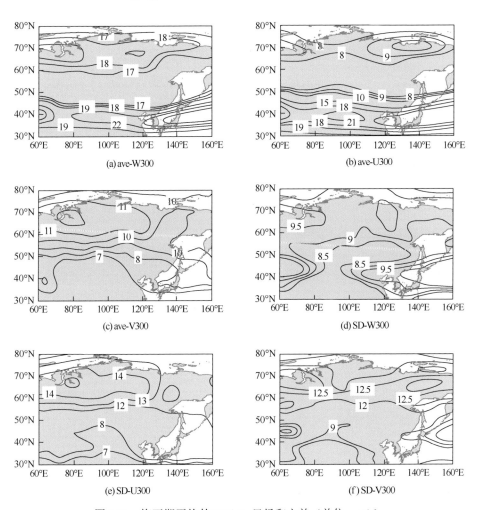

图 8.21　梅雨期平均的 300hPa 风场和方差（单位：m/s）

根据极锋急流的风速指数 Index_PJ_W，将极锋急流强和弱的个例进行合成，图 8.22 为梅雨期极锋急流强和弱时 300hPa 风场，图 8.22（a）、（d）是全风速，

图 8.22（b）、（e）是纬向风速，图 8.22（c）、（f）是经向风速的绝对值。从图中可以看出，极锋急流强/弱时，副热带急流区的全风速、纬向风、经向风变化不大，主要差异表现在极锋急流区。当极锋急流很强时，与图 8.21（b）中的平均风速相比，极锋急流区纬向风显著增强，可达到 16m/s 以上，极锋急流区经向风速比平均经向风速略大；当极锋急流很弱时，极锋急流区纬向风速只有 7m/s，经向风也略有减小。极锋急流很强和很弱时，经向风绝对值大约为 12m/s 和 9m/s，差异不是很大，但图 8.21（f）显示极锋急流区经向风速绝对值的方差很大，由此推断，在极锋急流由强到弱或由弱到强的演变过程中，经向风会有明显的变化。

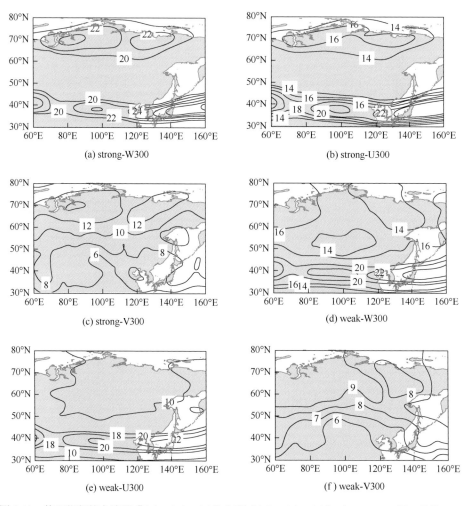

图 8.22　梅雨期极锋急流强 [（a）、（b）、（c）] 和弱 [（d）、（e）、（f）] 时 300hPa 风场（单位：m/s）

逐年考察梅雨期高空急流风速演变，发现在季节内尺度上，极锋急流区风速存在强度的变化，图 8.23 给出了 1967 年和 1999 年极锋急流区风场随时间的演变图。1967 年中，极锋急流风速在 6 月 21 日达到很强，6 月 27 日降到最弱，7 月 3 日再次达到很强，7 月 12 日又降到很弱，经历了强—弱—强—弱的演变。1999 年梅雨期，极锋急流在 6 月 17 日达到很强，6 月 26 日降到很弱，7 月 7 日达到很强，经历了强—弱—强的演变。随着极锋急流区风速的强度变化，纬向风速和经向风速也随之变化：极锋急流强时，纬向风速占优势，极锋急流弱时，经向风速占优势。在极锋急流强弱演变过程中，存在纬向风和经向风优势地位的转换。

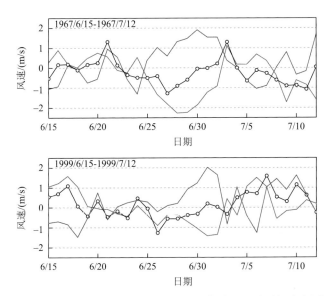

图 8.23 1967 年和 1999 年梅雨期极锋急流风场随时间演变图

纵坐标为以风速表示的不同急流指数（单位：m/s），横坐标表示日期，为 6 月 15 日～7 月 12 日。黑线：极锋急流区的全风速指数 Index_PJ_W，红线：极锋急流区的纬向风速指数 Index_PJ_U，蓝线：极锋急流区的经向风速指数 Index_PJ_V

进一步在 1960～2009 年的梅雨期中寻找极锋急流强弱演变过程，共选取 21 个由强到弱的个例和 16 个由弱到强的个例，极锋急流由强到弱的过程一般持续 8～10d，由弱到强的过程一般为 6～8d，将这些个例进行合成分析。图 8.24 是极锋急流由强到弱/由弱到强的过程中极锋急流区风速、纬向风速、经向风速、局地最大经向风的演变情况。极锋急流由强到弱过程中，开始时极锋急流强并以纬向风为主，随着极锋急流减弱，纬向风速不断减小，而经向风速有所增加，局地最大经向风速超过纬向风速，可达到 18m/s 以上，极锋急流区经向风和纬向风的主导地位发生转换，当极锋急流进一步减弱到一定程度后，经向风速和纬向风速都减弱，极锋急流到达最弱状态。在极锋急流由弱到强的过程中，极锋急流很弱时，纬向风速和经向风速都很小，极锋急流风速增强过程中，开始时经向风速快速增大，局地最大经向风超过了 20m/s，经向风为主导风；极锋急流进一步增强，纬向风速突然开始迅速增大，经向风速回落，纬向风变为主导风。由此可见，在极锋急流强弱演变过程中，极锋急流区存在纬向风与经向风主导地位的转换。

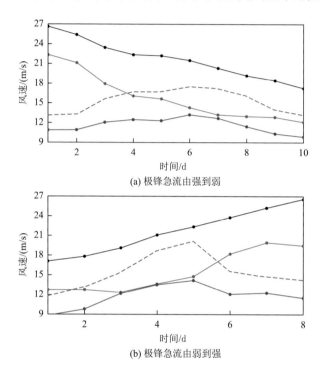

(a) 极锋急流由强到弱

(b) 极锋急流由弱到强

图 8.24　极锋急流强弱变化过程中风速随时间演变图

黑线：全风速指数 PJ_W，红线：纬向风速指数 PJ_U，蓝色实线：经向风速指数 PJ_V，蓝色虚线：局地最大经向风 V_max

　　从 50 年梅雨期极锋急流区的全风速、纬向风速、经向风速的超前滞后相关可以看到（图 8.25），纬向风与全风速呈明显正相关，相关系数达 0.6；经向风与全风速的相关性比纬向风与全风速的相关性差，相关系数为 0.37，没有通过 98% 的置信水平检验；纬向风和经向风呈显著负相关，相关系数为 -0.44，这与前面的分析结果一致。

　　极锋急流由强到弱或由弱到强的过程中，极锋急流区经向风和纬向风的演变对副热带急流是否有影响？图 8.26 为极锋急流强弱演变过程中副热带急流纬向风的演变情况，从图 8.26（a）可以看出，极锋急流由强到弱过程中，副热带急流区纬向风速也有减弱趋势，也就是说，极锋急流由强到弱过程中，经向风增强，整个高空急流系统的纬向风都在减弱，高空急流具有纬向转为经向的特征。从图 8.26（b）

可以看出，极锋急流由弱到强过程中，副热带急流区纬向风速变化与极锋急流区经向风变化相反，也就是说，极锋急流由弱到强过程中，经向风减弱后，整个高空急流系统的纬向风都在增强，高空急流具有经向转为纬向的特征。可见，极锋急流局地经向风增强对整个高空急流系统都有影响，极锋急流强弱演变过程中，伴随着纬向风和经向风主导地位的转换，整个高空急流系统存在纬向型与经向型的转换，由此说明高空急流经向风的重要性。

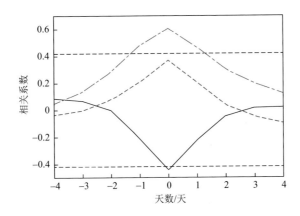

图 8.25　梅雨期极锋急流区风速、纬向风速、经向风速之间的超前滞后相关

黑实线：纬向风速和经向风速超前滞后相关系数；红线：全风速和纬向风速超前滞后相关系数；蓝线：全风速和经向风速超前滞后相关系数。横坐标表示超前滞后的天数［正（负）值表示后者超前（滞后）前者］；黑色虚线为98%置信水平

8.5.2　梅雨期极锋急流与中高纬槽脊系统的关系

伴随着极锋急流区中纬向风和经向风相互转换，中高纬槽脊系统的演变特征将是本节关注的重点。图 8.27 为合成的梅雨期极锋急流区以纬向风和经向风为主时的 500hPa 位势高度场，从图中可以看到，极锋急流区以纬向风为主时，500hPa 位势高度场平直，中高纬度没有明显槽脊系统；极锋急流区以经向风为主时，500hPa 位势高度场上出现明显的槽脊系统，下面进一步分析高空急流区经向风与中高纬地区槽脊系统之间的关系。如果中高纬地区有槽脊系统出现，位势高度场就会出现纬向不均匀性，槽脊系统越强，位势高度场纬向不均匀性就越大，计算 55°N～75°N、60°E～140°E 范围内每条纬线上 500hPa 位势高度场的纬向距平，纬向距平绝对值的和可以表示槽脊强弱，并与极锋急流区逐日的经向风速 PJ_V 作相关，如图 8.28 所示，1960～2009 年 50 年梅雨期间，极锋急流经向风与 500hPa 槽脊间的相关系数为 0.32，通过 90%置信水平的检验，这进一步说明极锋急流区经向风和中高纬槽脊系统有重要关系。

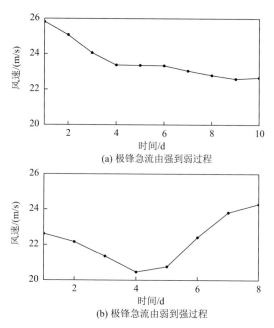

(a) 极锋急流由强到弱过程

(b) 极锋急流由弱到强过程

图 8.26 极锋急流强弱变化过程中副热带急流纬向风速随时间演变图

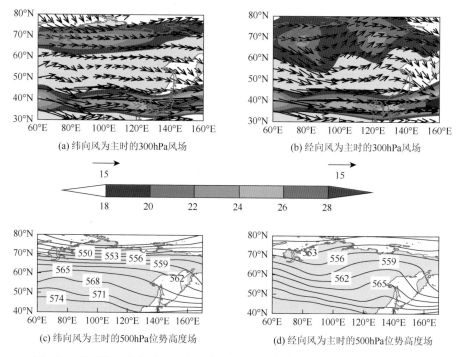

(a) 纬向风为主时的300hPa风场

(b) 经向风为主时的300hPa风场

(c) 纬向风为主时的500hPa位势高度场

(d) 经向风为主时的500hPa位势高度场

图 8.27 梅雨期极锋急流以纬向风/经向风为主时的 300hPa 风场（单位：m/s）
和 500hPa 位势高度场（单位：位势什米）

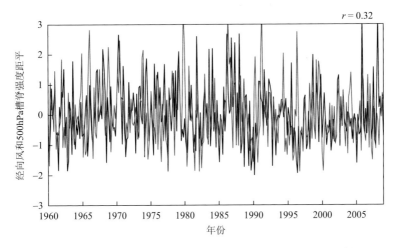

图 8.28　1960～2009 年梅雨期高空急流逐日经向风速距平（黑线，单位：m/s）
与 500hPa 槽脊强度距平（蓝线，单位：位势什米）

　　通过极锋急流由强到弱和由弱到强过程中 500hPa 槽脊演变可以清楚地看到，高空急流区经向风和中高纬槽脊有关，如图 8.29 所示。在极锋急流由强到弱连续十天的演变过程中，开始时极锋急流强以纬向风为主，对应的 500hPa 位势高度等值线平直，中高纬没有明显槽脊，随着极锋急流减弱，经向风速增加，经向风和纬向风的主导地位交换，在第三～第七天这五天中，中高纬槽脊系统发展，当极锋急流减弱到一定程度后，经向风速和纬向风速很弱，这时中高纬槽脊系统减弱消失，位势高度经向梯度变小。极锋急流由弱到强的过程中，同样有槽脊活动（图 8.30）。极锋急流很弱时，纬向风速和经向风速都很小，这时 500hPa 位势高度等值线基本平直（图 8.30），极锋急流风速增强过程中，开始时经向风速快速增大，经向风为主导风，这时在 80°E～100°E 出现一个低压中心，接下来几天低压中心不断发展，但低压中心位置基本稳定；当极锋急流区纬向风速突然增大变为主导风时，80°E～100°E 处的低压中心减弱消失，中高纬槽脊回到比较平直的状态。总之，极锋急流强弱演变过程中，伴随着纬向风和经向风主导地位的转换，当经向风为主导风时，中高纬急流型由纬向变为经向，高空槽脊协同发展。

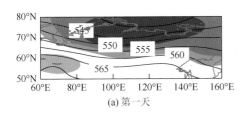

(a) 第一天

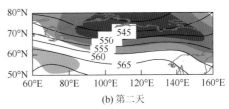

(b) 第二天

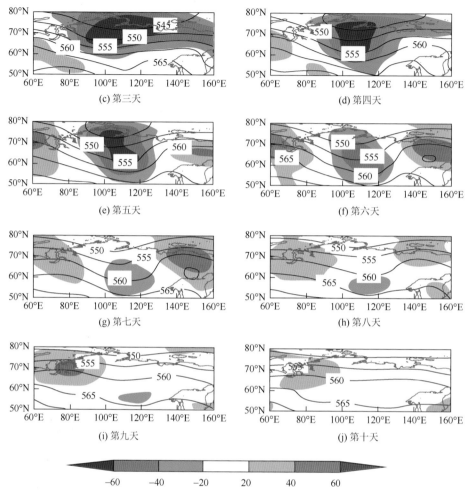

图 8.29　极锋急流由强到弱过程中 500hPa 位势高度场（等值线）及其距平（阴影）

　　下面分析极锋急流区经向风和中高纬槽脊之间的匹配关系。利用 Barriopedro 等（2006）判断阻塞高压的方法，统计了梅雨期东亚地区所有的阻塞高压，由于阻塞高压位置变化较大，以阻塞高压中心为中心，取 60°（经度）×30°（纬度）的区域，将全部阻塞高压进行合成，图 8.31 是合成后的 500hPa 位势高度异常与 300hPa 风场，发现东亚地区的阻塞高压位于极锋急流的南侧，阻塞高压东西两侧伴随着极锋急流区强的局地经向风异常。那么，极锋急流区的局地经向风异常是否也伴随着阻塞高压？如果在极锋急流区，每条经线上有连续 3 个（或以上）格点北风风速大于等于 18m/s，定义这条经线上北风异常强，连续 5 条或以上（允许一条间断）经线上有北风异常强，定义为局地北风异常强。类似地，以局地北风异常强中心为中心，取 80°（经度）×30°（纬度）的区域，将全部局地北风异常进行合成，图 8.32 是合成后的 500hPa 位势高度异常与 300hPa 风场，从图中可以清楚地看到高空极锋急流区经向风异常很好地与槽脊系统对应，极锋急流区北风异常的东侧是高压脊，西侧是低压槽。局地北风异常和 Barriopedro 等（2006）定义的阻塞高压有 72%是匹配的，这更进一步说明高空极锋急流区经向风和中高纬槽脊系统之间的对应关系。

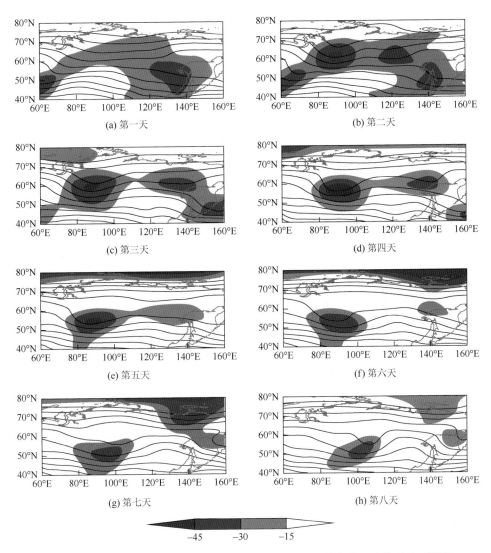

图 8.30 极锋急流由弱到强过程中 500hPa 位势高度场（等值线）及其距平（阴影）

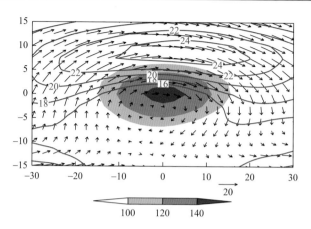

图 8.31　阻塞高压对应的 500hPa 位势高度异常（阴影，单位：位势什米）和 300hPa 风场
（等值线，单位 m/s，箭头代表风矢量）

横坐标为经度差，0°表示阻塞高压中心经度，正值/负值表示阻塞高压中心以东/以西，纵坐标表示纬度差，0°表示
阻塞高压中心纬度，正值/负值表示阻塞高压中心以北/以南

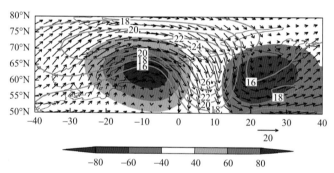

图 8.32　局地北风异常对应的 500hPa 位势高度异常（阴影，单位：位势什米）和 300hPa 风场
（等值线，单位 m/s，箭头代表风矢量）

8.5.3　极锋急流区经向风异常对应的中高纬环流系统特征

　　经向风分量是梅雨期东亚极锋急流重要的特征，为了具体了解梅雨期极锋急流区经向风的特征，对梅雨期极锋急流区 60°E～160°E、55°N～75°N 范围内的 300hPa 经向风进行 EOF 分解，图 8.33 是 EOF 分解第一、第二模态的空间分布，前两个模态对应的方差贡献分别是 20.3%和 16.6%，利用 North 等（1982）提出的显著性检验方法进行统计检验可知，在 95%置信水平下 EOF1 和 EOF2 与其他模态能够有效地区分开。计算 1960～2009 年共 50 年梅雨期内 EOF1 和 EOF2 对应的主成分时间系数（PC1 和 PC2）的超前（滞后）相关（图 8.34）可知，PC1 和 PC2 的超前（滞后）相关不明显，因此 EOF1 和 EOF2 是相互独立的，两个模态

之间并没有传播特征。因此，梅雨期高空急流区经向风异常具有局地特征，经向风异常主要存在 80°E、100°E、120°E、140°E 四个中心。

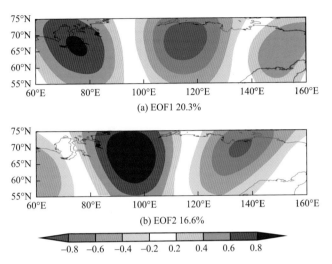

图 8.33　梅雨期 60°E～160°E，55°N～75°N 范围内的 300hPa 经向风 EOF 分解的第一、第二空间模态

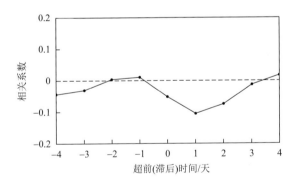

图 8.34　PC1 和 PC2 的超前(滞后)相关系数

横坐标中负值表示 PC1 超前 PC2 的时间

选取 PC1、PC2 标准化后的时间系数中大于 1.0（小于−1.0）的情况为极锋急流区存在强的经向风异常，并定义 PC1≥1 时为 Type 1，PC1≤−1 时为 Type 2，PC2≥1 时为 Type 3，PC2≤−1 时为 Type 4，图 8.35 是四种情况下 300hPa 风场的合成图，从图中可以看到，极锋急流区经向风异常时，急流弯曲变形明显，北风异常和南风异常伴随出现，考虑到北风异常可以引导中高纬信号南下，下面重点关注北风异常的情形。Type 1 情况下，北风异常出现在 120°E；Type 2 情况下，

北风异常出现在 80°E；Type 3 情况下，北风异常出现在 60°E 和 140°E；Type 4 情况下，北风异常出现在 100°E。

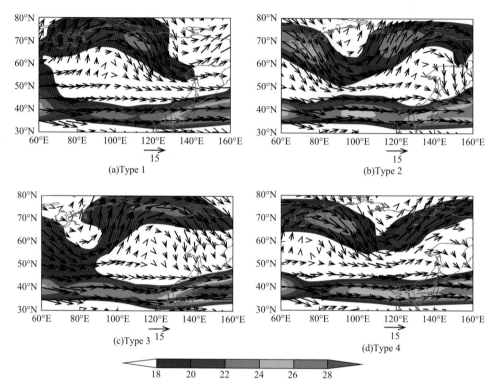

(a)Type 1　　　　　　　　　　　　　　　(b)Type 2

(c)Type 3　　　　　　　　　　　　　　　(d)Type 4

图 8.35　EOF1、EOF2 正负值合成的 300hPa 风场

阴影表示风速，单位：m/s，箭头代表风矢量

　　梅雨期降水具有持续性，低频分析表明梅雨期降水以 3～7d 的低频周期为主，因此对应的环流形势应该也具有低频特征。下面分析四种极锋急流区经向风异常的持续性特征。图 8.36 是四种局地经向风异常持续天数的百分比，梅雨期极锋急流四个位置的北风异常都以持续 3～7d 为主，但随着经向风的位置不同，持续性也略有不同。对于 Type 1 而言，北风异常出现在 120°E，北风只出现 1d 或≥8d 的情况非常少，所占百分比分别为 8.6%和 7.0%，持续 3～7d 的北风异常可占到 65.5%。对于 Type 2，北风异常出现在 80°E，而且持续时间比较长，持续 3～7d 的北风异常可占到 49.2%，持续期≥8d 的北风异常可占到 24.2%。对于 Type 3，北风异常同时出现在 60°E 和 140°E，而且持续期相对比较长，持续 3～7d 的北风异常可占到 49.2%，持续期≥8d 的北风异常可占到 17.7%。对于 Type 4，北风异常同时出现在 100°E，持续 3～7d 的北风异常可占到 65.1%，持续期≥8d 的北风异常仅占到

8.1%。从以上分析可见，极锋急流区北风异常位置比较靠西时，更容易出现持续时间较长的北风异常。

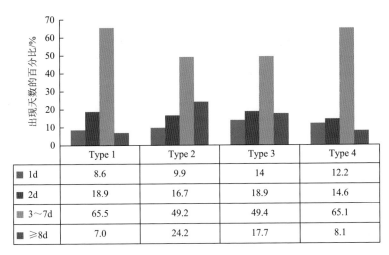

图 8.36　四个高空急流区经向风异常的持续天数

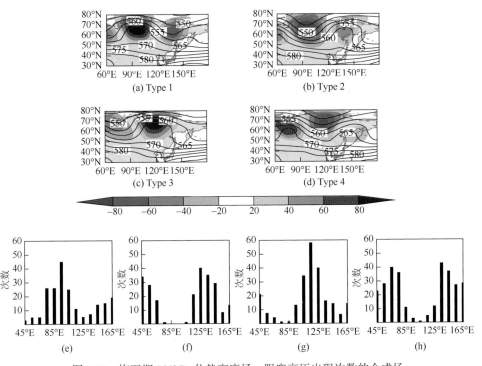

图 8.37　梅雨期 500hPa 位势高度场、阻塞高压出现次数的合成场

（a）、（b）、（c）、（d）是 500hPa 位势高度场（等值线）和位势高度距平（阴影），单位：位势什米；（e）、（f）、（g）、（h）为阻塞高压出现次数

进一步分析极锋急流区经向风异常时中高纬环流系统的异常特征，将满足 Type 1、Type 2、Type 3、Type 4 的情况进行合成，图 8.37 是这四种情况下合成的 500hPa 位势高度场和阻塞高压出现次数。由图可见，Type 1 情况下，东亚上空高空急流区北风异常出现在 120°E 附近，500hPa 位势高度场表现为一脊一槽形势，高度场正异常中心位于 100°E 附近，负异常中心位于 140°E，对应阻塞高压主要出现在 90°E～110°E 附近。Type 2 情况下，东亚上空高空急流区北风异常出现在 80°E 附近，500hPa 位势高度异常中心自西向东以"+－+"排列，中心分别在 60°E、100°E 和 140°E，对应阻塞高压为双阻型，但鄂霍次克海阻高强于乌拉尔阻高。Type 3 情况下，高空急流区北风异常出现在 60°E 和 140°E 附近，500hPa 位势高度场在 120°E 为显著高度正异常中心，阻塞高压为中阻型，主要出现在 120°E～130°E。Type 4 情况下，高空急流区北风异常出现在 100°E，500hPa 高度正异常出现在 80°E 和 150°E 附近，对应的阻塞为双阻型，但乌拉尔阻高强于鄂霍次克海阻高。总而言之，高空急流作为中高纬地区的高层环流系统，其经向风分量异常与 500hPa 高度场异常、阻塞高压位置密切相关。

8.5.4　极锋急流区北风异常对应的冷空气路径

中高纬地区的环流形势异常必然会对冷空气活动造成影响，下面分析极锋急流区局地经向风异常对应的冷空气活动特征。通常表征夏季风系统中冷空气活动的方法有很多，如北风、流函数、温度露点差、位涡、假相当位温、地面气温和积温等，其中等熵面位涡具有独特的性质，它既可以表征大气的热力学性质，又可以表征大气的动力学性质。位涡的守恒性能够示踪特定性质的气团，很好地表征侵入中低纬的冷空气（赵亮和丁一汇，2008，2009）。研究表明，315K 等熵面位涡可以很好地表征夏季风中冷空气活动。图 8.38 是梅雨期平均状态和极锋急流区四种局地经向风异常时对应的 315K 等熵面位涡，图 8.39 是极锋急流区四种局地经向风异常时 315K 等熵面位涡异常连续五天的传播情况。平均状态下，位涡呈准纬向分布，高位涡位于高纬度地区，低位涡位于低纬度地区，但极锋急流区具有显著局地经向风异常时，315K 等熵面位涡分布就明显不同，Type 1 情况下，120°E～140°E 是明显的位涡正异常中心，高纬度地区 120°E～140°E 处的高位涡异常会不断向南传播，最终到达江淮地区，也就是来源于东北方的中高纬冷空气，随东北气流南下影响江淮地区，这是冷空气传播的东路径。Type 2 情况下，位涡正异常中心位置偏西，在 80°E～90°E 附近，高位涡异常从西北方向抵达江淮地区，即冷空气从 80°E～100°E 沿西北路径南下。Type 3 情况下，东西两侧同时存在高位涡中心，高位涡异常同时从两侧向江淮区域传播，也就是西北方和东北方都有冷空气南下，沿两条路径的冷空气共同影响我国。Type 4 情况下，高位涡中心位于江淮区域正北方，高位涡异常从正北方向南传，即冷空气从正北方沿中部路径南下。

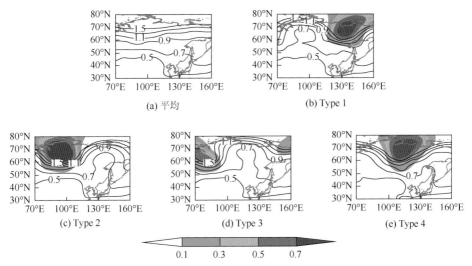

(a) 平均

(b) Type 1

(c) Type 2

(d) Type 3

(e) Type 4

0.1　0.3　0.5　0.7

图 8.38　梅雨期平均和四种高空急流区经向风异常时对应的 315K 等熵面位涡（等值线，单位：
PVU）及异常（阴影）

PVU 是气象上的位势涡度单位，1PVU = 10^{-6}m^2·K/(s·kg)

本节从极锋急流的角度分析了中高纬大气环流的变化，发现东亚高空急流经向分量在急流变化中具有重要作用，极锋急流区经向风和中高纬槽脊系统的演变关系密切，也可用于表征梅雨期冷空气活动路径、源地特征，这对于深入理解长江中下游地区梅雨期降水的变化规律具有重要意义。

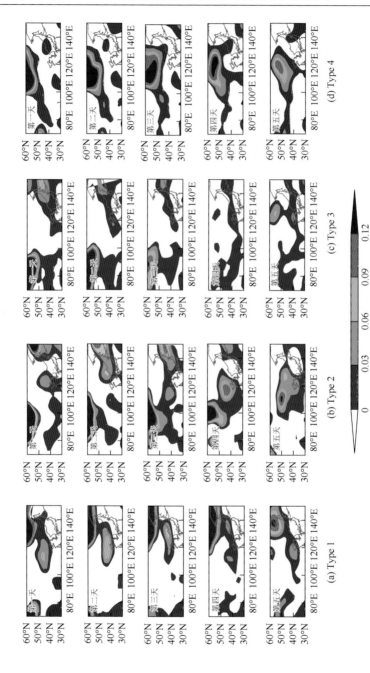

图 8.39　梅雨期四种高空急流区经向风异常时对应的 315K 等熵面位涡异常连续五天的传播情况（单位：PVU）

第 9 章 欧亚遥相关型与高空急流协同变化

遥相关现象是大气低频变率的主要表现形式，是产生中高纬地区大气环流持续性异常的重要原因。欧亚遥相关型位于欧亚大陆上空，沿中高纬度地区西风带向下游传播，通过上游效应影响东亚地区的天气气候，同时也对东亚高空急流的协同变化产生影响。本章主要讨论欧亚遥相关型与东亚高空急流协同变化的关系，分析欧亚遥相关型演变的不同位相高空急流的变化特征及其与影响我国冬季冷空气活动的关系。

9.1 欧亚遥相关型的变化特征

欧亚遥相关型发现于 1981 年，表现为 500hPa 位势高度场上位于欧亚大陆上空自西向东排列的波列。它是北半球冬季非常重要的遥相关型，对北半球特别是欧亚地区大气环流具有重要的影响，其位相变化是导致东亚地区冬季冷暖事件发生频率变化的重要原因，对我国气温和降水的变化也有重要影响。

利用 1951～2010 年冬季（12 月、1 月和 2 月）NCEP/NCAR 再分析资料和我国 756 个气象观测站气温、降水资料，根据欧亚遥相关型指数分析欧亚遥相关型年际变化特征，并探讨其与东亚大气环流的关系及其在年际尺度对我国冬季气温和降水的影响。

欧亚遥相关型指数为

$$\text{EU(WG)} = -\frac{1}{4}Z^*(55°\text{N}, 20°\text{E}) + \frac{1}{2}Z^*(55°\text{N}, 75°\text{E}) - \frac{1}{4}Z^*(40°\text{N}, 145°\text{E}) \quad (9\text{-}1)$$

式中，Z^* 为标准化的 500hPa 位势高度距平。

9.1.1 欧亚遥相关型的时间变化特征

图 9.1 给出了 1951～2010 年冬季欧亚遥相关型指数的分布特征，从图中可以看出，欧亚遥相关型具有明显的年际和年代际变化特征。欧亚遥相关型最强正位相出现在 1968 年，最强负位相出现在 1972 年。2000 年以后正、负位相强度均较弱。欧亚遥相关型随着年代的变化表现出明显的位相转换特征，20 世纪 60 年代和 80 年代，由正位相转变为负位相，80 年代由负位相转变为正位相。1951～2010 年，欧亚遥相关指数呈现减小趋势。

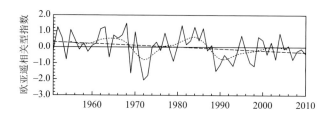

图9.1　1951～2010 年冬季欧亚遥相关型指数（黑色实线）、欧亚遥相关型指数线性趋势
（长虚线，通过 90%置信水平检验）和欧亚遥相关型指数滑动平均（短虚线）

由欧亚遥相关型指数功率谱分析（图9.2）可以看出，欧亚遥相关型变化的显著周期有 2.6 年、3.5 年和 20 年，表明欧亚遥相关型不仅有明显的年际变率，还存在明显的年代际变率。

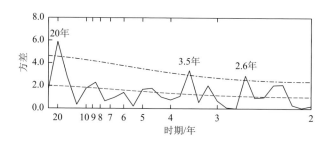

图9.2　1951～2010 年冬季欧亚遥相关型指数功率谱

红色虚线为 Markov 红噪声谱，黑色虚线为 90%置信水平

为了研究冬季不同月份欧亚遥相关型的变化特征，图9.3 给出了 1951～2010 年冬季 12 月、1 月和 2 月欧亚遥相关型指数的时间变化。图中可以看出，1 月和 2 月的欧亚遥相关型变化比较一致，1969 年以前以及 1979～1989 年欧遥相关型主要是正位相，1969～1979 年和 1989～2000 年主要表现为负位相。12 月，1960 年以前表现出明显的负位相，1960～1985 年正负位相交替出现，但以正位相为主。1985～2000 年都处于负位相。同时，这三个月份的欧亚遥相关型指数也表现出减小的趋势，但是趋势不明显。

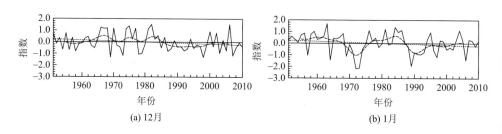

(a) 12 月　　　　　　　　　　　　　　　　(b) 1 月

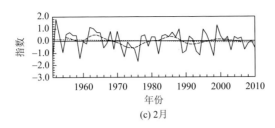

(c) 2月

图 9.3　1951～2010 年冬季逐月欧亚遥相关型指数（黑色实线）、线性趋势（长虚线，
通过 90%置信水平检验）和欧亚遥相关型指数低通滤波（短虚线）

9.1.2　欧亚遥相关型的空间结构特征

为了比较欧亚遥相关型不同位相对应的结构和环流差异，从冬季欧亚遥相关型指数中挑出指数大于 0.8 的年份定义为欧亚遥相关型正位相年份，小于-0.8 的年份定义为欧亚遥相关型负位相年份。如表 9.1 所示，一共挑出 11 个正位相年份和 10 个负位相年份。对正位相年份和负位相年份的 500hPa 位势高度场和距平场分别进行合成，得到冬季欧亚遥相关型的空间分布图（图 9.4）。

表 9.1　根据欧亚遥相关型指数挑选的正位相年份和负位相年份

欧亚遥相关型	挑选的年份
正位相	1952，1955，1962，1963，1968，1970，1977，1981，1984，1986，2006
负位相	1969，1972，1973，1973，1989，1990，1992，1993，1997，1998

分析图 9.4 发现，欧亚遥相关型正位相时，北半球 500hPa 位势高度场波动较大，呈明显的四波结构，而负位相时，波动较平直，表现出三波结构。从距平场上能看到明显的波峰波谷，欧亚遥相关型的三个中心分别位于斯堪的纳维亚地区、西伯利亚地区和日本上空。正位相时，欧亚遥相关型为负-正-负的波列，负位相时为相反的正-负-正波列。在欧亚遥相关型的上游地区，大西洋上空还有一个较弱的位势高度异常中心。总体上看，位势高度距平中心与欧亚遥相关型指数所选取的位置（图中黑色圆点）基本一致。

由于欧亚遥相关型的三个中心并不在同一纬度，所以在水平方向选取连接三个中心的连线，将每层的位势高度值插值到这一曲线上，从而得到欧亚遥相关型的垂直结构（图 9.5）。从图中可以看出，在欧亚地区，位势高度场有明显的波列分布，正位相为负-正-负型，负位相为正-负-正型。虽然研究欧亚遥相关型时多关注 500hPa 高度，但是图中最大异常中心出现在 250hPa 高度。从近地面到 300hPa 高度，异常中心表现出准正压结构，但是在 250hPa 高度以上，位势高度异常有一定的倾斜。

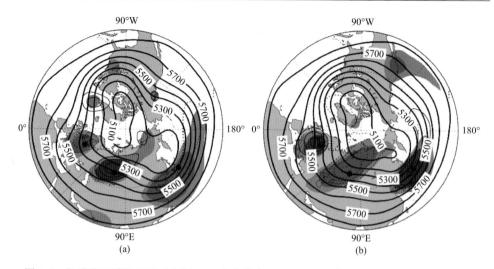

图 9.4　冬季欧亚遥相关型正位相（a）和负位相（b）500hPa 位势高度场（红色等值线，单位：gpm）位势高度距平（黑色等值线，单位：gmp）

阴影为通过 90%、95% 和 99% 置信水平检验，红色阴影表示正值，蓝色阴影表示负值，黑色圆点表示欧亚遥相关型的三个中心的位置

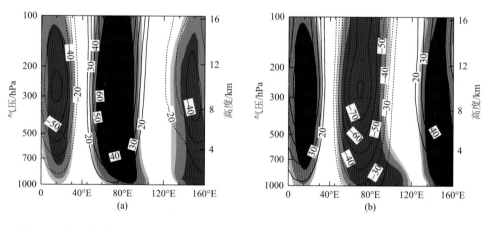

图 9.5　欧亚遥相关型正位相（a）和负位相（b）沿欧亚遥相关型活动中心曲面的 500hPa 位势高度距平场（等值线，单位：gpm）的纬度-高度剖面图

阴影为通过 90%、95% 和 99% 置信水平检验，红色阴影表示正值，蓝色阴影表示负值

9.1.3　欧亚遥相关型与东亚大气环流的关系

图 9.6 给出了欧亚遥相关型不同位相下 300hPa 纬向风和纬向风异常的分布。从图中可以看出，冬季东亚上空纬向风大值中心出现在北大西洋西部，日本岛以南地区，也就是东亚副热带急流区。正位相时，该区域最大风速可达到 65m/s 以

上，而负位相时，最大风速小于 60m/s。极锋急流区在平均状况下没有明显的风速中心，但是欧亚遥相关型不同位相时极锋急流区风速也有明显区别。正位相时风速较小，小于 15m/s，而负位相时则超过 20m/s。纬向风距平场呈现出 40°N 南北两侧异常中心符号相反的特征。欧亚遥相关型位于正位相时，40°N 以北为负风速距平且表现出纬向对称的特点，而 40°N 以南的大部分地区为正风速距平。欧亚遥相关型位于负位相时则相反，40°N 以北为正距平，以南为负距平。正欧亚遥相关型时副热带急流偏强而极锋急流偏弱；负欧亚遥相关型时副热带急流偏弱而极锋急流偏强。

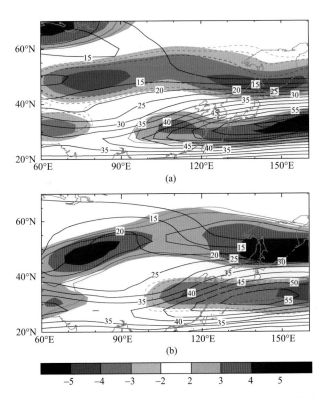

图 9.6　欧亚遥相关型正位相（a）和负位相（b）300hPa 纬向风（黑色实线，单位：m/s）和纬向风异常（阴影，单位：m/s）分布

浅蓝色（浅红色）、蓝色（红色）、深蓝色（深红色）虚线（实线）分别表示通过 90%、95% 和 99% 置信水平检验

图 9.7 给出了欧亚遥相关型不同位相下极锋急流区域和副热带急流区纬向平均结果。由图可知，在陆地上空 [图 9.7（a）、（b）]，最大风速中心出现在 200hPa 高度，25°N 附近，也就是副热带急流的陆地部分。该部分急流虽然风速很强，但是欧亚遥相关型不同位相时风速和中心位置没有明显的变化，从距平场也能看到

该区域没有明显的异常中心，这说明欧亚遥相关型对陆地上空的急流影响较小。欧亚遥相关型正位相时，极锋急流气候态位置上出现明显的负异常中心，该区域西风强度减弱，与之前分析正欧亚遥相关型时极锋急流区风速偏弱一致。欧亚遥相关型负位相时，该区域则被正异常中心所取代。在海洋上空［图 9.7（b）、（d）］，最大风速中心出现在 30°N 附近，中高纬度地区风速值较小。正欧亚遥相关型时，副热带急流区风速偏强，可达到 70m/s 以上。整个对流层及平流层低层表现为偶极子型的风速异常，异常中心分别位于 30°N 和 45°N 附近，欧亚遥相关型正负位相异常中心符号相反，并且正负异常呈明显随高度向东倾斜。

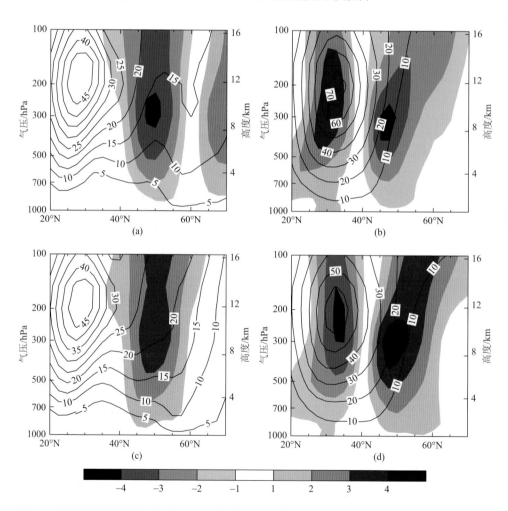

图 9.7　欧亚遥相关型正位相［（a）、（b）］和负位相［（c），（d）］纬向风（等值线，单位：m/s）和纬向风距平（阴影，单位：m/s）的纬度-高度剖面图

（a）、（c）为沿 70°E～100°E 平均，（b）、（d）为沿 130°E～160°E 平均

　　欧亚遥相关型不同位相下急流区经向风和经向风距平的分布也存在明显差异。如图 9.8 所示，经向风分布表现出南北向的差异。极锋急流区为北风，而副热带急流区为南风。当欧亚遥相关型位于正位相时，极锋急流区北风较强，而欧亚遥相关型位于负位相时则较弱。副热带急流区的南风强度变化不明显，但是存在明显的位置变化。欧亚遥相关型正位相时，南风中心较偏东，负位相时则偏西。从距平场看，欧亚遥相关型正位相时，极锋急流区为显著的负风速距平，北风偏强，副热带急流海洋部分北侧出现负经向风距平，南侧则是正距平。并且在副热带急流的陆地部分，欧亚遥相关型正位相时有明显的正距平中心。欧亚遥相关型负位相时则相反。经向风分布图表明，欧亚遥相关型正位相伴随着极锋急流区较强的北风，副热带急流海洋部分经向风大值中心偏东，风速大小变化不明显，而副热带急流陆地部分则表现出较强的南风，副热带急流陆地部分和海洋部分表现出不一致的变化，欧亚遥相关型正负位相经向风距平分布几乎完全相反。

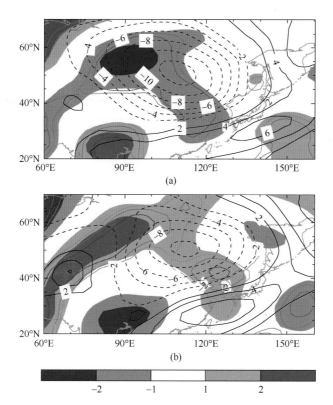

图 9.8　欧亚遥相关型正位相（a）和负位相（b）300hPa 经向风（黑色线条，单位：m/s）和经向风距平（阴影，单位：m/s）分布

不同深浅的蓝色虚线和红色实线表示通过 90%、95% 和 99% 的置信水平检验

　　从垂直方向看，在陆地上空［图 9.9（a）、（c）］，副热带急流区为南风，最大风速中心在 200hPa 高度，位于 20°N 附近，比纬向风风速中心偏南。欧亚遥相关型正位相时极锋急流区北风中心相比负欧亚遥相关型偏南，强度偏大。经向风和经向风异常都在南北方向呈偶极子结构。欧亚遥相关型正位相时，低纬地区的正异常使得副热带急流区南风增强，40°N～60°N 的负异常也使得极锋急流区北风相比负欧亚遥相关型时偏强。在海洋上空［图 9.9（b）、（d）］，副热带急流区南风中心出现在 250hPa 高度上，30°N 附近正欧亚遥相关型时南风较强。海洋上空的高纬地区也是南风，高空经向风风向一致，低层则为北风，北风中心出现在近地

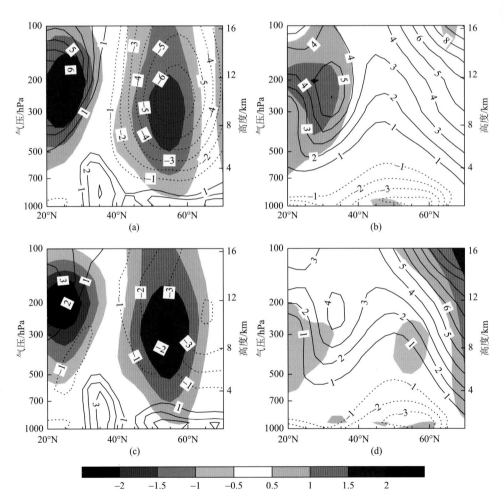

图 9.9　欧亚遥相关型正位相［（a）、（b）］和负位相［（c）、（d）］经向风（等值线，单位：m/s）和经向风距平（阴影，单位：m/s）的纬度-高度剖面图

（a）、（c）为沿 70°E～100°E 平均，（b）、（d）为沿 130°E～160°E 平均

面，55°N 左右。根据 Zhang 等（2008b）的研究，极锋急流区经向风的变化与我国东部地区降水密切相关，正负欧亚遥相关型时明显的经向风变化是欧亚遥相关型对我国气候产生影响的重要原因。

欧亚遥相关型与极锋急流纬向风指数呈明显的负相关，相关系数（r）为 -0.617；与副热带急流纬向风指数则是显著正相关，相关系数达到 0.697（图 9.10）。从经向风指数上看（图 9.11），欧亚遥相关型同极锋急流经向风指数呈负相关，欧亚遥相关型偏强时，极锋急流区北风偏强。

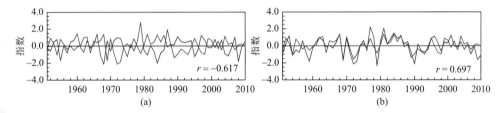

图 9.10　欧亚遥相关型指数（红色实线）与极锋和副热带急流纬向风指数（蓝色实线）

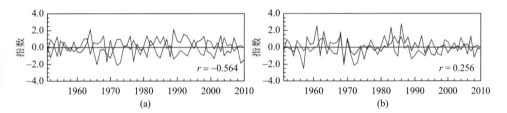

图 9.11　欧亚遥相关型指数（红色实线）与极锋和副热带急流经向风指数（蓝色实线）

根据 Gong 和 Ho（2003），西伯利亚高压强度指数定义为对 70°E～120°E、40°N～40°N 区域海平面气压进行区域平均。西伯利亚高压面积指数则按照 Wu 和 Wang（2002）的定义，将欧亚大陆上空海平面气压大于或等于 1030hPa 的格点总数作为西伯利亚高压面积指数。图 9.12 给出了 1951～2010 年冬季西伯利亚高压强度指数（a）和面积指数（b）的变化特征。欧亚遥相关型与西伯利亚高压强度指数的相关系数为 0.550，与其面积指数的相关系数为 0.448，都能通过 95% 的置信水平检验。因此，欧亚遥相关型与西伯利亚高压具有显著的正相关。

从海平面气压场的分布图（图 9.13）上也可以看出，欧亚大陆上空为明显的高压系统所控制，而北太平洋上空则为低压系统。当欧亚遥相关型位于正位相时［图 9.13（a）］，1030hPa 等压线包含面积较大，中心气压较高。同时，欧亚大陆上空大部分地区为正异常，异常中心从哈萨克斯坦向东延伸到蒙古国。大西洋上空阿留申低压中心气压较低，使得欧亚大陆和北太平洋之间气压梯度较大。欧亚遥相关型位于负位相［图 9.13（b）］时，欧亚地区则主要为海平面气压负异常所控制，除了蒙古国地区存在异常大值中心外，在 60°N 以北的地区也存在明显异常中心。但是欧亚遥相关型正负位相时，西伯利亚高压的位置变化不明显。

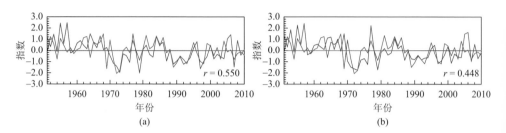

图 9.12　欧亚遥相关型指数（红色实线）与西伯利亚高压（蓝色实线）强度指数（a）和面积指数（b）

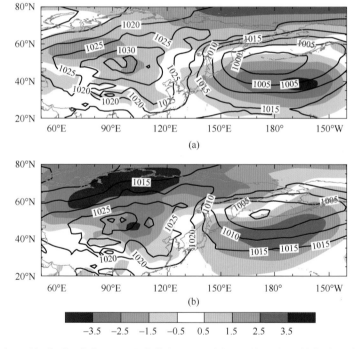

图 9.13　欧亚遥相关型正位相（a）和负位相（b）时海平面气压场（等值线，单位：hPa）及其距平（阴影，单位：hPa）的空间分布

阿留申低压强度指数为 40°E～60°E、160°E～160°W 区域的平均海平面气压（Overland et al.，1999），气压值越低表示阿留申低压越强，对以上区域平均的海平面气压指数乘以-1，使得指数值越高则阿留申低压越强。面积指数则为北太平洋地区气压值小于 1010hPa 的格点总数。图 9.14 为 1951～2010 年冬季阿留申低压强度指数 ［图 9.14（a）］和面积指数 ［图 9.14（b）］。阿留申低压强度指数和面

积指数也比较接近，但它们与欧亚遥相关型仅表现出较弱的正相关，相关系数分别为 0.236（通过 90% 置信水平）和 0.280（通过 95% 置信水平）。

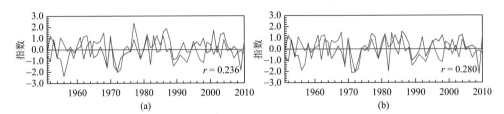

图 9.14　欧亚遥相关型指数（红色实线）与阿留申低压（蓝色实线）强度指数（a）和面积指数（b）

　　阿留申低压的空间分布见图 9.14，欧亚遥相关型位于正位相时，北太平洋地区为显著负异常，负异常中心呈东-西向分布，阿留申低压中心强度偏强。负位相时，北太平洋上空则为正异常，异常沿东北-西南向延伸。

　　图 9.15 给出了欧亚遥相关型正位相和负位相时东亚大槽和槽线的分布图。从图中可以看出，欧亚遥相关型正位相时东亚大槽加深，并且槽线呈北-南向，欧亚

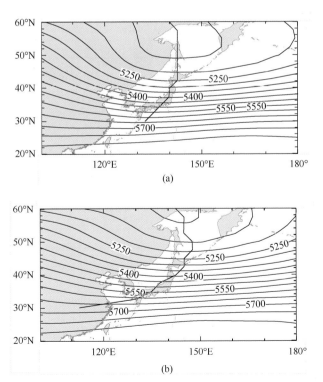

图 9.15　欧亚遥相关型正位相（a）和负位相（b）500hPa 位势高度场（等值线，单位：gpm）

红色粗实线为东亚大槽槽线

遥相关型负位相时，槽线倾斜较明显，为东北-西南向。欧亚遥相关型正位相时，由于东亚大槽倾斜不明显，冷空气会在我国沿海地区增强并能够影响低纬度甚至南半球地区。

9.1.4 欧亚遥相关型年际尺度的气候效应

本节利用我国 756 个地面观测站逐月气温和降水的观测资料，分析冬季欧亚遥相关型对我国气候的影响。将各个观测站标准化的冬季平均气温和降水作为该观测站的气温和降水指数，求得欧亚遥相关型指数与我国观测站气温和降水指数的相关系数分布图（图 9.16）。

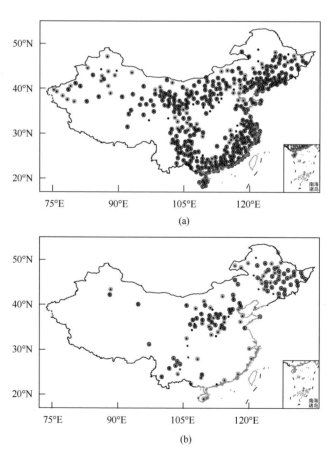

图 9.16　欧亚遥相关型指数与我国冬季气温（a）和降水（b）的相关系数

其中黑色实心圆表示相关系数小于-0.2，红色实心圆表示相关系数大于 0.2，浅蓝色和深蓝色圆圈分别表示通过 90%和 95%的置信水平检验从整体上看，欧亚遥相关型指数与我国冬季气温的相关性比降水强。欧亚遥相关型与我国大部分地区气温呈明显的负相关，说明欧亚遥相关型位于正位相时，我国大部分地区气温偏低［图 9.16（a）］。显著的相关系数大致集中在三个区域：我国东北部、沿海地区及北方地区。另外，我国西北地区也存在一些通过检验的观测站，但是由于当地观测站密度较小，通过检验的观测站数量小于之前提到的三个区域。与欧亚遥相关型和气温在全国较为一致的负相关关系不同，欧亚遥相关型指数与降水指数的相关有明显的地域特征。欧亚遥相关型指数与降水指数较明显的相关区域出现在我国东北和中部地区［图 9.16（b）］。我国东北地区与欧亚遥相关型指数有显著的正相关，欧亚遥相关型位于正位相时，东北地区降水偏多。而我国中部地区与欧亚遥相关型指数呈显著的负相关，正欧亚遥相关型时该地区降水偏少。另外，在我国沿海地区及西南部也有少量与欧亚遥相关型指数呈显著正相关的观测站存在。

9.2　欧亚遥相关型时空演变的动力学分析

为了从逐日尺度研究欧亚遥相关型的时空演变和动力学特征，对逐日再分析资料去掉季节循环，之后利用欧亚遥相关型指数公式计算了逐日欧亚遥相关型指数。欧亚遥相关型指数大于 0 表示正位相，欧亚遥相关型指数小于 0 表示负位相。当欧亚遥相关型指数大于一个标准差，并且是局地最大值的时刻为峰值时刻，表示欧亚遥相关型活动中心的位势高度场异常在欧亚上空达到最大的时刻，也就是欧亚遥相关型最强的时刻。如果两个同位相的峰值时刻出现在 15 天以内，第二个峰值时刻将被剔除，以保证各个峰值的独立性。

9.2.1　欧亚遥相关型的生命史

为了研究欧亚遥相关型的生命史演变过程，图 9.17 对欧亚遥相关型正负位相峰值时刻，及峰值时刻前 15 天和后 15 天的逐日欧亚遥相关指数进行了合成。正的天数表示滞后于峰值时刻，负的天数表示超前于峰值时刻。合成时，一共挑选了 272 个正位相峰值和 285 个负位相峰值。如图 9.17 所示，从–5 天开始，正位相（实线）指数开始迅速增大，到峰值时刻（0 天）达到最大值，之后逐渐衰减。负位相则是从–5 天开始欧亚遥相关型指数迅速减小，到第 0 天时达到最小值，之后再逐步增加。欧亚遥相关型指数的正负号表示正负位相，指数的绝对值表示正负位相的强度，所以无论是正欧亚遥相关型还是负欧亚遥相关型，都从峰值时刻 5 天前开始增强，峰值时刻强度达到最大，之后开始衰减。整个生命史过程经历十天左右，并且正负位相欧亚遥相关型指数变化过程相反。

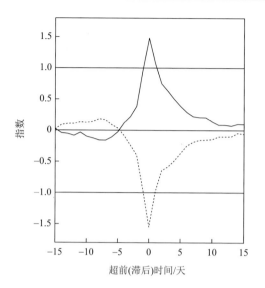

图9.17 欧亚遥相关型正位相（实线）和负位相（虚线）时对欧亚遥相关型指数从
−15天到＋15天的超前滞后合成图

0天表示欧亚遥相关型达到峰值的时刻，负的天数表示超前于峰值时刻，正的天数表示滞后于峰值时刻

对500hPa位势高度距平场按照合成欧亚遥相关型指数的方法进行了合成分析，图9.18展示了正欧亚遥相关型−6天到6天位势高度距平场的分布情况。在−6天时，北大西洋上空存在一个位势高度正异常中心［图9.18（a）］。从第−5天到第−2天［图9.18（b）～（d）］，这个正异常中心逐渐增强，并且在它的下游地区有三个位势高度异常中心逐渐形成并增强。这三个异常中心分别是一个负异常中心位于波兰地区，一个正异常中心位于西伯利亚地区，另一个负异常中心出现在日本上空。这三个异常中心就是逐月尺度上发现的欧亚遥相关型的三个活动中心。到第−2天［图9.18（d）］时，一个完整的四中心的波列已经形成，这就是从逐日尺度得到的欧亚遥相关型的四中心结构。同时，在第−2天［图9.18（d）］北大西洋上空的异常中心达到最强，在接下来的两天时间里，该异常中心便开始减弱，而它下游的三个中心仍然不断增强。到第0天［图9.18（e）］时，也就是欧亚遥相关型指数处于最大值时，欧亚大陆上空的三个异常中心达到最强，而此时北大西洋上空的异常中心已经减弱。

从第0天之后，欧亚遥相关型的四个中心都逐渐衰亡。由于北大西洋上空的异常中心比欧亚地区的三个中心达到最大值和开始衰减的时间要早，所以当欧亚遥相关型指数（以欧亚地区上空的三个中心定义的指数）达到最大值时［图9.18（e）］，这个中心比其他中心强度偏弱，在月平均尺度没有明显表现出来。到第+2天时［图9.18（f）］，这个中心几乎消失，欧亚遥相关型的结构体现为类似于月尺度的三中心结构。此时，欧亚地区的三个中心强度也变得较弱。之后，欧亚地区位势高度异常中心迅速衰减，到第+5 天 [图 9.18（h）] 时，欧亚遥相关型的波列结构消失。

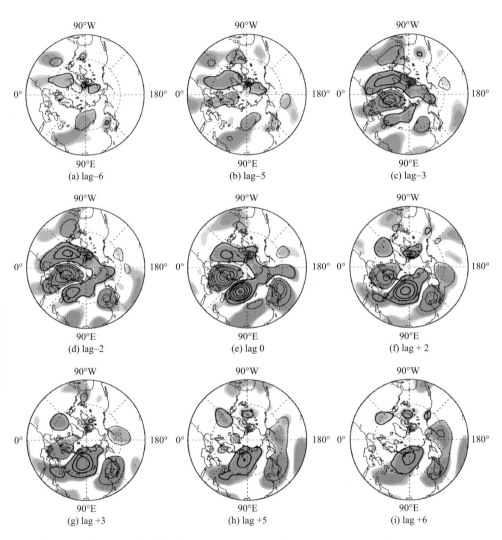

图 9.18　欧亚遥相关型位于正位相时 500hPa 位势高度距平场（等值线，单位：gpm）的超前滞后合成图

（a）为超前 6 天，（b）为超前 5 天，（c）为超前 3 天，（d）为超前 2 天，（e）超前 0 天（欧亚遥相关型指数峰值时刻），（f）为滞后 2 天，（g）为滞后 3 天，（h）为滞后 5 天，（i）为滞后 6 天。实线表示正值，虚线表示负值。等值线间隔为 30m。浅灰色和深灰色分别表示通过 90% 和 95% 置信水平检验

从图 9.18 中还可以看到，在北大西洋上游地区的北美东海岸，仍然存在一个正异常中心。但是该中心在欧亚遥相关型演变过程中没有明显的增强减弱变化，

所以不将它包含在欧亚遥相关型中。另外，在青藏高原北侧，有一个位势高度负异常中心在第−6 天就出现［图 9.18（a）］，并且随着欧亚遥相关型的演变，这个异常中心逐渐向东传播，强度没有明显变化。在第−2 天［图 9.18（d）］，这个中心和日本上空的欧亚遥相关型活动中心合并。之后随着欧亚遥相关型的衰减，这个中心继续向东传播，直到到达北太平洋上空，并在那里维持一段时间。

　　欧亚遥相关型负位相时 500hPa 位势高度距平场的演变情况如图 9.19 所示。负位相时，欧亚遥相关型的首个活动中心表现为负位势高度异常中心，其出现位置与欧亚遥相关型正位相相同，都是位于北大西洋上空。随着时间的变化，其他中心在下游地区不断生成并发展，到峰值时刻前两天形成完整的四中心结构。欧亚遥相关型负位相位势高度异常的演变特征与正位相时相似，只是正负异常中心符号相反。

　　从图 9.18 和图 9.19 所展示的欧亚遥相关型位于正位相和负位相时 500hPa 位势高度距平的时间演变图中可以看到，欧亚遥相关型有明显的发展期和衰亡期。在欧亚遥相关型达到峰值之前 6 天开始就有欧亚遥相关型活动中心逐个形成并不断发展增强，并且在欧亚遥相关型达到最大位相之前，完整的结构就已经形成。与月平均位势高度场上的三中心结构不同，逐日尺度上欧亚遥相关型表现为四中心结构。这四个中心分别位于北大西洋上空、波兰地区、西伯利亚地区和日本上空，并且都表现出明显的增长和衰亡过程。在这四个活动中心中，北大西洋上空

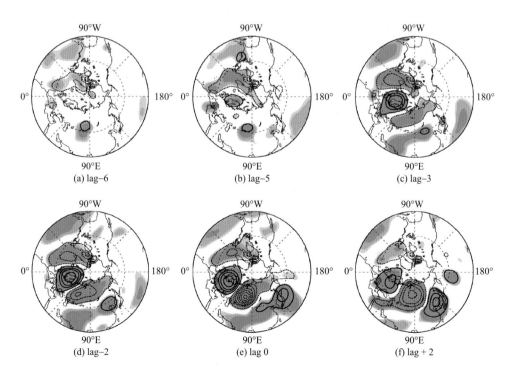

(a) lag−6　　　　　　(b) lag−5　　　　　　(c) lag−3

(d) lag−2　　　　　　(e) lag 0　　　　　　(f) lag + 2

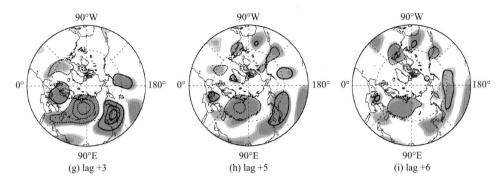

(g) lag +3　　　　　　　(h) lag +5　　　　　　　(i) lag +6

图 9.19　欧亚遥相关型位于负位相时 500hPa 位势高度距平场（等值线，单位：gpm）
的超前滞后合成图

（a）为超前 6 天，（b）为超前 5 天，（c）为超前 3 天，（d）为超前 2 天，（e）为超前 0 天（欧亚遥相关型指数峰值
时刻），（f）为滞后 2 天，（g）为滞后 3 天，（h）为滞后 5 天，（i）为滞后 6 天。实线表示正值，虚线表示负值。
等值线间隔为 30m。浅灰色和深灰色分别表示通过 90%和 95%置信水平检验

　　的中心比其他三个中心弱，并且衰亡开始的时间也早于其他三个中心，所以欧亚
遥相关型达到峰值之后这个中心几乎消失，以致在月平均尺度上很难观察到它。在
整个生命史中，欧亚遥相关型的四个中心都没有表现出位置变动，说明欧亚遥相
关型的相速度接近于 0，是准静止的波列。

　　为了明确欧亚遥相关型的垂直结构，给出欧亚遥相关型位于正位相和负位相
时位势高度距平和位温距平的经度-高度剖面图（图 9.20 和图 9.21）。从图 9.20
中可以看到，整个对流层表现出暖脊和冷槽交替出现的特点。而且，欧亚遥相关
型活动中心的最大值出现在 300hPa 高度上。在第–6 天时 [图 9.20（a）]，北大西
洋地区存在一个正异常中心。在接下来的三天中，这个正异常中心不断增强，并
且在下游地区有新的异常逐渐在欧亚大陆上空形成 [图 9.20（a）～（c）]。从垂
直角度看，位势高度异常中心大致都是正压结构。但是在其形成初期，位势高度
异常表现出略微西倾的特点，而位温异常略微向东倾斜，呈现出一定的斜压结构。
到第–2 天时，欧亚遥相关型的四个中心都已经形成，并且北大西洋地区的异常中
心达到最大值。在之后的两天里 [图 9.20（e）]，欧亚大陆上空的异常中心持续增
长，并且异常中心初期表现出的斜压结构也不复存在，整个欧亚遥相关型表现出

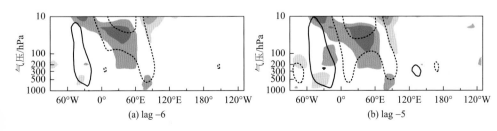

(a) lag –6　　　　　　　　　　　　　(b) lag –5

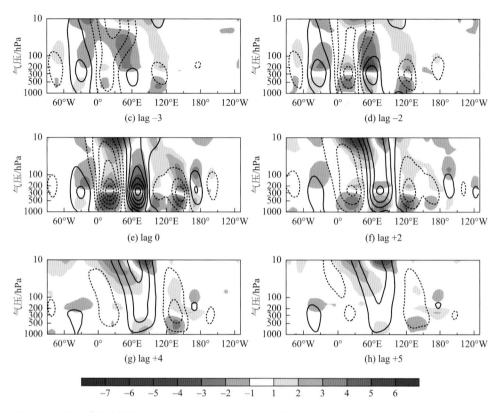

图 9.20　欧亚遥相关型位于正位相时位势高度距平（等值线，单位：gpm）和位温距平（阴影，单位：gpm）沿欧亚遥相关型活动中心连线的经度-高度剖面图

（a）为超前 6 天，（b）为超前 5 天，（c）为超前 3 天，（d）为超前 2 天，（e）超前 0 天（欧亚遥相关型指数峰值时刻），（f）为滞后 2 天，（g）为滞后 4 天，（h）为滞后 5 天，实线表示正值，虚线表示负值，等值线间隔为 30m

正压结构。除了大西洋上空的异常中心之外，其他异常中心都在第 0 天时达到最大值。第 0 天之后整个欧亚遥相关型开始衰减，位势高度异常和位温异常明显减弱。欧亚遥相关型位于负位相时（图 9.21）表现出与正位相相类似的特点，主要差别在于负位相时各个异常中心符号与欧亚遥相关型正位相时相反。

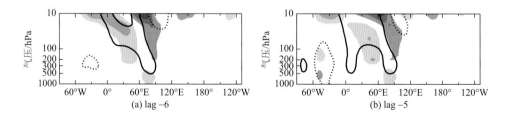

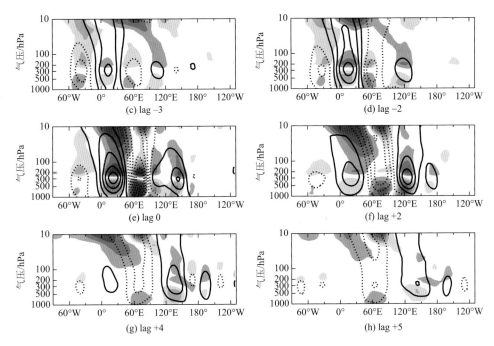

图 9.21　欧亚遥相关型位于负位相时位势高度距平（等值线，单位：gpm）和位温距平
（阴影，单位：gpm）沿欧亚遥相关型活动中心连线的经度-高度剖面图

（a）为超前 6 天，（b）为超前 5 天，（c）为超前 3 天，（d）为超前 2 天，（e）超前 0 天（欧亚遥相关型指数峰
值时刻），（f）为滞后 2 天，（g）为滞后 4 天，（h）为滞后 5 天，实线表示正值，虚线表示负值，等值
线间隔为 30m

从以上分析可以发现，在欧亚遥相关型各个异常中心形成的最初阶段，斜压
性起到一定的作用，但是各个活动中心的维持和发展主要是由于正压不稳定。而
正压不稳定可以从水平风切较大的气流（如急流）中获取动能而发展。在欧亚大
陆上空，欧亚遥相关型沿着极锋急流的冬季平均位置分布，这也就可以解释欧亚
遥相关型较强的中心出现在欧亚大陆上空的原因。

9.2.2　欧亚遥相关型的动力机制研究

为了研究欧亚遥相关型的动力特征，本节通过求解流函数时间变化方程，并
对方程中各项进行了超前滞后合成，分析方程中右端各项的作用有助于理解欧亚
遥相关型增长、维持和衰亡中的动力机制。流函数时间变化方程为

$$\frac{\partial \psi}{\partial t} = \sum_{i=1}^{6} \xi_i + R \qquad (9\text{-}2)$$

其中，ψ 是 500hPa 流函数；剩余项 R 比较小，它表示被忽略的一些过程，如摩

擦耗散或者使用一天的时间差进行中央差分所产生的误差等，这一项的存在是为了保证方程的平衡，在计算中不予以讨论。公式右边 ξ_i 项分别定义为

$$\xi_1 = \nabla^{-2}\left(-\frac{\nu}{a}\frac{\mathrm{d}f}{\mathrm{d}\theta}\right)$$

$$\xi_2 = \nabla^{-2}(-[\overline{v}]\cdot\nabla\zeta - v\cdot\nabla[\overline{\zeta}])$$

$$\xi_3 = \nabla^{-2}(-\overline{v^*}\cdot\nabla\zeta - v\cdot\nabla\overline{\zeta^*})$$

$$\xi_4 = \nabla^{-2}(-(f+\overline{\zeta})\nabla\cdot v - \zeta\nabla\cdot\overline{v})$$

$$\xi_5 = \nabla^{-2}(-v_r\cdot\nabla\zeta) + \nabla^{-2}(-\nabla\cdot(v_d\zeta))$$

$$\xi_6 = \nabla^{-2}(-k\cdot\nabla\times(\omega\partial\overline{v}/\partial p))$$
$$+\nabla^{-2}(-k\cdot\nabla\times(\overline{\omega}\partial v/\partial p))$$
$$+\nabla^{-2}(-k\cdot\nabla\times(\omega\partial\overline{v}/\partial p))$$
$$+\nabla^{-2}(-k\cdot\nabla\times(\overline{\omega}\partial v/\partial p))$$
$$+\nabla^{-2}(-k\cdot\nabla\times(\omega'\partial v'/\partial p))$$

其中，ζ 是相对涡度；v 是水平风矢量；ν 是经向风分量；ω 是垂直速度；a 是地球半径；f 是科氏参数；θ 是纬度；k 是垂直方向单位向量；下标 r 和 d 分别表示水平风场的旋转风和散度风分量；上面的横线表示时间平均；撇号表示对时间平均的偏差；方括号表示进行纬向平均；星号则是对纬向平均的偏差。式（9-2）方程右端各项所代表的意义分别是 ξ_1 表示行星涡度平流项，$\xi_2(\xi_3)$ 表示由异常和纬向对称（非对称）的气候平均流相互作用引起的相对涡度平流变化，ξ_4 表示散度项，ξ_5 表示由瞬变涡动通量驱动的，以上五项为本章计算并分析的各项。ξ_6 表示倾斜项，量级比较小，不进行分析。

　　将式（9-2）中的各项分别投射到第 0 天时 500hPa 流函数距平场，投影的结果能够代表方程中各项对流函数时间变率的贡献。计算方法为

$$P_{300}(t) = \frac{\sum_j \psi_j(\lambda,\theta,t)\psi_{\mathrm{EU}_j}(\lambda,\theta)\cos\theta}{\sum_j \psi_{\mathrm{EU}_j}^2\cos\theta} \tag{9-3}$$

式中，ψ_j 为 300hPa 流函数场的第 j 个格点值；λ 为经度；θ 为纬度；ψ_{EU_j} 为欧亚遥相关型第 j 个格点的流函数值。

　　同时，由于流函数和位势高度在准地转近似下成正比，所以在 500hPa 高度上流函数场的结果能够表示不同动力过程对位势高度倾向的作用。

　　图 9.22 给出了欧亚遥相关型位于正位相时，流函数趋势方程中各项投影随着欧亚遥相关型的发展和衰亡的变化情况。由于在计算中忽略掉了倾斜项以及剩余项，所以需要检验方程的平衡性。图 9.22（a）给出了方程左端（LHS）和方程右端 5 项之和（RHS）。在−2 天之前，这两条曲线逐渐增强，与欧亚遥相关型指数

增强相对应。它们达到最大值的时刻早于欧亚指数峰值时刻。这两条曲线在欧亚遥相关型发展和衰亡阶段区别都不大。这两条曲线的区别表示忽略掉倾斜项和剩余项的影响。因此，在大部分情况下，RHS 近似于 LHS，特别是在第 0 天附近，也就是说本章所计算的五项之和可以近似解释流函数的倾向。倾斜项和剩余项的影响较小，将其排除在计算之外，对结果影响不大。

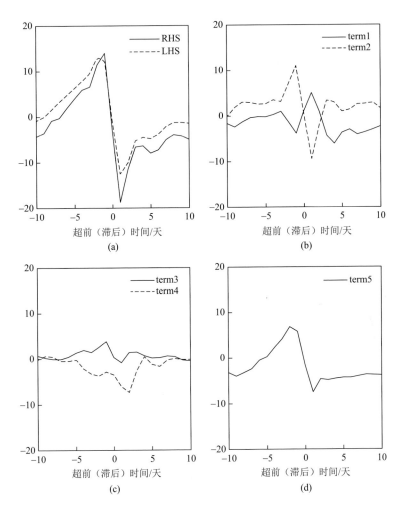

图 9.22　欧亚遥相关型正位相时流函数趋势方程各项投影到峰值时刻（第 0 天）的流函数距平场

（a）为方程左端 $\partial \psi / \partial t$ 项（LHS，实线）和方程右端五项之和 $\sum\limits_{i=1}^{5} \xi_i$（RHS，虚线）；（b）为 ξ_1（term1，实线）和 ξ_2（term2，虚线）；（c）为 ξ_3（term3，实线）和 ξ_4（term4，虚线）；（d）为 ξ_5（term5，实线）。单位是 $5 \times 10^{-6} \mathrm{s}^{-1}$

图 9.22（b）～（d）为流函数趋势方程右端五项各自的投影结果。从图中可

以看出，行星涡度平流项（term1）的值在欧亚遥相关型生命史中大部分都小于0，仅在第 0 天附近大于 0，表明它主要对欧亚遥相关型的维持和衰亡起作用，而对欧亚遥相关型的增强没有明显贡献。由异常和平均纬向对称流相互作用引起的相对涡度平流项（term2）的变化趋势与 LHS 曲线的变化趋势一致，在欧亚遥相关型的发展阶段大于 0，衰亡阶段小于 0，说明该项在欧亚遥相关型的发展和衰亡过程中都起到重要作用。而由异常和平均纬向非对称流相互作用引起的相对涡度平流项（term3）虽然数值较小，但是基本都大于 0，说明它仅对欧亚遥相关型的发展阶段起作用。散度项（term4）的值在欧亚遥相关型的发展和衰亡阶段都小于 0，说明它仅对欧亚遥相关型的衰亡有贡献。而第五项非线性的瞬变涡动平流（term5）与 term2 情况类似，它对欧亚遥相关型的发展和衰亡都有很重要的贡献。

以上的分析说明欧亚遥相关型的发展和衰亡过程中线性项和非线性项都起到很重要作用，这与 PNA 和 NAO 等遥相关型有很大区别。PNA 主要是由线性项驱动，而 NAO 则主要是受到非线性的影响（Feldstein，2002，2003）。

图 9.23 给出的是欧亚遥相关型位于负位相时流函数趋势方程各项的投影结果。从图 9.23（a）中可以看出，与正欧亚遥相关型相反，负欧亚遥相关型时 LHS 和 RHS 两条曲线在欧亚遥相关型发展阶段逐渐减小，而衰亡阶段逐渐增大，这和负欧亚遥相关型的指数变化一致。所以，在分析负欧亚遥相关型各项的作用时，大于 0 的值表示有利于欧亚遥相关型衰亡，小于 0 则表示有利于欧亚遥相关型发展。对比正欧亚遥相关型的情况（图 9.22）可以发现，负欧亚遥相关型（图 9.23）对应的方程右端各项与正欧亚遥相关型相反。由于正欧亚遥相关型指数和负欧亚遥相关型指数符号相反，表明影响正负欧亚遥相关型的动力过程是类似的。在发展阶段都是第二、第三和第五项起作用，衰亡阶段主要是第一、第二、第四和第五项。区别在于，当第二、第三和第五项表现为正值时有利于正欧亚遥相关型生成并发展，当它们表现为负值时有利于负欧亚遥相关型生成并发展；当第一、第二、第四和第五项是正值时有利于负欧亚遥相关型衰亡，当它们是负值时有利于正欧亚遥相关型衰亡。

9.2.3 欧亚遥相关型对中国气候异常的影响

首先采用合成分析的方法研究我国冬季气温和降水异常的空间分布状况，之后再分析与欧亚遥相关型正负位相区域平均气温和降水异常的时间演变特征。为了更好地抓住与欧亚遥相关型相联系的我国气温和降水的分布，定义了欧亚遥相关型连续事件，连续事件为当欧亚遥相关型指数连续超过一个标准差 5d 以上，同时两次连续事件的间隔要大于 5d。

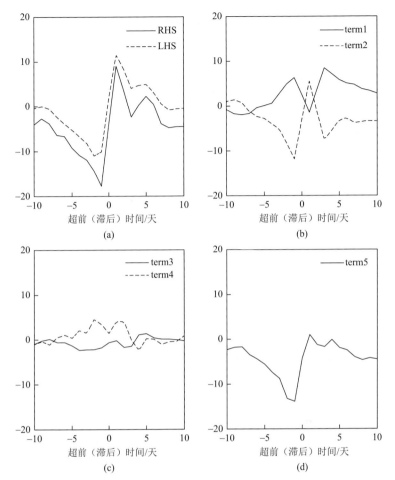

图 9.23　欧亚遥相关型负位相时流函数趋势方程各项投影到峰值时刻（第 0 天）的流函数距平场

（a）为方程左端 $\partial \psi / \partial t$ 项（LHS，实线）和方程右端五项之和 $\sum_{i=1}^{5} \xi_i$（RHS，虚线）；（b）为 ξ_1（term1，实线）和 ξ_2（term2，虚线）；（c）为 ξ_3（term3，实线）和 ξ_4（term4，虚线）；（d）为 ξ_5（term5，实线）。单位是 $5 \times 10^{-6} s^{-1}$

　　图 9.24 给出了欧亚遥相关型位于正负位相时我国气温和降水异常的空间分布图。由图可以看出，气温异常在全国大部分地区表现出一致的变化特点[图 9.24（a）、（b）]，而降水异常则表现出东西向的差异 [图 9.24（c）、（d）]。当欧亚遥相关型位于正位相时，我国整体表现为明显的负气温异常，有三个主要中心，分别位于我国北部、东北部和南部地区；降雨异常则表现为我国东部地区降雨显著偏少，而西南地区降雨偏多。当欧亚遥相关型位于负位相时，气温异常和降水异常分布与正位相时相反。总体上来讲，正欧亚遥相关型时我国东部地区气候特征较为干冷，负欧亚遥相关型时较为暖湿。

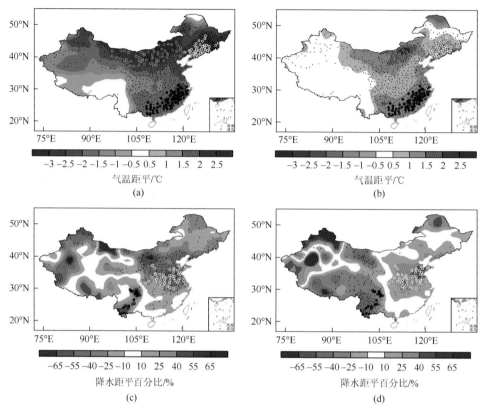

图 9.24　欧亚遥相关型位于正位相 [(a)、(c)] 和负位相 [(b)、(d)] 时我国气温距平 [(a)、
　　　　(b)，单位：℃] 和降水距平百分比 [(c)、(d)，单位：%] 的空间分布

图中实心圆点表示通过 95% 置信水平检验的台站，空心圆圈表示进行区域平均所选出的台站，气温场区域平均选
出三个区域：我国北部 [(a)、(b) 中绿色圆圈]、我国东北部 [(a)、(b) 中白色圆圈] 和我国南部 [(a)、(b) 中黑
色圆圈]。降雨区域平均选出两个区域：我国东部 [(c)、(d) 中白色圆圈] 和我国西南部 [(c)、(d) 中黑色圆圈]

　　为了研究气温和降水异常在欧亚遥相关型发展和衰亡阶段的时间变化特征，
选取了部分区域通过 95% 置信水平检验的观测站，计算气温异常和降水异常的空
间平均，并将欧亚遥相关型演变过程中不同时刻的结果展示在图 9.25 和图 9.26 中。
对于气温异常，选取了三个区域：我国北部、东北部和南部，在图 9.24（a）、（b）
中分布以绿色、白色、黑色空心圆表示。降水异常选出两个区域：我国东部和西
南部，在图 9.24（c）、（d）中以白色和黑色空心圆表示。

　　从气温异常的时间变化上可以看出（图 9.25），当欧亚遥相关型位于正位相时，
从第 -3 天气温开始下降，这正是欧亚遥相关型快速增长的时刻。同一时刻，负位
相时气温呈增加趋势。我国北部、东北部和南部地区气温的变化趋势基本一致，
但也有些细微的差别。欧亚遥相关型的变化略早于气温的变化，欧亚遥相关型
位于正位相时，气温最低值在我国北部出现在第 2 天 [图 9.25（a）]，而在东北部

为第 3 天 [图 9.25（b）]，南部地区为第 4 天 [图 9.25（c）]。负位相时三个区域气温最高值也出现在对应的时刻。我国北部和东北部地区气温的变化要大于南部地区，这是因为欧亚遥相关型对气温的影响主要通过低频异常的直接影响，并且欧亚遥相关型是沿着中高纬度传播，从而引起北方气温变化大于南方。

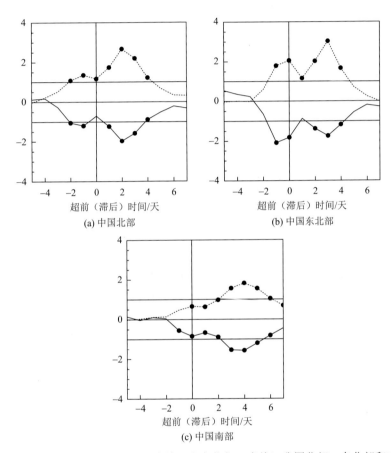

图 9.25　欧亚遥相关型正位相（实线）和负位相（虚线）我国北部、东北部和南部
区域平均的气温异常随时间的演变图（单位：℃）

实心圆点表示通过 95% 置信水平检验的时刻

图 9.26 给出了我国东部和西南部地区降水异常在欧亚遥相关型生命史过程中的时间变化图。由图中可以看到，虽然降水异常的变化比气温异常波动更大，但是整体的变化趋势也是比较明显的。欧亚遥相关型位于正位相时，我国西南地区降水增多 [图 9.26（b）]，而东部地区降水减少 [图 9.26（a）]。和气温异常的变化类似，负位相时降水异常的变化也和正位相时相反。降水变化最大值

在东部地区出现在第 4 天，而在西南地区为第 2/3 天，东部地区降水的变化大于西南地区。

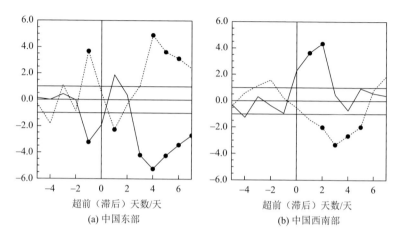

图 9.26　欧亚遥相关型正位相（实线）和负位相（虚线）我国东部和西南部区域
平均降水异常随时间的演变图（单位：0.1mm）

实心圆点表示通过 95%置信水平检验的时刻

　　根据以上的分析，欧亚遥相关型的变化超前于我国气温和降水的变化几天，并且不同的地区，超前的天数也不同。这一结果提供了一种可能性，可以将逐日欧亚遥相关型指数作为我国气温和降水变化的指示信号在预报中应用。

9.3　欧亚遥相关型与两支急流协同变化的关系

9.3.1　欧亚遥相关型对东亚高空急流的影响

　　为了讨论东亚地区三支急流伴随着欧亚遥相关型的变化特征，首先分析了逐日急流核发生频率。满足以下条件则认为出现一个急流核：①风速值≥30m/s；②该点的风速值大于周围 24 个格点的风速值。逐日急流核发生频率＝急流核发生总数×100/统计时间长度，单位为%/d。用此方法对冬季欧亚遥相关型位于正位相和负位相时，300hPa 纬向风在 20°N～70°N、60°E～160°E 区域进行统计。

　　图 9.27 给出了欧亚遥相关型正负位相下东亚高空急流核的分布。从图中可以看到，在东亚大陆上空急流核主要集中在两个带状区域，分别位于青藏高原的南北两侧，对应着高原南侧副热带急流和极锋急流，其中南支急流发生数较多。两支急流核带在东亚沿岸交汇，形成东亚地区急流核发生频率最高的区域，对应着海洋上空的副热带急流区。

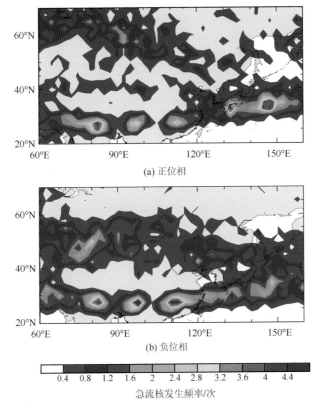

图 9.27　欧亚遥相关型位于正位相和负位相时 300hPa 急流核发生频率空间分布图

　　当欧亚遥相关型位于正位相时 [图 9.27（a）]，高原北侧急流核带的分布呈明显的西北-东南向倾斜，最北可以延伸到 60°N 以北的地区。在南北两个急流带中心存在两个急流核空白区，一个位于青藏高原上空（30°N～40°N、70°E～100°E），另一个位于极锋急流冬季平均位置（45°N～60°N、70°E～100°E）。这两个急流核空白区被存在于 40°N 左右的狭窄急流核集中带分开。与负位相时相比 [图 9.27（b）]，正位相时极锋急流核发生频数较小，位置也有明显地向北移动。欧亚遥相关型位于负位相时，极锋急流区急流核集中区域较偏南，高原南北两侧的急流核集中带接近平行，并且两支急流带之间仅存在一个急流核空白区，位于青藏高原所在纬度带。

　　在高原副热带急流部分，有三个较强的急流核发生频率中心，在高原南侧纬向排列。偏东的两个中心在欧亚遥相关型位于正位相时弱于负位相，但是西边的中心在欧亚遥相关型不同位相时没有明显的变化。从位置上看，这三个中心在欧亚遥相关型正负位相时差异不大。海洋副热带急流区则表现出明显的区别。欧亚遥相关型位于正位相时 [图 9.27（a）]，海洋副热带急流区有两个明显的急流核发生频率中心，分别位于日本岛的南部和西部。欧亚遥相关型位于负位相时［图 9.27（b）］，整个海洋副热带急流区急流核发生频率明显减少，日本南部的急流核中心消失。仅从急流核发生频率图中不能看到海洋副热带急流区位置的明显变动。

从急流核发生频率空间分布图（图 9.27）可以看出，欧亚遥相关型位于不同位相时东亚高空急流有明显的差别，下面根据东亚冬季高空急流的平均状态选取出三支急流的关键区：极锋急流区（45°N～60°N、70°E～100°E）、高原副热带急流区（22.5°N～32.5°N、70°E～100°E）和海洋副热带急流区（27.5°N～37.5°N、130°E～160°E）。对以上三个关键区 300hPa 纬向风进行区域平均之后标准化，从而得到三支急流的逐日急流强度指数。

利用得到的逐日急流指数，来分析欧亚遥相关型与这三支急流的超前滞后相关。图 9.28 给出了逐日欧亚遥相关型指数与极锋急流、海洋副热带急流和陆地副热带急流 1951～2010 年的超前滞后相关系数。首先对逐个冬季进行计算［图 9.28（a）～（c）］，之后对 60 年的相关系数进行时间平均 ［图 9.28（d）］。从图 9.28（a）中可以看出，欧亚遥相关型与极锋急流呈明显的负相关，欧亚遥相关型正位相时极锋

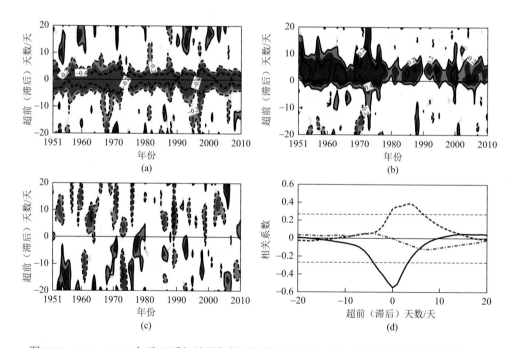

图 9.28　1951～2010 年欧亚遥相关型指数对极锋急流指数（a）、海洋副热带急流指数（b）和陆地副热带急流指数（c）的超前滞后相关系数及 60 年相关系数的时间平均（d）

实线表示正相关，虚线表示负相关。纵坐标负值表示急流超前于欧亚遥相关型，正值表示急流滞后于欧亚遥相关型，浅红（浅蓝）和深红（深蓝）色阴影分别表示超过 99% 和 99% 置信水平检验，（d）对欧亚遥相关型与极锋急流（黑色实线）、海洋副热带急流（红色虚线）和陆地副热带急流（蓝色虚线）60 年相关系数的时间平均，（d）中横坐标与（a）～（c）中纵坐标一致，黑色短虚线表示 99% 置信水平检验

急流偏弱，负位相时偏强。另外还可以看出，最大的相关系数出现在第 0 天，即最明显的相关是同期相关。欧亚遥相关型与海洋副热带急流则表现为正相关 [图 9.28（b）]。与极锋急流不同，欧亚遥相关型与海洋副热带急流最强的相关发生在第 5 天，也就是欧亚遥相关型超前于海洋副热带急流 5 天。另外，欧亚遥相关型与高原副热带急流没有明显的超前滞后相关 [图 9.28（c）]。对欧亚遥相关型与东亚三支急流的相关系数进行时间平均的结果能更清楚地看出以上特点 [图 9.28（d）]。欧亚遥相关型指数与极锋急流指数同期相关系数达到-0.55，超前于海洋副热带急流 5 天的相关系数为 0.39，均能通过 99%的置信水平检验。而欧亚遥相关型与高原副热带急流没有显著的相关性。以上相关分析说明，欧亚遥相关型对极锋急流和海洋上空副热带急流有明显影响，而对高原南侧副热带急流的影响非常小。

　　图 9.29 给出了欧亚遥相关型正位相和负位相时纬向平均纬向风的纬度-高度剖面图。沿着 70°E～100°E 的平均表示极锋急流和高原副热带急流，而沿着 130°E～160°E 的平均表示海洋副热带急流。高原副热带急流区纬向平均纬向风在欧亚遥相关型正负位相时没有明显的强度和位置变化 [图 9.29（b）]，这与欧亚遥相关型与高原副热带急流没有明显关系的结论一致。欧亚遥相关型位于正位相时 [图 9.29（a）]，极锋急流有明显的北移，从而和高原副热带急流在整个高度层上都有明显的分界。但是极锋急流区风速在垂直方向上变化比较小，没有明显的风速大值区。而在欧亚遥相关型位于负位相时 [图 9.29（b）]，极锋急流和高原副热带急流没有明显界限，很难区分开。高原副热带急流风速大值区出现在 200hPa，极锋急流风速大值区则出现在 250hPa。欧亚遥相关型位于负位相时海洋副热带急流区表现出明显的风速变化 [图 9.29（c）、（d）]，但是位置变化较小，正欧亚遥相关型时海洋副热带急流区风速可以达到 65m/s 以上。基于以上分析，欧亚遥相关型对极锋急流和海洋副热带急流有明显的影响，而与高原副热带急流没有明显关系，所以后文的分析都关注于极锋急流和海洋上空的副热带急流。

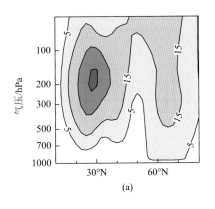
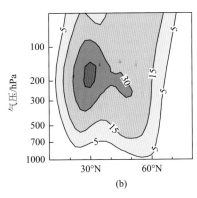

(a)　　　　　　　　　　　　　　(b)

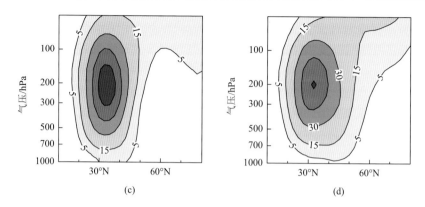

图 9.29　沿 70°E～100°E［(a)、(b)］和 130°E～160°E［(c)、(d)］平均的
纬向风纬度-高度剖面图

(a)、(c) 为正欧亚遥相关型，(b)、(d) 为负欧亚遥相关型，等值线间隔为 15m/s

　　图9.30和图9.31分别给出了极锋急流和副热带急流区最大风速的位置和风速
随着欧亚遥相关型生命过程的变化特征，第 0 天表示欧亚遥相关型达到峰值的时
间，第 0 天之前表示欧亚遥相关型的增长阶段，第 0 天之后为欧亚遥相关型衰亡
阶段，急流区最大风速的格点定义为急流中心。从图9.30和图9.31中可以看出，
欧亚遥相关型正负位相急流中心的变化几乎是完全相反的，所以仅讨论欧亚遥相
关型正位相的情况。欧亚遥相关型正位相时，在第-5 天前极锋急流中心略微向南
移动［图 9.30 (a)］。从第-5 天到第 0 天，极锋急流中心迅速北跳，在第 0 天左
右达到最北位置。随着欧亚遥相关型的衰亡，极锋急流又迅速向南移动，逐渐回
到北跳前位置。极锋急流中心在第-5 天前除了略微向南移动也表现出东移的特点

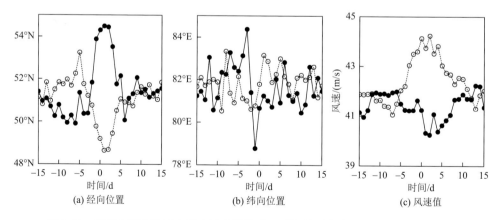

图 9.30　极锋急流关键区内最大风速随着欧亚遥相关型生命过程的时间演变特征

第 0 天为欧亚遥相关型达到峰值的时刻，实线表示欧亚遥相关型正位相，虚线表示欧亚遥相关型负位相

［图 9.30（b）］。但是随着第-5 天之后极锋急流中心的北跳，急流中心也迅速向西移动。第 0 天之后急流中心逐渐东移，回到欧亚遥相关型发生之前位置。在风速上［图 9.30（c）］，伴随着极锋急流中心迅速地北跳和西移，急流中心风速明显减小，最低风速也出现在第 0 天附近。

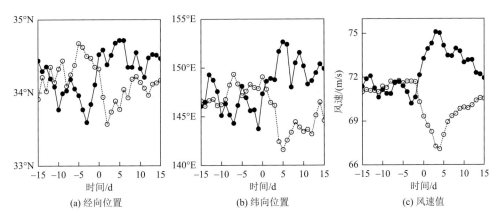

图 9.31　副热带急流关键区内最大风速随着欧亚遥相关型生命过程的时间演变特征

第 0 天为欧亚遥相关达到峰值的时刻，实线表示欧亚遥相关型正位相，虚线表示欧亚遥相关型负位相

在海洋副热带急流区（图 9.31），第-4 天之后急流中心表现出北移的特点，在此之前海洋副热带急流中心也有略微南移的特点。到第 4 天时，急流中心达到最北位置，之后维持在该区域，欧亚遥相关型衰亡阶段急流中心向南移动较小。与极锋急流区中心南北位置变化相比［图 9.30（a）］，海洋副热带急流区位置的南北变动较小。相对而言，海洋副热带急流中心的东西向移动较明显。在欧亚遥相关型的增长阶段，急流中心略微西移，到第-2 天之后，急流中心明显向东移动，同时风速显著增强，最大风速可以达到 75m/s。与极锋急流中心不同，海洋副热带急流中心在第 5 天时达到最东位置，风速也达到最大。

对极锋急流和海洋副热带急流区最大风速的位置和强度演变的分析与本节之前对这两支急流的时间和空间变化的研究结果一致。从整体上讲，在欧亚遥相关型的增长阶段极锋急流中心明显北跳并向西移动，中心风速减弱，而海洋副热带急流则主要向东移动，风速增强。欧亚遥相关型与极锋急流中心表现出同期变化，而超前于海洋副热带急流约 5 天。

低层大气斜压性可以反映瞬变涡动活动的变化，是瞬变涡动活动非常好的指示器（Charney，1947；Eady，1949）。衡量斜压性的物理量是斜压增长率（Eady，1949；Hoskins and Valdes，1990），表示为

$$\sigma = 0.31 \left(\frac{f}{N} \right) \left(\frac{dV}{dz} \right) \tag{9-4}$$

其中，f 是科氏参数；N 是 Brunt-Väisälä 频率（表征浮力频率），表达式为 $N = \rho^{\frac{1}{2}} \left[g \frac{1}{\theta} \frac{\partial \theta}{\partial p} \right]^{\frac{1}{2}}$，其中 ρ 是密度，g 是重力加速度，θ 是等压面坐标下的位温；p 是气压；V 是风速；z 是垂直高度。由于斜压性发展主要出现在对流层低层，主要计算了 700hPa 和 800hPa 高度的斜压增长率（σ）。

图 9.32 给出了欧亚遥相关型位于正负位相时东亚地区 300hPa 纬向风场和大气斜压增长率的空间分布图。从纬向风场上看，欧亚遥相关型位于正位相时极锋急流偏北，强度偏弱，而副热带急流风速偏强。斜压增长率的空间分布与纬向风场的空间分布有很好的对应关系。东亚地区斜压增长率沿着青藏高原南北两侧呈带状分布，在大西洋地区合并。欧亚遥相关型位于正位相时 [图 9.32（a）]，随着

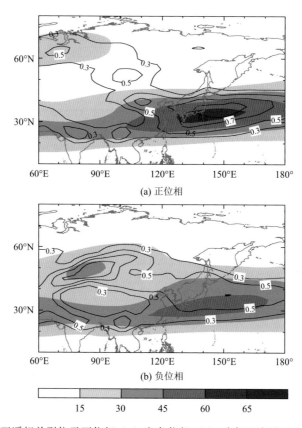

图 9.32　欧亚遥相关型位于正位相（a）和负位相（b）时东亚地区 300hPa 纬向风场
（阴影，单位：m/s）和大气斜压增长率（等值线）的空间分布图

极锋急流的北跳，该地区斜压增长率中心位于 60°N 以北地区，数值较小。青藏高原南侧的斜压增长率在欧亚遥相关型正负位相间差别很小，与该地区纬向风在欧亚遥相关型正负位相之间没有明显变化相对应。

从整个东亚地区来看，欧亚遥相关型正位相时 [图 9.32 (a)]，斜压增长率的最大值位于大西洋上空，与海洋副热带急流位置一致，其中心位置与海洋副热带急流纬向风中心相比略微偏北。而欧亚遥相关型位于负位相时 [图 9.32 (b)]，斜压增长率的最大值则位于青藏高原北侧的陆地上空，与极锋急流位置基本一致。斜压增长率是衡量瞬变涡动活动很好的指示器，东亚地区斜压性的变化表明欧亚遥相关型位于正负位相时该地区瞬变活动有明显的差别，由欧亚遥相关型引起的瞬变涡动活动的变化可能是引起东亚高空急流变化的重要原因。下面分别从高频涡动强迫和低频涡动强迫两个方面分析欧亚遥相关型引起东亚高空急流强度和位置变化的原因。

9.3.2　高频和低频涡动强迫的作用

欧亚遥相关型与东亚极锋急流有显著的同期负相关，与海洋副热带急流有显著的超前 5 天正相关。为了分析欧亚遥相关型与东亚高空急流相关的原因，本节将研究高频和低频涡动强迫的作用。

对于高频涡动通量引起的纬向风变化则由下式表示：

$$\left(\frac{\partial \overline{u}}{\partial t}\right)_{\mathrm{HFE}} \equiv -\frac{\partial}{\partial y}\nabla^{-2}(-\nabla\cdot\overline{v_{\mathrm{HFE}}\zeta_{\mathrm{HFE}}}^{\mathrm{L}}) \tag{9-5}$$

其中，v 和 ζ 分别表示水平速度矢和相对涡度；L 表示低通 Lanczos 滤波；下标 HFE 表示高频涡动（Holopainen et al.，1982；Nakamura，1992）。

9.3.1 节的研究表明欧亚遥相关型与东亚高空急流表现出超前或者同期的变化特征，因此，在图 9.33 中分析了欧亚遥相关型指数对纬向风变化的同期和滞后回归，正异常中心表示西风加速，负异常表示西风减速。图 9.33 中给出了第 0 天到第 5 天的回归结果，正天数表示欧亚遥相关型超前于高频涡动强迫。

从图 9.33 中可以看出，第 0 天时 [图 9.33 (a)]，东亚大陆上空 45°N～60°N 范围内为显著的负异常中心，而在 60°N 以北为显著的正异常中心，说明高频涡动强迫会引起极锋急流区西风减小，极锋急流以北地区西风增强，从而导致欧亚遥相关型位于正位相时极锋急流向北移动，这与欧亚遥相关型位于正位相时急流核发生频率和纬向风分布的结果一致。在第 0 天之后，极锋急流区由高频涡动强迫引起的风速变化逐渐减小。以上分析说明由欧亚遥相关型引起的高频涡度强迫是导致欧亚遥相关型与极锋急流同期负相关的重要原因，同时它也对欧亚遥相关型正位相时极锋急流的北跳有贡献。

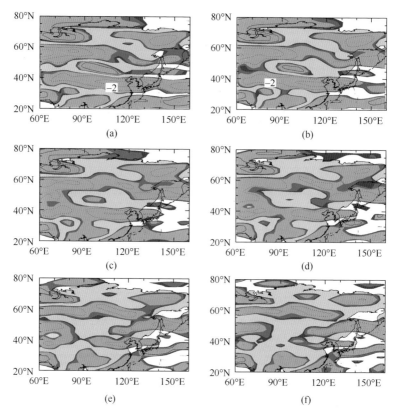

图 9.33　逐日欧亚遥相关型指数对 300hPa 高度由高频涡度强迫引起的纬向风变化的
超前滞后回归（等值线，单位：ms/d）

图（a）～（f）分别为欧亚遥相关型超前于纬向风变化 0～5 天。等值线间隔为 0.2×10^{-6} ms/d，图中省去了
$-0.1 \times 10^{-6} \sim 0.1 \times 10^{-6}$ ms/d 的值。浅灰和深灰色阴影分别表示通过 95% 和 99% 的置信水平检验

第 0 天时 [图 9.33（a）]，在 25°N～30°N 区域陆地和海洋上空都出现显著负异常，说明高频涡动强迫引起高原副热带急流北侧和海洋副热带急流区风速减小。在北部极锋急流区负异常和高原副热带急流区负异常之间有一个较弱的正异常中心，将极锋急流和副热带急流区分开。在接下来的几天里，海洋副热带急流区的负异常逐渐减弱。到第 3 天时，日本岛南部地区出现较弱的正异常中心，说明此时高频涡动强迫开始增强海洋副热带急流区风速。之后，该区域的正异常中心范围逐渐扩大，到第 5 天时达到最大，说明高频涡动强迫引起海洋副热带急流区风速的最大变化出现在欧亚遥相关型超前 5 天时，这可以解释欧亚遥相关型与海洋副热带急流之间超前 5 天的正相关关系。

接下来分析低频涡动强迫的贡献，用局地 EP 通量即 **E** 矢量的辐合辐散表征低频涡动通量强迫引起的西风加速和减速。**E** 矢量定义为

$$E = (\overline{v'^2 - u'^2}, -\overline{u'v'}) \tag{9-6}$$

E 矢量辐散则表明低频强迫引起平均纬向西风加速，E 矢量辐合则为减速
（Hoskins et al.，1983）。

图 9.34 给出了欧亚遥相关型指数对低频 E 矢量散度的滞后回归。图中可以看
出，在第 0 天时，中高纬度地区自西向东 E 矢量散度表现出正负中心相间的分布。
贝加尔湖附近的广大区域 E 矢量辐散，其西部区域 E 矢量辐合。E 矢量散度这样
分布导致欧亚遥相关型正位相时极锋急流区西部风速减弱，而东部风速增强，从
而引起极锋急流东西向位置变化。低频涡动强迫引起极锋急流区的风速变化也是
在第 0 天时最强，体现了欧亚遥相关型与极锋急流的同期变化。另外在东亚沿岸
地区，日本岛南部的 E 矢量辐散中心会加强该地区的西风风速，说明欧亚遥相关
型正位相时海洋副热带急流区风速偏强。但是，低频强迫引起海洋副热带急流区
风速变化也是在第 0 天最强，之后便逐渐减弱，并没有表现出明显的滞后现象。

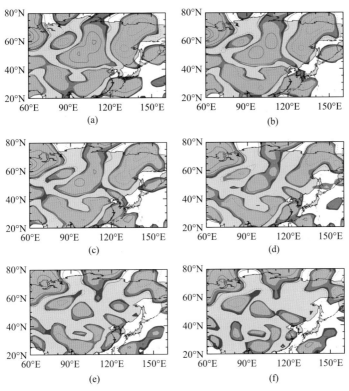

图 9.34　逐日欧亚遥相关型指数对 300hPa 高度低频局地 EP 通量散度（等值线，单位：10^{-5}）
的超前滞后回归

图（a）～（f）分别为欧亚遥相关型超前于 E 矢量散度 0～5 天。等值线间隔为 $1 \times 10^{-5} ms^{-1}$，图中省去了 $-0.5 \times 10^{-5} \sim$
0.5×10^{-5} 的值。浅灰和深灰色阴影分别表示通过 95% 和 99% 的置信水平检验

　　根据以上分析,高频涡动强迫在欧亚遥相关型位于正位相时会减弱极锋急流区风速,并导致极锋急流的北移,这主要是由高频涡动的动量通量输送引起的。所以高频涡动强迫对欧亚遥相关型与极锋急流同期的负相关关系有贡献。同时,高频涡动强迫也是引起欧亚遥相关型与海洋副热带急流之间滞后 5 天正相关的重要原因。而低频涡动强迫会引起极锋急流东西向位置的变化,对欧亚遥相关型与海洋副热带急流之间的正相关关系也有贡献,但低频涡动强迫并不能解释海洋极锋急流滞后欧亚遥相关型。

9.3.3　极锋急流和副热带急流不同配置对欧亚遥相关型气候效应的影响

　　对 1951~2010 年逐日冬季气温和降水进行区域平均然后标准化,得到我国逐日气温和降水指数,并计算气温和降水指数与欧亚遥相关指数的超前滞后相关。气温的区域平均选取我国北部地区的区域平均,降水则选取我国东部地区。

　　图9.35给出了欧亚遥相关型指数与我国北部冬季气温指数的超前滞后相关。从图中可以看到,1951~2010 年,欧亚遥相关型与我国北部气温表现出明显的负相关,并且欧亚遥相关型超前于气温变化 [图 9.35 (a)]。60 年的平均结果

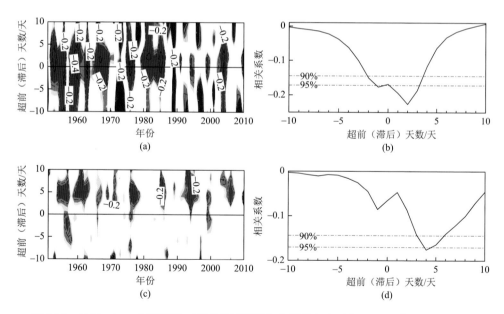

图9.35　1951~2010 年逐日欧亚遥相关型指数与我国北部冬季气温指数 [(a)、(b)] 和
降水指数 [(c)、(d)] 的超前滞后相关

(a)、(c) 为逐年冬季的计算结果,纵坐标正值表示欧亚遥相关型超前于气温,负值表示气温超前于欧亚遥相关型,
(b)、(d) 中横坐标与分别与 (a)、(c) 中纵坐标相同,(a)、(c) 中阴影表示超过 90%、95%和99%置信水平,
(b)、(d) 中虚线分别表示 90%和95%置信水平

[图 9.35（b）] 也能很清楚地反映这一特点。欧亚遥相关型和我国北部气温最大的负相关发生在第 2 天，也就是欧亚遥相关型超前于气温 2 天的时候。图 9.35（c）、（d）也表明欧亚遥相关型与我国东部降水也有显著的负相关，最大的相关负系数出现在欧亚遥相关型超前于我国东部降水 4 天左右。对比欧亚遥相关型与气温和降水的相关也能发现，欧亚遥相关型对气温的影响更稳定。

东亚极锋急流和海洋副热带急流的不同配置会对东亚地区产生不同的气候效应（Zhang and Xiao，2013；Liao and Zhang，2013）。为了揭示东亚高空急流配置在欧亚遥相关型对中国气温降水影响中的作用，进一步将欧亚遥相关型正负事件按照急流不同配置进行再分类。定义急流指数大于 0.5 为强急流，小于–0.5 为弱急流。根据东亚极锋急流和副热带急流的强弱状况，将东亚高空急流分成四种配置类型：极锋急流强、副热带急流弱（强-弱型），极锋急流强、副热带急流强（强-强型），极锋急流弱、副热带急流强（弱-强型）和极锋急流弱、副热带急流弱（弱-弱型）。四种急流配置在欧亚遥相关型连续事件中出现的次数见表 9.2。欧亚遥相关型正事件中急流配置只有弱-强型和弱-弱型，欧亚遥相关型负事件只存在强-弱型和强-强型。

欧亚遥相关型与极锋急流具有较为稳定关系，当欧亚遥相关型位于正位相时，极锋急流仅存在偏弱的情况，正位相时则仅存在偏强的情况（表 9.2）。而海洋副热带急流虽然与欧亚遥相关型有显著的正相关，但是在欧亚遥相关型位于正位相时并不是副热带急流都偏强，也有少量偏弱的情况。负位相时亦然。那么，既然副热带急流与欧亚遥相关型的关系没有极锋急流那么稳定，其强度变化对欧亚遥相关型的气候效应有没有影响？为了回答这个问题，对我国气温和降水按照正负欧亚遥相关型连续事件和急流不同配置的分类进行合成。

表 9.2　欧亚遥相关型正负事件中东亚极锋急流和副热带急流不同配置型出现的次数

急流配置	强-弱型	强-强型	弱-强型	弱-弱型
正事件	0	0	39	10
负事件	24	11	0	0

图 9.36 给出了对我国气温距平按欧亚遥相关型正负事件和急流不同配置进行合成的结果，当急流配置为弱-强型时，欧亚遥相关型正位相对应着我国大部分地区气温的降低。当急流配置为强-弱型时，欧亚遥相关型负位相则对应我国气温的升高，这与欧亚遥相关型与我国气温的负相关关系一致。如果海洋副热带急流的不同强度对欧亚遥相关型的气候效应没有影响，那么当欧亚遥相关型位于正位相（负位相）时，急流配置为弱-强型（强-强型）的情况下，我国气温异常的分布应

该和急流配置为弱-强型（强-弱型）的气温分布图一致。然而由图9.36可以看出，急流为弱-弱型（强-强型）却和弱-强型（强-弱型）完全不同。欧亚遥相关型位于正位相时，急流配置为弱-弱型的情况下，我国气温表现为明显的正异常。欧亚遥相关型位于负位相时，急流配置为强-强型的情况下，我国西部和东北部地区有明显降温，其他地区气温变化小于0.1℃。欧亚遥相关型在相同位相时由于东亚极锋急流和副热带急流配置不同，我国气温异常的分布型态不同，说明欧亚遥相关型和我国气温之间的负相关关系只有当极锋急流和副热带急流一强一弱的情况下才成立，如果两支急流强度相当，这种负相关关系就不存在。

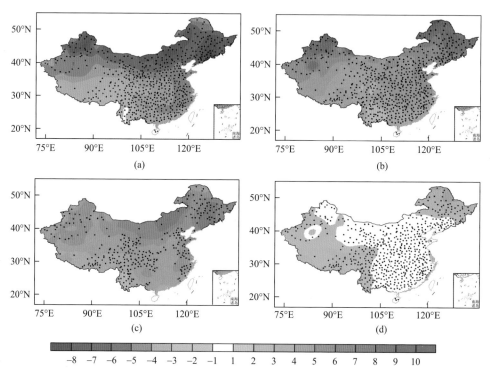

图9.36　欧亚遥相关型正事件［(a)、(b)］和负事件［(c)、(d)］时考虑东亚高空急流不同配置情况下我国气温距平的分布图（阴影，单位：℃）

(a) 弱-强型；(b) 弱-弱型；(c) 强-弱型；(d) 强-强型；图中黑色实心圆点表示通过95%置信水平检验的台站

　　　另外也分析了东亚高空急流配置对我国降水异常分布的影响。图9.37给出了欧亚遥相关型正负事件中急流不同配置时我国降水异常的分布情况。当极锋急流和副热带急流一强一弱时［图9.37 (a)、(c)］，欧亚遥相关型正负位相表现为我国东部地区降水偏少和偏多的差异。这一结果与我国欧亚遥相关指数与我国东部降雨指数的负相关关系一致。但是，两支急流强度相当时［图9.37 (b)、(d)］，欧亚遥相关型正负位相则表现出我国西南部地区降水偏多和偏少的差异，这与欧亚遥相关型引起我国西南地区降水变化的特点一致，此时我国东部地区没有明显的降水异常中心，欧亚遥相关型与我国东部降水的负相关关系也不存在。所以，两支急流不同配置对欧亚遥相关型正负位相降雨型的影响主要表现在降雨区域上的差别。

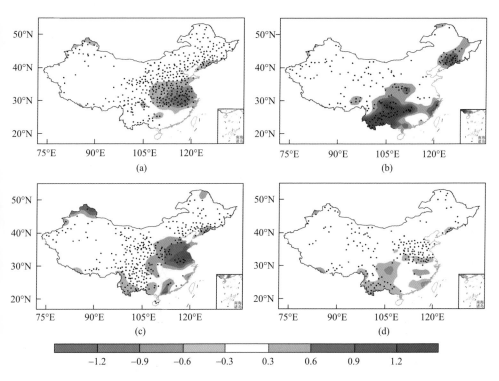

图 9.37　欧亚遥相关型正事件［(a)、(b)］和负事件［(c)、(d)］时考虑东亚高空急流不同配置情况下我国降水异常的分布图（阴影，单位：mm）

(a) 弱-强型；(b) 弱-弱型；(c) 强-弱型；(d) 强-强型；图中黑色实心圆点表示通过 95% 置信水平检验的台站

　　从欧亚遥相关型与我国气温和降水的相关性上看，它们都表现出明显的负相关关系，并且欧亚遥相关型超前于我国气温（2 天）和降水（4 天）的变化。在欧亚遥相关型对我国气温和降水的影响中考虑东亚高空急流的配置情况之后，发现欧亚遥相关型与我国气温和降水的负相关关系对急流的配置也有一定要求。当东亚极锋急流和副热带急流处于强-弱型或弱-强型时，我国降水和气温异常的空间分布与欧亚遥相关型和我国气温和降水相关关系一致，但是当两支急流强度相当的时候，气温异常与两支急流一强一弱时相反，降水异常则表现出区域上的差别。

9.4　欧亚遥相关型与影响我国冷涌活动的关系

考虑到我国幅员辽阔，给出固定的变温标准对于纬度相差比较大的区域不一定合理。如图 9.38 所示，我国不同地区气温标准差变化很大，从 2.75 到 8.32 不等，总体上北方标准差大于南方，也就表明北方的气温变化强于南方。由于固定标准过高则会忽略南部许多冷涌过程，标准过低则会高估北方出现冷涌的次数，所以采用 1.5σ（σ 为 56 年冬季地面气温的标准差）和 2.0σ 来作为冷涌和强冷涌的变温标准。西伯利亚高压的增强是东亚冷涌的重要特征，这里采用的冷涌定义为满足西伯利亚高压强度较强之外，若图 9.38 中 $5°×5°$ 的矩形区域 24/48 小时变温小于 -1.5σ 时，则认为该时刻在该矩形区域出现一次冷涌。强冷涌定义为当 24/48 小时变温小于 -2.0σ。选取 90°E～115°E、35°N～55°N 的范围为西伯利亚高压关键区域。强西伯利亚高压的发生需要满足两个条件：①西伯利亚高压关键区海平面气压场反气旋中心气压值大于 1035hPa，其中反气旋中心是指气压值大于周围 8 个格点的气压值所在的位置；②该气压中心的相对涡度小于 $-1.0×10^{-5}\,\mathrm{s}^{-1}$。

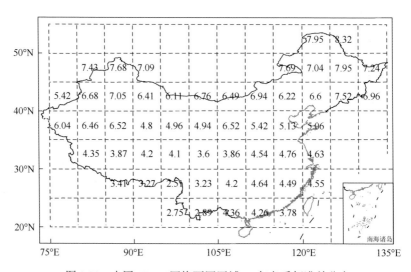

图 9.38　中国 $5°×5°$ 网格不同区域 56 年冬季标准差分布

9.4.1　中国地区冷涌的变化特征

表 9.3 给出了中国冷涌和强冷涌发生次数，从表中可以看到，1955～2010 年这 56 年间我国一共发生冷涌 709 次，强冷涌 238 次，每年平均发生冷涌和强冷涌分别为 12.7 次和 4.3 次。

表 9.3 中国冷涌和强冷涌发生次数

项目	总次数	年平均
冷涌	709	12.7
强冷涌	238	4.3

图 9.39 给出了统计的 1955～2010 年每年发生冷涌和强冷涌的频数。从图中可以看出，1971 年之前，我国冷涌发生频数较高，有 4 年冷涌发生超过 20 次。之后几十年冷涌发生频率相对低，但这一阶段中也有部分年份发生频率较高，冷涌发生频数最少的年份为 2007 年，到近几年尤其是 2010 年冷涌和强冷涌出现频率又出现增强趋势。从空间分布上看（图 9.40），冷涌的发生有一定的空间分布不均匀性，我国沿海地区是冷涌发生频率较高的地方。

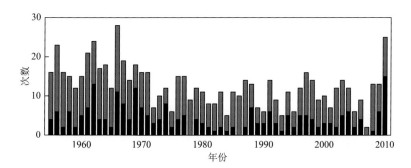

图 9.39 中国 1955～2010 年冷涌和强冷涌的发生频数分布

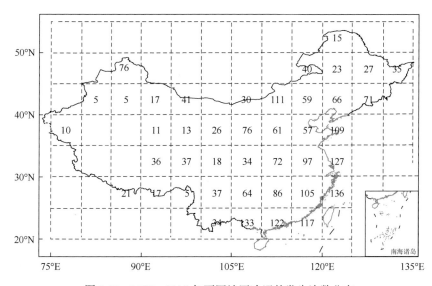

图 9.40 1955～2010 年不同地区冷涌的发生次数分布

　　图 9.41 给出了我国冷涌发生时海平面气压场（SLP）、地面气温（SAT）、500hPa 位势高度（Z）、300hPa 纬向风和经向风平均场及其异常的分布。海平面气压场表现为较强的西伯利亚高压，高压中心气压大于 1040hPa，阿留申低压中心气压小于 1005hPa。同时，海平面气压距平场则出现一对正-负异常中心［图 9.41（a）］，西伯利亚高区为明显的气压正异常，位于阿留申低压左边缘的日本上空地区则存在一个负异常中心，这两个异常中心的出现都有利于北方冷空气向南输送，进而影响我国冬季气候。

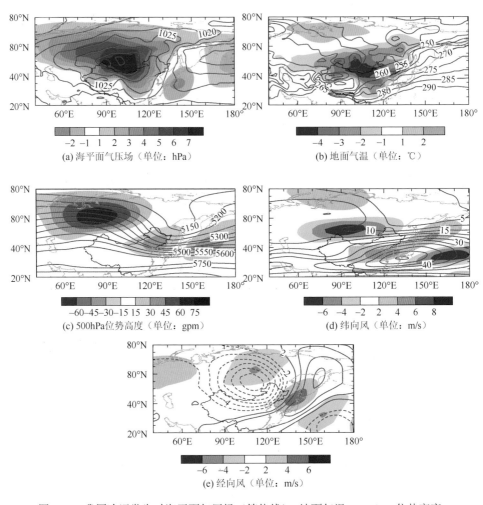

图 9.41　我国冷涌发生时海平面气压场（等值线）、地面气温、500hPa 位势高度、
纬向风和经向风及其距平（阴影）分布

图（a）～（c）中等值线间隔分别为 5hPa、5K、50m、5m/s 和 2m/s

冷空气的经向输送会引起我国地面气温的降低，地面气温的经向梯度则增加[图 9.41（b）]。在东亚大部分地区出现明显的负气温异常，欧洲西北部有微弱的正气温异常。从 500hPa 位势高度场上可以看到，东亚东海岸地区大槽明显加深，东亚上空位势高度异常表现为正-负-正的波列结构 [图 9.41（c）]。从高空急流的分布来看，冷涌发生时，东亚副热带急流偏强，而极锋急流偏弱，风速异常表现为正-负-正-负的分布，正风速异常位于副热带急流的北部，极锋急流区则表现为明显的负异常 [图 9.41（d）]。东亚北部及其以北地区都为北风控制，负风速异常更加速了该地区的北风分量 [图 9.41（e）]。从以上的分析可以看出，冷涌发生时，东亚地区的环流状况表现为西伯利亚高压增强，东亚大槽加深，副热带急流强度增加，经向北风增强，从而加强东亚地区冷平流而有利于冷涌的发生。

9.4.2 欧亚遥相关型与冷涌的关系

为了研究冷涌的发生与欧亚遥相关型的关系，分别统计了欧亚遥相关型位于正负位相时冷涌的发生情况，欧亚遥相关型正负位相的标准为当逐日欧亚遥相关型指数大于 1σ 和 -1σ。

如表 9.4 所示，在 56 年冬季 709 次冷涌中，发生欧亚遥相关型正位相的有 172 次，负位相的有 59 次。在 238 次强冷涌中有 56 次发生在欧亚遥相关型位于正位相时，23 次发生在欧亚遥相关型位于负位相时。欧亚遥相关型正位相时西伯利亚高压最大气压值（SLP_{max}）可以达到 1051.52hPa，而负位相时仅有 1044.20hPa。欧亚遥相关型正位相时全国平均气温异常（T'）为 -2.52，负位相仅为 -0.78，正位相时我国气温偏低。而从降温上看，负位相则略大于正位相。

表 9.4 欧亚遥相关型不同位相时冷涌和强冷涌的发生次数等统计特征

项目	冷涌	强冷涌	SLP_{max}	$dT'/℃$	$T'/℃$
总体	709	238	1049.57	-0.86	-1.55
正位相	172	56	1051.52	-0.79	-2.52
负位相	59	23	1044.20	-1.17	-0.78
差值	113	33	7.32	0.38	-1.74

欧亚遥相关型与西伯利亚高压有显著正相关，欧亚遥相关型位于正位相时西伯利亚高压较强，高压东部北风也较强，有利于冷空气向我国输送。另外，我国北部（42.5°N～50°N、105°E～130°E）低层风向也有所不同，正位相时低层风偏北分量更大且风速偏强（图 9.42）。

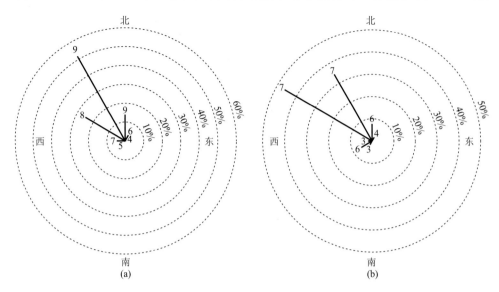

图 9.42　冷涌发生于欧亚遥相关型正位相（a）和负位相（b）时我国北部 850hPa
（42.5°N～50°N、105°E～130°E）平均风速（单位：m/s）和风向

　　下面比较欧亚遥相关型正负位相时发生冷涌所对应的环流特征。与冷涌总体环流特征相比，欧亚遥相关型正位相时，西伯利亚高压和阿留申低压强度都偏强 [图 9.43（a）]。海平面气压场异常位置变化较小，但是强度明显增大，有利于正-负异常之间的偏北气流的加强 [图 9.43（a）]。正位相时东亚地区地面气温也较低，地面气温异常明显增强，几乎整个中国都为负异常中心覆盖，欧洲北部正气温异常也有所增强 [图 9.43（b）]。500hPa 位势高度场上，东亚大槽槽后高压脊明显增强，位势高度异常与 [图 9.43（c）] 相比仅有两个异常中心，分别位于西伯利亚西部和日本上空，异常中心明显增强，太平洋上空的正异常中心消失 [图 9.43（c）]。东亚副热带增强，极锋急流减弱并北移，在 60°N 以北的地区出现急流中心，两支急流位置相距较远 [图 9.43（d）]。纬向风异常表现为正-负-正的异常中心分布，异常中心强度有所增强。东亚地区北风显著增强，经向风异常分布与 [图 9.43（e）] 类似，强度偏强。与冷涌发生时的环流场相比，冷涌发生于欧亚遥相关型正位相时，其环流特征更有利于北方冷空气的南下，造成我国气温降低，所以欧亚遥相关型正位相有利于我国冷涌的发生。

　　图 9.44 给出了冷涌发生于欧亚遥相关型负位相时相应的环流特征。从图中可以看出，欧亚遥相关型负位相时西伯利亚高压西侧出现负异常中心，其东侧正异常中心较弱，相比于正位相时西伯利亚高压强度较小，并且阿留申低压中心附近为明显正异常，使得阿留申低压强度也有所减弱 [图 9.44（a）]。我国南部沿海地区没有出现明显负气温异常，日本上空则出现正气温异常，最大气温异常中心

出现在欧洲东部 [图 9.44（b）]。500hPa 位势高度场表现为两槽一脊，东亚大槽强度弱于正位相 [图 9.44（c）]。位势高度异常中心与正位相时符号相反，西伯利亚西部地区负位势高度异常使该地区出现一个浅的低压槽。高空副热带急流区最大风速小于正位相时，北侧风速增强，南侧减弱 [图 9.44（d）]。极锋急流区为正的风速异常，极锋急流强度增加，位置偏南，其北部为负风速异常。东亚北部北风异常明显减弱，其西边出现正风速异常，我国东北部到日本上空出现正风速异常。

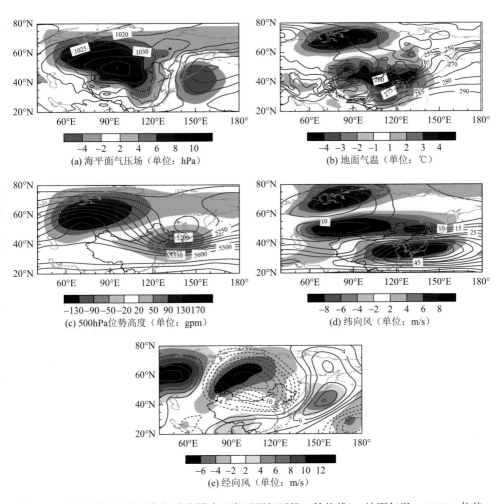

(a) 海平面气压场（单位：hPa）

(b) 地面气温（单位：℃）

(c) 500hPa位势高度（单位：gpm）

(d) 纬向风（单位：m/s）

(e) 经向风（单位：m/s）

图 9.43　欧亚遥相关型正位相时我国冷涌海平面气压场（等值线）、地面气温、500hPa 位势高度、纬向风和经向风及其异常（阴影）分布

图（a）～（e）中等值线间隔分别为 5hPa、5K、50m、5m/s 和 2m/s

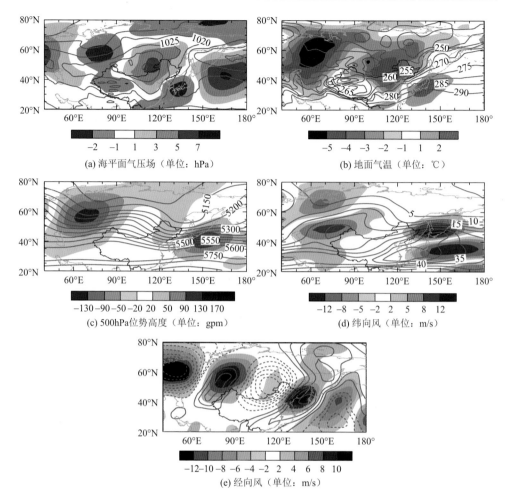

图9.44 欧亚遥相关型负位相时我国冷涌海平面气压场（等值线）、地面气温、500hPa位势
高度、纬向风和经向风及其异常（阴影）分布

图（a）～（e）中等值线间隔分别为5hPa、5K、50m、5m/s和2m/s

　　以上分析发现，与正位相相比，欧亚遥相关型负位相时环流场不利于冷空气
加强并南下，这也就是负位相时冷涌发生频率明显偏少的原因。

第 10 章　持续性暴雪事件中东亚副热带急流和极锋急流协同变化特征

2008 年年初，中国南方地区发生了一场 50 年一遇（部分地区 100 年一遇）的大范围持续性低温雨雪冰冻事件，其特征表现为影响范围广、强度大、连续低温、雨雪持续时间长、冰冻日数多和灾害损失严重（Wang et al.，2008；布和朝鲁等，2008；付健健等，2008）。这次暴雪事件从 2008 年 1 月 10 日持续到 2 月 2 日，主要分为 4 个阶段，时间分别为 1 月 10～16 日、1 月 18～22 日、1 月 25～29 日、1 月 31 日～2 月 2 日。很多学者对此次极端事件产生的原因进行了多方面的研究（Bao et al.，2009），有研究指出这次冰冻雨雪天气的发生主要是中国南方地区南支槽的加深、西太副热带高压的北进以及蒙古高压的东进和南压共同作用导致的（布和朝鲁等，2008），中东急流在暴雪事件中强度明显增强且位置偏南，而副高脊线较气候态则明显偏北（Wen et al.，2009），对流层低层出现的深逆温层结构是导致此次暴雪事件的关键天气学因素（Zhou et al.，2009），而西伯利亚高压和北极涡的变化在暴雪发生发展过程中也具有重要作用（Gao，2009）。

东亚高空急流是东亚地区环流系统的重要组成部分，对局地及其下游地区的天气气候变化都具有重要影响（Wang and Yasunari，1994；Watanabe and Nitta，1998），其变化能够反映不同纬度带上不同环流系统之间的相互关系，在大尺度环流变化与东亚地区天气气候异常的关系中起到了重要的桥梁作用，因此对于持续性暴雪等极端事件的出现或维持也具有影响（Barnett et al.，1989）。以往研究多关注于东亚上空两支急流独立的变化规律及其天气气候效应（Yang et al.，2002；Jhun and Lee，2004；Zhang et al.，2006，2008b），而对于共同出现的两支急流之间的协同作用对极端天气的影响研究较少。此外，由于东亚陆地区域的天气尺度瞬变活动强度比洋面区域的天气尺度瞬变活动强度偏弱，以往的研究工作也很少关注天气尺度瞬变在东亚陆地上空的活动情况及其与东亚副热带急流和极锋急流之间的关系（Chang，1993；Hoskins and Hodges，2002；Son et al.，2009）。因此，本章从中纬度西风急流变化的角度，分析暴雪过程中东亚高空急流系统成员间的协同变化特征，研究急流协同变化与暴雪事件发生发展的关系，最后提出引起此次暴雪事件期间东亚副热带急流和极锋急流协同变化的可能机制。

10.1　暴雪期间降水和东亚高空急流整体结构特征

首先分析暴雪期间的降水特征。由于缺乏直接观测的降雪数据，利用中国气象局整编的 725 站站点逐日观测降水资料替代降雪观测，因此这里所描述的降水特征均指液态降水，而非固态降雪。图 10.1 给出了每次暴雪过程降水的空间分布及其时间演变特征，暴雪过程中各物理量的异常场是指减去 2007/2008 年冬季气候态（即 2007 年 11 月～2008 年 3 月的平均场）所得到的距平场。由图 10.1（a）、（b）可知，暴雪前两次事件降水主要发生在长江中下游地区，后两次事件雨带南移，强降水主要集中于中国南方区域，强度显著增强 [图 10.1（c）、（d）]。从降水逐日演变图中 [图 10.1（e）、（f）] 也可看到暴雪期间四次明显的降水过程，其间存在短暂间歇，最大强度降水发生在第 3 次事件中。

图 10.2（a）～（d）给出了每次暴雪事件中东亚地区 300hPa 上空风场的空间分布特征。从图中可以看到，暴雪期间，沿着纬向延伸的东亚副热带急流在陆地上空的部分由强西风所主导，急流主体区域内的风速从第 1 次暴雪事件到最后 1 次事件中呈逐渐加强的趋势。同时可以发现，东亚高空副热带急流在洋面上的部分，主体位于日本岛南部地区，在整个暴雪时段中没有明显的位置偏

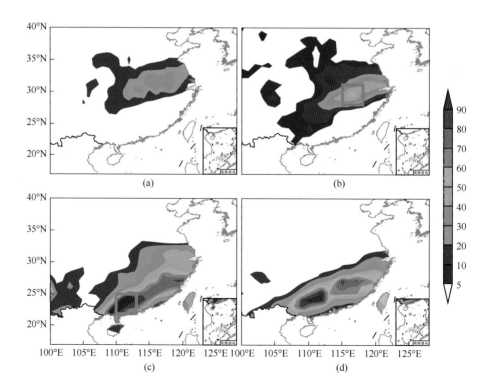

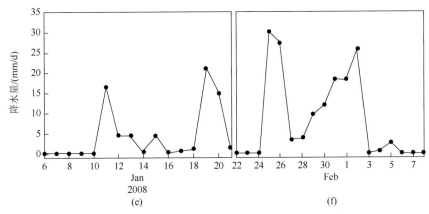

图 10.1　每次暴雪过程的累计降水量（阴影，单位：mm）

（a）第 1 次过程（1 月 10 日～16 日）；（b）第 2 次过程（1 月 18 日～22 日）；（c）第 3 次过程（1 月 25 日～29 日）；
（d）第 4 次过程（1 月 31 日～2 月 2 日）；（e）、（f）降水的逐日演变（mm/d）。前两次过程选择区域为 28°N～31°N、
115°E～118°E，后两次过程选择区域为 22°N～25°N、110°E～113°E

移。但是从图 10.2（a）～（d）所示的全风速分布图上很难看到东亚极锋急流的变化特征，这是由于同副热带急流相比，极锋急流的强度要偏弱很多。因此进一步分析每次暴雪事件中 300hPa 高度上的风速异常场特征。从图 10.2（e）～（h）中可以看到，位于大陆上空的副热带急流从第 1 次暴雪事件到最后 1 次事件中逐渐增强，并且在暴雪的后两次过程中强度达到最大［图 10.2（g）、（h）］，对应着最大强度降水的发生［图 10.1（c）、（d）］。伴随着副热带急流的增强，极锋急流的强度在逐渐减弱，呈现出和陆地上空这支副热带急流明显的反相变化特征。

　　为了更深入地研究与暴雪过程相伴随的东亚高空急流变化特征，将东亚高空副热带急流分为两个部分：一部分为高原南侧急流，其主体区域位于东亚大陆上空，沿纬向分布于青藏高原的南侧；另一部分为东亚洋面急流，其主体区域位于日本岛东南部，向东延伸至洋面地区。东亚极锋急流的主体区域位于青藏高原的北侧。由图 10.3（a）可知，青藏高原南侧的急流中心主要位于 200hPa 高度附近，最大风速超过 40m/s。急流中心以下，风速逐渐减弱。而青藏高原北侧的风场结构与南侧相比有较大差异，整个对流层内都没有出现闭合的风速中心，这是由于冬季青藏高原北侧的风速比南侧风速偏弱很多。但从风速方差场分布上可以看到，高原南北两侧存在两个明显的方差大值中心，高原南侧的方差中心主要位于 25°N～35°N、300～200hPa 区域内，而北侧方差中心主要位于 45°N～60°N、400～200hPa 区域内。同时，从冬季东亚地区天气尺度瞬变活动的分布图中［图 10.3（b）］可以看到，在高原南北两侧也存在两个显著的天气尺度瞬变扰动大值中心，与两个风速方差中心相对应，只是天气尺度瞬变扰动中心较风速方差中心位置更为偏北。青藏高原北侧的天气尺度瞬变扰动中心强度约为南侧中心强度的两倍，表明

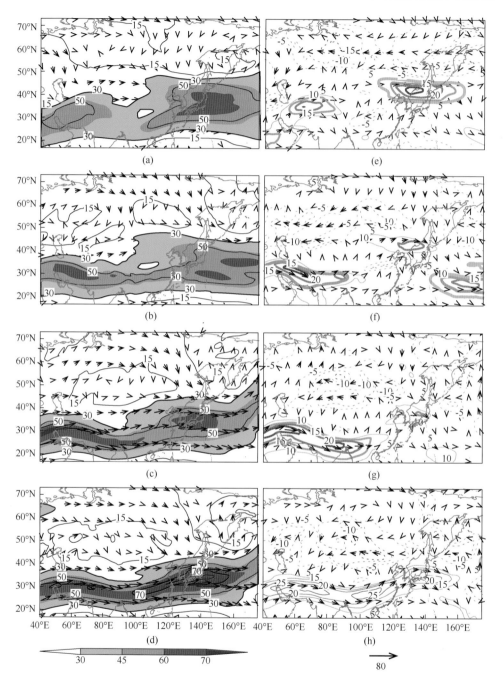

图 10.2　300hPa 上空风场 [（a）～（d）] 和风速异常场 [（e）～（h）] 的空间分布（单位：m/s）

（a）和（e）为第 1 次暴雪过程（1 月 10 日～1 月 16 日）；（b）和（f）为第 2 次暴雪过程（1 月 18 日～1 月 22 日）；（c）和（g）为第 3 次暴雪过程（1 月 25 日～1 月 29 日）；（d）和（h）为第 4 次暴雪过程（1 月 31 日～2 月 2 日）

高原北侧区域的风场异常与天气尺度瞬变活动联系更为密切。图 10.3 中高原南北
两侧的风速方差中心和天气尺度瞬变扰动中心对应着高原南侧的副热带急流与极
锋急流的主体区域。

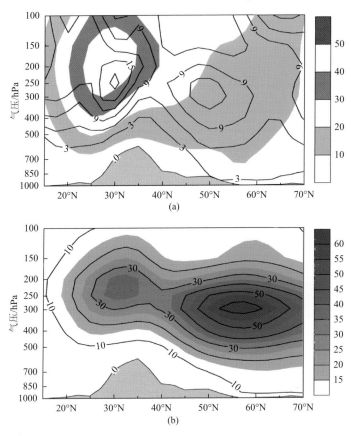

图 10.3 冬季气候态全风速场（单位：m/s，阴影区）及其方差场（单位：m²/s²，等值线）的
纬度-高度剖面（70°E～100°E）（a）与天气尺度瞬变扰动动能场（单位：m²/s）（b）

为了进一步选择三支急流的关键区域，利用 7.1.3 节介绍的方法计算了东亚
地区冬季急流核发生频数。图 10.4 给出了冬季东亚地区 300hPa 上空急流核发生
频数分布，从图中可以清楚看到，冬季东亚陆地上空存在南北两个急流核发生频
数集中多发的区域，一个狭长的急流核发生频数高值区位于青藏高原南侧，与青
藏高原南侧的副热带急流相对应；另一个大值区与南侧的急流核平行，位于青藏
高原北侧 40°N～60°N、70°E～110°E 区域内，对应着东亚极锋急流的气候平均位
置。从图中还可以看到，高原南侧急流区域内的急流核发生频数明显多于极锋急
流区域内急流核发生频数。在高原上空，特别是青藏高原北部上空所处的纬度带

是逐日急流核发生频数最少的区域，从而使这一区域成为冬季高原南侧副热带急流和高原北侧极锋急流的地理分界线（Ren et al.，2010）。此外，在日本上空南部地区也存在一个急流核发生频数的大值区，对应着东亚洋面急流区域。

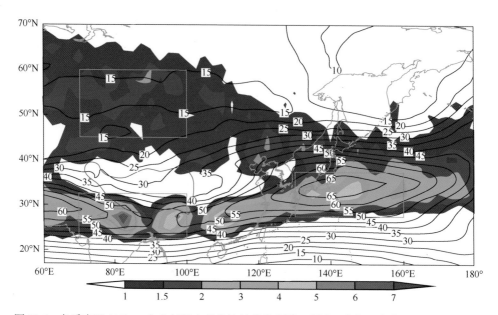

图 10.4　冬季东亚 300hPa 上空气候态的急流核发生频数（阴影，单位：次数）和 2007/2008 年
冬季暴雪期间的全风速场（等值线，单位：m/s）

图中红色实线代表青藏高原主体区域，三个灰色矩形分别表征高原南侧的副热带急流活动区域、高原北侧的
极锋急流活动区域和西北太平洋洋面上空的急流活动区域

　　Pena-Oritiz 等（2013）也提出了一种统计急流核发生频数的方法，用于确定全球副热带急流和极锋急流的位置，该方法也是利用 30m/s 的风速值作为计算急流核发生频数的阈值，不同的是他们计算的是全球每个经度上 400～100hPa，垂直层上的最大风速作为该经度上的急流核发生频数，其结果清晰地揭示出全球尺度上两支高空急流的地理空间分布特征，用此方法得到的东亚地区急流核发生频数的显著区域与这里的结果基本一致。

　　此外，暴雪期间洋面急流区域内的全风速中心及极锋急流区域内的风速异常场中心（图 10.4）也与冬季气候态的急流核发生频数大值中心较为一致。因此，综合考虑暴雪期间的风场分布特征以及冬季急流核发生频数特征，定义了三支急流的关键区域，图 10.4 中的灰色方框分别标记出了高原南侧的副热带急流活动区域、高原北侧的极锋急流活动区域和西北太平洋洋面上空急流活动区域，并在表 10.1 中给出了急流关键区域的经纬度信息。

表 10.1　高原南侧副热带急流、高原北侧极锋急流和西北太平洋洋面上空急流的关键区域

高原南侧副热带急流	高原北侧极锋急流	西北太平洋洋面上空急流
70°E～100°E、22.5°N～32.5°N	70°E～100°E、45°N～60°N	130°E～160°E、27.5°N～37.5°N

接下来的分析中，主要关注三支急流强度的协同变化特征，揭示暴雪过程中这三支急流的强度是否存在快速变化？三支急流强度的变化是否存在位相差异？急流的强度变化是否存在同期或超前、滞后的相关关系？

将三个急流关键区域内 300hPa 区域平均的风速异常分别定义为高空极锋急流指数（I_PJ）、高原急流指数（I_TJ）和洋面急流指数（I_OJ），用以表征急流的强度特征。图 10.5（a）展示了暴雪期间三支急流强度的协同变化特征，如图所示，

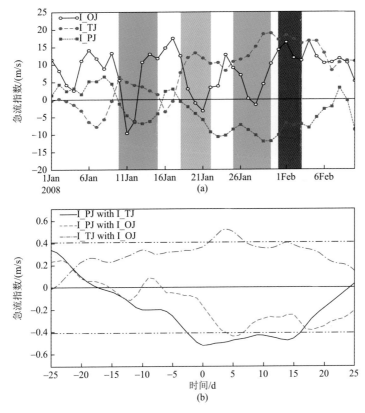

图 10.5　暴雪期间高原南侧急流（长虚线）、高原北侧极锋急流（短虚线）和洋面上空急流（实线）的强度变化特征［(a)，单位：m/s］及 I_TJ 和 I_PJ（实线）、I_PJ 和 I_OJ（长虚线）、I_TJ 和 I_OJ（短虚线）的超前滞后相关（b）

(a) 中阴影区为暴雪过程 4 个阶段；(b) 中横轴正（负）值表示 I_TJ 超前（滞后）于 I_PJ，I_PJ 超前（滞后）于 I_OJ，I_TJ 超前（滞后）于 I_OJ。水平虚线表示 99.9%置信水平检验线

从暴雪第一次过程到最后一次过程，高原南侧急流的强度呈逐渐加强的特征，I_TJ增幅在 1 月 25 日～2 月 1 日达到峰值，正好对应过程中的第 3 次和第 4 次强降水过程，雨带范围延伸至整个中国南方地区。与高原南侧急流相比，高原北侧极锋急流强度变化表现出明显的反位相变化特征，暴雪时段内 I_PJ 与 I_TJ 之间的同期相关系数高达−0.75（1 月 10 日～2 月 3 日）。2007/2008 年冬季 I_TJ、I_PJ 和I_OJ 的超前滞后相关分析表明 [图 10.5（b）]，I_TJ 和 I_PJ 两支急流同期相关最大，表明增强的高原南侧急流同时伴随着高原北侧极锋急流的减弱。而当 I_TJ（I_PJ）超前于 I_OJ 约 5 天时间时，I_OJ 与 I_TJ（I_PJ）之间存在最显著相关，相关系数为 0.56（−0.48），表明大气内部异常信号从高原北侧极锋急流和高原南侧副热带急流区域东传至洋面急流地区。引起三支急流强度出现超前滞后变化关系的原因以及急流协同变化在 2007/2008 年冬季暴雪期间和在其他冬季里的表现是否存在差异，将在后面进一步讨论。

10.2　与东亚高空急流变化相关联的大气环流异常特征

10.2.1　暴雪过程与东亚高空急流关系及环流结构

图 10.6（a）、（b）分别给出了暴雪期间降水与 I_TJ 和 I_PJ 的空间相关场，从图可以看到高原急流指数和极锋急流指数与暴雪期间降水相关系数在暴雪发生的主要区域达到显著水平。将区域平均（22°N～30°N、110°E～118°E）的逐日降水量分别与 I_TJ 与 I_PJ 计算相关系数，相关系数分别达到 0.57 和−0.45，均通过 99% 置信水平检验，表明高原南侧急流的增强主要与中国南方地区降水的增多相关联 [图 10.6（a）]，而极锋急流的减弱也同时伴随着中国中部和南方地区降水的增加 [图 10.6（b）]，该区域的降水异常场均超过 95% 置信水平检验 [图 10.6（c）中的粗实线标记区域]。以上分析表明，极锋急流和高原急流强度的变化与暴雪过程中的降水异常均紧密相关，虽然这并不能说明两支急流的协同变化导致了此次暴雪事件，但可由此推测，两支急流的协同变化是大气环流系统异常信号的一种整体反映，是联系持续性暴雪灾害事件和异常大气环流之间的重要纽带。

为了解释东亚高空急流变化与暴雪事件之间的关系，进一步分析与高原南侧急流变化相关联的区域大气环流异常特征。由于最大强度的降水主要发生在暴雪的第 3 次和第 4 次过程，下面主要关注后两次暴雪事件中的大气环流异常信号特征。如图 10.7（a）所示，伴随着高原急流的增强，对流层低层出现了一支强烈的西南低空急流，从孟加拉湾一直延伸到长江中下游地区和整个中国南方地区，低

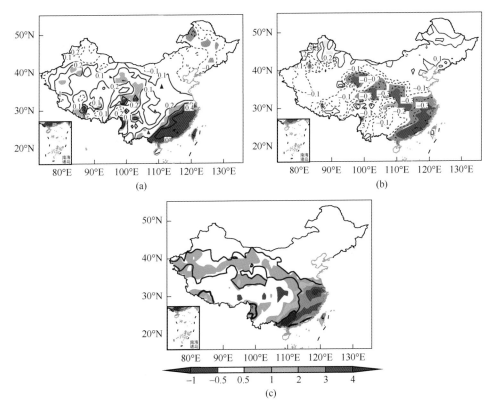

图 10.6　降水与 I_TJ（a）和 I_PJ（b）的空间相关场及暴雪时段的降水异常场（单位：mm/d）
（c）（a）、（b）中浅色（深色）阴影区为超过 95%（99%）置信水平检验区域；（c）中超过 95%
置信水平
检验的区域用粗实线标出

空急流的最大风速超过 18m/s。强烈的西南低空急流将充足的水汽从孟加拉湾和南海区域源源不断地输送到中国南方地区，为暴雪事件的发生提供了有利的水汽条件。1000～300hPa 整层垂直积分的异常水汽通量场辐合中心位于中国南方地区，正好对应着暴雪过程中主体雨带的位置。周兵等（2003）通过数值模拟研究发现，高原南侧急流的增强导致西南低空急流强度的增加，从而使得中国南方地区降水增多，类似的机制在前两次暴雪过程中也存在，只是与后两次事件相比，西南低空急流强度偏弱，水汽通量异常场的辐合中心位置更加偏北，导致雨带在前两次事件中主要位于长江中下游地区。因此，高原南侧急流强度的变化可以很好地指示来自孟加拉湾和南海地区的暖湿空气活动情况。通过诊断分析，Yang 等（2002）指出冬季东亚地区的降水异常与对流层上层急流核所处的位置也有关联。图 10.7（b）给出了暴雪后两次事件及气候态上急流核位置特征，可以看到，在暴雪期间，急流核位置较气候态明显偏西，从而导致对流层上层急流核入口区右侧的强烈辐合区域正好位于中国南方地区 ［图 10.7（c）］。低层辐合、高层辐散引起强烈的垂直上升运动，为暴雪后两次过程中强降水的发生提供了有利的动力条件 ［图 10.7（d）、（e）］。

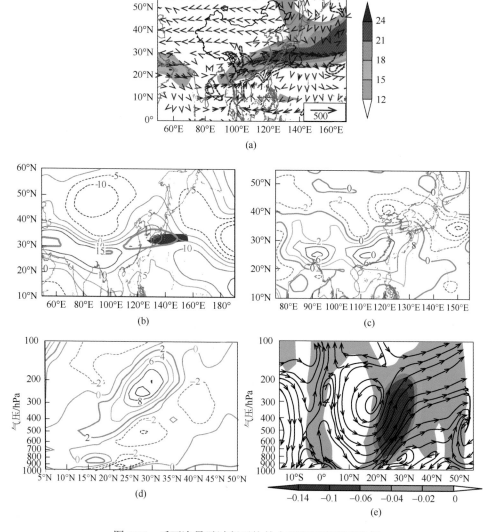

图 10.7　后两次暴雪过程平均的水平和垂直环流特征

（a）为 700hPa 全风速场（阴影；单位：m/s）和 1000～300hPa 整层垂直积分的水汽通量异常场［箭矢；单位：kg/(m·s)］及其散度场［等值线；单位：10^{-5}kg/(m²·s)］；（b）为 200hPa 纬向异常风场，阴影区域代表冬季气候态（1979/1980 年至 2010/2011 年）的急流中心（>70m/s）位置，绿色粗等值线表示后两次暴雪过程中急流中心位置；（c）为 200hPa 风速辐合辐散场（单位：$10^{-5}s^{-1}$），（d）为后两次暴雪过程中风速辐合辐散场的经度–高度剖面图（110°E～120°E）；（e）同图（d），但为垂直经向环流（单位：Pa/s），阴影区代表上升运动区域

10.2.2　暴雪期间冷空气活动异常

极端降水事件的发生往往还与冷空气的活动密切相关（Spencer and Stensrud，1998；姚秀萍和于玉斌，2005），下面进一步分析暴雪期间与极锋急流变化相伴随的冷空气活动情况。以往研究工作已经提出了用以表征冷空气活动的若干物理量，例如，经向北风 V（Chan et al.，2002）、假相当位温场 θ_{se}（Ding and Liu，2001）、温度露点差 Tem_Td（姚秀萍和于玉斌，2005）以及位势涡度场（Shutts，1983；Browning and Golding，1995；Takaya and Nakamura，2005）等。图 10.8（a）、（b）给出了 800hPa 和 500hPa 上空北风分量的纬度-时间演变特征，由图可知，在暴雪发生之前，对流层低层 [图 10.8（a）] 和中层 [图 10.8（b）] 都为异常偏强的北风主导，北风分量一直侵入到 10°N 附近，占据了整个南方地区，不利于该区域降水的发生。然而在暴雪期间，伴随着极锋急流的减弱，冷空气强度也随之减弱，中国南方地区逐渐被异常南风所主导，有利于静止锋面在该区域的生成和维持。南方地区在 2 月 4 日以后再次被较强的北风占据，对应着暴雪事件的结束。从假相当位温的纬度-时间演变图上 [图 10.8（c）] 也可以看到，第 1 次暴雪事件中，锋面位于 34°N 附近，并在第 2 次事件中移动到 28°N 附近，在最后两次事件中进一步

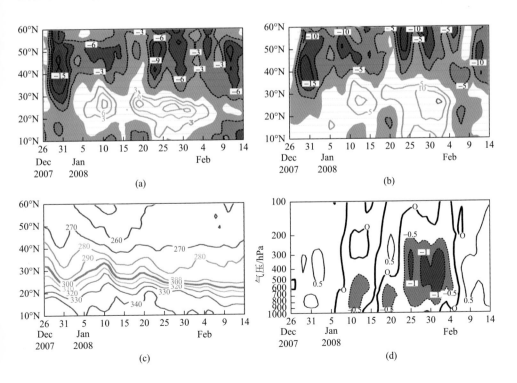

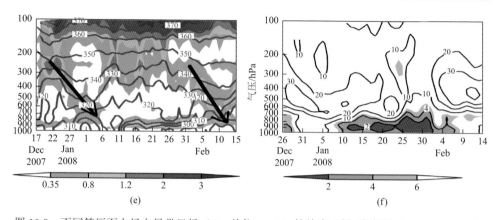

图 10.8　不同等压面上经向异常风场（V；单位：m/s）的纬度-时间演变图（110°E～120°E）

（a）800hPa；（b）500hPa，阴影区表示北风异常；（c）同图（a），但为假相当位温场（θ_{se}；单位：K），（d）垂直速度异常场（单位：Pa/s）的高度-时间演变图（110°E～120°E、22°N～30°N），阴影区代表上升运动；（e）同图（d），但为假相当位温场和位势涡度场（PV，阴影区；单位：PVU）；（f）同图（d），但为露点温度差（Tem_Td；单位：℃），阴影区表示露点温度差小于6℃的区域

南移并维持在 24°N 附近，锋面的移动与暴雪过程雨带位置的移动一致（图 10.1）。图 10.8（e）中的位势涡度与假相当位温场的高度-时间剖面图进一步说明，在暴雪过程间歇期，侵入中国南方地区的冷空气除了来自高纬度地区，还来源于对流层顶的高位涡池区。假相当位温场的空间分布表明，在暴雪发生之前和结束以后，从对流层的中层到低层存在着深槽系统，该高空槽的维持有利于冷空气的向下传输，不利于降水的发生。然而伴随着暴雪事件的开始，高空槽逐渐消失，在暴雪期间演变为高空脊线，对流层中层的位涡场强度也开始逐渐减弱，表明对流层顶向下传输的冷空气受到抑制。对流层中层的下沉运动转化为垂直上升运动，暖气活动开始增强 [图 10.8（d）]。温度露点差的高度-时间演变图 [图 10.8（f）] 也说明，在暴雪开始之前和结束之后，整个对流层都被干冷空气所占据，而在暴雪期间，则为饱和暖湿空气所主导，对应着降水事件的发生。

采用前人的研究方法，分别用经向北风、假相当位温、露点温度差和位涡表征冷空气活动，将 500hPa 高度上区域平均（110°E～120°E、22°N～30°N）的 V 和 PV 以及 850hPa 上空区域平均的 θ_{se} 和 Tem_Td 定义为冷空气指数。图 10.9 给出了各个冷空气指数及 I_PJ 在暴雪期间的演变特征，由图可知，各个冷空气指数在暴雪过程中的变化特征都较为一致，并且和极锋急流指数之间存在显著的相关。I_PJ 与 V、θ_{se}、PV 及 Tem_Td 指数之间的相关系数分别为 0.68、–0.39、0.54 和 0.59，均超过 99%置信水平检验。由此可见，与各个冷空气指数类似，极锋急流的强度变化可以很好地反映暴雪过程中冷空气的活动情况。

上述分析可知，来自孟加拉湾和中国南海地区的暖湿空气与来自高纬及对流层顶的冷空气在中国南方地区交汇，为南方地区准静止锋的形成和维持提供了重要的动力学与热力学条件，并最终导致了持续性暴雪事件的发生。高原南侧急流和极锋急流的协同变化很好地反映了暴雪过程中冷暖空气的活动情况，是联系暴雪事件与大气环流异常信号的重要桥梁。

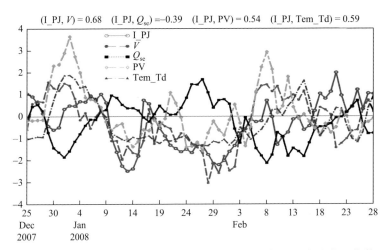

图 10.9　标准化的极锋急流指数（实线）、经向风指数（长虚线）、假相当位温指数（短虚线）、位涡指数（长短虚线）以及露点温度差指数（点虚线）在暴雪过程中的演变特征

10.2.3　暴雪期间大气低频信号特征

自从 Madden 和 Julian（1971，1972）提出热带大气低频振荡（MJO）以后，很多研究都揭示出 MJO 不但能影响热带地区（Madden and Julian，1994；Maloney and Hartmann，1998；Wheeler et al.，2009；Marshall et al，2011；Crueger et al.，2013），对副热带地区的天气和气候也具有重要的影响（Jones，2000；Bond and Vecchi，2003；Jone et al.，2004；Barlow et al.，2005；Jeong et al.，2005；Donald et al.，2006；Hong and Li，2009；Lin and Brunet，2009；Lin et al.，2010）。在东亚的中纬度地区，可以清晰地观测到与 MJO 相关联的异常环流信号（Kim et al.，2006；Jeong et al.，2008；Zhang et al.，2009）。王允等（2008）发现在 2008 年初持续性暴雪事件期间，中国南方地区的纬向风存在显著的低频特征。因此，大气低频信号对这次暴雪事件的影响值得深入研究。

下面主要从传播、位相及强度特征方面分析与暴雪过程相伴随的热带低频振荡信号演变特征，首先对 1979～2009 年 30 个冬季的 OLR 场作 30～60 天带通滤波，然后对其在 15°S～15°N 内进行经向平均。对该低频分量场作 EOF 分析可以得到两个典型空间模态［图 10.10（a）］，第一模态和第二模态解释方差分别占总方差的 13% 和 12.6%。

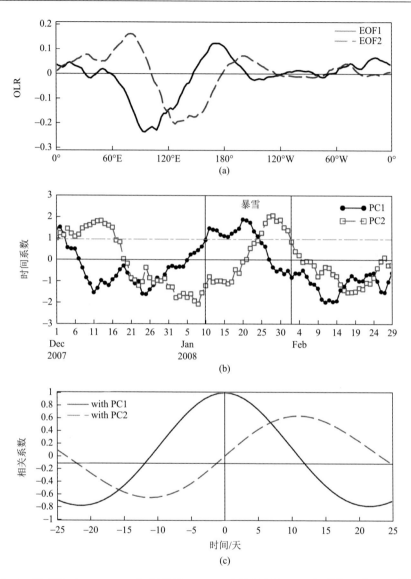

图 10.10 沿赤道（15°S～15°N）平均的 30～60 天带通滤波 OLR 场的前两个 EOF 模态、
时间系数及超前滞后相关系数

（a）前两个 EOF 模态；（b）2007/2008 年冬季与前两个模态相对应的时间序列，竖线之间时段表示暴雪发生
时段；（c）PC1 的自相关（实线）及其与 PC2 的超前滞后相关（虚线），横坐标为超前滞后的天数，
正（负）值表示 PC1 超前（滞后）PC2

第一模态反映的是对流增强区域位于印度洋而对流抑制区域位于印度尼西亚
海洋性陆地区域的两极型分布，第二模态与第一模态类似，强对流区域往东移动，
对流增强区域东传至印度洋东部，而对流抑制区域占据西太平洋地区。作为一对

典型的传播模态,这些特征与之前 Wheeler 和 Hendon(2004)根据多变量联合 EOF 分析得到的模态一致。为了反映暴雪期间 MJO 的实际活动情况,将 2007/ 2008 年冬季未滤波的 OLR 距平场分别投影到两个 EOF 空间模态上,建立标准化的大气低频振荡指数序列,以表征 2007/2008 年冬季大气低频活动的总体特征。指数大于 1 个标准差定义为 MJO 的活跃事件(Maloney and Hartmann,2001;Zhang and Mu,2005)。未滤波的低频指数直接反映了暴雪期间 MJO 实际强度特征,从图 10.10(b)中可以清晰地看到,PC1 和 PC2 分别在 1 月的第 4 候和第 6 候达到峰值,正好对应暴雪事件的前两个阶段和后两个阶段,表明 MJO 活动在暴雪期间异常活跃。实时 MJO 监测指数也证实 MJO 信号在暴雪前两次事件中强度逐渐增强,伴随对流活动东移,低频信号强度在后两次事件中进一步加强。

图 10.11 给出了 PC1、PC2 与暴雪期间降水异常场的同期和滞后相关。由图左列可知,PC1 与降水异常场的同期和滞后 5 天相关表明,当热带对流活动为第一模态模态主导时,长江流域降水增强,正好对应暴雪事件的前两次过程。当滞后时间增加到 10 天时,对流活动东传至印度洋中东部地区,整个华南地区降水显著增强,对应暴雪第 3 次过程。PC2 与降水异常场的同期相关场型态(图 10.11 右列)和 PC1 与降水异常滞后 10 天相关场型态基本一致,说明第二模态是第一模态东传 10 天后的表现。当滞后 5 天时,华南地区降水持续增强,但范围有所缩小,对应暴雪事件的第 4 次过程。当滞后 10 天时,MJO 对流中心传至西太地区,长江流域出现降水负异常,对应着暴雪事件的结束。由此可见,暴雪过程的降水特征与 MJO 信号的东传密切相关。

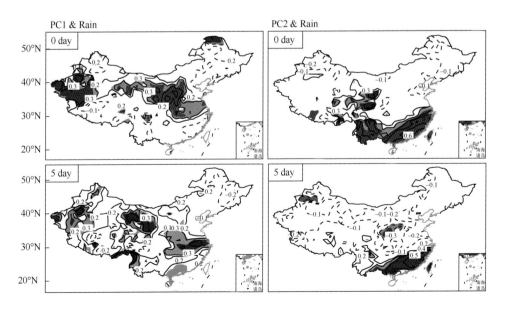

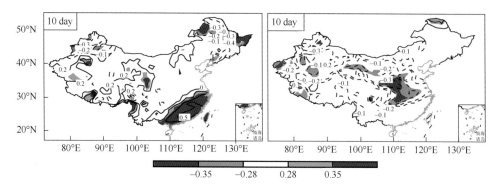

图 10.11　暴雪过程中 PC1（左列）和 PC2（右列）对降水场的同期和滞后相关

浅色（深色）阴影区为超过 95%（99%）置信水平检验区域

　　图 10.12 给出了冬季低频 OLR 场 EOF 的前两个空间模态和 2008 年 1 月第 4、第 6 候低频 OLR 场、降水场以及与之相关联的高低层低频环流场。从第 4 候低频 OLR 场可以看到［图 10.12（c）］，此时热带地区对流增强中心位于印度洋西部和西太平洋地区，而对流抑制中心位于印度尼西亚海洋性陆地区域，该空间型态与

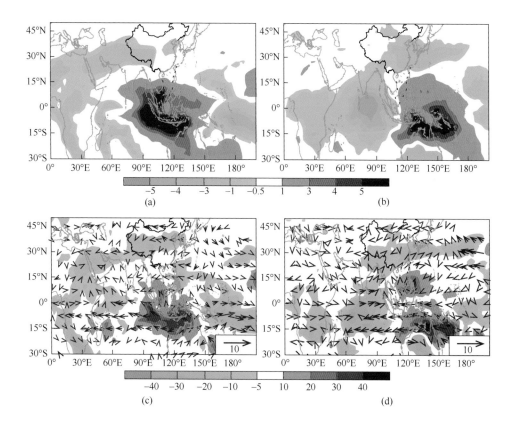

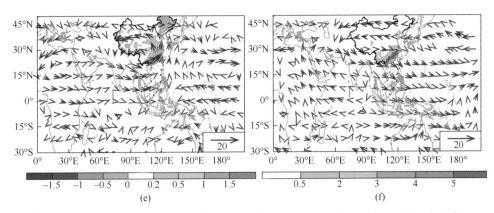

图 10.12　冬季低频 OLR 场 EOF 的前两个空间模态和 2008 年 1 月第 4、第 6 候低频
OLR 场、降水场以及与之相关联的高低层低频环流场

（a）低频 OLR 场 EOF 第一模态；（b）低频 OLR 场 EOF 第二模态；（c）2008 年 1 月第 4 候低频 OLR 场（阴影，单位：W/m^2）和 850hPa 低频风场（箭矢，单位：m/s）；（d）同图（c），但为 2008 年 1 月第 6 候；（e）2008 年 1 月第 4 候低频降水场（阴影，单位：mm/d）和 200hPa 低频风场（箭矢，单位：m/s）；（f）同图（d），但为 2008 年 1 月第 6 候。"C"表示气旋性环流异常中心，"A"表示反气旋性环流异常中心

冬季 OLR 场 EOF 的第一模态极为匹配［图 10.12（a）］，说明此时热带地区低频振荡为第一模态所主导。受此低频信号影响，长江中下游地区出现明显的负 OLR 异常，该地区存在强烈的对流上升运动。从低层环流场上可知［图 10.12（c）］，此时西太地区为反气旋性异常环流所控制，而中国东北地区出现气旋性异常环流，长江中下游地区处于两个异常环流交界处，有利于来自西太平洋地区的低频水汽通量在此辐合。从该时段的低频降水场上可以看到［图 10.12（e）］，长江中下游地区出现显著的低频降水正异常，而华南地区降水减少，对应前两次过程的降水分布型态。

　　从第 6 候的低频 OLR 场可以得知［图 10.12（d）］，此时对流活动增强中心东移至印度洋中东部地区，而对流活动抑制中心占据西太平洋海域，该空间型态与冬季 OLR 场 EOF 的第二模态极为相似［图 10.12（b）］，表明此时热带地区低频振荡为第二模态所主导。整个中国中部和南方地区都出现明显的 OLR 负异常，表明该地区为强烈的对流上升运动所控制。受此热带低频信号影响，印度孟加拉湾地区出现异常气旋性环流而西太平洋地区出现异常反气旋性环流，两个异常环流将印度洋、南海及西太平洋地区的暖湿空气输送至中国南方地区，为强降水的发生提供了有利的湿度条件。高层 200hPa 环流场上亦可以看到，从欧亚大陆上空到中国西部地区存在类似波列结构的气旋-反气旋性异常环流，中国南方地区正好处于低频异常环流的辐散区域，有利于激发低频上升运动。该时段的低频降水场则展示出整个中国南方地区都出现显著的低频降水正异常［图 10.12（f）］，整体强度较第 4 候时明显加强，对应着暴雪期间后面两次过程的降水分布型态。

通过对 2008 年 1 月两个关键候的分析发现，暴雪事件中主要存在两个显著的异常降水中心，分别位于长江中下游和中国南方地区。长江中下游地区的异常降水主要发生在前两次事件过程中，而中国南方地区的异常降水主要发生在后两次事件期间，暴雪过程中降水的空间和强度变化与热带大气低频振荡信号的强度及传播特征密切相关。暴雪期间降水与热带低频信号之间的关系和之前研究得到的结论较为一致（刘冬晴和杨修群，2010；He et al.，2011）。对低频 OLR 场 EOF 两个空间模态对应的时间系数进行超前滞后相关分析 [图 10.10（c）]，表明当 PC1 超前（滞后）PC2 约 11 天时达到正（负）的最大相关系数 0.62（–0.68）。为了进一步揭示暴雪期间的 MJO-降水关系，利用 Maloney 和 Hartmann（2001）定义的 MJO 指数划分暴雪期间 MJO 的生命周期：

$$\text{Index}(t) = \text{PC1}(t) + \text{PC2}(t-11),$$

其中，t 代表超前滞后的天数。根据 Maloney 和 Hartmann（1998）的方法把 MJO 的周期划分为 8 个典型位相，表 10.2 列出了 2007 年 12 月 31 日～2008 年 2 月 10 日每个 MJO 位相对应的时间及中国南方地区降水情况，从中可以看到 MJO 不同位相与降水事件的对应关系。

表 10.2　MJO 各位相对应时间及降雪情况

MJO 位相	对应时段	降雪情况
1	2007 年 12 月 31 日～2008 年 1 月 4 日	无
2	2008 年 1 月 5 日～2008 年 1 月 9 日	无
3	2008 年 1 月 10 日～2008 年 1 月 16 日	第 1 次降雪事件
4	2008 年 1 月 17 日～2008 年 1 月 22 日	第 2 次降雪事件
5	2008 年 1 月 23 日～2008 年 1 月 26 日	第 3 次降雪事件
6	2008 年 1 月 27 日～2008 年 1 月 31 日	
7	2008 年 2 月 1 日～2008 年 2 月 5 日	第 4 次降雪事件
8	2008 年 2 月 6 日～2008 年 2 月 10 日	无

10.3　暴雪过程中东亚副热带急流的位相演变特征

10.2.3 节的研究表明中国南方地区的持续性暴雪事件和 MJO 低频信号密切相关，但对中纬度地区的低频信号特征关注较少。在暴雪过程中，东亚高空急流协同变化持续了近 20 天时间，存在显著的低频变化特征。那么在季节内时间尺度上，东亚高空急流的变化与热带关键区内的对流加热是否具有关联？下面从个例和气候态角度对 MJO 与东亚副热带急流低频变化之间的关系作初步探讨，分析在暴雪发生过程中对应的高空急流演变特征。

首先分析个例事件中，MJO 信号与东亚副热带急流变化间的关系。从图 10.13 可以发现，暴雪过程中伴随热带 MJO 信号的东移，高原南侧副热带急流主体区域在强度和位置上都存在明显变化。第 3～8 位相，急流强度在逐渐增强，同时急流核区缓慢东移。第 3 位相时急流核主要位于 60°E 附近，而在第 8 位相移动至 105°E 附近。将 10.2 节中构建的 PC1 指数回归到暴雪期间 300hPa 风场上可以看到（图 10.14），在超前滞后 0 天（即同期）时，高原南侧急流强度开始增强，对应着暴雪事件的开始。在滞后 5～10 天时，高原南侧急流强度进一步加强，对应着暴雪的前两次过程。在滞后 15～20 天时，高原南侧急流强度达到最强，对应暴雪事件后两次过程，与 PC1 指数相关的风速变化强度约占暴雪过程中总风速变化强度的 35%。在滞后 25 天时，高原南侧开始出现东风异常，急流强度逐渐减弱，对应暴雪事件的结束。由此可见，暴雪过程中高原南侧急流强度的变化与 MJO 信号的东移有着密切联系。

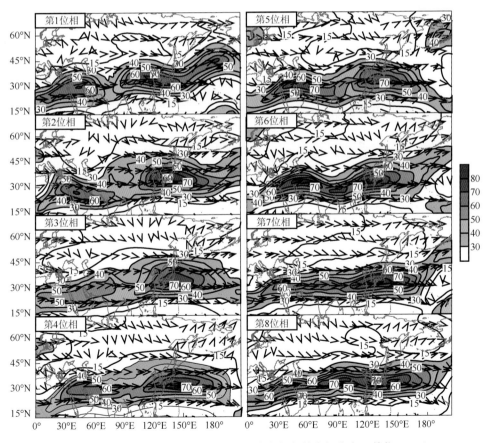

图 10.13　暴雪事件中 200hPa 纬向风场在各位相的空间分布（单位：m/s）

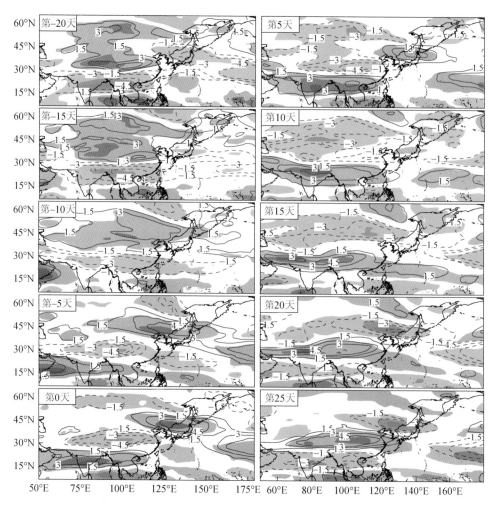

图 10.14　PC1 指数对 300hPa 全风速场的超前滞后回归（单位：m/s）

阴影区为超过 95% 置信水平检验区域

　　为了进一步说明 MJO 信号对暴雪过程中高原南侧急流变化的影响，对前面定义的高原南侧急流指数（I_TJ）进行 30～60 天的带通滤波，构建高原南侧低频急流指数（I_TJL）。将 I_TJL 回归到 OLR 场上可以发现（图 10.15），在同期回归图上，赤道印度洋中东部有显著的异常加热信号，表明高原南侧急流的增强与该区域的对流加热密切相关。从超前 10 天到滞后 20 天的回归图上可以看到，对流加热信号源产生于印度洋西部海域，缓慢东移，穿过印度尼西亚海洋性陆地区域，最终移动至西太平洋地区，强度减弱。该热带对流加热信号移动特征与伴随暴雪过程的 MJO 信号特征极为相似。若将未滤波的高原南侧急流指数回归到 OLR 场，在热带印度洋地区则看不到明显的异常加热信号，表明伴随暴雪过程的热带低频振荡对暴雪事件中高原南侧急流的低频变化具有重要影响。

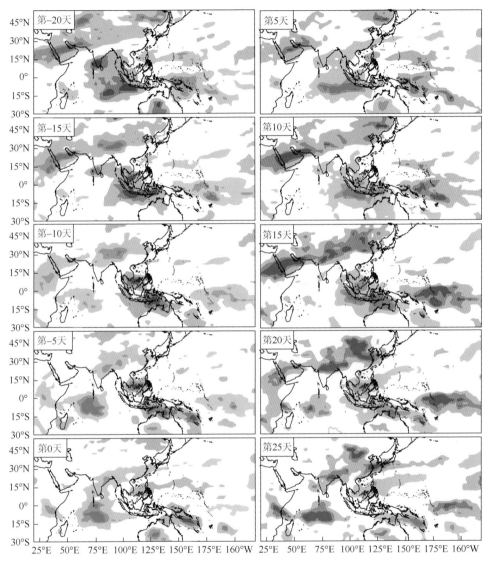

图 10.15　高原南侧低频急流指数（I_TJL）对 OLR 场的超前滞后回归（单位：W/m²）

阴影区为超过 99% 执行水平检验区域

从暴雪过程中 300hPa 低频全风速场的位相演变图上（图 10.16）可以看到，从第 4～8 位相，伴随热带对流加热信号的东移，异常加热激发出的低频反气旋性环流也在逐渐东移，该反气旋性环流北侧的低频西风在第 5～7 位相时正好位于高原急流的主体区域，导致暴雪过程中急流低频强度的增强。

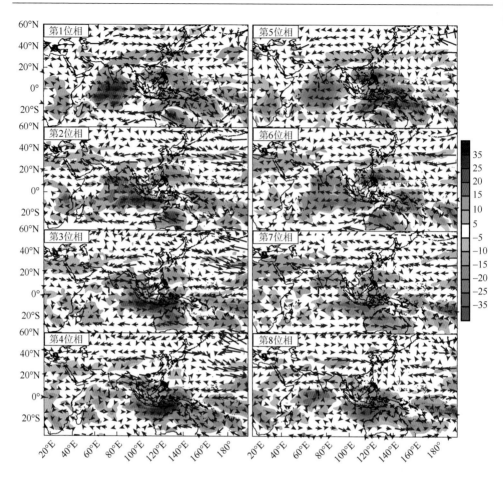

图 10.16　低频 OLR 场（阴影，单位：W/m²）和 300hPa 低频流场的位相演变特征

　　接下来从气候态角度进一步探讨 MJO 对高原南侧急流低频变化的影响，采用 Wheeler 和 Hendon（2004）提出的方法，MJO 的状态（强度与位置）可以用与 RMM1 和 RMM2 指数相关联的两维位相空间场来表征，空间点到原点的距离 $\sqrt{RMM1^2 + RMM2^2}$ 表征 MJO 的振幅大小。根据 MJO 信号东传过程中经过的主要区域，将一个 MJO 事件划分为 8 个典型位相，用以表征 MJO 的传播特征。图 10.17 给出了 2007/2008 年冬季实时 MJO 检测指数时空演变特征。定义 MJO 振幅大于等于 1 为强 MJO 事件，从 1979~2011 年 32 个延长期冬季，共 960 候中挑选出每个位相所包含的强 MJO 事件进行合成，表 10.3 给出了每个位相包含的候数和平均振幅大小，从表中可以看到，2~4 位相和 6~7 位相中 MJO 强事件发生的频率相对高，最大振幅发生在 MJO 的第 3、第 4 位相中。此时对应的热带对流加热主体位于印度洋中部和印度尼西亚海洋性陆地区域之间。

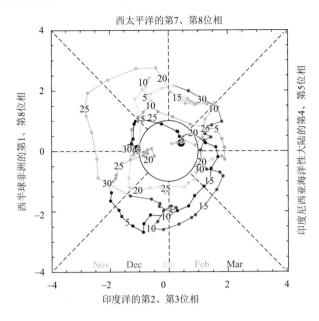

图 10.17　2007/2008 年冬季实时 MJO 检测指数时空演变特征

表 10.3　冬季 MJO 各位相包含的候数和平均振幅

项目	1	2	3	4	5	6	7	8
候数	58	76	86	73	65	75	92	66
平均振幅	1.67	1.68	1.83	1.75	1.68	1.67	1.63	1.72

　　为表征和 MJO 相关联变量场的低频特征，下面所有变量均经过 10～90 天带通滤波。图 10.18 给出了 MJO 不同位相的低频 OLR 场和 300hPa 低频流函数场的同期合成图，MJO 对流在各位相的空间分布特征与之前研究一致（Wheeler and Hendon，2004；Lin and Brunet，2009）。从第 1 位相开始，对流加强区域主要位于非洲和印度洋西部地区，并在接下来的位相中沿着赤道向东移动，并在太平洋中部地区消亡，对应着一个完整的 MJO 周期。最强对流事件主要发生在第 3、第 4 位相，信号主要位于印度洋中东部至印度尼西亚海洋性大陆区域之间。第 5 位相中，当对流增强区域移至西太平洋地区时，OLR 正异常（对流抑制）在非洲和印度洋西部出现，重复对流增强信号的东移过程。值得注意的是，在第 3、第 4 位相中，与对流增强信号相伴随，热带加热激发出的异常反气旋性波列位于高原南侧副热带急流区域，异常反气旋环流北侧的低频西风叠加在高原南侧急流主体区域风场上，造成高原南侧急流低频风速增大。而第 7、第 8 位相情形与第 3、第 4 位相相反，高原南侧区域为对流抑制激发出的异常气旋性环流控制，

气旋性环流北侧低频东风异常叠加于高原南侧急流主体区域风场上，导致急流低频强度减弱。

将高原南侧低频急流指数回归到热带 OLR 场时，伴随着高原南侧急流的增强（减弱），对流加强（抑制）的显著信号位于印度洋中东部至印度尼西亚海洋性陆地区域，对应着 MJO 的第 3、第 4 位相（第 7、第 8 位相）（图 10.18）。

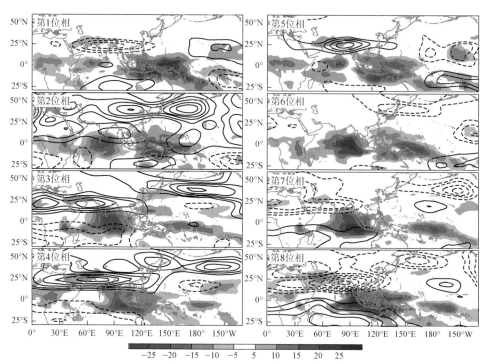

图 10.18　冬季 MJO 各位相合成的低频 OLR 场（阴影，单位：W/m^2）和 300hPa
流函数场（等值线，单位：m^2/s）

等值线从 $\pm 2 \times 10^6$ m^2/s 开始，间隔 1×10^6 m^2/s

为了进一步说明高原南侧急流低频变化与 MJO 各位相的关系，对高原低频急流指数基于 MJO 不同位相进行超前滞后合成分析。从表 10.4 中可以清楚看到 MJO 对高原南侧急流低频变化的影响。正的急流事件滞后于第 1、第 2 位相 1~3 候，在第 3、第 4 位相最为显著，而负的急流事件超前于第 1、第 2 位相 0~2 候，在第 7、第 8 位相时最为显著。平均而言，急流指数在 MJO 第 2（6）位相时开始增强（减弱），并一直持续 5~15d 时间。合成急流指数通过 95% 置信水平检验的振幅在 0.25~0.65 范围之内，说明与 MJO 相关联的急流低频变化约占冬季急流变化总方差的 25%~65%。表 10.4 表明，当 MJO 位于第 2~4 位相和第 7~1 位相时，亦即 MJO 对流增强（抑制）活动位于印度洋中东部地区时，高原南侧急流受到的影响最为显著。选择第 3、第 7 位相作为典型位相，进行滞后合成分析，探讨典型位相与高原南侧急流变化相关联的异常环流场特征。

表 10.4　基于 MJO 各位相的超前滞后合成的高原南侧急流指数

位相	lag−5	lag−4	lag−3	lag−2	lag−1	lag 0	lag 1	lag 2	lag 3	lag 4	lag 5
1	0.02	−0.07	−0.22	−0.32	−0.45	−0.26	−0.19	0.43	0.65	0.25	−0.05
2	−0.3	−0.12	−0.24	−0.42	−0.16	0.05	0.50	0.49	0.19	−0.08	−0.09
3	−0.16	−0.25	−0.30	0.03	0.24	0.49	0.38	0.17	−0.07	−0.13	−0.20
4	−0.40	−0.37	0.03	0.31	0.44	0.46	0.12	−0.07	−0.24	−0.25	−0.21
5	−0.02	0.06	0.16	0.17	0.22	0.10	0.12	−0.13	−0.29	−0.15	0.00
6	−0.05	0.24	0.38	0.35	0.07	−0.14	−0.32	−0.31	−0.13	−0.19	−0.23
7	0.34	0.30	0.24	−0.10	−0.20	−0.46	−0.42	−0.23	−0.11	0.08	0.36
8	0.20	0.08	0.00	−0.18	−0.38	−0.63	−0.31	−0.19	0.19	0.65	0.34

注：lag n（−n）表示急流变化滞后（超前）于 MJO 特定位相 n 候，红色和蓝色标注的数值表示通过 95% 置信水平检验的正、负急流指数。

图 10.19 给出了基于第 3、第 7 位相的 500hPa 位势高度异常场和 300hPa 低频全风速场的滞后合成图，lag n 表示位势高度异常场滞后于 MJO 特定位相 n 候。从 MJO 第 3 位相的同期合成图（图 10.19 左列）中可以看到，当热带对流加热区域位于印度洋中东部地区时，除了热带地区有明显的位势高度异常，在 35°N、90°E 附近也出现了一个显著的负位势高度异常中心，同时在 40°N、180° 附近形成了一个正位势高度异常中心。在负位势高度异常中心的南侧出现明显西风异常，对应高原南侧急流主体区域，导致高原南侧急流强度增强。在滞后 1 候合成图上，位于 35°N 的负位势高度异常中心依然存在，高原南侧急流强度持续增强。在滞后 2 候图上可以看到，热带对流中心逐渐东移，与之伴随的高原地区负位势高度异常中心逐渐减弱消亡。基于第 7 位相的滞后合成图（图 10.19 右列）与第 3 位相情形基本一致，只是符号相反。与位于印度洋中东部地区的对流抑制相伴随，在高原地区附近出现了明显的正位势高度异常中心，其南侧的东风异常叠加于高原南侧急流主体区域风速之上，导致急流强度减弱。在滞后 1 候和 2 候合成图上，该正高度异常中心逐渐东移，强度减弱。

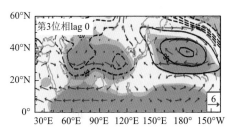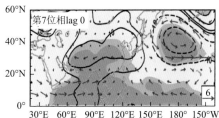

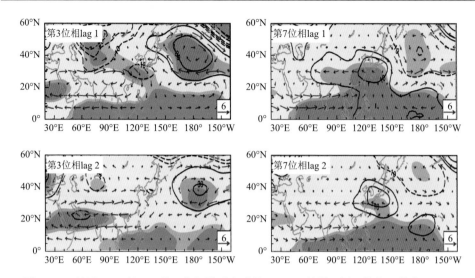

图 10.19　基于 MJO 第 3、第 7 位相滞后合成的 300hPa 低频风场（箭矢，单位：m/s）
和 500hPa 位势高度异常场（等值线，单位：gpm）

浅色和（深色）阴影区为超过 95%（99%）置信水平检验区域

　　图 10.20 给出的是与中纬度地区环流异常相关联的 200hPa 上空异常波作用通
量场及其辐合辐散场，波作用通量的计算与 Takaya 和 Nakamura（2001）提出的
方法相同，用以诊断与环流异常相关联的波动能量频散特征。波作用通量水平方
向分量计算公式如下：

$$W = \frac{1}{2|V|}\{u(\psi_x^2 - \psi\psi_{xx}) + v(\psi_x\psi_y - \psi\psi_{xy}), u(\psi_x\psi_y - \psi\psi_{xy}) + v(\psi_y^2 - \psi\psi_{yy})\}$$

式中，ψ 为扰动流函数场，下标表示对该变量的偏微分，$|V| = (u, v)$ 为冬季气候态
风场。如图 10.20 所示，在 MJO 第 3 位相的同期合成图上，波作用通量增强中心
位于 35°N 附近，位置与同期的负位势高度异常中心基本一致，呈辐散状。并在
滞后 1 候时向东移动，在滞后 2 候时强度减弱，逐渐消亡。波通量辐合辐散场的
零线在同期和滞后 1 候时大致位于 30°N 附近，表明该区域扰动能量向纬向平均
流转化，对应高原南侧急流强度增强，波作用通量的演变特征与图 10.19 给出的
位势高度异常场特征基本匹配。

　　热带地区对流加热异常也将导致中纬度大气斜压性的改变，从异常斜压扰动
增长率的滞后合成图上可以看到，伴随热带 MJO 对流活动的东移，高原南侧急流
区域内的斜压扰动增长率也存在明显变化，而斜压性的改变亦会造成天气尺度瞬
变扰动的变化，进一步对急流强度产生影响。图 10.21 给出了基于 MJO 第 3、第 7
位相 200hPa 上空异常瞬变扰动动能场滞后合成图，从图中可以看到，第 3 位相时
（图 10.21 左列），高原地区出现瞬变扰动动能正异常，在滞后 1 候时扰动动能强

度增强，在滞后 2 候时异常扰动动能中心向东移动，强度逐渐减弱。第 7 位相的情形与第 3 位相几乎反相（图 10.21 右列），高原地区出现显著的瞬变扰动动能负异常，扰动中心也存在东移特征。典型位相中扰动动能强度的变化与高原南侧急流强度的变化基本一致，说明高原南侧急流的变化除了受到热带地区对流加热的热力强迫效应作用，天气尺度瞬变强迫效应对其强度变化也具有重要影响。

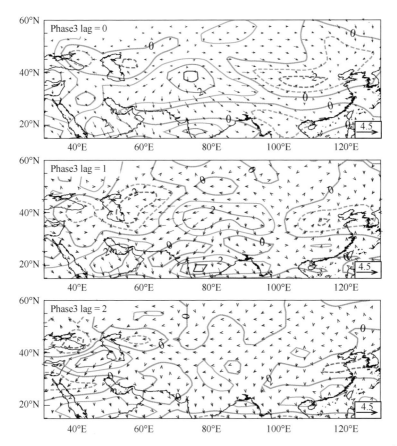

图 10.20　基于 MJO 第 3 位相合成的 200hPa 异常波作用通量场（箭矢，单位：m^2/s^2）及其辐合辐散场（等值线，单位：m/s^2）

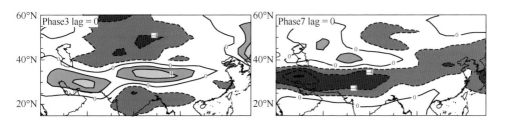

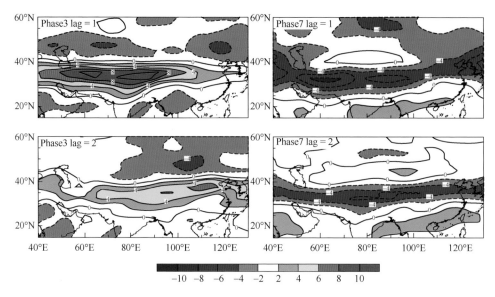

图 10.21　基于 MJO 第 3、第 7 位相合成的 200hPa 异常瞬变扰动动能场（单位：m^2/s^2）

10.4　暴雪期间东亚高空急流变化特征与其他冬季的对比分析

　　以上只是给出了暴雪发生时段中东亚高空急流协同变化的特征，这种急流协同变化关系在其他冬季中是否同样存在？与其他冬季相比，暴雪过程中的急流协同变化特征又有什么显著差异？计算从 1979/1980 年冬季至 2010/2011 年冬季共32 个冬季里三支急流的超前滞后相关系数，图 10.22 给出了极锋急流分别与高原南侧急流、洋面上空急流之间的超前滞后相关关系图。从图 10.22（a）中可以看到，除了 2007/2008 年冬季，高原南侧急流和极锋急流间的同期反位相变化关系在某些其他冬季里也比较显著（如 1981～1985 年、1987～1989 年、1999～2002 年和 2004～2008 年冬季），同时，图 10.22（b）也表明洋面急流与极锋急流变化间超前滞后 5 天的关系在其他冬季里也有反映。因此，暴雪期间三支急流间的超前滞后关系并不能清晰地反映 2007/2008 年冬季与其他冬季间的显著差异。下面主要从 4 个方面来探讨东亚高空急流在 2007/2008 年冬季暴雪发生时段的变化特征与其他冬季之间存在的主要差异。

　　（1）首先分析每个冬季里和暴雪发生时间同时段（即每个冬季的 1 月 10 日～2 月 3 日），位于东亚上空的副热带急流和极锋急流区域内的风场异常特征，图 10.23 给出了 300hPa 上空风速异常场的空间分布。由图可知，与其他冬季同时段的风场异常特征相比，高原南侧急流和极锋急流间同期反位相的协同变化特征（即高原南侧急流的增强同时伴随着极锋急流的减弱）在 2007/2008 年冬季暴雪发生阶段更为显著。虽然在某些其他冬季（如 1995 年、1998 年、2000 年及 2011 年冬季），两支急流也表现出和 2007/2008 年冬季相类似的协同变化特征，但两支急流协同变化的强度较暴雪发生时段而言明显偏弱很多。此外，在其他冬季中很难找到类似于 2007/2008 年冬季高原南侧急流与极锋急流之间强度的协同变化特征持续维持超过 20 天的个例。因此，极端暴雪事件的持续性特征可能和东亚上空两支急流强度的协同变化特征长时间维持相关联。

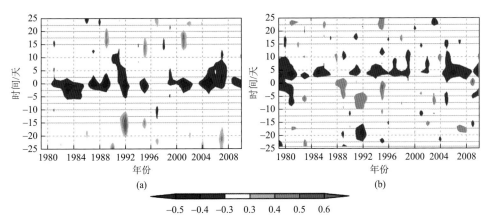

图 10.22　极锋急流与高原南侧急流（a）、洋面急流（b）在各个冬季里的超前滞后相关关系

从 1979/1980 年冬季至 2010/2011 年冬季，共 32 个冬季；阴影区表示通过 99.5%置信水平检验的相关系数；
（b）中纵坐标上的正（负）值表示极锋急流的变化超前（滞后）于洋面急流的变化

（2）上面分析中只是简单对比了每个冬季里与暴雪发生时间同时段内（1 月 10 日～2 月 3 日）的急流特征，在其他冬季中，高原南侧急流与极锋急流之间的同期反位相变化特征是否也与极端降雪事件的发生相对应？另外，除了暴雪期间出现的反位相协同变化型态，两支急流之间是否还存在协同变化的其他型态？

为了进一步分析急流变化特征在 2007/2008 年冬季与其他冬季之间是否存在差异，根据选择的高原南侧急流和极锋急流关键区域定义冬季急流指数，使用的资料为 1979～2011 年 NCEP/NCAR 逐日再分析资料。为了方便计算，将连续 5 天的逐日资料处理为逐候资料，并定义每年的延长期冬季为前一年的 11 月到下一年的 3 月，每个冬季的第 1 候为前一年的 11 月 2 日～11 月 6 日，最后 1 候为下一年的 3 月 27 日～3 月 31 日。这样，每个冬季包括 30 个候，32 个冬季共 960 候。根据标准化的急流指数，将急流指数大于（小于）1 个标准差定义为急流偏强（偏弱）事件。由此将高原南侧急流和极锋急流强度的协同变化分为四种典型模态，Ⅰ型：两支急流都强（SS）；Ⅱ型：两支急流都弱（WW）；Ⅲ型：高原南侧急流强而极锋急流弱（SW）；Ⅳ型：高原南侧急流弱而极锋急流强（WS）。

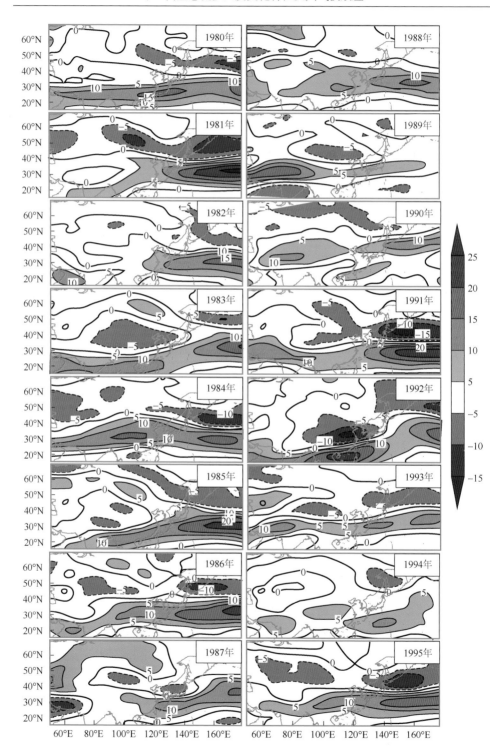

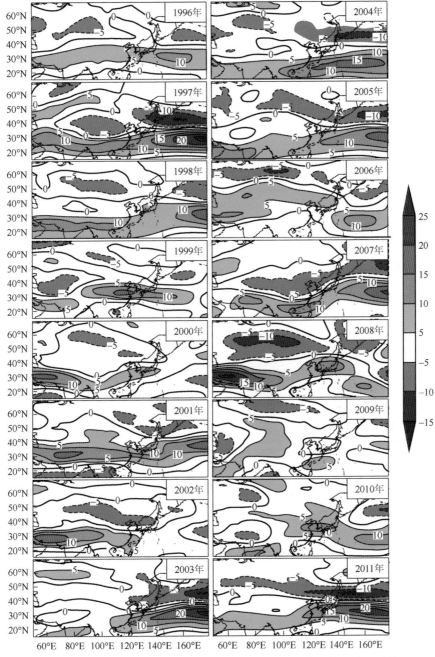

图 10.23　每个冬季 1 月 10 日～2 月 3 日 300hPa 上空平均风速距平的
空间分布（阴影，单位：m/s）

表 10.5 给出了基于急流指数大于（小于）1 个标准差的标准挑选出的急流协

同变化 4 种典型模态出现的候数。从表中可以看到，尽管两支急流反相变化型态出现的次数较同相变化的次数高，但挑选出的反相协同变化（III型和IV型）的候数只占总候数的 7.2%。

表 10.5　急流协同变化 4 种典型模态出现的候数

典型模态	Ⅰ 型	Ⅱ 型	Ⅲ型	Ⅳ型
候数	4	5	32	38

由图 10.24 可知，对应两支急流协同变化的不同型态，中国南方地区的降水异常型态有很大不同。2007/2008 年冬季暴雪时段的急流及降水特征与Ⅲ型合成场的结果［图 10.24（e）、（f）］相类似。但暴雪时段内的风速异常场与合成风场之间的差异图［图 10.25（a）］表明，暴雪期间两支急流协同变化的强度较合成场更为强烈，与此相对应，暴雪时段内发生在长江中下游地区及中国南方地区的降水异常较合成结果更加显著［图 10.25（b）］。

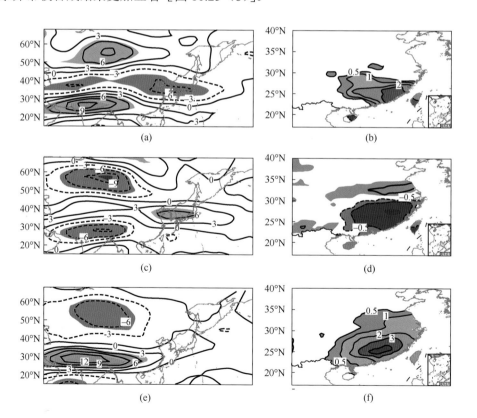

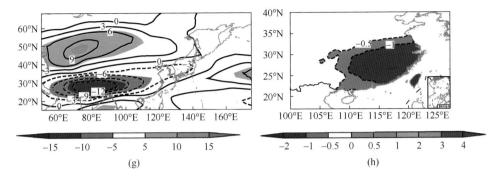

图 10.24 不同急流协同变化型态下 300hPa 上空风速异常场（阴影，单位：m/s¹）和地面降水异常场（阴影，单位：mm/d）的同期合成图

（a）和（b）：Ⅰ型；（c）和（d）：Ⅱ型；（e）和（f）：Ⅲ型；（g）和（h）：Ⅳ型

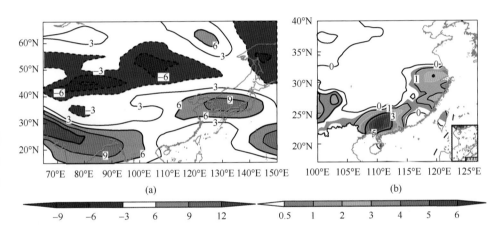

图 10.25 2007/2008 年冬季暴雪期间风速异常场（单位：m/s）（a）和降水异常场（单位：mm/d）（b）与Ⅲ型合成场之间的差异

（3）在上述的合成分析中，只是挑选出了满足标准的单独候资料进行合成。考虑到 2007/2008 年冬季暴雪期间，高原南侧急流与极锋急流间反相协同变化关系持续时间超过了 20 天，在其他冬季中挑选与此次事件较为类似的个例进行合成分析。挑选的事件需满足两个条件：①高原南侧急流的强度由弱转强，而极锋急流的强度则由强转弱；②两支急流协同变化关系持续时间超过 3 个候。按照这个标准，在 32 个冬季中共挑选出 18 个类似的个例，其合成结果如图 10.26 所示。从图中可以看到，个例合成的结果与单独候资料合成结果［图 10.24（e）、（f）］非常相似，但急流协同变化的强度要偏弱很多。造成这种差异的主要原因是挑选的个例虽然满足了急流协同变化持续时间长的特点，但对应的急流指数值与单独候资料合成结果所选择的指数值相比要小很多。

（4）图 10.22（a）表明高原南侧急流与极锋急流同期反相变化关系在某些其他冬季里也存在，但值得注意的是图 10.22（a）给出的反相协同变化关系其实包括了两种急流协同变化型态（即Ⅲ型和Ⅳ型）。为了强调这两种协同变化型态间的差异，挑选了发生在 1992/1993 年冬季 1 月 25 日～2 月 3 日的一次极端干旱事件，极端干旱事件的发生时段正好对应着 2007/2008 年冬季暴雪后两次事件的发生时段。干旱事件中中国南方地区的降水异常［图 10.27（a）］与图 10.24（h）中降水分布一致，只是负的降水异常强度更大。图 10.27（c）表明干旱事件期间，高原南侧急流强度偏弱而极锋急流强度较强，与暴雪后两次过程中急流的协同变化呈现出相反的变化特征，并且急流核的位置较气候态而言出现明显的东退，与两支急流协同变化相关联的区域大气环流异常场［图 10.27（d）～（f）］与 2007/2008 年冬季暴雪后两次事件中的大气环流异常场完全相反（图 10.7）。由此可知，尽管在两个极端事例中，极锋急流与高原南侧急流都呈现出明显的反相协同变化特征，但两种反相协同变化（Ⅲ型和Ⅳ型）对应的大气环流异常场之间却存在着显著的差异。

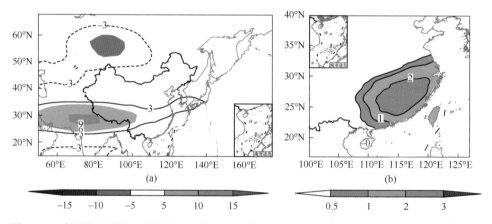

图 10.26　高原南侧急流由弱转强、极锋急流由强转弱并且持续时间超过 3 个候的 18 个类似的个例合成的风速异常场（单位：m/s）（a）和降水异常场（单位：mm/d）（b）

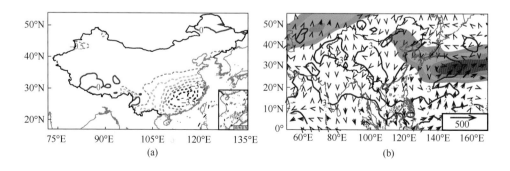

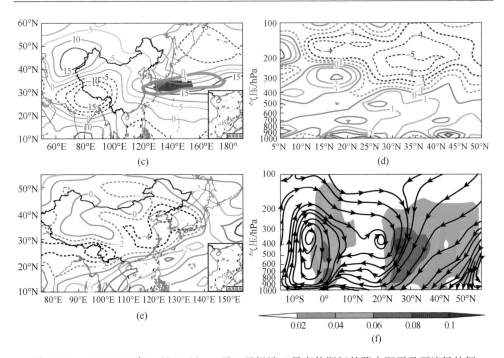

图 10.27　1992/1993 年 1 月 25 日～2 月 3 日极端干旱事件期间的降水距平及环流场特征

（a）降水距平（单位：mm/d）、（b）700hPa 全风速场（色标，单位：m/s）和 1000～300hPa 整层垂直积分的水汽通量异常场［箭矢，单位：kg/(m·s)］及其散度［等值线，单位：10^{-5}kg/(m²·s)］；（c）200hPa 纬向风场距平，阴影区域代表冬季气候态（1979/1980 年至 2010/2011 年）的急流中心（>70m/s）位置，绿色粗等值线表示干旱事件期间的急流核位置；（d）110°E～120°E 平均的散度经度-高度剖面图（单位：10^{-5}s^{-1}）；（e）200hPa 散度的空间分布场（单位：10^{-5}s^{-1}）；（f）沿 110°E～120°E 平均的垂直经向环流（单位：Pa/s），阴影区代表上升运动区域

　　综上所述，2007/2008 年冬季中急流协同变化特征与其他冬季相比，存在着显著的异常，主要表现在高原南侧急流强度较其他冬季显著增强，而极锋急流强度明显减弱。暴雪发生时段，两支急流间这种同期反相的变化特征与其他冬季相比更为显著，同时两支急流反相协同变化关系在暴雪过程中一直维持，超过 20 天，与其他冬季相比明显偏长。此外，洋面上空急流的变化与陆地上空两支急流变化超前或滞后 5 天的关系在某些其他冬季中也存在［图 10.22（b）］，表明东亚上空三支急流的协同变化能够反映出不同纬度带和上下游天气系统之间的相互关系。

10.5　持续性暴雪期间高空急流协同变化的可能机制

　　本节进一步讨论引起高原南侧急流与极锋急流协同变化的可能机制。由热成风原理可知，风速随高度的变化主要取决于水平温度梯度的分布。为了分析水平温度梯度与急流之间的关系，采用 Ren 等（2011）的方法，分别选取北区（50°N～65°N、70°E～115°E）和南区（22.5°N～30°N、85°E～120°E）两个典型区域代表中高纬地区和副热带地区。将两个区域内 850～300hPa 整层积分所得温度场的差值定义为温差指数，温差指数越大表明南区越暖而北区越冷，通过热成风关系将会导致高原北侧 40°N 附近西风的增强，反之亦然。暴雪期间标准化的温差指数与 I_TJ 之间相关系数高达 0.68，说明欧亚中高纬地区和副热带地区的温度差异能够强烈影响东亚副热带急流和极锋急流区域内的局地环流（Zhang et al.，2006，2008；Ren et al.，2011）。

除了温度梯度的影响，与剧烈天气过程相伴随的天气尺度瞬变扰动活动也对东亚高空急流的变化具有重要影响。图 10.28 给出了每次暴雪过程中 300hPa 上空天气尺度瞬变扰动异常场和 700～850hPa 斜压扰动异常场的空间分布。由图可知，在东亚陆地区域，主要存在两支斜压扰动异常带。北侧的一支异常带在第 1 次暴雪事件中位于偏北的中高纬地区［图 10.28（a）］，并在暴雪后两次事件中向东南方向延伸［图 10.28（c）、（d）］，强度逐渐减弱，对应着该区域内极锋急流强度的减弱。相反，南侧的斜压扰动异常带主要位于青藏高原南侧，呈纬向分布，从第 1 次到最后 1 次暴雪事件中，强度逐渐增强，对应该区域内高原急流强度的加强。与斜压扰动异常场的空间分布类似，东亚陆地上空的天气尺度瞬变扰动异常场也存在两条明显的扰动带，分别位于青藏高原的南北两侧。极锋急流和副热带急流区域内天气尺度瞬变扰动异常场的时间演变图［图 10.28（e）］表明，暴雪期间位于高原南侧急流区域内的天气尺度瞬变扰动呈现缓慢增强的特征，强度在暴雪后两次事件中达到峰值。与此相对应，极锋急流区域内的天气尺度瞬变扰动则呈现出与副热带急流区域内天气尺度瞬变扰动完全相反的变化特征。此外，暴雪过程中斜压扰动异常场的时间演变也与天气尺度瞬变扰动异常场的演变特征相一致，表明高空急流的强度变化与大气斜压性的时空演变密切相关。大气斜压性的增强将导致天气尺度瞬变扰动的加强，进而导致东亚高空急流强度的增强，反之亦然。因此，急流区内斜压扰动与天气尺度瞬变扰动强度的变化是造成高原南侧急流和极锋急流强度变化的重要因素，青藏高原南北两侧天气尺度瞬变扰动的反相变化导致了暴雪期间高原南侧急流与极锋急流之间显著的同期反位相协同变化特征。

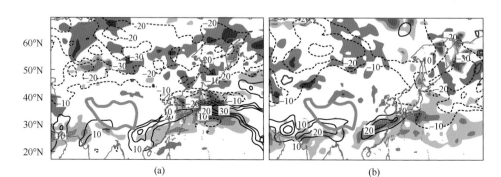

(a)　　　　　　　　　　　　　　　　　　(b)

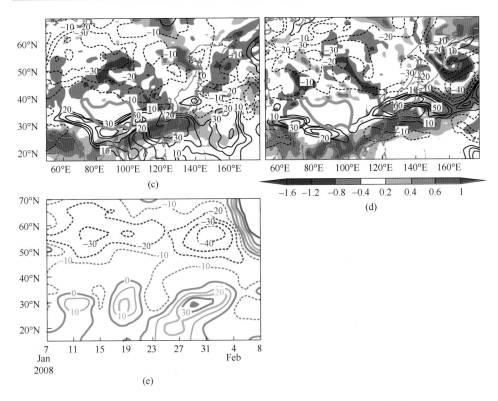

图 10.28　暴雪事件中 300hPa 上空大气瞬变扰动异常场（等值线，单位：m²/s²）和 700～850hPa 斜压扰动异常场的空间分布（阴影区，单位：d⁻¹）

(a)第 1 次过程；(b)第 2 次过程；(c)第 3 次过程；(d)第 4 次过程；(e)STEA 异常场的纬度-时间演变图(70°E～100°E)，绿色粗实线表征青藏高原的主体区域

　　由于这里只计算了 700～850hPa 的斜压扰动增长率，为了说明计算斜压扰动增长率的客观性，对其他等压面上的斜压扰动和整层积分的斜压扰动也进行了计算。图 10.29 给出了暴雪后两次事件中斜压扰动增长率在各等压面层上的分布特征。从图中可以看到，925～300hPa 斜压扰动异常场的变化特征较为一致，即斜压扰动增长率在副热带急流区域内增加而在极锋急流区域内减小。整层积分的斜压扰动增长率也表明，高原南北两侧的斜压扰动呈现出显著的反相变化特征，很好地解释了暴雪后两次事件中高原南侧急流和极锋急流间的反相协同变化特征。但值得注意的是，对流层上层（300hPa 以上）斜压扰动增长率的变化与对流层低层 σ 的变化相反。Lunkeit 等（1998）在模式研究中也发现了对流层上层和低层的斜压扰动增长率变化相反的特征，为了揭示对流层高低层 σ 之间的联系及其和天气尺度瞬变扰动强度间的关系，设计了一个纬向平均的敏感性试验：为了区分对流层高低层瞬变活动强度的不同响应，只在模式的低层（950～550hPa）增强和减

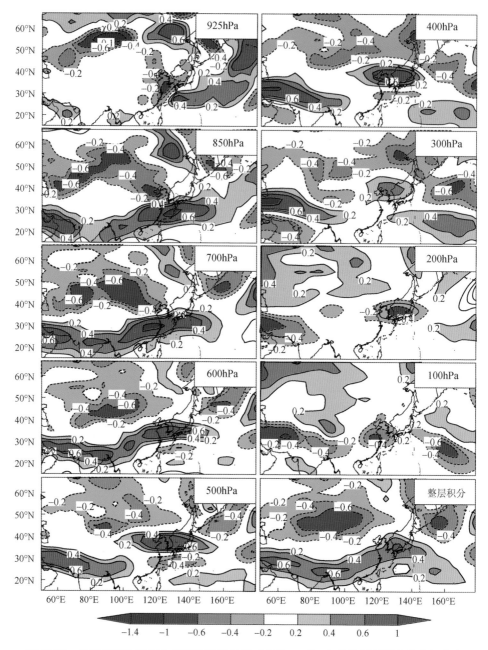

图 10.29　暴雪后两次过程中斜压扰动增长率（单位：d^{-1}）在各等压面层上的空间分布以及 925~100hPa 整层积分的斜压扰动增长率

弱纬向平均的温度梯度；同样，保持低层温度梯度不变，只在对流层高层（550~150hPa）增强和减弱温度梯度。试验结果表明瞬变活动强度的改变很大程度上可以用斜压扰动分布的变化加以解释，并且对流层低层斜压扰动异常对瞬变活动强度的影响是高层的两倍。因此采用 Ren 等（2010）和 Lee 等（2010）的方法，在850hPa 和 700hPa 两个高度上计算斜压扰动增长率。

　　为了进一步讨论暴雪后两次事件中急流核位置较气候态更为偏西的原因，计算了 200hPa 上空水平方向的 **E** 矢量分布，$E = (v'^2 - u'^2, -u'v')$，撇号同样表示经过 2.5～8 天的带通滤波。**E** 矢量的辐散（辐合）对应着天气尺度瞬变扰动向大尺度水平环流的正（负）强迫，导致平均西风气流的增强（减弱）（Hoskins et al.，1983）。图 10.30（a）给出了暴雪后两次过程中 **E** 矢量异常场的空间分布特征，分析发现，青藏高原南侧区域有一个明显的 **E** 矢量辐合带，表示能量从瞬变流向平均流转化，导致高原南侧急流强度增强。**E** 矢量的辐散中心正好位于靠近东亚沿海的陆地上空（35°N，118°E），与急流核的位置相对应。200hPa 高度上天气尺度瞬变扰动动能场对暴雪发生时段 I_TJ 指数的空间回归场［图 10.30（b）］同样展示出天气尺度瞬变扰动异常场与东亚陆地上空急流强度变化间的相关关系。暴雪期间，东亚大陆上空北侧（40°N 以北）的天气尺度瞬变扰动显著减弱，而青藏高原南侧沿纬向延伸的天气尺度瞬变扰动带则明显加强，对应着两个区域内急流强度的反相协同变化。天气尺度瞬变扰动异常中心位于海岸线上空（34°N，117°E）附近，导致了暴雪过程中急流核位置的西进。

　　以往的研究已经证明，在北太平洋地区，局地大气与海洋环流的异常可以产生局地的天气瞬变扰动异常（朱伟军和孙照渤，2000）。同时，东亚大陆地区的天气尺度瞬变扰动异常场以波列形式向东传播，进而导致东亚下游洋面区域的天气尺度瞬变扰动发生异常（Orlanski，2005；Ren et al.，2010）。暴雪期间洋面上空

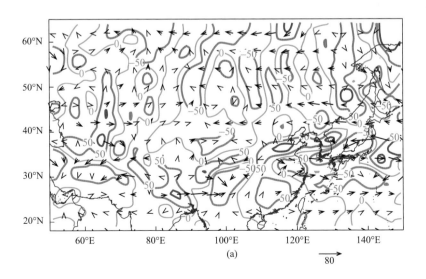

(a)

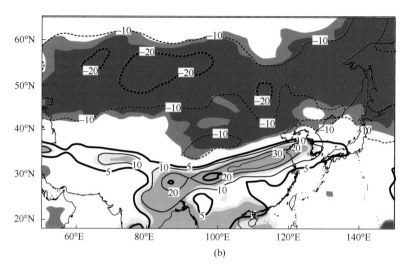

图 10.30　暴雪后两次事件中 200hPa 上空 E 矢量异常场（箭矢，单位：m^2/s^2）及其
辐合辐散场的空间分布（等值线，单位：m/s^2）（a）以及暴雪时段中 200hPa 上空
STEA 对 I_TJ 的空间回归场（b）

深色和浅色阴影区分别代表超过 99%和 95%置信水平检验区域

急流与高原南侧急流和极锋急流间存在超前滞后 5 天的变化关系，因此推测这种
关系的产生可能是天气尺度瞬变扰动异常场从东亚陆地区域向洋面区域的东传导
致。采用超前滞后回归法（Lim and Wallace，1991；Chang，1993；Ren et al.，2011）
进一步分析天气瞬变扰动异常场的传播特征，首先根据图 10.30（b）的结果，分
别在高原南侧急流区域（32°N～33°N、110°E～114°E）和极锋急流区域（47°N～
49°N、111°E～113°E）内选择两个最为显著的天气尺度瞬变扰动异常中心，分别
定义为基准点 1 和基准点 2。对经向风场进行 2.5～8 天的带通滤波，得到天气尺
度的经向风扰动场（v'）。然后对两个基准点内的径向风扰动场作区域平均，得到
2007/2008 年冬季共 152 天的两个经向风扰动场时间序列，将天气尺度的经向风扰
动场分别对两个基准点时间序列作超前滞后回归，得到图 10.31 所示的与两个基
准点相关联的天气尺度瞬变扰动传播特征图。

　　图 10.31（a）～（e）给出了和基准点 1 相关联的天气尺度瞬变扰动异常场移动
特征，从图中可以看到，在同期的回归图上 [图 10.31（c）]，青藏高原下游区域的
天气尺度瞬变扰动波列穿过东亚和西太平洋地区，直抵太平洋中部海盆地区。从超
前 2 天 [图 10.31（a）] 和 1 天 [图 10.31（b）] 的回归图上可以看到，这支天气尺
度瞬变扰动异常波列主要来自青藏高原的南侧区域。而在滞后 1 天 [图 10.31（d）]
和 2 天 [图 10.31（e）] 回归图上可知，波列从陆地区域向东移动，强度逐渐减弱，
最终到达东亚洋面区域。与基准点 1 的特征不同，从基准点 2 的回归图[图 10.31（f）～

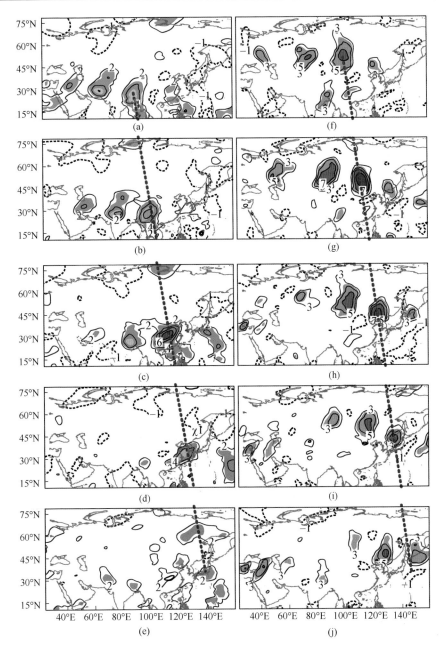

图 10.31　200hPa 上天气尺度的经向风扰动场相对于基准点 1（左列）和基准点 2（右列）
的超前滞后回归图

（a）和（f）：超前 2 天；（b）和（g）：超前 1 天；（c）和（h）：同期回归；（d）和（i）：滞后 1 天；（e）和（j）：
滞后 2 天。阴影区表示超过 99%置信水平检验区域

（j）] 上可以看到，这支异常瞬变波列主要来源于青藏高原北侧的极锋急流区域。天气尺度瞬变扰动异常场首先在陆地上空区域向东移动，然后逐渐转向，往东南方向移动至东亚洋面区域。大约经过 5 天时间，两支天气尺度瞬变扰动异常波列分别从极锋急流区域和高原南侧急流区域移动到东亚洋面急流区域，导致洋面急流的变化滞后于两支陆地上空急流的变化。

　　但这里容易产生一个疑问：极锋急流和高原南侧急流的变化均超前于洋面急流的变化约 5 天时间，然而极锋急流和高原南侧急流强度在暴雪期间一支减弱，另一支加强，那么洋面急流强度的变化究竟是高原南侧急流的加强导致还是由极锋急流的减弱造成？因此需要强调的是，尽管青藏高原南北两侧的两支天气尺度瞬变扰动异常带经过 5 天时间均传播到洋面急流区域，但这两支天气尺度瞬变扰动异常带在洋面急流区域并没有合并成为一支。从图 10.32（a）可以看到，来自

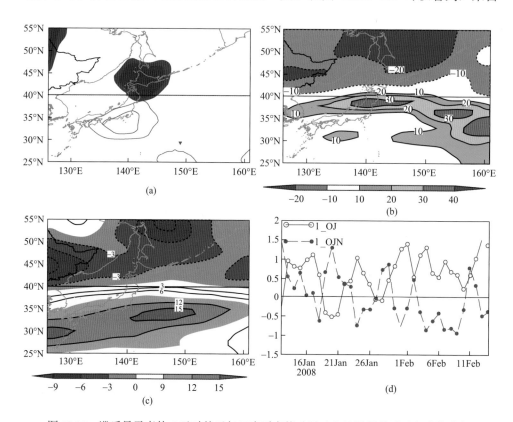

图 10.32　滞后暴雪事件 5 天时的天气尺度瞬变扰动活动和风场异常以及急流的演变

（a）来自高原南侧急流区域（等值线）和极锋急流区域（色标区）内异常 STEA 分布（单位：m^2/s^2），图中只画出超过 99% 置信水平检验的区域；（b）滞后暴雪后两次事件 5 天（1 月 30 日～2 月 8 日）200hPa 上空 STEA 异常场（单位：m^2/s^2）；（c）同（b），但为 300hPa 风速异常场（单位：m/s）；（d）暴雪期间洋面急流区域（I_OJ）及其北侧区域内（I_OJN）标准化风场距平的时间演变（纵坐标为风场距平值，单位：m/s）

高原南侧急流区域的天气尺度瞬变扰动异常场信号主要位于 40°N 以南的区域，而来源于极锋急流地区的天气尺度瞬变扰动信号主要位于 40°N 以北，这两支天气尺度瞬变扰动信号在东亚洋面急流区域并没有合并。图 10.32（b）说明滞后于暴雪后两次事件 5 天时间，位于洋面急流区域内的天气尺度瞬变扰动开始增强，而位于洋面北侧区域的天气尺度瞬变扰动则开始减弱。与之相伴随的，这两个区域内的风速也呈现出相反的变化特征 [图 10.32（c）]。为了进一步分析风场在洋面急流区域和其北侧区域的变化特征，定义洋面急流北侧（130°E～160°E、37.5°N～47.5°N）区域平均的风速异常场为 I_OJN。图 10.32（d）表明暴雪过程中，洋面急流区域内的风场变化与其北侧区域风场变化几乎反相。I_OJ 与 I_OJN 之间的相关系数高达−0.65，通过 99%置信水平检验。

由上面的分析可知，暴雪过程中洋面急流强度的增强滞后于陆地上空两支急流强度的变化约 5 天时间，主要是由于高原南侧急流区域内正的天气尺度瞬变扰动异常信号向下游传播。而极锋急流区域内负的天气尺度瞬变扰动异常信号经过 5 天时间的东传，主要位于洋面急流北侧区域内，造成北侧区域风速的减弱，这可能是导致暴雪期间极锋急流的减弱超前于洋面急流的增强约 5 天时间的主要原因。

第11章　东亚高空急流协同变化与东亚冬季风的联系

东亚冬季风（East Asian winter monsoon，EAWM）对东亚地区和我国冬季的天气气候具有重要影响，偏强的东亚冬季风有利于寒潮的爆发，使冷空气频繁影响中国北方地区以及日本、韩国、朝鲜等国，导致东亚地区出现低温冷害、暴雪及春季沙尘等灾害性天气。与寒潮爆发相伴随的冷空气活动不仅可以影响东亚、东南亚各个国家和地区，同时还能够影响到海洋性陆地的对流（Chang and Lau，1980）、南半球季风（Davidson et al.，1983）及南半球热带气旋的生成（Love，1985）。由于冬季寒潮、极端天气气候事件都与冬季风的强度有密切联系，在冬季风强度偏强的年份，往往有更高的极端事件发生频率（Sun and Yang，2005）。因此东亚冬季风的强度、变率和变化机制问题历来是科学家关注的重点（Chang et al.，2006；Huang et al.，2012；Chen et al.，2000；Chen et al.，2014；Wang et al.，2006，2015；Ji et al.，1997；Jhun and Lee，2004）。

为了分析东亚冬季风系统的强度变化特征，有必要清楚地认识东亚冬季风环流系统各个子成员（Wang et al.，2009a，2010），并识别与各子成员相联系的位于各个层次的环流关键区，进而可用于表征和反映冬季风的强度变化。东亚高空急流是北半球中高纬度地区重要的环流系统，也是东亚冬季风系统的重要成员。观测表明，北半球中高纬地区对流层上层和平流层下层存在两支急流：副热带急流和极锋急流。由于极锋急流的变化能显著影响高纬冷空气南下（Chang，2004），因而在经向跨度很大的冬季风系统中，极锋急流能够反映中高纬地区环流系统的变化，对低层冷空气活动有指示作用，也是引起冬季风变化的重要环节。因此，开展两支高空急流变化对东亚冬季风影响的研究有助于理解东亚冬季风在对流层高层的强度变化特征，同时也是深入理解冬季风变率动力学机制的关键。

11.1　冬季东亚高空急流协同变化的基本特征

11.1.1　冬季东亚高空急流气候态分布

图 11.1 给出了冬季东亚地区上空 300hPa 气候平均纬向风分布，从图中可以看到，300hPa 高度上由强西风带控制。为了揭示冬季副热带急流和极锋急流的分布特征，首先统计 300hPa 冬季逐日急流核发生频数，急流核的计算方法与 Ren 等

（2010）的方法一致：当该格点日风速满足风速≥30m/s 且该格点风速大于周围 8 个
格点风速时，定义该格点上出现一次急流核。对区域内全部格点每年冬季逐日进
行统计，最终得到每年冬季急流核发生频数的分布。从急流核频数的气候态分布
（图 11.1）可以看到，东亚陆地上空有南北两个急流核频数高值区，分别位于青藏
高原以北 40°N～60°N 区域和高原南侧狭长的区域内，二者分别对应于东亚陆地
上空极锋急流和副热带急流的气候态位置。青藏高原上空急流核频数较低，两支
急流在高原南北两侧可以明显区分开来，因而在陆地上空极锋急流和副热带急流
具有清晰的地理分界。而在 120°E 以东的海洋上空，由于极锋急流从高纬向东
南方向延伸，同时高原南侧副热带急流向东北方向延伸并显著加强，两者在西北
太平洋及日本上空汇合，从而形成一支全球最为强盛的西风急流，中心风速超过
60m/s。根据副热带急流（SJ）所处的经度位置，将其划分为高原南侧的副热带急
流（TSJ）和海洋上空的副热带急流（OSJ），11.1.2 节将进一步分析高原南侧的副
热带急流和海洋上空的副热带急流及极锋急流的强度变化特征。

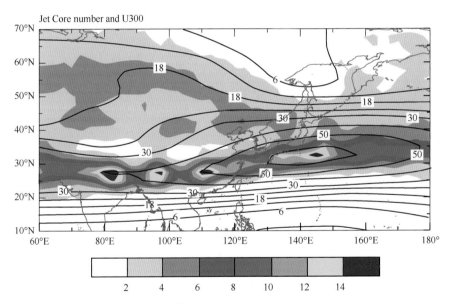

图 11.1　气候态急流核分布（阴影，单位：次）以及 300hPa 纬向风速（等值线，单位：m/s）

黑实线代表青藏高原 3000m 轮廓

11.1.2　东亚极锋急流和副热带急流的强度变化特征

表 11.1 列出了极锋急流（PJ）、高原南侧副热带急流（TSJ）和海洋上空副热带
急流（OSJ）在 300hPa 的关键区域，用关键区域平均纬向风速表征急流的强度。本

节关注 PJ 与 SJ 在强度上的反位相变化关系，分别讨论 TSJ 与 PJ、OSJ 与 PJ 的反位相变化特征，并利用合成分析方法研究急流反位相变化时对应的环流异常特征。

表 11.1　　300hPa 各急流关键区域

急流名称	区域范围
PJ	70°E～120°E、45°N～60°N
TSJ	70°E～120°E、22.5°N～32.5°N
OSJ	130°E～160°E、27.5°N～37.5°N

　　图 11.2（a）、（b）分别给出了 PJ 和 TSJ、PJ 和 OSJ 在 1979～2014 年冬季强度的年际变化，从图中可以看出极锋急流与不同区域的副热带急流都具有显著的年际变化特征，极锋急流与两个区域的副热带急流主要呈现反位相的变化，相关系数分别为–0.47 和–0.64。

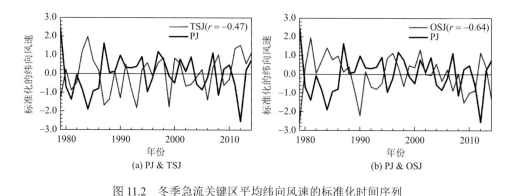

(a) PJ & TSJ　　　　　　　　　　(b) PJ & OSJ

图 11.2　冬季急流关键区平均纬向风速的标准化时间序列

（a）为 TSJ 和 PJ 时间序列，1979～2014 年相关系数为–0.47；（b）为 OSJ 和 PJ 时间序列，1979～2014 年相关系数为–0.64

　　下面利用合成方法分析极锋急流和副热带急流在强度上反位相协同变化对应的环流异常特征。根据图 11.2（a），分别挑选出 PJ 正异常和 TSJ 负异常即 PJ＞0.5、TSJ＜–0.5 的年份：1979 年、1987 年、1990 年、2003 年共 4 年，PJ 负异常和 TSJ 正异常即 PJ＜–0.5、TSJ＞0.5 的年份：1983 年、1984 年、1985 年、1995 年、2008 年、2011 年、2012 年共 7 年。根据挑选出的异常年份，分别对 850hPa 环流场和温度场进行合成分析，从图 11.3 可以看出，PJ 偏强、TSJ 偏弱与 PJ 偏弱、TSJ 偏强时，环流异常型呈反位相变化特征。当 PJ 偏弱、TSJ 偏强时［图 11.3（b）］，欧亚大陆中高纬地区为反气旋性异常，中纬度地区亦为反气旋异常控制，对应着地表西伯利亚地区气压正异常，即西伯利亚高压偏强；西北太平洋上，高纬为反气旋异常，其南部为气旋性异常；850hPa 欧亚大陆中高纬气温为正异常，中低纬度偏冷，这一偶极型气温异常分布类似于东亚冬季风南方模态（Wang et al.，2010），但东亚地区南方的降温范围向西延伸直至伊朗高原，降温中心位置位于青藏高原东侧和北侧。与极锋急流和高原南侧副热带急流强度反位相变化相联系的低层风场和温度场异常都表现出与冬季风南方模态类似的特征。

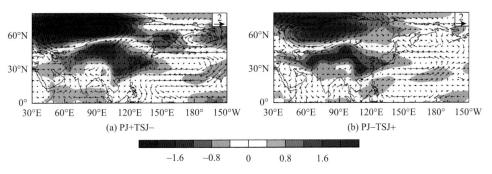

图 11.3　合成的冬季 850hPa 风场异常（箭矢，单位：m/s）和 850hPa 温度场异常
（阴影；单位：℃）（a）PJ + TSJ–的合成；（b）PJ– TSJ + 的合成

同样，对于极锋急流和海洋上空的副热带急流强度进行合成分析，分别挑选出 PJ 正异常和 OSJ 负异常即 PJ>0.5、OSJ<–0.5 的年份：1979 年、1990 年、1998 年、2007 年、2014 年共 5 年；PJ 负异常和 OSJ 正异常即 PJ<–0.5、OSJ>0.5 的年份：1981 年、1983 年、1984 年、1985 年、1986 年、1995 年、2004 年、2012 年共 8 年。从环流合成场上看到，当 PJ 偏弱、OSJ 偏强时［图 11.4（b）］，东亚大陆南方为冷异常，降温中心位于朝鲜半岛，低温异常向东延伸至西北太平洋上空，西伸至 80°E。风场上，850hPa 高度上也表现出与西伯利亚高压加强相联系的反气旋性异常，西北太平洋仅为气旋性异常控制。

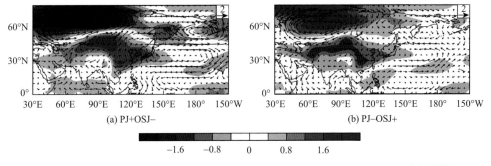

图 11.4　合成的冬季 850hPa 风场异常（箭矢，单位：m/s）和 850hPa 温度场异常
（阴影，单位：℃）
（a）PJ + OSJ–的合成；（b）PJ– OSJ + 的合成

通过前面有关关键区内急流强度变化的分析可知，极锋急流与副热带急流在强度上表现为反位相变化，这也是冬季高空急流协同变化的主要特征之一。极锋急流无论是与高原南侧的副热带急流，还是与海洋上空的副热带急流之间呈现出前者偏弱、后者偏强的反位相变化特征时，都伴随着对流层低层的东亚南部冷异常、西伯利亚高压偏强的特征，对应着东亚冬季风南方模态偏冷年的异常型。

11.2　冬季东亚高空急流的主要变率模态

11.1 节通过对急流强度的合成分析，揭示了极锋急流和副热带急流反位相变化与东亚冬季风南方模态的联系。在季节平均尺度上急流协同变化的另一种表现形式为高低纬急流位置上的同时变化关系，这里对于位置变化关系仅考虑同一经度上极锋急流和副热带急流的位置变化。这里利用 EOF 方法分解出纬向风场的主要变率模态，进一步研究高空急流协同变化特征与东亚冬季风的联系。

由于气候态上 120°E 以西的陆地上空极锋急流和副热带急流可以显著分开，这里主要关注位于 70°E～120°E 陆地上空两支急流的变率。图 11.5 给出了 70°E～120°E 范围纬向平均冬季纬向风 EOF 分解的前两个主要模态，分析范围为 20°N～70°N、1000～100hPa。第一模态表现为以 300hPa 极锋急流为中心的经向偶极子型纬向风异常，解释方差贡献为 42.5%，体现了极锋急流位置的南北移动，同时在 200hPa 高度上也存在以高原南侧副热带急流为中心经向偶极型纬向风异常，体现了高原南侧副热带急流的南北移动。可见 EOF 第一模态反映出两支急流位置上的协同变化关系，主要表现为极锋急流和副热带急流同时靠近或远离的关系。由于副热带急流相较于极锋急流强度更强且更稳定（图 11.1），因而它的经向移动幅度小于极锋急流。因此，EOF 第一模态最显著的特征表现为极锋急流在经向上的移动。EOF 第二模态表现为副热带急流和极锋急流中心位置附近的偶极型纬向风异常，急流中心附近纬向风强度的增强和减弱表明高原南侧的副热带急流和极锋急流强度的反位相变化。由此可见，沿 70°E～120°E 范围纬向风 EOF 分析的前两个模态表征了陆地上空两支急流的协同变化特征。

此外，标准化主分量时间序列 PC1 和 PC2 具有显著的年代际变化特征，20 世纪 80 年代中期，两个模态主分量都表现出从正位相到负位相的转变。PC1 在 1985 年前后位相由正转负，而 PC2 在 1986 年出现从正位相到负位相的转变，此后 PC2 主要处于负位相阶段并呈现出年际变化，而 PC1 在 21 世纪初出现新的年代际变化，由负位相转为正位相。

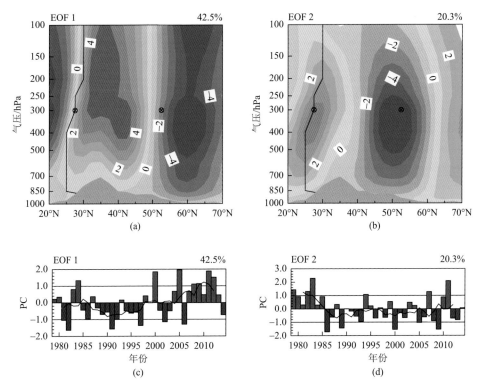

图 11.5　冬季 70°E～120°E 内平均纬向风的 EOF 主要模态空间分布 [（a）、（b）] 和
标准化时间系数 [（c）、（d）]

黑色实线代表经向上急流轴线的位置，空间型上方百分比为各模态的方差贡献百分率，叉圈号表示 300hPa
上东亚高原副热带急流的中心位置，灰色阴影区域代表地形高度

11.3　高空急流的主要变率模态与东亚冬季风的联系

纬向风 EOF 分析的前两个模态可以合理表征东亚中高纬度地区大气环流变率的主要模态，下面将进一步分析它们与东亚冬季风各成员及气温变化之间存在的可能联系。

11.3.1　与东亚冬季风各成员的联系

为了分析急流协同变化的前两个 EOF 模态与东亚冬季风（EAWM）的关系，选取四个不同的东亚冬季风指数描述 EAWM 的强度特征，所用的冬季风指数分别根据不同层次的冬季风系统定义，具体包括海平面气压指数，如西伯利亚高压指数（SH），纬向或经向气压梯度指数（施能，1996；Wang and Chen，2014b）；850hPa

经向风指数（Yang et al.，2002），500hPa 东亚大槽指数（孙柏民和李崇银，1997），300hPa 纬向风的经向切变指数（Jhun and Lee，2004），以及 200hPa 纬向风指数（Li and Yang，2010）。所用的各冬季风指数定义见表 11.2。

表 11.2　不同东亚冬季风强度指数的定义

东亚冬季风指数	定义
西伯利亚高压指数（SH）	80°E～120°E、40°N～60°N 区域平均的海平面气压
纬向气压梯度指数（施能，1996）	标准化的海平面气压在 20°N～50°N 范围内沿 110°E、160°E 的气压梯度
经向气压梯度指数（Wang and Chen，2014b）	标准化的海平面气压[2×SLP(70°E～120°E、40°N～60°N)-SLP(140E°～170°W、30°N～50°N)-SLP(110°E～160°E、20°S～10°N)]/2
300hPa 纬向风的经向切变指数（Jhun and Lee，2004）	300hPa 纬向风切变(110°E～170°E、27.5°N～37.5°N)-(110°E～170°E、50°N～60°N)
200hPa 纬向风指数（Li and Yang，2010）	200hPa 纬向风[U(90°E～160°E、30°N～35°N)-U(70°E～170°E、50°N～60°N) + U(90°E～160°E、30°N～35°N)-U(90°E～160°E、5°S～10°N)]/2
500hPa 东亚大槽指数（孙柏民和李崇银，1997）	125°E～145°E、30°N～45°N 区域平均的 500 hPa 位势高度
850hPa 经向风指数（Yang et al.，2002）	100°E～140°E、20°N～40°N 区域平均的 850hPa 经向风

为了直观展示急流协同变化的前两个 EOF 模态与 EAWM 的关系，表 11.3 给出了 PC1/PC2 时间序列与东亚冬季风指数的相关系数。从表中可以看出，除 850hPa 经向风指数外，PC1 和 PC2 与大部分东亚冬季风指数都具有显著相关性。其中，PC2 和大部分东亚冬季风指数的显著相关（置信水平超过 99.9%）表明高原南侧副热带急流和极锋急流的反位相变化关系与东亚冬季风变率联系紧密，而表征极锋急流经向移动的 PC1 表现出与西伯利亚高压强度之间的显著相关性，其与海陆气压差指数没有显著关联。PC1 与 PC2 都与高层风切变指数显著相关，同时 PC2 与东亚大槽强度也有密切关系。因此，PC2 相对于 PC1 而言对所定义的东亚冬季风指数具有更好的反映能力。但由于东亚冬季风系统的经向跨度很大，单一东亚冬季风指数不能区分出中高纬与低纬环流异常的差异，下面将进一步分析 PC1 与 PC2 所反映的东亚冬季风区域内气温变率的空间分布特征。

表 11.3　PC1/PC2 与各东亚冬季风指数在 1979～2014 年的相关系数

时间序列	2m 气温		SLP			300hPa		500hPa	850hPa
	冬季风南北方模态指数		西伯利亚高压指数	纬向气压梯度指数	经向气压梯度指数	300hPa 纬向风的经向切变指数	200hPa 纬向风指数	500hPa 东亚大槽指数	850hPa 经向风指数
	EAWM_N	EAWM_S							
PC1	**0.763**	0.071	**0.569**	0.024	**0.671**	**0.541**	**0.651**	*-0.380*	0.029
PC2	0.099	**0.840**	**0.559**	**0.656**	**0.491**	**0.612**	*0.403*	**-0.502**	*-0.325*

注：黑（斜）体代表相关系数置信水平为 99%（95%）。

11.3.2　与地表气温的联系

图 11.6 为冬季 SLP、地表温度及地表风场对 PC1 和 PC2 时间序列的回归系数空间分布,高层纬向风变率的前两个模态对应着地表物理量的显著响应。与 PC1 相联系的地表特征为西伯利亚中部及其西部的冷异常,而 PC2 则反映出中国华北、华东、东海、南海,以及朝鲜半岛、日本的冷异常和俄罗斯北部暖异常,与 PC1 与 PC2 相联系的地表气温异常在一定程度上反映了 Wang 等(2010)所指出的东亚冬季风的北方模态和南方模态特征。对 PC1 的回归反映出位于欧亚大陆北方的地表气压正异常,PC2 则反映出西伯利亚高压强度增强,同时也使得海陆气压梯度增强,这些特征与以往研究所揭示的强东亚冬季风所对应的海平面气压场特征一致。图 11.6(a)中在对 PC1 回归的地表风场上,地表的异常北风出现在欧亚大陆高纬度地区(55°N 以北),而在对 PC2 的回归图中[图 11.6(b)],北风异常出现在东亚沿岸,与增强的海陆气压差相对应。进一步比较两个 PC 时间序列与 Wang 等(2010)定义的东亚冬季风南方模态和北方模态指数发现,PC1(PC2)与北方模态(南方模态)指数的相关系数达到 0.76(0.84),置信水平超过 99.9%。

此外,已有的研究工作指出,东亚冬季风在 20 世纪 80 年代中期出现了一次显著减弱的转折,并于 21 世纪初有恢复增强的特征(Wang and Chen,2014a)。上面的分析也指出 PC1 和 PC2 均在 20 世纪 80 年代中期发生了显著的位相转变,

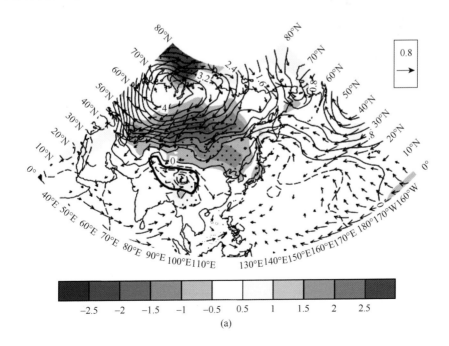

(a)

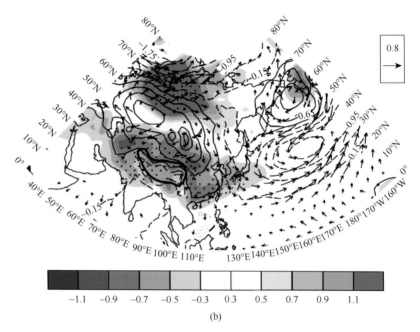

图 11.6　冬季 SLP（等值线，单位：hPa）、地表温度（阴影；单位：℃）和地表风场
（箭矢，单位：m/s）对 PC1（a）和 PC2（b）的回归

黑色打点处代表地表气温回归系数的置信水平超过 99.9%

这与东亚冬季风的年代际减弱相对应，同时也表明东亚冬季风在 20 世纪 80 年代中期的这次减弱是跨越冬季风整个区域的、经向尺度非常大的年代际转折，PC1 于 20 世纪早期向正位相的转变也反映了这一阶段高纬度的东亚冬季风的年代际增强。在年代际变化特征方面，PC1 和 PC2 也表现出与东亚冬季风年代际变率的一致性特征。

　　由于极锋急流的经向移动与东亚中高纬地区的气温变化相联系，而极锋急流和高原南侧副热带急流强度的反位相变化则能够反映东亚中低纬度的气温变率，同时也与多个东亚冬季风指数有密切联系。与急流相联系的纬向风变化的两个主要模态能够在一定程度上分别反映东亚冬季风北方模态和南方模态的特征。

11.3.3　与高空急流相联系的东亚冬季风的三维结构特征

　　高空急流变率的主要模态与低层地表气温的南方模态和北方模态有较好的对应关系，为了理解高、低层变率存在一致性的原因，有必要进一步研究与急流变率模态相联系的冬季风环流系统各子成员的异常特征。

　　这里将利用合成差值分析方法研究与 PC1 和 PC2 相联系的东亚冬季风三维结构特征。基于 PC 指数超过一个标准差的年份，在 1979～2014 年选取了 7（6）个 PC1 正（负）位相年，以及 6（5）个 PC2 正（负）位相年。表 11.4 列出了根据这一标准所挑选的具体年份。

表 11.4　基于 PC 指数选取的四类急流协同变化模态的年份

类型	年份
正 EOF1（PC1＞+1.0）	1984，2000，2005，2008，2009，2011，2012
负 EOF1（PC1＜-1.0）	1981，1982，1991，1997，2002，2006
正 EOF2（PC2＞+1.0）	1979，1982，1983，1994，2007，2011
负 EOF2（PC2＜-1.0）	1986，1989，2000，2005，2009

　　图 11.7 给出了 PC1 正负位相年 500hPa 位势高度场和海平面气压场的合成差值图。图 11.7（a）中 500hPa 高度上存在由西向东传播的位势高度异常波列，在东亚上空高度场异常表现为 40°N 南北两侧位势高度反相变化。当 PC1 为正位相时，贝加尔湖地区为负位势高度异常，对应东亚大槽北段增强且西移，同时极区

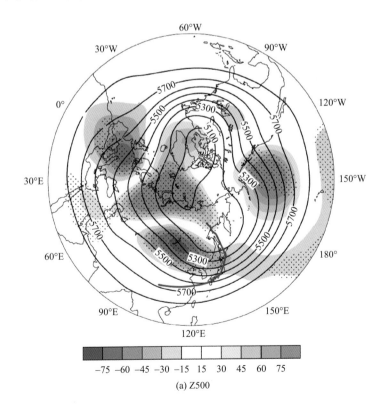

(a) Z500

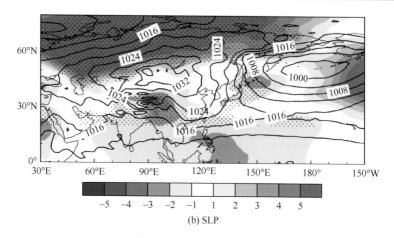

(b) SLP

图 11.7　PC1 正负位相合成的 500hPa 位势高度和海平面气压及其差值场

(a) 500hPa 位势高度距平（阴影，单位：gpm）和气候平均的 500hPa 位势高度场（等值线，单位：gpm）；
(b) 同（a），但为海平面气压场（单位：hPa）；黑色打点处代表合成差值异常的置信水平超过 95%

为大范围正位势高度异常，对应 500hPa 极涡强度减弱。在低层海平面气压场合成差值上，欧亚大陆中高纬地区为大范围正异常，因此西伯利亚高压在 PC1 正位相时向西北扩展［图 11.7（b）］。在图 11.7（b）中，西太平洋上出现两个负的海平面气压异常区域，分别位于近赤道附近和中纬度地区，其中中纬度地区的负异常中心位于阿留申低压西侧，西移的阿留申低压可以增强海陆气压梯度。这两个负的海平面气压异常与 Wang 等（2000）指出的冬季与 ENSO 事件相联系的西北太平洋反气旋一致，说明 EOF 第一模态可能与 ENSO 事件相联系。此外，在 300hPa 纬向风场上，当 PC1 为正位相时，极锋急流北侧西风减速、南侧加速，急流南移，反之亦然。当极锋急流南移时，500hPa 东亚大槽北段增强并西移，西伯利亚高压强度增强并向西北扩展，有利于极地冷空气向中高纬输送并堆积。

　　图 11.8 给出的是 PC2 正负位相合成的 500hPa 位势高度和海平面气压及其差值场。在 500hPa 位势高度差值场上，有一支异常波列从巴伦支海西侧向下游传播至东亚上空［图 11.8（a）］，该波列类似 EU（Wallace and Gutzler，1981；Barnston and Livezey，1987）。进一步分析发现，PC2 与 Wallace 和 Gutzler（1981）所定义的 EU 指数相关系数为 0.60，置信水平超过 99%。EU 是冬季影响欧亚大陆低频变率的主要模态，因此图 11.8（a）表明 EOF2 可能是一个与大气波动活动相联系的变率模态，当 PC2 为正位相时，与波动相联系的中纬度位势高度负异常（30°N～50°N）有利于东亚大槽加强。在海平面气压合成差值图中，正气压差值异常位于西伯利亚高压地区，同时阿留申低压的北侧为正气压差值异常（60°N，180°），南侧为负差值异常（40°N，170°E），因而使阿留申低压南移，同时也增强了东亚南部地区经向上的气压梯度。高层纬向风场上，当 PC2 为正位相时，极锋急流区为

东风异常（图 11.7），西风异常则位于高原南侧并向东北延伸，对应着极锋急流减弱和高原南侧副热带急流增强。

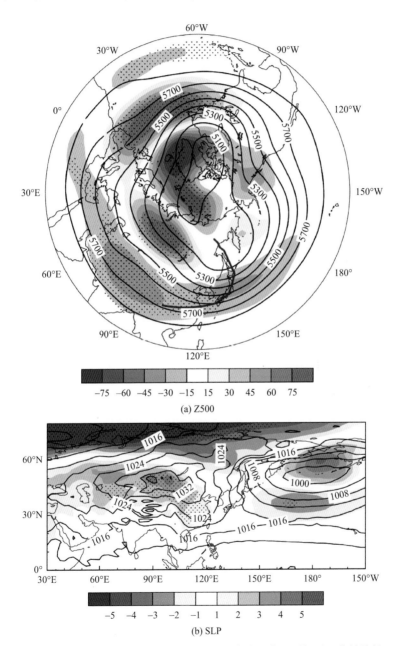

(a) Z500

(b) SLP

图 11.8 PC2 正负位相合成的 500hPa 位势高度和海平面气压及其差值场

（a）500hPa 位势高度距平（阴影，单位：gpm）和气候平均的 500hPa 位势高度场（等值线，单位：gpm）；
（b）同（a），但为海平面气压场（单位：hPa）；黑色打点处代表合成差值异常的置信水平超过 95%

　　因此，与 PC2 相联系的三维环流系统异常表明，当极锋急流偏弱，高原南侧副热带急流偏强时，对流层中层对应于类似 EU 的异常波列；而低层表现为西伯利亚高压增强，阿留申低压南移，有利于冷空气向南输送，冬季风系统各成员相应的变化有利于东亚地区南部异常偏冷。

11.4　东亚高空急流协同变化模态与东亚冬季风内在联系机制

11.4.1　热带海温异常的影响

　　此前已有研究工作揭示了 ENSO 对东亚冬季风变率的影响（Webster and Yang，1992；Zhang et al.，1996），Zhang 等（1996）指出 El Niño（La Niña）年，东亚冬季风偏弱（强）；Wang 等（2010）和 Chen 等（2014b）指出赤道太平洋出现 La Niña 型海温异常时，东亚冬季风南方模态为冷位相。纬向风 EOF 第一模态的时间系数 PC1 与同期冬季及前期秋季 Niño-3.4 指数相关系数分别为 –0.50 和 –0.40，图 11.9（a）给出了当 PC1 在正位相时，显著的同期冬季海温异常表现为热带赤道东太平洋负海温异常而西太平洋正海温异常，即典型 La Niña 成熟位相。SST 异常类似 Mega-ENSO 空间型（Wang et al.，2013），即一种太平洋海盆尺度的年际-年代际海温变化模态，而这一海温信号可追溯到前期秋季。热带太平洋 SST 如何影响极锋急流的经向移动？Wang 等（2000）指出暖 ENSO 事件（El Niño 位相）发生时，对流层中高层亚洲大陆东南部受到显著的气旋性异常环流控制，亚洲大陆东南部气旋性异常（30°N～40°N）北侧的东风异常削弱了极锋急流南侧的西风。在 La Niña 位相，东亚上空大气环流则由反气旋异常环流控制，因而有利于极锋急流的南移。伴随着大气环流出现异常，低层斜压区也表现出显著的南北移动。

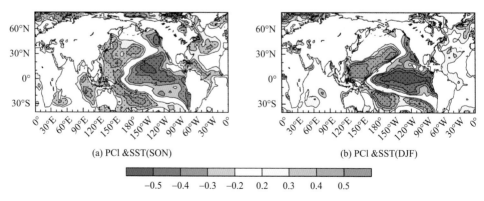

(a) PC1 &SST(SON)　　　　　　　　　　　(b) PC1 &SST(DJF)

-0.5　-0.4　-0.3　-0.2　0.2　0.3　0.4　0.5

图 11.9　PC1 与前期秋季 SON（a）和同期冬季 DJF（b）海表温度 SST 的相关系数

黑色打点处代表相关置信水平超过 99%

许多研究表明 ENSO 显著调制东亚冬季风的年际变率（Zhang et al.，1996；Wang et al.，2010；Yang and Lu，2014），但是 ENSO 与 EAWM 的关系非常复杂，ENSO 对东亚冬季风主要模态的影响可能存在年代际变化（Wang and He，2012；He and Wang，2013；Lee et al.，2013）。这里的研究发现 ENSO 可以影响极锋急流和副热带急流的位置，从而与东亚冬季风中高纬度温度变率具有密切联系。

11.4.2　北极海冰异常的影响

北极海冰与东亚冬季风变率具有密切关联（Chen et al.，2014a），已有研究指出北极太平洋区域海冰减少时有利于东亚冬季风增强（Honda et al.，2009）。图 11.10 给出了 PC1 与前期秋季海冰密集度（SIC）的相关系数空间分布，图中表明北极西半球地区（0°～150°W）海冰偏多、东半球地区（30°E～150°W）海冰偏少时，有利于东亚大陆北方偏冷。进一步分析发现，巴伦支-喀拉海域（40°E～90°E）的海冰与东亚北部的气温变化有着更加密切的关联（图 11.10）。

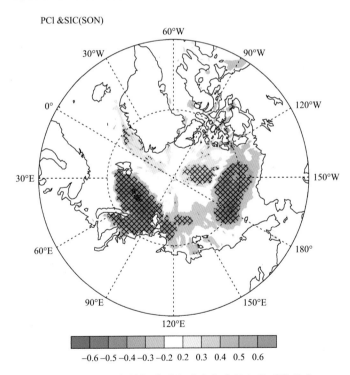

图 11.10　PC1 与前期秋季海冰密集度的相关系数分布

黑色网格处代表相关置信水平超过 99%

由于 EOF 分解的第一模态描述了极锋急流的经向移动，它和斜压波活动密切相关，这里进一步分析大气低层的斜压性异常，为此计算850hPa斜压扰动增长率用来分析大气低层斜压性（Eady，1949；Hoskins and Valdes，1990），斜压扰动增长率的计算公式为

$$\sigma = 0.31 \left(\frac{f}{N} \right) \mathrm{d}U / \mathrm{d}z$$

式中，f为科氏参数；N为浮力振荡频率（s^{-1}）；U为全风速；z为垂直高度。当PC1为正位相时，850hPa斜压扰动在50°N～70°N减弱而在30°N～50°N范围内增强［图11.11（a）］，瞬变活动的异常将进一步导致极锋急流区内纬向风异常。东亚大陆北方偏冷时，极锋急流北侧斜压波活动抑制而在南侧加强，对应于极锋急流向赤道移动。反之，当东亚北部异常偏暖时，极锋急流北侧斜压波活动加强而在南侧受到抑制，极锋急流北移。

Inoue等（2012）指出当巴伦支-喀拉-拉普捷夫海（15°N～135°N）海冰减少时，格陵兰岛东岸（20°W）到喀拉海（60°E～100°E）斜压性减弱，这与前面所指出的与EOF1相联系的低层斜压性减弱是一致的。海冰异常造成巴伦支海北部增暖，伴随海温梯度减弱，导致大气斜压性的减弱，使得高层纬向风偏弱。与Inoue等（2012）的结果相比，图11.11（a）低层斜压波活动偏弱的区域位置偏南（50°N～70°N）。Inoue等（2012）进一步证明斜压性的改变会影响气旋路径，进而引起欧亚大陆北部沿岸地区的气压正异常。中低层斜压性的减弱同时伴随着西伯利亚北部出现大范围正气压异常，当西伯利亚高压增强时，偏北风异常使得亚洲北部降温。Kug等（2015）的研究亦指出，当巴伦支海海温偏高时，Rossby波向下游频散使下游产生低压异常，从而调制东亚大槽的变化。

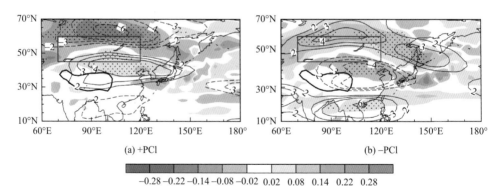

图11.11　PC1正位相（a）和负位相（b）合成的冬季300hPa纬向风场（等值线，单位：m/s）和斜压扰动增长率距平（阴影，单位：d^{-1}）

黑色打点处代表合成的斜压扰动增长率距平的置信水平超过95%；图中蓝色框表示极锋急流区域，黑色粗线表示大于3000m的高原区域

前面的分析表明，EOF1与海温（ENSO）和海冰（SIC）异常密切相关，并

且异常信号可以追溯至前期秋季。Chen 等（2014a）指出在年际尺度上，秋季海冰异常并没有伴随其他地区 SST 的异常，而 La Niña（El Niño）可以通过对流活动异常使得东亚地区对流层中高层产生显著的反气旋（气旋）异常，从而影响极锋急流。因此，ENSO 与 SIC 异常则可作为影响中高纬气候变率的独立信号。另外，海冰异常则可以改变低层斜压性影响极锋急流。当冷位相 ENSO（La Niña）发展，而东半球极区海冰减少，极锋急流南移，东亚大槽北部加深，低层西伯利亚高压北移，地表增强的北风使得东亚北部变冷。

11.4.3　定常波活动

前面的分析表明极锋急流的经向移动模态与大尺度海陆热力差异有关，因此这里进一步分析与之相联系的大气波活动，为此计算 250hPa 波作用通量（WAF）用于诊断定常 Rossby 波在水平方向的传播特征。根据 Takaya 和 Nakamura（2001）提出的波作用通量 WAF 在水平方向的计算公式：

$$
\boldsymbol{W} = \frac{p\cos\varphi}{2|\boldsymbol{U}|}
\begin{pmatrix}
\dfrac{U}{a^2\cos^2\varphi}\left[\left(\dfrac{\partial\psi'}{\partial\lambda}\right)^2 - \psi'\left(\dfrac{\partial^2\psi'}{\partial\lambda^2}\right)\right] + \dfrac{V}{a^2\cos\varphi}\left[\dfrac{\partial\psi'}{\partial\lambda}\dfrac{\partial\psi'}{\partial\varphi} - \psi'\dfrac{\partial^2\psi'}{\partial\lambda\partial\varphi}\right] \\[2ex]
\dfrac{U}{a^2\cos\varphi}\left[\dfrac{\partial\psi'}{\partial\lambda}\dfrac{\partial\psi'}{\partial\varphi} - \psi'\dfrac{\partial^2\psi'}{\partial\lambda\partial\varphi}\right] + \dfrac{V}{a^2}\left[\left(\dfrac{\partial\psi'}{\partial\lambda}\right)^2 - \psi'\left(\dfrac{\partial^2\psi'}{\partial\varphi^2}\right)\right]
\end{pmatrix}
$$

其中，a 为地球半径；ψ' 为准地准流函数扰动量；$\boldsymbol{U} = (U, V)$ 为水平风场；λ、φ 分别表示经度和纬度。

在东半球高纬度，定常波从欧亚大陆西岸向东亚地区传播，在极地喀拉海地区波作用通量加强并继续向东南方向传播至东亚中纬度地区（图 11.12）。欧亚大

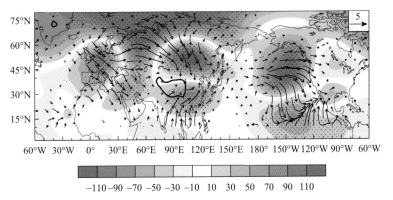

图 11.12　冬季 250hPa 位势高度（阴影，单位：gpm）和 250hPa 波作用通量（箭矢，单位：m²/s²）在 PC1 正位相与负位相的合成差值场

黑色打点处代表位势高度合成差值异常的置信水平超过 95%

陆中高纬度地区 250hPa 位势高度异常也表现为 "– + –" 型，东亚中纬度极锋急流附近为位势高度负异常，而中低纬度地区则具有从热带向中高纬地区的波作用通量，该经向传播的波通量可能和与 ENSO 相联系的热带海温异常有关。中低纬度的东亚地区为位势高度正异常，与中高纬位势高度负异常相联系的异常气旋北侧为东风异常、南侧西风异常使得极锋急流南移，低纬的位势高度异常则对应副热带急流北移。

11.5　与极锋急流和副热带急流强度反位相变化模态相联系的外强迫和大气内部动力过程

11.5.1　热带海温异常的影响

　　11.4 节的分析表明极锋急流的南北移动受到热带和中高纬系统相互作用的影响，这里同样对急流协同变化第二模态的主分量进行相关分析（图 11.13）。从海温的相关图可以看出，PC2 正位相（东亚南部冷异常）的前期秋季，在中东太平洋表现出冷异常，并在一定程度上持续到冬季。而冬季 SST 则在北印度洋上有显著冷海温异常［图 11.13（b）］。有研究指出，热带印度洋（TIO）在伴随着 El Niño 成熟后由于西南热带海盆下传的海洋 Rossby 波（Xie et al.，2002）或热通量变化（Klein et al.，1999）而增暖，印度洋 SST 变化具有滞后于太平洋 SST 变化的特征。Lee 等（2013）也指出北印度洋海温与东亚冬季风南方模态存在负相关。秋季热带印度洋海温可以使得东亚大槽南段加深（Wang et al.，2010），这里可以看出冬季北印度洋海温也与东亚大槽的加深密切相关。与 EOF1 相比较，与 EOF2 相联

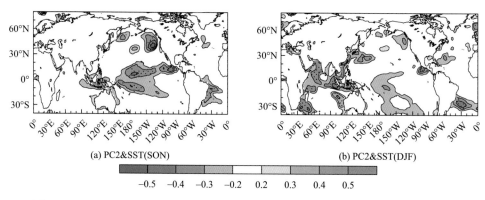

(a) PC2&SST(SON)　　　　　　　　　　　　(b) PC2&SST(DJF)

−0.5　−0.4　−0.3　−0.2　0.2　0.3　0.4　0.5

图 11.13　PC2 与前期秋季 SON（a）和同期冬季 DJF（b）海表温度 SST 的相关系数

黑色打点处代表相关置信水平超过 99%

系的太平洋海温异常只在部分区域有信号，海温异常型类似于中太平洋 ENSO 或者又称为 ENSO Modoki（Ashok et al.，2007）。与 EOF1 不同的是，EOF2 没有显著的极区海冰异常信号，前期秋季太平洋中部的海温异常信号与东亚冬季风南方模态具有密切联系。

11.5.2　定常波活动和瞬变波活动

虽然海温强迫场与东亚冬季风主要变率模态相联系的具体机制仍有待进行数值试验来理解。外强迫能激发类似 EU 的对流层高层行星波，从而调制对流层中低层的季风活动（Takaya and Nakamura，2013）。从与 EOF2 相联系的环流结构异常来看，由于 500hPa 高度场为显著的波动型异常，可能与大尺度海陆热力差异有关，因此这里继续分析与之相联系的大气波活动特征。图 11.14 给出了 250hPa 高度场和 WAF 的合成差值场，表现为异常波列活动型及东传的波作用通量。在东半球，波作用通量沿着副热带急流从北非（20°E，30°N）向东亚地区传播。中低纬度北非地区、青藏高原为位势高度负异常，阿拉伯半岛则为位势高度正异常。除副热带的波列以外，另一支波列从巴伦支海西侧向东南方向传播经北亚直至日本上空。两支定常 Rossby 波都与东亚地区的环流异常相关，使得东亚北部出现高度正异常，高原地区则出现高度负异常。由于纬向风在亚洲异常反气旋的北部（南部）减弱（加强），因而极锋急流减弱 [图 11.15（a）]；与此同时位于东亚南部的反气旋南侧的西风增强，导致高原南侧副热带急流强度增强。

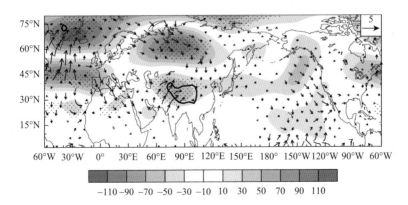

图 11.14　冬季 250hPa 位势高度（阴影，单位：gpm）和 250hPa 波作用通量（箭矢，单位：m²/s²）在 PC2 正位相与负位相的合成差值场

黑色打点处代表位势高度合成差值异常的置信水平超过 95%

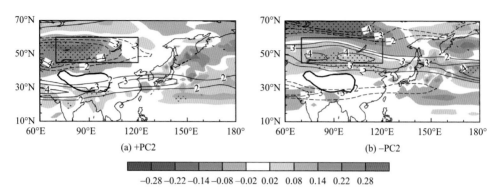

图 11.15　PC2 正位相（a）和负位相（b）合成的冬季 300hPa 纬向风场（等值线，单位：m/s）和斜压扰动增长率距平（阴影，单位：d^{-1}）

黑色打点处代表合成的斜压扰动增长率距平的置信水平超过 95%；图中蓝色框表示极锋急流区域，
黑色粗线表示大于 3000m 的高原区域

在北半球斜压波可以导致纬向风的异常（Lorenz and Hartmann，2003），瞬变波动活动可能对高层纬向风变率起到重要作用，因此，进一步对与 EOF2 相联系的天气尺度瞬变扰动活动进行合成分析。天气尺度瞬变扰动动能的计算公式为

$$K_{e} = \overline{\frac{1}{2}(u'^2 + v'^2)}$$

冬季 250hPa 水平方向 $\boldsymbol{E}$ 矢量的计算公式为

$$\boldsymbol{E} = (\overline{v'^2 - u'^2}, -\overline{u'v'})$$

上述公式中，u，v 为纬向和经向风场；撇量代表 2.5～8d 的天气尺度瞬变扰动量；上划线代表冬季季节平均；$\boldsymbol{E}$ 矢量的辐散（辐合）对应着平均西风气流的增强（减弱）（Hoskins et al.，1983），因此可以用来衡量 STEA 对纬向平均流的强迫。

图 11.16（a）中，STEA 合成差值场上青藏高原北侧和南侧反相异常，对应着高原南侧副热带急流和极锋急流强度反位相变化（图 11.15）。40°N 以北地区显著的 STEA 负差值是由于极锋急流处斜压性偏弱［图 11.15（a）］，而抑制的斜压波活动有利于极锋急流的减弱。

图 11.16（b）给出了 $\boldsymbol{E}$ 矢量的辐合辐散的合成差值场，用于反映瞬变扰动通过正压过程对平均流的反馈。50°N 附近极锋急流处 $\boldsymbol{E}$ 矢量辐合，表明能量从平均流转换为瞬变扰动能量，因而极锋急流减弱。同时，高原南侧及中国东部地区 $\boldsymbol{E}$ 矢量辐散，则有利于高原南侧急流（TSJ）和海洋上空急流（OSJ）的加强。因此，STEA 异常通过 $\boldsymbol{E}$ 矢量的辐合辐散反馈于 TSJ 和 PJ，使得二者在强度上的反位相变化得以维持。

综上所述，热带海温异常等外强迫和大气内部动力过程是影响东亚高空急流变化的主要模态与东亚冬季风活动之间联系的主要内在过程和机制。极锋急流经向移动模态与前期秋季热带海温异常和极地海冰异常具有密切关系，而极锋急流和副热带急流强度反位相变化模态也与前期秋季中东太平洋及同期冬季北印度洋的 SST 异常信号关系密切。由此表明，急流变化的两个模态存在季节可预报性，预报源来自前期秋季发展的 ENSO 及极地与海冰相联系的海温异常，因而前期秋季热带海温和极地海冰等异常信号影响冬季风的机制可为冬季大气环流和地表气温的季节预报提供科学依据。

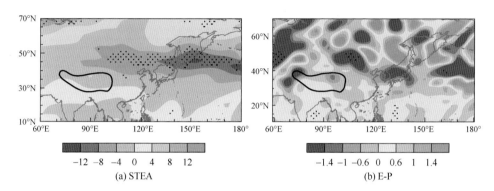

图 11.16　PC2 正位相与 PC2 负位相的合成差值场

（a）冬季天气尺度瞬变扰动动能 STEA（阴影，单位：m^2/s^2）；（b）E 矢量辐合辐散场（阴影，单位：$10^{-5}m/s^2$）；黑色打点处代表合成差值的置信水平超过 95%

第12章 东亚高空急流协同变化的年代际演变及机制

　　大气环流和天气气候的年代际变化一直是气候变化研究领域的一个重要科学问题。研究表明，在东亚冬季风、低温、降水等事件的年代际变化过程中，高空急流往往具有不可忽略的作用（贺圣平和王会军，2012；Kuang et al.，2014，Huang et al.，2017），近年来的研究更进一步强调两支高空急流的协同作用。He和Wang（2013）在研究20世纪80年代中期以来冬季风强度减弱的过程中，强调了高空经向风切变的作用，这种风切变可能反映了极锋急流和副热带急流强度的反位相变化特征。此外，Huang等（2017）认为90年代末中国东部降水的年代际变化与两支急流位置的南北移动有关。因此，高空急流的协同变化模态存在显著的年代际变率，并与东亚和太平洋地区的天气气候年代际异常具有密切关系。

　　高空急流的变化可归因于大气动力过程和热力强迫异常。通常认为，大气斜压性的发展可造成天气尺度瞬变涡旋活动的异常，瞬变扰动再通过波流相互作用引起急流异常（Ren et al.，2010）。除动力强迫外，高空急流的变化也与来自下垫面的热力强迫有关。研究表明，青藏高原上空环流受到高原地形的调制作用，进而通过热力异常影响到东亚气候异常（Wu and Liu，2016）。Zhang等（2019）认为陆面温度的非均匀分布可通过湍流热通量的向上传输实现对上层大气环流的调整。此外，海温异常也与大气环流和季风系统的变化紧密相关。研究发现，北太平洋海温年代际振荡（IPO）和大西洋多年代际振荡（AMO）均在20世纪90年代中后期左右发生年代际位相转变，Sun等（2016b）提出的北太平洋年代际海温模态（NPD）在80年代中期基于海气相互作用对冬季风的减弱产生贡献。因此海温异常也可能是高空急流及其相关气候年代际变化的重要因子之一。另外，北极海冰减少的趋势及其对东亚环流和气候的影响，近年来也受到大量关注（Inoue et al.，2012；Gao et al.，2015；Sun et al.，2016a）。极地地区和中纬度地区的温度梯度是驱动极锋急流的重要因素之一，温度梯度减小会导致急流强度减弱伴随着急流更加弯曲，从而使得天气系统移动更加缓慢，造成极端事件的发生发展（Francis and Vavrus，2012；Petoukhov and Semenov，2010；Screen and Simmonds，2014）。因此，极地增暖可能会通过改变急流位置和强度的变化从而产生异常的环流系统，在急流协同变化的年代际变率中扮演重要的角色。

12.1　高空急流协同变化的年代际特征及机制

12.1.1　年代际转折点的确定

图 12.1 是对 70°E～120°E 区域平均的冬季纬向风场进行 EOF 分析所得的前两个主模态，空间分布特征分别反映了高空急流位置和强度的协同变化。时间系数的年代际滤波显示，急流位置的协同变化模态在 1999 年附近由负位相主导转为正位相主导，急流强度的协同变化在 1985 年以前为显著正位相，1985 年以后负位相的发生频次明显增多。实际纬向风场的时间演变也表现出明显的年代际变化特征（图 12.2）。在 20 世纪 80 年代中后期以前，极锋急流强度偏弱。自 80 年代中后期至 20 世纪末、21 世纪初，极锋急流北移而副热带急流南移。21 世纪以来，伴随着极锋急流的突然南移和副热带急流的显著北移，两支急流位置互相靠近。这一特征得到了 NCEP/NCAR、ERA5 和 JRA-55 等多种资料的验证。因此，20 世纪 80 年代中期和 20 世纪末、21 世纪初是高空急流发生年代际变化的两个重要的时间节点。

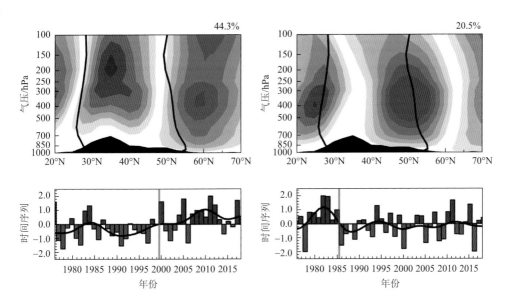

图 12.1　70°E～120°E 区域平均的冬季纬向风场 EOF 分析所得的前两个主模态

空间分布中的黑色实线指示急流轴位置，黑色阴影代表青藏高原地形。时间系数中所得黑色实线表示时间序列的年代际成分，由 9 年低通滤波所得。黄色竖线指示时间系数的位相转折点

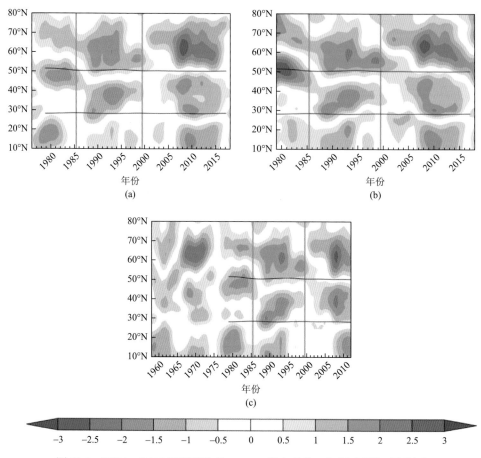

图 12.2　70°E～120°E 区域平均的 300hPa 纬向风的 9 年滑动平均时间演变

（a）NCEP/NCAR；（b）ERA5；（c）JRA-55

12.1.2　急流强度和位置的年代际变化特征

图 12.3 给出了两支急流强度和位置随时间的变化特征。强度指数定义为急流关键区平均风速的标准化序列，正值表示急流增强。80 年代中期以后，极锋急流增强，副热带急流则显著减弱 [图 12.3（a）]。位置指数定义为急流轴南北两侧西风切变的标准化序列，正值代表急流北移。21 世纪以来，极锋急流明显南移，同时副热带急流显著北移 [图 12.3（b）]。在实际纬向风的年代际差异场上（图 12.4），80 年代中期前后的西风异常差异显示了 45°N 北侧（南侧）有显著的西风正（负）异常 [图 12.4（a）]，这种异常分布有利于极锋急流（副热带急流）增强（减弱）；在 1999 年前后的西风异常中，可见两支急流轴之间西风增强和两侧西风减弱

［图 12.4（b）］，这种异常分布会引起急流位置的靠近。因此，20 世纪 80 年代中期急流的年代际变化特征主要表现为极锋急流的增强和副热带急流的减弱，21 世纪以来急流的年代际变化表现为极锋急流北移、副热带急流南移，即两支急流互相靠近的特征。

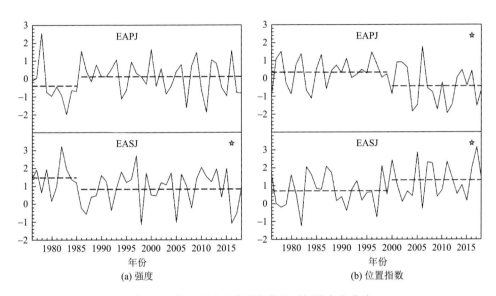

(a) 强度　　　　　　　　　　　　　　(b) 位置指数

图 12.3　急流强度和位置指数随时间的变化曲线

极锋急流和副热带急流强度指数分别定义为（45°N～55°N，70°E～120°E）和（20°N～30°N，70°E～120°E）区域平均风速的标准化序列，极锋急流位置指数定义为（50°N～60°N，70°E～120°E）和（40°N～50°N，70°E～120°E）区域平均纬向风差值标准化序列，副热带急流强度指数定义为（28°N～40°N，70°E～120°E）和（20°N～28°N，70°E～120°E）区域平均纬向风差值标准化序列，红星标注通过 90%置信水平检验的指数

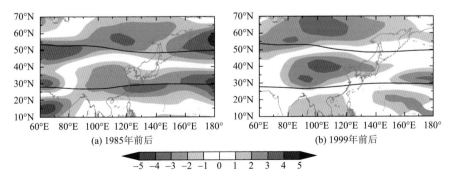

(a) 1985年前后　　　　　　　　　　　(b) 1999年前后

图 12.4　1985 年前后（1986～1999 年阶段减去 1976～1985 年阶段）和 1999 年前后（2000～2018 年阶段减去 1986～1999 年阶段）的 300hPa 纬向风差异

黑色实线代表两支急流的气候平均态纬度

12.1.3 急流年代际变化背景下的环流和气候异常

高空急流的年代际变化伴随着东亚环流系统的显著异常，其中西伯利亚高压和东亚大槽强度和位置的相应变化对东亚冬季气候的年代际异常具有重要影响。图 12.5（a）、（b）分别给出了西伯利亚高压（80°E～120°E）和东亚大槽（110°E～130°E）关键区内纬向平均的海平面气压和 500hPa 位势高度异常随时间的变化特征。西伯利亚高压强度在 1986～1999 年偏弱，在 1985 年以前和 2000 年以后偏强 [图 12.5（a）]。东亚大槽在 20 世纪 80 年代中期以前偏强，此后，35°N～60°N 区域内的 500hPa 位势高度在 1986～1999 年（2000～2018 年）出现明显的正（负）异常，这种异常将减弱（增强）大槽北部强度，造成 2000 年以后东亚大槽槽线从"南北方向"向"东北-西南方向"倾斜（Wang et al.，2009a）。

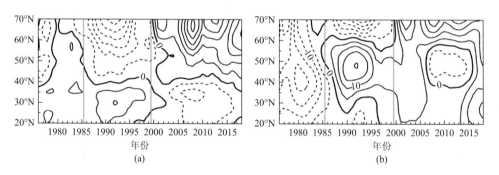

图 12.5　80°E～120°E 平均海平面气压（a）和 110°E～130°E 平均 500hPa 位势高度
异常（b）随时间的演变

黄色竖线指示急流两次年代际转折的时间点

环流系统的年代际变化可引起东亚近地面气温的年代际差异，以 1985 年和 1999 年年代际转折点为界，1976～2018 年的气象资料可划分为三个年代际阶段：1976～1985 年、1986～1999 年和 2000～2018 年。图 12.6 为三个年代际阶段中的地表气温异常分布，CRU 地表气温和 NCEP/NCAR 0.995σ 气温资料一致表明：1985 年以前，包括中国东部和东南部、朝鲜半岛、日本南部等地在内的广大东亚南部区域表现出显著冷异常，该冷异常可能与西伯利亚高压和东亚大槽偏强造成的冷空气南下有关。1985 年以后，东亚北部特别是蒙古国和西伯利亚地区在 1986～1999 年（2000～2018 年）出现明显的暖（冷）异常中心。东亚北部这种"暖-冷"异常中心的转换与 21 世纪以来西伯利亚高压的加强和东亚大槽的倾斜加强紧密相关。

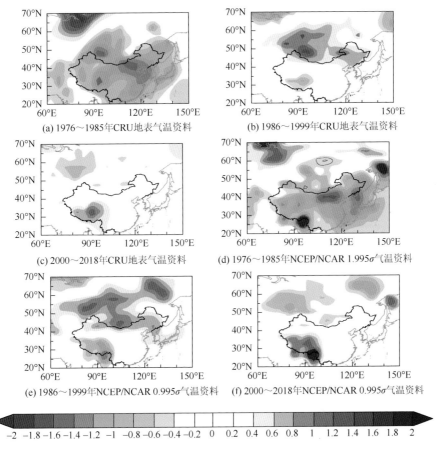

图 12.6　1976～1985 年阶段 [（a）、（d）]、1986～1999 年阶段 [（b）、（e）] 和 2000～2018 年阶段 [（c）、（f）] 的地表气温异常

不同年代际阶段的气温异常分布特征表明，急流协同变化与东亚冬季风在年代际尺度上也存在紧密联系。Wang 等（2010）提出用冬季风南北方模态指数更便于区分和刻画不同类型的冬季风特征。根据 Wang 等（2010）的定义方法（经度扩展为 70°E～140°E 以涵盖更多东亚范围），可见冬季风北方和南方模态指数分别在 20 世纪 80 年代中期和 21 世纪初期发生了年代际位相转变 [图 12.7（a）、（b）]，转变的时间节点与高空急流位置和强度的年代际转折基本一致，且北方（南方）模态指数和急流位置（强度）协同变化模态的时间序列在年际和年代际尺度上的相关系数都非常可观。图 12.7（c）、（e）将急流位置变化模态的时间系数与地表气温场的年代际成分作相关分析，所得空间相关分布与冬季风北方模态接近，主要表现为急流靠近时，东亚 40°N～60°N 纬度范围冷异常，这也是 2000 年以后的主要气温异常分布形态。而急流强度变化模态时间系数与气温分布异常的年代际

相关分布则与冬季风南方模态很相似［图 12.7（d）、（f）］，当极锋急流（副热带急流）偏强（偏弱）时，冷异常中心主要覆盖我国东南沿海、日本、朝鲜半岛南部，与 1985 年以前的气温年代际异常十分一致。由以上分析可知，20 世纪 80 年代中期以后，伴随着极锋急流的增强和副热带急流的减弱，冬季风南方模态显著减弱，冬季风的减弱不利于冷空气从高纬向副热带地区输送，从而开启了 80 年代中期以来直到 20 世纪末为止的一段偏暖期。21 世纪以来，随着极锋急流南移、副热带急流北移，冬季风北方模态增强，这是引起欧亚北方地区冬季变冷且极端冷事件增多的重要原因之一。

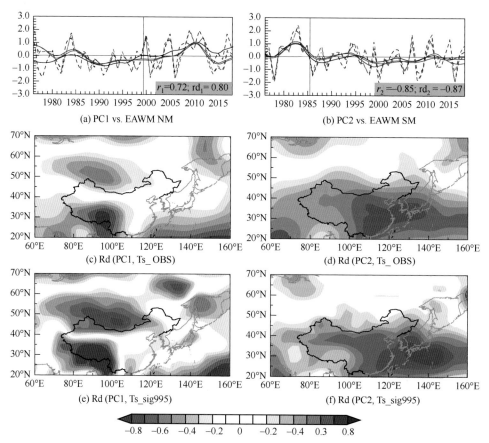

图 12.7　冬季风南北方指数和急流协同变化模态时间系数 ［(a)、(b)］ 以及急流协同
变化模态时间系数与 CRU 地表气温 ［(c)、(d)］ 和 NCEP/NCAR 0.995σ 气温年代际成分
［(e)、(f)］ 的空间相关分布

(a) 为急流位置协同变化系数和冬季风北方模态指数；(b) 为急流强度协同变化和冬季风南方模态指数；(c) 为急流位置协同变化系数年代际分量与 CRU 地表气温的相关；(d) 为急流强度协同变化系数年代际分量与 CRU 地表气温相关；(e) 为急流位置协同变化系数年代际分量与 NCEP/NCAR0.995σ 气温相关；(f) 为急流强度协同变化系数年代际分量与 NCEP/NCAR0.995σ 气温相关；(a) 和 (b) 中的 rd_1 和 rd_2 表示两个指数各自年代际成分的相关系数

12.1.4　高空急流年代际变化机制

1. 天气尺度瞬变扰动的动力强迫作用

作为大气内部动力过程的重要因素之一，天气尺度瞬变涡旋活动通常与高空急流的变化保有良好的一致对应关系，这种关系通过斜压涡旋与平均流的局地正反馈作用得以实现，同时也可用于解释急流年代际变化的机制。图 12.8（a）～（c）给出了三个年代际阶段中瞬变扰动动能（EKE）的异常分布，从图中可以发现 STEA 的异常分布与各阶段的纬向风异常具有较为一致的对应关系。在 1985 年以前，急流出口区显著的 EKE 负异常与该阶段极锋急流偏弱的特征相应。此后，在 1986～1999 年（2000～2018 年），50°N 北侧（南侧）的 EKE 正（负）异常有利于极锋急流的北移（南移）。此外，21 世纪以来，30°N 以北 STEA 的加强对副热带急流的增强也有一定作用。中高纬度 STEA 的变化主要为大气斜压性发展所致（Ren et al.，2010）。在三个年代际阶段中，以最大斜压增长率所表征的大气斜压性的变化与急流强度和位置异常变化有着非常好的对应关系 [图 12.8（d）～（f）]，说明大气斜压性在不同年代际阶段的不同发展情况，能够激发瞬变涡旋活动的异常特征，使之通过斜压涡旋和平均流之间的相互作用向急流输送其年代际变化所需的能量。

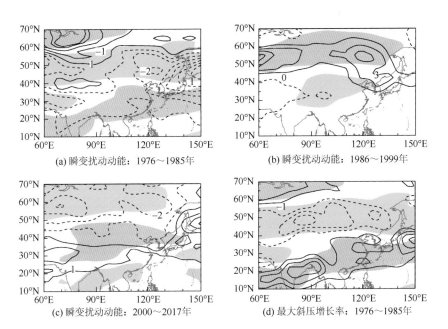

(a) 瞬变扰动动能：1976～1985年

(b) 瞬变扰动动能：1986～1999年

(c) 瞬变扰动动能：2000～2017年

(d) 最大斜压增长率：1976～1985年

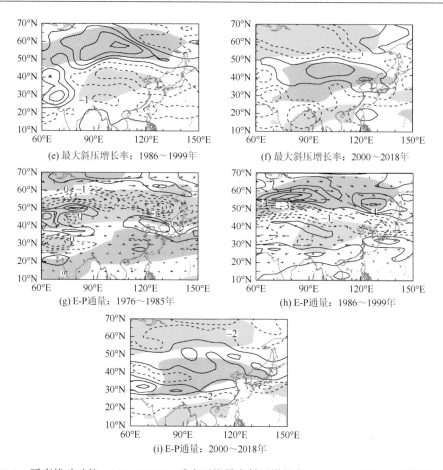

图 12.8　瞬变扰动动能、850~700hPa 垂直平均最大斜压增长率、300hPa 水平 E-P 通量及其散度在 1976~1985 年、1986~1999 年和 2000~2018 年三个阶段的年代际异常分布

瞬变涡旋对西风气流的动力强迫作用常通过水平 E-P 通量散度来进行诊断［图 12.8（g）~（i）］。在 1985 年以前，偏弱的极锋急流关键区主要是 E-P 通量的辐合，即有利于减弱急流的强度。在 1986~1999 年，50°N 以北区域存在较强的 E-P 通量辐散中心，该辐散中心南侧又伴随一条 E-P 通量辐合带，这种配置可以通过加强（减弱）极锋急流北侧（南侧）西风的形式引起极锋急流向北移动。2000 年以来，原 50°N 北侧的辐散中心迅速南移至 30°N~50°N 区域内，而高纬地区则被 E-P 通量辐合区覆盖，这种配置通过增强（减弱）两支急流之间（极锋急流北侧）的西风，造成两支急流的相互靠近。

2. 下垫面的热力强迫作用

东亚大陆通过陆气相互作用与大气进行局地热力交换，配合大气自身内部过程的调整，可进一步引起东亚地区对流层高层环流形势的变化。陆面对大气的热力强迫可用向上的地表热通量表征，包括地表向上长短波辐射及感热和潜热通量。图 12.9 是地表热力强迫与急流协同变化 EOF 模态的时间序列在年代际尺度上的相关系数。该相关系数的空间分布与两个模态各自相对应的近地面气温异常有较高的相似性（图 12.7），说明地表热力异常或可通过陆气相互作用对大气低层气温分布进行调整。为了更直观地分析地表热通量在急流协同变化两个模态中扮演的角色，这里以两个模态相关系数分布中，正（实线框）负（虚线框）异常大值区内平均热力异常的差值来定义热通量指数，并作标准化处理，用以捕捉和表征与两个模态相关热通量异常的主要特征。由图 12.9（c）、（d）可知，两个指数与各自模态的时间序列均有非常一致的年代际转折特征。这种一致性和高相关性证实了地表热力强迫在急流年代际变化中可能起到的重要作用，该作用可能是地表热力异常通过对低层气温分布的重新调节，基于热成风原理，影响急流的年代际变化。结合两个模态对应的热通量异常［图 12.9（a）、（b）］和地表气温异常［图 12.7（c）、（d）］

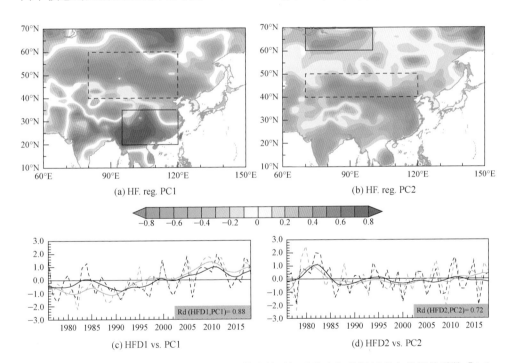

图 12.9　地表向上热通量与急流协同变化主模态的时间系数在年代际尺度上的相关系数［(a)、(b)］以及急流协同变化模态时间系数（黑色）及其对应的热通量指数（黄色）［(c)、(d)］

(a) 为地表热通量对急流位置协同变化系数的回归；(b) 为地表热通量对急流强度协同变化系数的回归；(c) 为 HFD1 与急流位置协同变化系数的比较；(d) 为 HFD2 与急流强度协同变化系数的比较。虚线和实线分别表示原标准化序列和年代际滤波。热通量指数以图中黑色实线和虚线框出的区域平均的向上热通量差值来定义。(c) 和 (d) 中的 Rd 表示热通量指数 HFD 和急流协同变化时间系数各自年代际成分的相关系数的空间分布和时间变化［图 12.9（c）、（d）］可知，第一模态显示的热力和气温异常将造成 20 世纪 90 年代末以后，40°N 附近的经向温度梯度减小，进而增加两支急流之间的西风强度，造成极锋急流（副热带急流）的北移（南移）；第二模态反映的热力和气温异常则会造成经向温度梯度在极锋急流（副热带急流）轴附近减弱（加强），从而可解释 80 年代中期极锋急流的减弱和副热带急流的增强。

此外，太平洋海温异常也和东亚高空急流的年代际变化存在联系（图 12.10）。1985 年前后的海温异常分布［图 12.10（a）］类似 Sun 等（2016b）提出的北太平洋年代际（NPD）海温型。据 NPD 指数的年代际序列显示，NPD 海温型自 1920 年以来主要发生了三次年代际位相转变，分别为 20 世纪 40 年代中后期、60 年代初和 80 年代中期［图 12.10（c）］。其中，80 年代中期从正位相转为明显负位相的这次年代际转变，与急流强度协同变化的年代际转折节点颇为一致。NPD 海温型在发生年代际变化的过程中，通过向上湍流通量向大气释放能量，加热以 30°N～40°N 区域为主的上层大气，调整对流层低层温度梯度分布，在热成风的作用下对该区域南北两侧的高空西风气流强度产生调节，分别造成极锋急流和副热带急流的增强和减弱。

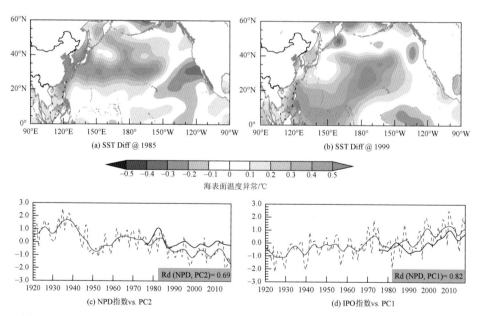

图 12.10　1985 年和 1999 年前后的海表面温度差异及 NPD 和 IPO 指数（蓝色）分别与急流强度和位置协同变化系数（黑色）年代际分量的比较

（a）为 1986～1999 年减去 1976～1985 年的海表温度异常；（b）为 2000～2018 年减去 1986～1999 年的海表温度异常；（c）为 NPD 指数与急流强度协同变化系数的年代际分量；（d）为 IPO 指数与急流位置协同变化系数的年代际分量

　　1999 年前后的北太平洋海温异常 [图 12.10（b）] 与 IPO 海温型相似。IPO 指数在近几十年来的年代际特征主要表现为明显的上升趋势，同时在 20 世纪 90 年代发生年代际位相转变 [图 12.10（d）]。尽管这一位相转变的时间与急流的协同变化并不绝对一致，但 IPO 指数与急流位置协同变化模态时间序列的相关系数在年代际尺度上可达到 0.82，说明在急流位置的年代际协同变化过程中，IPO 仍是不可忽略的重要因子。通过 IPO 指数的回归可知，IPO 引起的低层气温和高空风场异常能够很好地契合急流位置的协同变化模态，这种契合关系同样可以用热成风原理进行解释。

　　进一步分析北极海冰作用发现，冬季北极海冰密集度 EOF 分解第一模态表明巴伦支-喀拉海域（20°E～90°E）的海冰浓度总体表现为持续减少的趋势，特别是自 21 世纪以来转入显著偏少的阶段。该时间系数与急流协同变化第一模态（位置变化）的年代际相关为 0.84，而与第二模态（强度变化）的年代际相关仅为 0.28。将北极海冰密集度 EOF 分解的时间系数回归到高空风场 [图 12.11（c）]，所得风场异常与 1999 年前后的西风差异场存在极高的一致性 [图 12.4（b）]，急流轴两侧的西风异常显然有利于极锋急流（副热带急流）的南移（北移）。因此北极海冰强迫主要与急流在 20 世纪末的位置协同变化有关。研究认为北极海冰减少将引起局地斜压性的改变（Inoue et al.，2012），有助于"暖北极-冷大陆"气温异常模态的形成（Inoue et al.，2012；Luo et al.，2016），该温度异常模态进一步借助热力风的热力调整作用，促进高空急流位置的年代际协同变化。

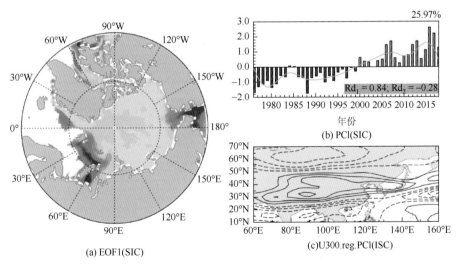

图 12.11　60°N 以北 12 月海冰密集度 EOF 分解第一模态的空间分布和时间序列 [（a）、（b）] 以及时间序列回归所得冬季 300hPa 纬向风异常（c）

（b）中绿色实线为年代际时间系数的年代际分量

此外，不同下垫面的热力强迫作用并不是完全各自独立的，特别是与 21 世纪以来急流位置年代际变化相关的外强迫因子（地表热通量、IPO 海温型、持续减少的北极海冰）之间都具有一定的相关性。这种相关性一方面可能来自这些因子自身之间基于某种物理机制产生的相互影响，另一方面也可能是由于受到相同背景因素的调制。数值模拟的结果表明，近年来 IPO 的演变趋势能够通过加强阿留申低压的方式增加向极地的热量和水汽输送，从而加速北极海冰的减少（Screen and Deser，2019），这一结果为 IPO 年代际变率与极地海冰减少趋势之间的相关性提供了物理解释。另外，与急流协同变化相关的地表热通量指数以及 IPO 指数均表现出一致的上升趋势，而北极海冰则表现为相应的减少趋势，这种一致的上升/下降趋势极可能与全球变暖背景有关。事实上，这些指数与北半球平均气温标准化序列的长期趋势是很接近的，一旦去趋势后，这些因素之间的相关性将大幅度减小。因此，全球变暖背景对急流协同变化年代际变率的影响，值得受到特别关注。下面分别围绕不同增暖期，分别探讨海洋年代际信号和极地增暖对高空急流协同变化年代际异常的影响。

12.2　IPO 和 AMO 对不同增暖期高空急流协同变化的
年代际异常的影响

全球气温经历着不同的增暖时期：快速增暖期（1979～1998 年）和增暖减缓期（1999～2014 年）。本节将讨论不同增暖时期的高空急流协同变化的年代际响应、气候效应及典型海洋信号（IPO 和 AMO）影响急流年代际变化的机制。

12.2.1　不同增暖期高空急流协同变化年代际异常及其气候效应

图 12.12 给出 1999～2014 年与 1979～1998 年夏季 300hPa 全风速差异，发现在东亚极锋急流和东亚副热带急流的活跃区上存在一个明显的偶极子异常型，尤其表现在经向平均场上（90°E～110°E）。这一异常型对应着东亚极锋急流的增强和副热带急流的减弱。进一步比较两支急流强度指数的时间演变。四套再分析数据集呈现出较为一致的结论：相比于快速增暖期，在增暖减缓期间，东亚极锋急流和副热带急流分别表现为显著的增强和减弱（图 12.13）。

图 12.14 为 1999～2014 年与 1979～1998 年冬季 300hPa 全风速差异，主要表现为三极异常型：在 30°N～47.5°N（中纬度）附近有正的风速异常，而其北部和南部减弱的风速异常。从 10°N 到 60°N 的这种负-正-负风异常型将使得两支急流产生经向位移，在增暖减缓期东亚极锋急流向赤道移动，东亚副热带急流向极地

移动。两支急流的纬向位置指数的时间演变序列（图 12.15）也证实了两支急流经向位移的年代际差异。

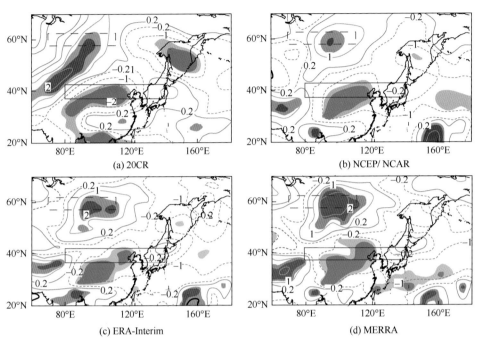

(a) 20CR

(b) NCEP/ NCAR

(c) ERA-Interim

(d) MERRA

图 12.12　1999～2014 年与 1979～1998 年夏季 300hPa 全风速差异（单位：m/s）

红色虚线（实心）框表示东亚极锋急流 EAPJ（东亚副热带急流 EASJ）的活跃区，浅（深）阴影表示通过 90%（95%）置信水平检验

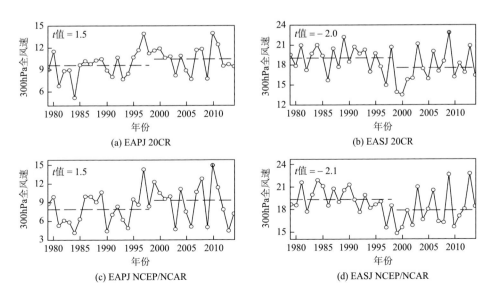

(a) EAPJ 20CR

(b) EASJ 20CR

(c) EAPJ NCEP/NCAR

(d) EASJ NCEP/NCAR

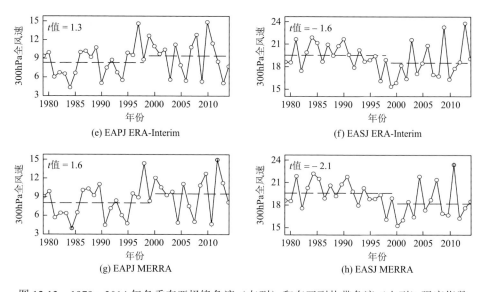

图 12.13　1979～2014 年冬季东亚极锋急流（左列）和东亚副热带急流（右列）强度指数

（a）、（b）为 20CR，（c）、（d）为 NCEP/NCAR，（e）、（f）为 ERA-Interim，（g）、（h）为 MERRA 再分析数据。两条虚线分别表示 1979～1998 年和 1999～2014 年夏季东亚极锋急流、东亚副热带急流强度指数的平均值

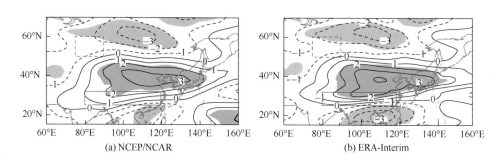

图 12.14　1999～2014 年与 1979～1998 年的冬季 300hPa 风速差异（单位：m/s）

（a）为 NCEP/NCAR 再分析数据；（b）ERA-Interim 再分析数据；红色实线（虚线）框为东亚副热带急流（东亚极锋急流）的活跃区，阴影部分通过 90%置信水平检验

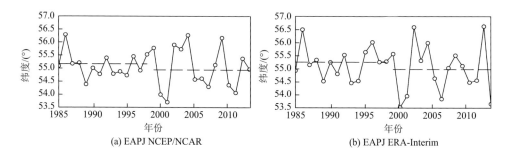

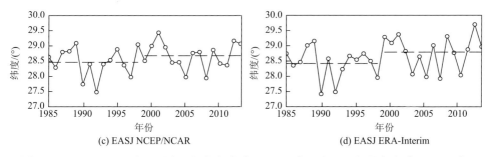

图 12.15 1985～2013 年冬季东亚极锋急流 [（a）、（b）] 和东亚副热带急流 [（c）、（d）]
轴线指数的纬度变化

（a）、（c）为 NCEP/NCAR 再分析数据，（b）、（d）为 ERA-Interim 再分析数据。两条虚线分别为 1985～1998 年
和 1999～2013 年东亚极锋急流和东亚副热带急流轴线的平均纬度

为了研究东亚极锋急流和东亚副热带急流的经向位移与中国东部冬季降水变化之间的关系，将两个急流轴线指数与冬季降水进行回归。图 12.16（a）表明，伴随着东亚极锋急流向赤道移动，中国东北地区冬季降水量增加。相反，伴随着东亚副热带急流向极地移动，中国南方冬季降水减少 [图 12.16（b）]。环流场上表现为伴随着东亚极锋急流向赤道移动，500hPa 位势高度在亚洲中高纬度 47.5°N～60°N 附近减小，尤其是在贝加尔湖以西，但在极地（90°E～140°E、60°N～80°N）附近增大 [图 12.16（c）]。当东亚副热带急流向极地移动，贝加尔湖周围区域的 500hPa 的位势高度也降低 [图 12.16（d）]。同时，500hPa 高度场在高纬度（30°E～110°E、60°N～80°N）和中低纬度（20°N～40°N）都有所增加 [图 12.16（d）]。随着东亚极锋急流和东亚副热带急流移动，贝加尔湖周围的负高度异常可能使东亚大槽向西移动并加强。在地表附近，高纬度欧亚大陆上的正海平面气压异常与东亚极锋急流向赤道移动和东亚副热带急流向极地运动有关 [图 12.16（e）、（f）]，表明西伯利亚高压加强并向极地扩张 [图 12.16（c）、（d）]。东亚极锋急流向赤道的移动与地表西伯利亚高压的增强相一致，进而加强了东亚冬季风。增强的东亚冬季风和东北风将减弱南海的西南风，进而减少华南地区的降水。

12.2.2 不同增暖期高空急流协同变化年代际异常机制

1985～1998 年及 1999～2013 年的冬季温度异常（图 12.17），主要表现为太平洋中部和东部以及欧亚大陆中部出现了广泛的冷却，这与 IPO 的负位相特征较吻合（Dai，2013）。同时，大西洋上空也存在着变暖异常，它类似于 AMO 的正位相（Liu，2012）。这种 IPO 和 AMO 的反位相配置不仅存在于冬季，而且持续存在于各个季节。这表明，IPO 和 AMO 反位相配置是不同增暖期海洋上典型的异常特征，并进一步影响不同季节的东亚高空急流协同变化。

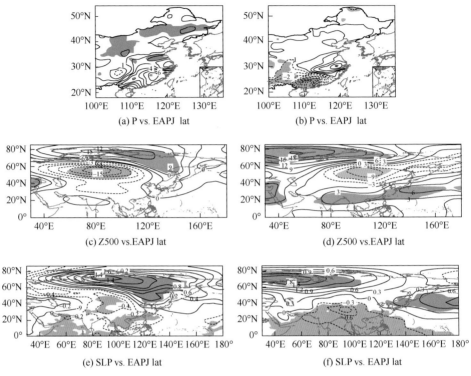

图 12.16　1985～2013 年冬季降水 [（a）、（b），单位：mm/d]、500hPa 位势高度 [（c）、（d），单位：gpm] 和海平面气压 [（e）、（f），单位：hPa] 与冬季东亚极锋急流（左列）和东亚副热带急流（右列）标准化纬度轴线指数的回归系数

（a）为极锋急流轴线指数与降水的回归系数；（b）为副热带急流轴线指数与降水的回归系数；（c）为极锋急流轴线指数与 500hPa 位势高度的回归系数；（d）为副热带急流轴线指数与 500hPa 位势高度的回归系数；（e）为极锋急流轴线指数与海平面气压的回归系数；（f）为副热带急流轴线指数与海平面气压的回归系数。阴影部分表示回归系数通过 90% 置信水平检验

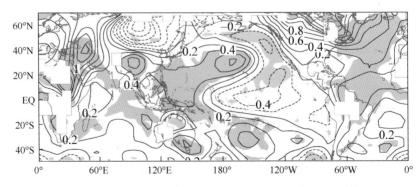

图 12.17　1985～1998 年及 1999～2013 年冬季地表温度差异（单位：℃）

阴影表示差异通过 90% 置信水平检验

为了检验 1985~2013 年 IPO 和 AMO 不同阶段的复合效应，根据标准化的 IPO 和 AMO 不同位相的组合，将数据分为四组，如图 12.18 所示。以下则分别针对这四组进行合成分析。通过对比发现夏季分布与冬季类似，因此，以下均基于这四组结果展开对 IPO 和 AMO 不同阶段复合效应的研究。

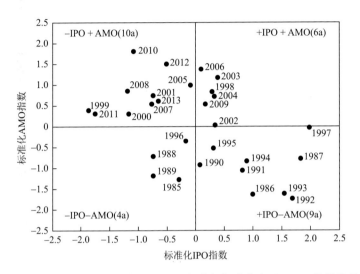

图 12.18　1985~2013 年标准化冬季 IPO 指数与标准化冬季 AMO 指数的散点图

基于上述对 IPO 和 AMO 不同位相组合的分类，以下分别探讨夏季和冬季不同位相组合下高空急流的响应及可能机制。图 12.19 给出了四种 IPO 和 AMO 相位组合下夏季 300hPa 的平均风速异常。在 IPO 和 AMO 同相位下（"＋IPO＋AMO"和"–IPO–AMO"），两支急流的活动区没有明显的风速异常。然而，在 IPO 和 AMO 呈相反位相时（"＋IPO–AMO"和"–IPO＋AMO"），东亚极锋急流和东亚副热带急流的活动区域上呈现出显著的偶极子异常。其中，在"＋IPO–AMO"组合 [图 12.19（b）] 中，东亚极锋急流增强且东亚副热带急流减少，在"–IPO＋AMO"组合中风场异常大致相反 [图 12.19（d）]。这种偶极子异常型更凸显于"–IPO＋AMO"和"＋IPO–AMO"的差异中 [图 12.19（e）]。

研究同时发现，IPO 和 AMO 的反位相型大多出现于 1979~2014 年，如"＋IPO–AMO"组合主要发生在 1979~1998 年（快速增暖期），而"–IPO＋AMO"组合主要发生在 1999~2014 年（增暖减缓期）。进一步对比 1999~2014 年和 1979~1998 年的四个再分析数据集的 300hPa 全风速差异（图 12.12），发现差异与东亚极锋急流和东亚副热带急流的活动区上方的偶极子异常模态较吻合，表明 IPO 和 AMO 反位相配置型可用于理解近期不同增暖期夏季东亚急流协同变化的年代际差异。

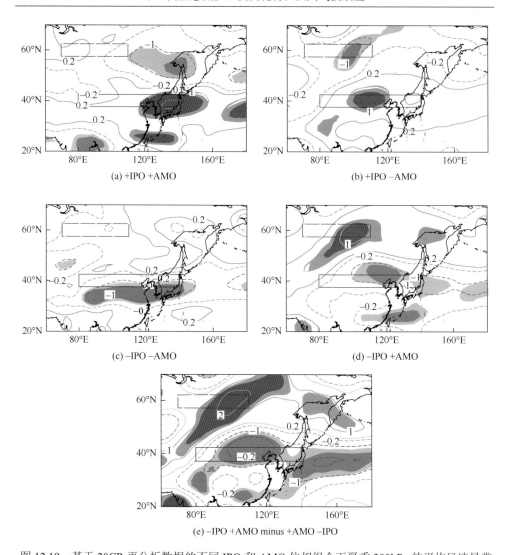

图 12.19　基于 20CR 再分析数据的不同 IPO 和 AMO 位相组合下夏季 300hPa 的平均风速异常
（a）"＋IPO＋AMO"，（b）"＋IPO–AMO"，（c）"–IPO–AMO"，（d）"–IPO＋AMO"，（e）为 "–IPO＋AMO" 和
"＋IPO–AMO" 组合的差异，红色实线（虚线）方框为东亚副热带急流（东亚极锋急流）的活跃区，浅（深）阴
影表示通过 90%（95%）置信水平检验

　　基于 IPO 和 AMO 指数与 300hPa 全风速的回归分析，进一步验证 IPO 和 AMO
的反位相配置对夏季急流强度协同变化的影响。伴随着 "–IPO"［图 12.20（a）］，
风场的四极异常型位于 20°N～80°N，尤其以 80°E～120°E 的经度带最为明显。关
注两支急流的活跃区发现，东亚极锋急流和东亚副热带急流分别对应着正和负的
风速异常。伴随着 "＋AMO"［图 12.20（b）］，典型的偶极子风速异常位于两支
急流的活跃区域。这些异常都对应着增强的东亚极锋急流和减弱的东亚副热带急

流。为解释 IPO 和 AMO 反位相配置影响急流协同变化的可能机制，进一步比较经向温度梯度和最大斜压增长率的差异。图 12.20（c）、（d）进一步显示了 1979～2014 年经向温度梯度相对于–IPO 或 +AMO 指数回归的变化。由于北半球的经向温度梯度气候平均为负，气温从赤道到北极逐渐降低，负（正）经向温度梯度异常会加强（减弱）背景场的经向温度梯度。因此，东亚极锋急流和东亚副热带急流活跃区域的经向温度梯度负异常和正异常，正对应着极锋急流的增强和副热带急流的减弱。伴随着–IPO［图 12.20（e）］和 +AMO［图 12.20（f）］的最大斜压增长率异常也同样易于导致极锋急流的增强和副热带急流的减弱。

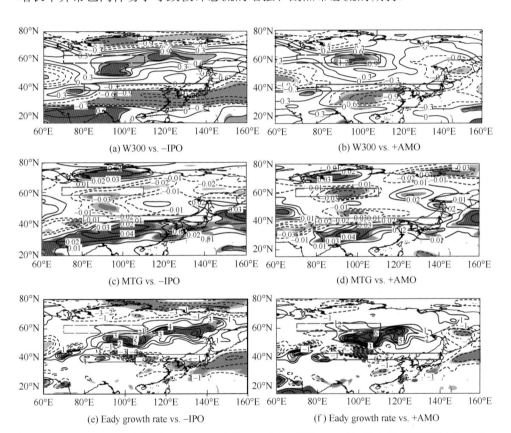

图 12.20　1979～2014 年夏季 300hPa 风速［(a)、(b)，单位：m/s］，经向温度梯度［(c)、(d)，单位：10^{-5}K/m］和最大斜压增长率［(e)、(f)，单位：d］分别与标准化 IPO 指数（左列，乘以–1，表明 IPO 的负位相）、标准化 AMO 指数的回归（右列）

(a) 为 300hPa 全风速与–IPO 指数的回归系数；(b) 为 300hPa 全风速与 AMO 指数的回归系数；(c) 为经向温度梯度与–IPO 指数的回归系数；(d) 为经向温度梯度与 AMO 指数的回归系数；(e) 为最大斜压增长率与–IPO 指数的回归系数；(f) 为最大斜压增长率与 AMO 指数的回归系数。红色实线（虚线）方框为东亚副热带急流（东亚极锋急流）的活跃区，浅（深）阴影表示通过 90%（95%）置信水平检验

图 12.21 表明 IPO 和 AMO 四种不同位相组合下的 300hPa 冬季全风速异常。在
"+IPO+AMO"组合中［图 12.21（a）、（b）］，正的风速异常出现在东亚极锋急流

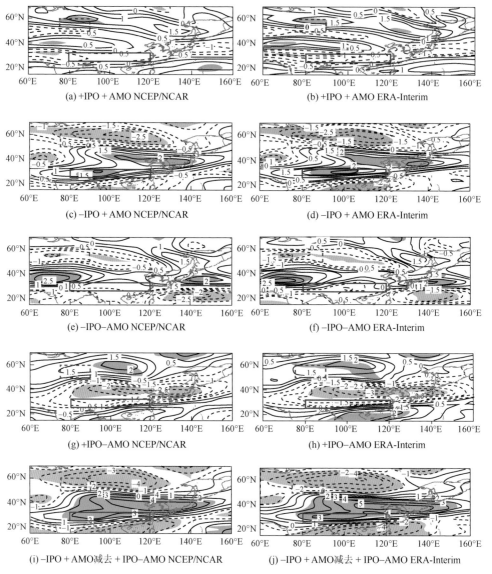

图 12.21　1985～2013 年 IPO 和 AMO 不同位相组合下 300hPa 冬季全风速异常（相对于 1985～
2013 年的均值，单位：m/s）

（a）、（b）+IPO+AMO；（c）、（d）-IPO+AMO；（e）、（f）-IPO-AMO；（g）、（h）+IPO-AMO；（i）、（j）在-IPO+AMO
与+IPO-AMO 位相组合下的全风速差值。左列为 NCEP/NCAR 再分析数据，右列为 ERA-Interim 再分析数据；
阴影表示差异通过 90%置信水平检验；红色实线（虚线）方框为东亚副热带急流（东亚极锋急流）的活跃区

的活跃区，即增强了东亚极锋急流。在"–IPO–AMO"组合中［图 12.21（e）、（f）］，在东亚极锋急流和东亚副热带急流的活动区域并未发现显著的风速异常。因此，这两组都不能与东亚极锋急流和东亚副热带急流的年代际位置变化联系起来。相比之下，在"–IPO＋AMO"［图 12.21（c）、（d）］和"＋IPO–AMO"［图 12.21（g）、（h）］的组合中，东亚副热带急流和东亚极锋急流的活跃区存在三极异常型，这一异常型在"–IPO＋AMO"和"＋IPO–AMO"的差异［图 12.21（i）、（j）］中更为明显。这与 1999～2013 年和 1985～1998 年冬季 300hPa 风速差异分布（图 12.14）相吻合，即增暖减缓期东亚极锋急流向赤道移动，东亚副热带急流向极地移动，这进一步将不同增暖时期、风场变化与 IPO 和 AMO 的反位相配置联系起来。

　　图 12.22 为 300hPa 风速与标准化 IPO 或 AMO 指数的回归。伴随着 IPO 的负相位［图 12.22（a）］，300hPa 的风速有一个三极型异常，在 30°N～47.5°N（中纬度）附近风力增强，其北部和南部风力减弱。这种异常型也出现在 AMO 正位相的回归场中［图 12.22（b）］。这种三极型异常应导致东亚极锋急流向赤道移动和东亚副热带急流向极地移动。为解释 IPO 和 AMO 反位相配置对 1999～2014 年与 1979～1998 年冬季急流位置协同变化的可能机制，进一步比较经向温度梯度和最大斜压增长率的差异。伴随着 IPO 负位相［图 12.22（c）］和 AMO 正位相［图 12.22（d）］，30°N～50°N 区域的经向温度梯度负异常将加强背景场的经向温度梯度，从而通过热成风关系加强那里的西风带。同时，高纬和低纬地区的经向温度梯度正异常将减弱那里的西风带。伴随着 IPO 负位相，最大斜压增长率负异常位于东亚极锋急流区域［图 12.22（e）］；而正异常出现在与 AMO 正位相相关的 40°N 地区［图 12.22（f）］。这些结果表明，IPO 和 AMO 引起的经向温度梯度和最大斜压增长率影响高空风场并导致两支急流的位置变化。

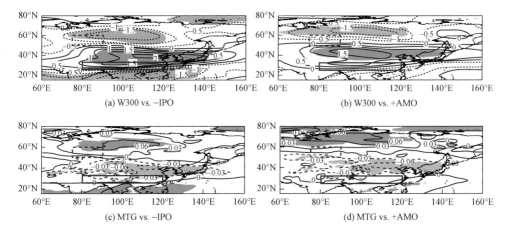

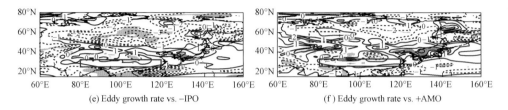

(e) Eddy growth rate vs. –IPO　　　　　　　　(f) Eddy growth rate vs. +AMO

图 12.22　1985～2013 年冬季 300hPa 风速 [(a)]、(b)，单位：m/s]、经向温度梯度 [(c)、(d)，
单位：10^{-5}K/m]、最大斜压增长率 [(e)、(f)，单位：d] 分别与 IPO（左列，乘以–1，表明 IPO
的负位相）和 AMO（右列）指数的回归系数

(a) 为 300hPa 全风速与–IPO 指数的回归系数；(b) 为 300hPa 全风速与 AMO 指数的回归系数；(c) 为经向温度
梯度与–IPO 指数的回归系数；(d) 为经向温度梯度与 AMO 指数的回归系数；(e) 为最大斜压增长率与–IPO 指数
的回归系数；(f) 为最大斜压增长率与 AMO 指数的回归系数。红色实线（虚线）方框为东亚副热带急流（东亚
极锋急流）的活跃区，阴影部分表示差异通过 90%置信水平检验

　　此外，IPO 和 AMO 指数在 1979～2014 年高度相关（相关系数达到–0.53），
对于 IPO 的回归结果可能也包含了 AMO 的影响，反之亦然。因此，有必要利用
模式模拟进一步研究 IPO 负位相和 AMO 正位相对急流变化的影响机制和相对贡
献。选取 CESM 1.2.0 模式进行敏感性试验，强迫场资料为月海表温度观测资料以
及 HadISST 数据集的海冰浓度数据，水平分辨率为 2.5°（经度）×1.9°（纬度）、
垂直混合层为 30 层。初始场资料为由 CESM 1.2.0 提供的 2000 年大气和陆地条件。
所有的试验共模拟 31 年，本书使用的数据为后 30 年的结果。在控制试验（CTRL）
运行中，使用 1979～2014 年的气候月平均海表温度。4 个敏感性试验，EXP_P、
EXP_A 和 EXP_AP 与 CTRL 类似，但为海表温度的距平值，具体为 HadISST 数
据集的 1999～2014 年平均减去 1979～1998 年平均，分别加在全球、太平洋、北
大西洋、太平洋和北大西洋的气候月平均海表温度上（表 12.1）。

表 12.1　模式试验设计

试验名称	海表温度配置
CTRL	1979～2014 年气候平均海表温度
EXP_P	太平洋海表温度的气候平均及其距平值
EXP_A	北大西洋海表温度的气候平均及其距平值
EXP_AP	太平洋和北大西洋海表温度的气候平均及其距平值

注：海表温度距平为基于 HadISST 数据集的 1999～2014 年减去 1979～1998 年月平均海表温度的差值。

　　首先对 CTRL 进行检验，并确定模式中东亚极锋急流和东亚副热带急流的活
跃区。对比发现 CTRL 能较好地模拟高空急流的强度和位置变化。基于 CTRL 的
逐日资料，确定冬季和夏季急流核的出现次数，并确定两支急流的活跃区。结果
表明，冬季东亚极锋急流和东亚副热带急流的活跃区分别位于 50°N～60°N 和 65°E～

80°E［图 12.23（a）中的红色虚线框］和青藏高原的南侧［图 12.23（a）中的 25°N～
32°N、65°E～110°E、红色实心框］，夏季东亚极锋急流和东亚副热带急流的活跃区
分别位于 60°N～72.5°N、62.5°E～100°E 和 35°N～45°N、70°E～110°E［图 12.23（b）
中东亚极锋急流，红色虚线框；东亚副热带急流，红色实心框］。尽管模拟结果与
再分析资料的结果存在一定的差异，但模式仍能定性地反映冬季两支急流的位置
变化和夏季两支急流的强度变化。因此，该数值模拟结果可用来研究两支急流协
同变化年代际异常的机理。

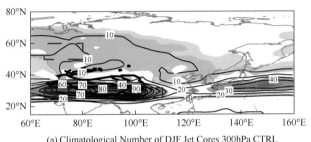

(a) Climatological Number of DJF Jet Cores 300hPa CTRL

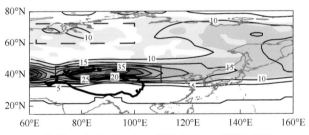

(b) Climatological Number of JJA Jet Cores 300hPa CTRL

图 12.23　CTRL 中冬季（a）和夏季（b）300hPa 急流核的气候态平均数（单位：d）

红色虚线（实线）方框分别为冬季和夏季急流活跃区，冬季：东亚极锋急流，50°N～60°N、65°E～80°E（东亚副
热带急流，25°N～32°N、65°E～110°E）；夏季：东亚极锋急流，60°N～72.5°N、62.5°E～100°E（东亚副热带急流，
35°N～45°N、70°E～110°E）；黑色粗体实线描绘了青藏高原的边界范围

　　对比敏感试验与 CTRL 的风速差异发现，EXP_A、EXP_P 和 CTRL 都模拟出
东亚极锋急流减弱和东亚副热带急流减弱异常［图 12.24（a）、（b）］。结合北大西
洋和太平洋海温强迫，EXP_AP 模拟出了东亚极锋急流增强和东亚副热带急流减
弱异常［图 12.24（c）］。经向平均变化进一步证实了这种异常，并且与 1999～
2014 年和 1979～1998 年再分析数据的差异一致。同时，东亚极锋急流/东亚副热带
急流活跃区的显著负/正经向温度梯度异常将增强/减弱经向温度梯度［图 12.25（a）］，
东亚极锋急流活跃区呈现出显著最大斜压增长率的正异常［图 12.25（b）］，都将
导致东亚极锋急流增加和东亚副热带急流减小［图 12.24（c）］。因此，研究结果表

明，夏季在–IPO 和 + AMO 的配置下，通过经向温度梯度和最大斜压增长率的变化将增强东亚极锋急流而削弱东亚副热带急流。

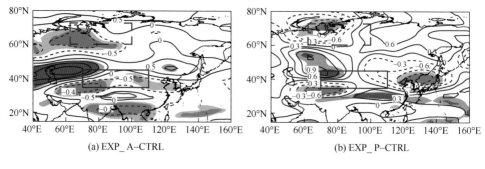

(a) EXP_A–CTRL　　　　　　　　　　(b) EXP_P–CTRL

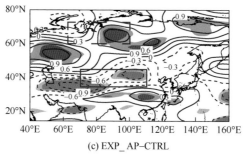

(c) EXP_AP–CTRL

图 12.24　300hPa 夏季风速在 EXP_A 和 CTRL（a）、EXP_P 和 CTRL（b）、EXP_AP 和 CTRL
（c）试验的差异（单位：m/s）

红色虚线（实线）方框为东亚极锋急流（东亚副热带急流）的活跃区，浅（深）阴影表示通过 90%（95%）置信水平检验

　　对比敏感试验与 CTRL 之间的 300hPa 风速差异发现，EXP_A 模拟出东亚极锋急流的增强和东亚副热带急流的减弱［图 12.26（a）］，而 EXP_P 的模拟显示东亚极锋急流和东亚副热带急流无显著变化［图 12.26（b）］。EXP_AP 试验结合了北大西洋和太平洋的 SST 强迫，模拟出了 300hPa 风速的位置异常，在 35°N～47.5°N 附近风速加强、南部风速减弱［图 12.26（c）］。这与 1999～2014 年及 1979～1998 年与再分析数据的差异一致。因此，数值模式的分析表明，当共同考虑–IPO 和 + AMO 作用时，才易呈现出东亚极锋急流南移和东亚副热带急流北移的年代际差异。

　　基于 EXP_AP 模拟结果，进一步探讨了经向温度梯度和最大斜压增长率对两支急流位置协同变化的影响。与 CTRL 相比，EXP_AP［图 12.27（a）］模拟出 35°N～45°N 区域的经向温度梯度负异常，进而加强经向温度梯度，从而通过热成风关系加强西风［图 12.26（c）］。同时，低纬度的经向温度梯度正异常会减弱该地区的西风。在 EXP_AP 试验中，最大斜压增长率在 35°N～45°N 呈现出显著的正异常

[图 12.27（b）]，同样会加强该处的西风 [图 12.26（c）]。因此，经向温度梯度和最大斜压增长率差异与 EXP_AP 和 CTRL 的风速差异一致。这些结果表明，冬季 –IPO 和 +AMO 的协同作用可导致东亚极锋急流的向赤道移动和东亚副热带急流的向极地移动。

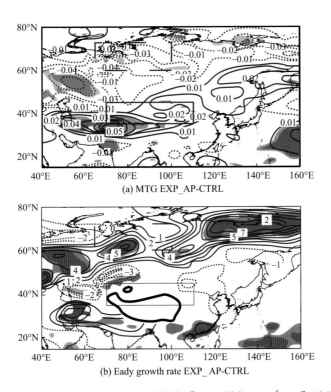

(a) MTG EXP_AP-CTRL

(b) Eady growth rate EXP_AP-CTRL

图 12.25　地表至 300hPa 平均的夏季经向温度梯度 [（a），单位：10^{-5}K/m] 以及最大斜压增长率 [（b），单位：d] 在 EXP_AP 和 CTRL 中的差异

红色虚线方框代表东亚极锋急流（东亚副热带急流）的活跃区，浅（深）阴影表示通过 90%（95%）置信水平检验；（b）中黑色粗实线表示青藏高原的边界

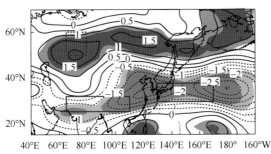

(a) EXP_A-CTRL

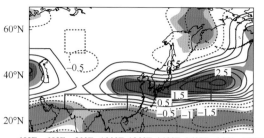

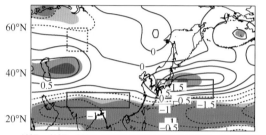

图 12.26 300hPa 冬季风速在 EXP_A 和 CTRL（a）、EXP_P 和 CTRL（b）、EXP_AP 和 CTRL（c）试验的差异（单位：m/s）

红色虚线（实线）方框为东亚极锋急流（东亚副热带急流）的活跃区，浅（深）阴影表示通过 90%（95%）置信水平检验

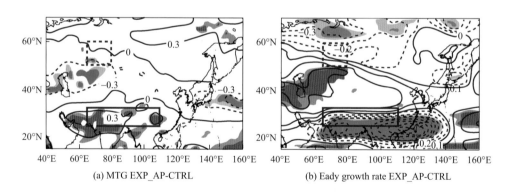

图 12.27 地表至 300hPa 平均的冬季经向温度梯度 [（a），单位：10^{-5}K/m] 和最大斜压增长率 [（b），单位：d] 在 EXP_AP 和 CTRL 中的差异

红色虚线方框代表东亚极锋急流（东亚副热带急流）的活跃区，浅（深）阴影表示通过 90%（95%）置信水平检验

　　从动力学角度（瞬时涡旋变化和能量转换）进一步探讨可能的机制，图 12.28 表明 65°E～80°E（东亚极锋急流和东亚副热带急流活跃区的经度范围）的纬向动

量（$\overline{u'v'}$）和感热（$\overline{T'v'}$）的平均经向涡旋输送及其差异。在 EXP_AP 和 CTRL 中，纬向动量的涡动输送均在 40°N 左右出现单峰，但在 EXP_AP 中沿 35°N~45°N 增强 [图 12.28（a）]，这可以加强该处的西风。感热经向涡旋输送在 28°N~29°N 和 52°N 附近出现双峰 [图 12.28（b）]，分别位于东亚副热带急流和东亚极锋急流的活跃区。对于涡动热输运，EXP_AP 中沿 35°N~45°N 的中纬度地区的正异常 [图 12.28（b）] 可以增强此处的西风。

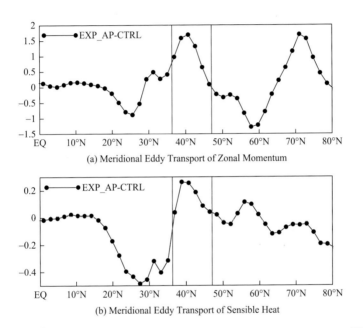

(a) Meridional Eddy Transport of Zonal Momentum

(b) Meridional Eddy Transport of Sensible Heat

图 12.28　EXP-AP 和 CTRL 的冬季 65°E~80°E 平均的纬向动量的经向涡动输送（$\overline{u'v'}$），[（a），单位：m²/s²] 和感热的经向涡动输送（$\overline{T'v'}$）[（b），单位：K·m/s] 的差异

红线表明在 EXP_AP 和 CTRL 试验中出现的正向风速差异的纬度范围

由于正压和斜压能量转换会影响瞬时涡旋和平均流场，从而导致两支急流的变化（Lee et al.，2012），在 EXP_AP 试验中进一步分析了各能量转换分量的差异。EXP_AP 减去 CTRL 的 300hPa 正压能量的时间平均流场到涡旋转换的差值 [图 12.29（a）] 在东亚极锋急流和东亚副热带急流活跃区之间表现为正值。这表明，涡旋在此获得了更多的动能。此外，大气热力差异可以通过影响空气运动为斜压波的发展提供能量来源（Chang and Fu，2002），从而改变急流活动（Lee et al.，2012）。图 12.29（b）为从平均有效势能到涡动有效势能的斜压能量转换的 EXP_AP 与 CTRL 的差异。与 CTRL 相比，沿 35°N~45°N 区域的斜压能量转换增加，且其风速差的增加演变相当。Lee 等（2012）提出平流有助于增

加斜压性，从而调节北大西洋斜压波的增长。如前所述，这一机制也在敏感性试验中得以证实：西风增强区呈现出显著增加的斜压能量转换 [图 12.29（b）]。相较于正压能量转换，斜压能量转换更有利于导致东亚极锋急流南移和东亚副热带急流的北移。

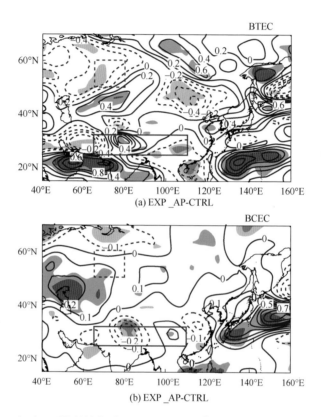

图 12.29　300hPa 冬季正压能量转换 [（a），单位：W/m²] 以及 EXP_AP 和 CTRL 中从平均有效势能到涡动有效势能的斜压转换量 [（b），单位：W/m²] 的差异

红色虚线（实线）方框为东亚极锋急流（东亚副热带急流）的活跃区，浅（深）色阴影表示该差异通过 90%（95%）置信水平检验

12.2.3　IPO 和 AMO 影响高空急流协同变化年代际异常的相对贡献

基于−IPO 和 +AMO 的贡献与"−IPO + AMO"配置下对两支急流变化的贡献呈线性关系的假设，选取多元线性回归用于量化"−IPO"和" +AMO"对东亚极锋急流和东亚副热带急流变化的相对贡献，分别如图 12.30 和图 12.31 所示。为便于比较，图 12.30（b）和图 12.30（d）分别为冬季东亚极锋急流和东亚副热带急流活动区上空的 EXP_AP 和 CTRL 之间的标准化 300hPa 风速差异。估算的 300hPa

冬季风速以及 EXP_AP 和 CTRL 之间的差异在数量上是一致的，两个回归方程在 99% 的置信水平上是显著的。比对多元回归方程的系数得知，在冬季急流位置协同变化中，–IPO 较多地影响东亚副热带急流的北移，而东亚极锋急流南移的影响主要来自 +AMO 的作用。

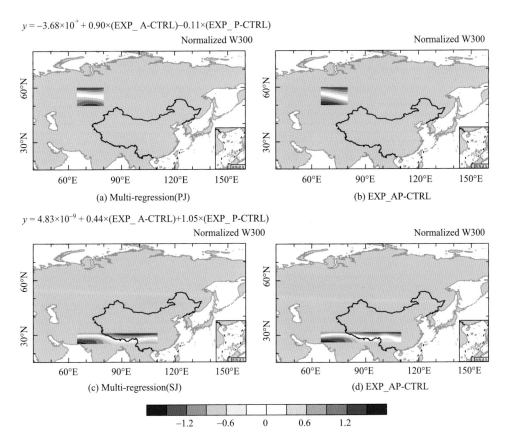

$$y = -3.68\times10^{-9} + 0.90\times(\text{EXP\_A-CTRL})-0.11\times(\text{EXP\_P-CTRL})$$

$$y = 4.83\times10^{-9} + 0.44\times(\text{EXP\_A-CTRL})+1.05\times(\text{EXP\_P-CTRL})$$

图 12.30　模拟的冬季 300hPa 风速差异对 EXP_A 与 CTRL、EXP_P 与 CTRL 标准化风速差异的回归 [（a）、（c）] 以及 EXP_AP 和 CTRL 的冬季 300hPa 标准化风速差异 [（b）、（d）]

（a）、（b）和（c）、（d）分别为东亚极锋急流和东亚副热带急流的活跃区

　　同样的方法也应用于对夏季急流协同变化年代际异常相对贡献的探讨，结果表明（图 12.31），由于 EXP_P 与控制试验的回归方程斜率高于 EXP_A 与控制试验，因此在夏季急流强度协同变化中，–IPO 比 +AMO 起着更重要的作用，尤其是对于东亚副热带急流的减弱。此外，"–IPO + AMO" 的作用可能不仅与 "–IPO" 和 " + AMO" 的单一作用线性相关，其复杂的非线性相互作用也值得进一步探讨。

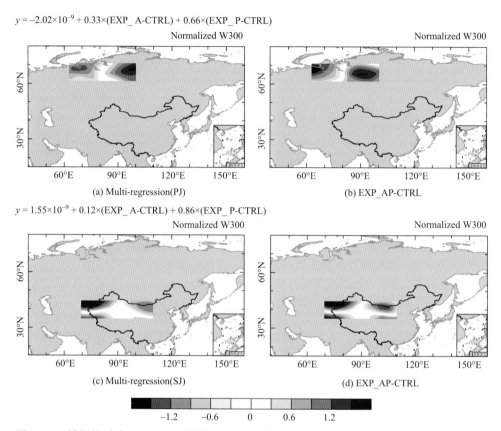

图 12.31　模拟的夏季 300hPa 风速差异对 EXP_A 与 CTRL、EXP_P 与 CTRL 标准化风速差异的回归［(a)、(c)］以及 EXP_AP 和 CTRL 的冬季 300hPa 标准化风速差异［(b)、(d)］

(a)、(b) 和 (c)、(d) 分别为东亚极锋急流和东亚副热带急流的活跃区

12.3　极地增暖对高空急流协同变化的影响

　　20 世纪末以来极地增暖现象显著增加，备受国内外研究人员的广泛关注（Screen and Simmonds，2014；Petoukhov and Semenov，2010；Gao et al.，2015；Inoue et al.，2012）。北极地区温度迅速增暖伴随着该地区大量的海冰融化（Screen and Simmonds，2010），这很有可能改变高纬度地区不同要素场的分布特征，从而影响局地甚至远距离地区的天气气候（Screen et al.，2012）。本节将利用 NCAR/NOAA 的大气环流模式（AGCM）模拟数据（Perlwitz et al.，2015；Deser et al.，2015）首先验证模式对东亚高空急流气候态的模拟能力，针对高空急流协同变化特征，进一步探讨海冰融化对急流协同变化的影响及其与中纬度大气低频遥相关的联系。

12.3.1　高空急流协同变化的数值模拟

利用大气环流模式比较计划（AMIP）历史模拟的月平均资料，分别从垂直风场和水平风场的角度来分析该模式对东亚地区冬季风场气候平均态的模拟情况。首先从垂直风场来看，图 12.32 为东亚地区 50°E～100°E［图 12.32（a）］和 120°E～160°E［图 12.32（b）］平均风速在不同纬度随高度的变化分布及其伴随的经向温度梯度变化。从图中可以看到，在东亚陆地上空存在着一支非常强的风速中心，大值中心在 200hPa 附近，风速可近 50m/s，伴随着经向温度梯度的大值中心，对应为东亚陆地上空的副热带急流。但是在中高纬度地区没有出现大风速中心，其经向温度梯度也无明显的中心，表明月平均风场无法清晰地辨析出极锋急流区。与此同时，在海洋上空也能看到非常强的风速大值中心［图 12.32（b）］，风速可达 70m/s，对应东亚海洋上空的高空急流。接着从水平风场来看，图 12.33 为冬季 300hPa 风场的模拟图。从图中可以清晰地看出东亚地区陆地和海洋上空的副热带急流，但是极锋急流区仍无法分辨。而从区域最大风速所在的纬度（图中蓝色实线）来看，能看出副热带急流轴线所在的位置：在陆地上空位于青藏高原南侧，海洋上空位于日本东南部，也可以看到极锋急流轴线所在的位置（52°N 附近）。

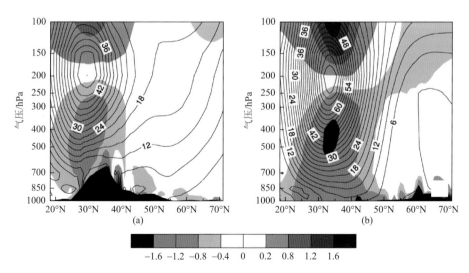

图 12.32　东亚地区大陆上空（a）和海洋上空（b）经向温度梯度（阴影，单位：℃）以及纬向西风（等值线，单位：m/s）随高度变化的气候态分布

相比较 NCEP 再分析资料，AMIP 历史模拟结果对东亚高空风场的模拟与再分析资料的风场分布非常相似，这说明该模式对高空急流的模拟能力很好，但是

从极锋急流位置来看，模式模拟的相对偏南一些（NCEP 再分析资料的位置在 57.5°N 附近）。

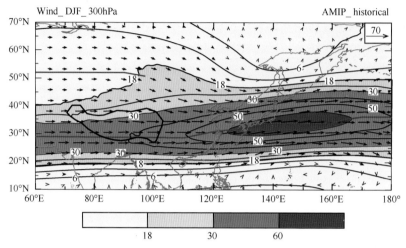

图 12.33　东亚地区 300hPa 风速的气候平均态（等值线，单位：m/s）

蓝色直线为副热带急流和极锋急流轴的气候态分布

　　进一步从高空急流协同变化的角度来看模式能否很好地模拟出于急流的协同变化，这里主要考虑东亚陆地上的高空急流。因此对 10°N～70°N、50°E～100°E 区域风速进行质量加权后的 EOF 分解，得到前两个主模态及其相应的解释方差如图 12.34 和图 12.35 所示。从 EOF 前两个模态来看，风场第一模态主要为副热带

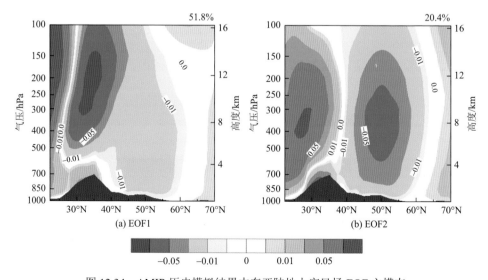

图 12.34　AMIP 历史模拟结果中东亚陆地上空风场 EOF 主模态

急流单支的变化特征而无法很好地捕捉到极锋急流的变化特征，而第二模态解释方差为 20.4%，能够很清晰地看到分别在 28°N～30°N 和 45°N～55°N 区域存在的偶极子型风速异常中心，分别对应在副热带急流和极锋急流区，该模态很好地反映出两支急流强度的协同变化关系。从该模态时间序列（图 12.35）来看，高空急流强度的协同变化存在年际变化但是无明显的年代际变化。

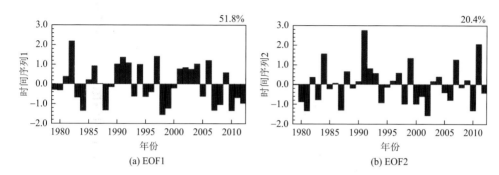

图 12.35　风场 EOF 模态对应的标准化时间序列

从东亚大陆区域 300hPa 水平方向副热带急流和极锋急流的位置和强度随时间的变化（图 12.36）特征可以发现，极锋急流位置的年际变化很大，位置南北移动较明显，从 33 年趋势来看其增加 2.10°，说明急流存在北移的趋势；而副热带急流的位置几乎保持不变。两支急流无明显的位置协同变化。同时，极锋急流强度的年变化较小，副热带急流强度的年变化较大，两支急流强度协同变化更为明显（相关系数为−0.41），但是两支急流的年代际变化都不明显，从 33 年的趋势分析来看，极锋急流略微减弱而副热带急流略微增强。

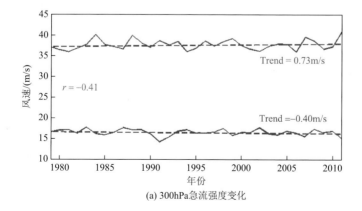

(a) 300hPa急流强度变化

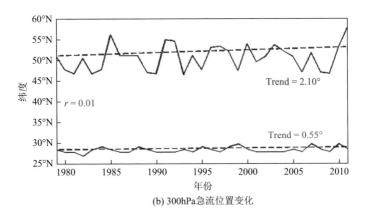

(b) 300hPa急流位置变化

图 12.36　副热带急流和极锋急流强度 [(a)，单位：m/s] 和位置（b）随时间的变化

r 为相关系数，Trend 为对应的变化趋势

　　另外，从东亚上空 300hPa 风场距平随时间的变化分布中（图 12.37）也可以看出两支急流的强度存在明显的年际变化。值得注意的是，极锋急流在 90 年代中期之前强度变化明显，而从 90 年代中期开始，其强度异常值变化减弱说明在该区域风速存在减弱的年代际变化，但是从 2010 年左右开始，其强度增加，即风速增强。

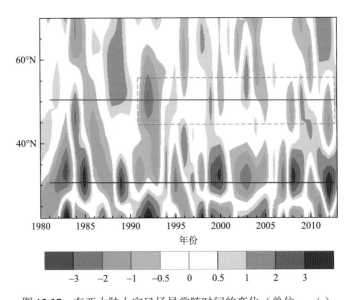

图 12.37　东亚大陆上空风场异常随时间的变化（单位：m/s）

图中彩色实线分别表示两支急流的气候态位置；虚线突出 90 年代后期急流特征变化改变的时间范围

12.3.2　海冰融化对高空急流协同变化的影响

观测表明，北极地区的地表温度的增长速度比其邻近的中纬度地区地表温度增长速度快得多。根据定义的极地增暖指数（图 12.38，北极地区 70°N～90°N 地表温度与中纬度地区 30°N～60°N 地表温度的差值）可以发现，北极地区增暖现象从 20 世纪中后期开始出现，并且从 20 世纪末开始迅速增加。四个季节均出现极地增暖现象，但是在冬季和秋季更为明显。

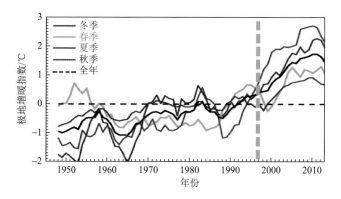

图 12.38　不同季节极地增暖指数随时间的变化分布

伴随着极地增暖，极区海冰融化现象也从 20 世纪末开始有所加剧，图 12.39 为 2 月北极地区海冰冰盖范围指数随时间的变化曲线，从图中可以看出海冰范围逐渐减小，但是从 2000 年之后其范围迅速缩小，这与极地增暖现象相对应。由此

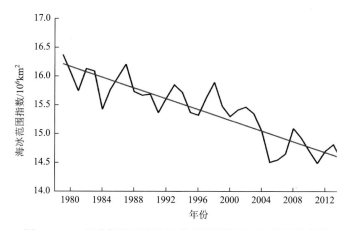

图 12.39　2 月北极地区海冰冰盖范围指数随时间的变化曲线

可知，极地增暖伴随着海冰融化加剧，而海冰融化会造成地表温度异常、改变大气环流分布，从而成为极地地区气候变化的主要外源强迫之一。因此本节从海冰融化的角度，分析极地增暖对东亚地区高空急流协同变化的影响。

AGCM 集合模式能较好地抓住东亚高空急流协同变化特征，此外该试验还包含了两个使用 ECHAM5 模式 30 个成员的 AMIP 试验。一个称为 AMIP 历史模拟试验，其外强迫有观测的辐射、观测的月平均海温及海冰密集度（Hurrell et al.，2008），另外一个称为 AMIP SST 试验，其外强迫和 AMIP 历史模拟试验类似，唯一区别在于将海冰强迫设置成重复的 1979～1989 年气候平均态（Perlwitz et al.，2015）。这两组试验的差，称为 AMIP ΔSIC，主要体现 20 世纪 90 年代以来北极海冰融化的影响。

通过 AMIP ΔSIC 试验，单独分析海冰融化的外源强迫对北半球高空急流以及对应的中纬度大气环流型影响。首先对东亚大陆上空（10°N～70°N，50°E～100°E）的纬向风进行质量加权的 EOF 分解，得到该地区风场的前两个主要模态及模态的解释方差（图 12.40 和图 12.41）。从图 12.40 中可以看出东亚大陆上空两支高空急流的协同变化关系。第一模态的解释方差为 39.8%，其风场垂直空间分布中存在副热带地区和温带地区风场异常的偶极子型分布，分别对应两支急流，表征这两支急流强度的反位相变化。第二模态的解释方差为 27.7%，其风场垂直空间分布为三极子，分别对应着副热带急流和极锋急流南北风场异常中心，表征这两支急流位置上的反位相变化，即当副热带急流偏北时对应极锋急流偏北。与 AMIP 历

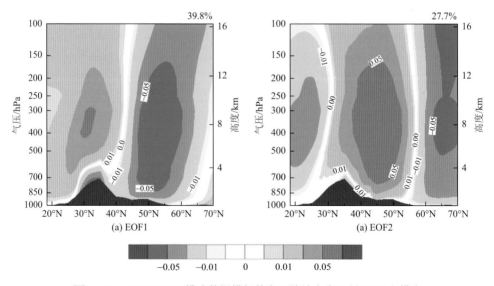

图 12.40　AMIP ΔSIC 模式数据模拟的东亚陆地上空风场 EOF 主模态

史模拟试验结果相比较可以看出，海冰融化的作用不仅能够引起北半球东亚高空急流强度的协同变化，还能导致其位置产生协同变化。而且强度协同变化的解释方差有所提升。从时间序列上来看（图 12.41），两支急流强度协同变化不仅存在明显多年变化，还有年代际变化：20 世纪 90 年代之前为负位相为主导，之后正位相迅速增加，尤其是 1990～2000 年，这说明在该段时间以来，极锋急流强度有所减弱，副热带急流有所增强。同时，两支急流的位置协同变化也存在多年和年代际变化，从 1994 年以来正位相显著增加，这说明近 20 年来极锋急流向南移动趋势。

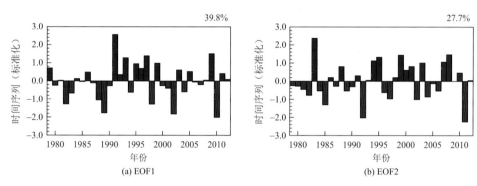

图 12.41　受海冰影响下的风场 EOF 主模态对应的标准化时间序列

　　图 12.42 为这两支急流位置和强度异常随时间的变化分布图。从图中可以看出，海冰融化导致极锋急流和副热带急流的年变化非常明显，而且两者协同变化关系非常好（强度相关系数达到−0.61）。但是整体来看无明显年代际变化，趋势变化都不明显。从急流位置变化上来看，极锋急流位置不仅存在多年变化，还存在年代际变化：从 20 世纪末以来位置显著南移，后期略微北移之后又向南移动。整体变化趋势为向南偏移 2.58°，这说明海冰融化使东亚极锋急流出现显著的南移。但是副热带急流的位置移动变化不明显。两支急流位置协同变化关系有所增加（相关系数为−0.10），表现为负位相变化。

　　从前面的分析可以看到，海冰融化对两支急流强度和位置协同变化关系具有很大的影响。极锋急流的强度和位置影响比较显著，而副热带急流强度变化较为显著而位置变化则不明显。自 20 世纪 90 年代中后期以来，极地增暖现象明显，海冰融化速度加快，使极锋急流区的强度大大减弱，并且向南偏移，副热带急流区虽然位置变化不明显，但是强度也存在明显的年际变化特征，其中急流的强度变化较为明显，尤其是极锋急流强度的变化。那么急流强度的减弱具体到纬向风和经向风两个变量来说，会有怎样不同变化特征？为此将 EOF 的两个模态时间序列回归到东亚地区 300hPa 纬向风和经向风异常场上，分别得到这两个模态对应的纬向风异常（图 12.43）和经向风异常（图 12.44）随时间的变化分布。

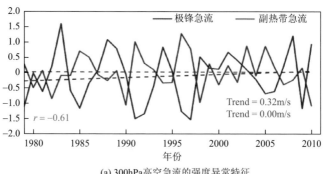

(a) 300hPa高空急流的强度异常特征

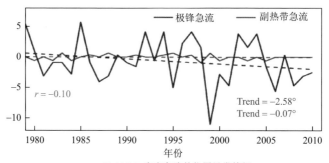

(b) 300hPa高空急流的位置异常特征

图 12.42　海冰融化背景下副热带急流和极锋急流强度［(a)，单位：m/s］和位置
［(b)，单位：°］的异常随时间的变化

r 为相关系数，Trend 为对应的变化趋势

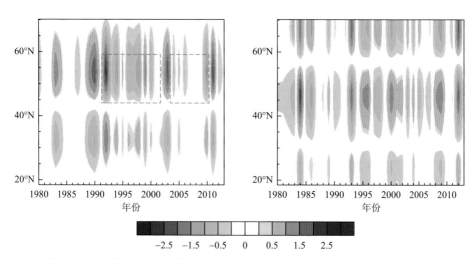

图 12.43　主模态时间序列回归到纬向风场异常随时间的变化（单位：m/s）

图中的虚线突出急流异常的时间阶段

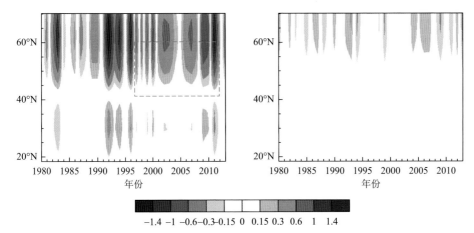

图 12.44　主模态时间序列回归到经向风场异常随时间的变化（单位：m/s）

图中的虚线突出急流异常的时间阶段

对于纬向风异常的变化，从图 12.43 中可以看出，东亚两支急流强度异常的反位相变化存在年际和年代际变化。从第一模态来看，20 世纪 90 年代开始中纬度地区纬向风出现异常减弱，随后出现增强，又迅速减弱，整体呈减弱的趋势，与之伴随的是副热带急流相对较弱的反位相变化，说明副热带急流的变化不是很明显。而从第二模态来看，极锋急流的位置有明显的年际变化，副热带急流则相对弱，90 年代中期开始极锋急流南侧正异常增加、北侧负异常增加，说明极锋急流位置有向南偏移的趋势，而副热带急流南北两侧异常值较弱，说明位置变化不明显。对于经向风来说，急流区经向风的大值中心位于急流轴偏北一侧。从图 12.44 中也可以看出，第一模态对应的经向风异常变化主要表现为极锋急流区偏北地区风场强度的年际和年代际变化。值得注意的是，从 90 年代中后期开始，经向风正异常有所增加，在 2000 年开始异常增加，这说明近 10 年来东亚中高纬地区的经向风出现异常增加的趋势。

12.3.3　海冰融化对中纬度大气环流的影响

根据 EOF 两个模态标准化的时间序列，在保证数据样本量的条件下，将正位相（PC＞0.7）和负位相（PC＜-0.7）所对应的年份挑选出来进行合成，并且为了更好地体现环流特征，用正位相减去负位相，从而得到两个模态对应的大气环流异常。对位势高度场、温度场及其各自对应的风场异常进行合成得到图 12.45 和图 12.46。图 12.45 为第一模态对应的 500hPa 位势高度及其风场异常 [图 12.45（a）]、850hPa 温度及其风场异常 [图 12.45（b）] 的正负位相之差，从图中看到 500hPa

的位势高度在极地地区呈现正异常，相比较其多年平均的位置来看，正异常中心向欧亚中纬度地区偏移；与北极地区邻近的中纬度地区上空全部为负异常尤其在太平洋和大西洋上空存在显著的负异常中心。这种在极地地区和中纬度地区出现的跷跷板式反位相变化特征与大气低频遥相关-北极涛动（AO）非常相似。中纬度大气环流异常呈现 AO 负位相的变化模态说明海冰融化可以影响 AO 位相的转变，而通过改变纬向风强度影响东亚副热带急流强度变化。不仅如此，从500hPa 风场异常的分布来看，欧亚大陆中高纬地区出现的反气旋中心导致纬向风相对减弱并且经向风异常增强。850hPa 纬向风场也出现类似风向异常说明高低空的风向出现同样的变化，经向风异常增加的现象有利于极地地区冷空气南下至欧亚大陆。从850hPa 温度异常分布来看，欧亚大陆地区出现了冷异常中心，而极地地区由于极地增暖现象的存在，表现为增暖，这种极地地区增暖、欧亚大陆地区变冷的现象与近年来观测得到的现象非常相似（Francis and Vavrus，2012；Westra et al.，2013）。

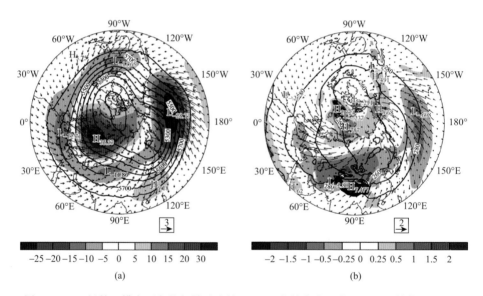

图 12.45　风场第一模态正负位相差对应的 500hPa 位势高度异常（阴影，单位：gpm）和风场异常（箭矢，单位：m/s）（a）以及 850hPa 温度异常（阴影，单位：K）和风场异常（箭矢，单位：m/s）（b）的分布

　　图 12.46 为第二模态对应的 500hPa 位势高度及其风场异常［图 12.46（a）］、850hPa 温度及其风场异常［图 12.46（b）］的正负位相之差。从图中看到，500hPa的位势高度在欧亚地区异常分布主要表现在负异常，从急流协同变化来看，极锋急流区位势高度负异常中心北侧为风速减弱，南侧为增强，而副热带急流区为南

侧减弱、北侧增强，由此对应了东亚地区两支急流位置的反位相协同变化。除此之外，从 500hPa 位势高度上可以看到，东太平洋地区夏威夷附近出现了负异常中心，其北部阿留申群岛地区出现正异常中心，而美国北部及加拿大地区也出现了强的负异常中心，其东南部又出现了正异常中心。这种 500hPa 高度场的正负异常变化是典型的中纬度低频遥相关 PNA 的变化特征，呈现为负 PNA 模态。

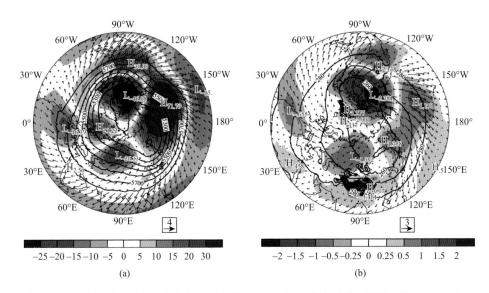

图 12.46　风场第二模态正负位相差对应的 500hPa 位势高度异常（阴影，单位：gpm）和风场异常（箭矢，单位：m/s）（a）以及 850hPa 温度异常（阴影，单位：K）和风场异常（箭矢，单位：m/s）（b）的分布

从 AMIP 历史模拟对东亚地区高空急流的模拟来看，该模式对垂直风场和水平风场的模拟能力较好，但是通过 EOF 分析发现，该模式只能抓住东亚地区极锋急流和副热带急流的强度协同变化。从 300hPa 水平风场异常的分布来看，极锋急流强度在 20 世纪后期有所减弱，两支急流的强度变化趋势都不是很明显，而极锋急流的位置变化趋势表现为北移（2°左右）。而从 AMIP ΔSIC 模式数据对海冰融化导致风场变化的主要模态分析来看，它不仅能抓住两支急流的强度协同变化（第一模态），还能抓住急流位置协同变化（第二模态），而且区域风场模态的解释方差都有所提高，说明 AMIP ΔSIC 模式能够很好地分析出急流协同变化关系。另外，从两支急流位置和强度异常随时间变化来看，强度特征上都存在明显的年变化，但是整体趋势不明显；位置特征上极锋急流不仅存在年变化，还存在明显的年代际变化，整体趋势偏南 2.5°左右，而副热带急流变化整体不是很明显。进一步将 EOF 时间序列回归到纬向风和经向风的异常场中可以看到，自 20 世纪 90 年代中

后期，尤其是 21 世纪以来，极地增暖现象异常显著，海冰融化速度迅速增加，致使极锋急流强度减弱，主要表现为纬向风减弱，经向风异常增加，其位置也有向南偏移趋势。副热带急流区虽然位置变化不明显，但是强度也存在明显的年际变化特征。

　　通过主要变化模态正负位相的时间序列对 500hPa 位势高度场、850hPa 温度场及对应风场的合成，可以得到第一模态下，大气环流异常表现为负 AO 型遥相关特征。该模态下，极锋急流区风速减弱，经向风异常增加，而且高低空表现一致。经向风异常有利于极地地区冷空气南下，导致欧亚大陆地区低层温度变冷，而这与全球变暖条件下温度升高，尤其是极地地区异常增暖现象存在较大的差异。第二模态下，欧亚大陆上空的风场异常导致两支急流出现位置的反位相变化。除此之外，在东太平洋、北美地区上空 500hPa 位势高度异常中心呈现出负 PNA 型遥相关特征。通过以上两种变化模态的分析可以看到，海冰融化可以通过改变大气环流的异常从而影响东亚上空急流的协同变化关系，而急流的强度变化和位置变化也会作为高纬度和低纬度的联系纽带，将极地地区强迫造成的大气环流异常延伸至下游乃至低纬度地区，从而产生一种双向反馈作用。

参 考 文 献

布和朝鲁，纪立人，施宁. 2008. 2008 年初我国南方雨雪低温天气的中期过程分析 I：亚非副热带急流低频波. 气候与环境研究，13（4）：419-433.

蔡尔诚. 2001. 中国夏季主雨带的形成过程. 河南气象，1：6-8.

蔡尔诚，许春姝，智协飞. 2002. 东亚夏季气候可预测性的一个论证. 黑龙江八一农垦大学学报，13（3）：5-8.

陈海山，孙照渤. 2001. 一个反映中国冬季气温异常的指标——东亚区域西风指数. 南京气象学院学报，24（4）：458-466.

陈海山，孙照渤，闵锦忠. 1999. 欧亚大陆冬季积雪异常与东亚冬季风及中国冬季气温的关系. 南京气象学院学报，22（4）：609-615.

陈海山，孙照渤，朱伟军. 2003. 欧亚积雪异常分布对冬季大气环流的影响 II：数值模拟. 大气科学，27（5）：847-860.

陈菊英，王玉红，王文. 2001. 1998 及 1999 年乌山对长江中下游暴雨过程的影响. 高原气象，20（4）：388-394.

陈隽，孙淑清. 1999. 东亚冬季风异常与全球大气环流变化 I：强弱冬季风影响的对比研究. 大气科学，23（1）：101-111.

陈丽娟，吕世华，罗四维. 1996. 青藏高原积雪异常对亚洲季风降水影响的数值试验. 高原气象，15：122-130.

陈烈庭，阎志新. 1979. 青藏高原冬春季异常雪盖影响初夏季风的统计分析//1977—1978 年青藏高原气象会议论文集. 北京：科学出版社：151-161.

陈兴芳，宋文玲. 2000. 冬季高原积雪与欧亚积雪对我国夏季旱涝不同影响关系的环流特征分析. 大气科学，24（5）：585-592.

崔晓鹏，孙照渤. 1999. 东亚冬季风指数及其变化的分析. 南京气象学院学报，22（3）：321-325.

邓兴秀，孙照渤. 1997. 北半球风暴轴的时间演变特征. 南京气象学院学报，17（2）：165-170.

丁一汇. 1991. 高等天气学. 北京：气象出版社：792.

丁一汇. 2008. 中国气象灾害大典综合卷. 北京：气象出版社.

丁一汇，柳俊杰，孙颖，等. 2007. 东亚梅雨系统的天气-气候学研究. 大气科学，31（6）：1082-1101.

董丽娜，郭晶文，张福颖. 2010. 初夏至盛夏东亚副热带西风急流变化与江淮出梅的关系. 大气科学学报，33：74-81.

董敏，余建锐. 1997. 青藏高原积雪对大气环流影响的数值模拟研究. 应用气象学报，8（增刊）：100-109.

董敏，余建锐，高守亭. 1999. 东亚西风急流变化与热带对流加热关系的研究. 大气科学，23（1）：62-70.

董敏，朱文妹，魏凤英. 1987. 欧亚地区 500hPa 上纬向风特征及其与中国天气的关系. 气象科学研究院院刊，2（2）：166-173.

董敏，朱文妹，徐祥德. 2001. 青藏高原地表热通量变化及其对初夏东亚大气环流的影响. 应用气象学报，12（4）：458-468.

杜银，张耀存，谢志清. 2008. 高空西风急流东西向形态变化对梅雨期降水空间分布的影响. 气象学报，66（4）：566-576.

杜银，张耀存，谢志清. 2009. 东亚副热带西风急流位置变化及其对中国东部夏季降水异常分布的影响. 大气科学，33（3）：581-592.

范广洲，罗四维，吕世华. 1997. 青藏高原积雪异常对东、南亚夏季风影响的初步数值模拟研究. 高原气象，16（2）：140-152.

符淙斌，苏炳凯. 2004. 区域环境系统集成模式的发展和应用研究. 北京：气象出版社：263.

付健健，李双林，王彦明. 2008. 前期海洋热力状况异常影响2008年1月雪灾形成的初步研究. 气候与环境研究，13（4）：478-490.

傅云飞，黄荣辉. 1996. 热带太平洋西风异常对 ENSO 事件发生的作用. 大气科学，20（6）：641-654.

傅云飞，黄荣辉. 1997. 东亚西风异常活动对热带西太平洋西风爆发及 ENSO 发生的作用. 大气科学，21（4）：485-492.

高守亭，陶诗言. 1991. 高空急流与低层锋生. 大气科学，15（2）：11-22.

高守亭，陶诗言，丁一汇. 1989. 表征波与流相互作用的广义 E-P 通量. 中国科学（B辑），7：774-784.

高由禧. 1999. 高由禧院士文集. 广州：中山大学出版社：128-137.

葛明，蒋尚城. 1997. 一次黄河气旋暴雨大尺度高低空急流影响的数值试验. 暴雨灾害，（1）：89-98.

龚道溢. 2003. 北极涛动对东亚夏季降水的预测意义. 气象，29（6）：3-6.

龚道溢，王绍武. 2002. 冬季西风环流指数的变率及其与北半球温度变化的关系研究. 热带气象学报，18（2）：104-110.

龚道溢，朱锦红，王绍武. 2002. 长江流域夏季降水与前期 AO 的显著相关. 科学通报，47（7）：546-549.

巩远发，纪立人. 1998. 西太平洋副热带高压中期变化的数值试验：I. 青藏高原热源的作用. 热带气象学报，14（2）：106-112.

顾震潮. 1951. 西藏高原对东亚大气环流的动力影响和它的重要性. 中国科学，2：283-303.

郭其蕴. 1994. 东亚冬季风的变化与中国气温异常的关系. 应用气象学报，5（2）：218-225.

贺圣平，王会军. 2012. 东亚冬季风综合指数及其表达的东亚冬季风年际变化特征. 大气科学，36（3）：525-538.

胡娅敏，丁一汇. 2009. 2000年以来江淮梅雨带北移的可能成因分析. 气象，35：37-43.

黄荣辉，陈文，丁一汇，等. 2003. 关于季风动力学以及季风与 ENSO 循环相互作用的研究. 大气科学，27（4）：484-502.

黄荣辉，黄刚，任保华. 1999. 东亚夏季风的研究进展及其需进一步研究的问题. 大气科学，23（2）：130-141.

黄士松，汤明敏. 1995. 我国南方初夏汛期和东亚夏季风环流. 热带气象学报，11（3）：203-213.

黄伟, 陶祖钰. 1995. 1991 年梅雨期中冷空气活动的个例分析. 大气科学, 19: 375-379.

金荣花, 李维京, 张博, 等. 2012. 东亚副热带西风急流活动与长江中下游梅雨异常关系的研究. 大气科学, 36 (4): 722-732.

金荣花. 2012. 东亚副热带西风急流中期变化及其对梅雨异常的影响. 北京: 中国气象科学研究院.

况雪源, 张耀存. 2006a. 东亚副热带西风急流位置异常对长江中下游夏季降水的影响. 高原气象, 25: 382-389.

况雪源, 张耀存. 2006b. 东亚副热带西风急流季节变化特征及其热力影响机制探讨. 气象学报, 64 (5): 564-575.

况雪源, 张耀存. 2007. 东亚副热带西风急流与地表加热场的耦合变化特征. 大气科学, 31 (1): 77-88.

况雪源, 张耀存, 刘健. 2008. 秋冬季节转换期东亚环流变化特征及机制分析, 高原气象, 27 (1): 17-25.

蓝光东, 温之平, 贺海晏. 2004. 南海夏季风爆发的大气热源特征及其爆发迟早原因的探讨. 热带气象学报, 20 (3): 271-280.

李崇银. 2000. 动力气候学引论. 北京: 气象出版社: 515.

李崇银, 王作台, 林士哲, 等. 2004. 东亚夏季风活动与东亚高空西风急流位置北跳关系的研究. 大气科学, 28 (5): 641-658.

李峰, 丁一汇. 2004. 近 30 年夏季亚欧大陆中高纬度阻塞高压的统计特征. 气象学报, 62 (3): 347-354.

廖清海, 高守亭, 王会军, 等. 2004. 北半球夏季副热带西风急流变异及其对东亚夏季风气候异常的影响. 地球物理学报, 47 (1): 10-18.

刘冬晴, 杨修群. 2010. 热带低频振荡影响中国东部冬季降水的机理. 气象科学, 30 (5): 684-693.

刘华强, 孙照渤, 朱伟军. 2003. 青藏高原积雪与亚洲季风环流年代际变化的关系. 南京气象学院学报, 26 (6): 733-739.

刘匡南, 邹宏勋. 1956. 近五年来东亚夏季自然天气季节的划分及夏季特征的初步探讨. 气象学报, 27 (3): 219-242.

刘宣飞, 朱乾根, 郭品文. 1999. 南亚高压季节变化中的正斜压环流转换特征. 南京气象学院学报, 22 (3): 291-299.

卢咸池, 罗勇. 1994. 青藏高原积雪冬春季雪盖对东亚夏季大气环流影响的数值试验. 应用气象学报, 5: 385-393.

陆日宇. 2002. 华北汛期降水量变化中年代际和年际尺度的分离. 大气科学, 26 (5): 611-624.

吕克利, 蒋后硕. 1999. 高低空急流与水汽凝结过程对暖锋环流演变的影响. 气象学报, 57 (6): 681-693.

吕克利, 钱滔滔. 1996. 高空西风急流和低空南风急流中的冷锋环流. 大气科学, 20 (6): 679-690.

马瑞平. 1996. 副热带急流强度和赤道 QBO 对平流层突然增温的影响. 地球物理学报, 39 (1): 26-36.

毛江玉, 吴国雄, 刘屹岷. 2002. 季节转换期间副热带高压带形态及其机制的研究 I: 副热带高压结构的气候学特征. 气象学报, 60 (4): 400-408.

钱永甫, 江静, 张艳, 等. 2004. 亚洲热带夏季风的首发地区和机理研究. 气象学报, 62 (2): 129-139.

钱永甫，颜宏，王谦谦，等. 1988. 行星大气中地形作用的数值研究. 北京：科学出版社：217.

冉令坤，高守亭，雷霆. 2005. 高空急流区内纬向基本气流加速与 EP 通量的关系. 大气科学，29（3）：409-416.

任雪娟，杨修群，周天军，等. 2010. 冬季东亚副热带急流与极锋急流的比较分析：大尺度特征和瞬变扰动活动. 气象学报，68（1）：1-11.

盛承禹. 1986. 中国气候总论. 北京：科学出版社：85-89.

施能. 1996. 近 40 年东亚冬季风强度的多时间尺度变化特征及其与气候的关系. 应用气象学报，7（2）：175-182.

施能，朱乾根，吴彬贵. 1996. 近 40 年东亚夏季风及我国大尺度天气气候异常. 大气科学，20（5）：575-583.

斯公望. 1989. 论东亚梅雨锋的大尺度环流及其次天气尺度扰动. 气象学报，47（3）：312-323.

孙淑清，孙柏民. 1995. 东亚冬季风环流异常与中国江淮流域夏季旱涝天气的关系. 气象学报，53（4）：440-450.

孙照渤，闵锦忠，陈海山. 2000. 冬季积雪的异常分布型与冬夏大气环流的耦合关系. 南京气象学院学报，23（4）：463-468.

孙照渤，朱伟军. 1998. 北半球冬季风暴槽的一种可能维持机制. 南京气象学院学报，21（3）：299-306.

孙柏民，李崇银. 1997. 冬季东亚大槽的扰动与热带对流活动的关系. 科学通报，42（5）：500-504.

陶诗言，赵煜佳，陈晓敏. 1958. 东亚的梅雨与亚洲上空大气环流季节变化的关系. 气象学报，29（2）：119-134.

陶诗言，朱福康. 1964. 夏季亚洲南部 100 毫巴流型的变化及其与西太平洋副热带高压进退的关系. 气象学报，34（4）：385-396.

王安宇，胡琪，秦广言. 1983. 东亚加热场和大地形对大气环流季节变化影响的数值试验. 高原气象，2：30-38.

王会军，姜大膀. 2004. 一个新的东亚冬季风强度指数及其强弱变化之大气环流差异. 第四纪研究，24（1）：19-27.

王会军，薛峰，周广庆. 2002. 中国华南春季季风及其与大尺度环流特征的关系. Advances in Atmospheric Sciences（大气科学进展：英文版），19（4）：651-664.

王兰宁，郑庆林，宋青丽. 2002. 青藏高原下垫面对中国夏季环流影响的研究. 南京气象学院学报，25（2）：186-191.

王谦谦，王安宇，李学锋，等. 1984. 青藏高原大地形对夏季东亚大气环流的影响. 高原气象，3：13-26.

王小曼，丁治英，张兴强. 2002. 梅雨暴雨与高空急流的统计与动力分析. 南京气象学院学报，25（1）：111-117.

王允，张庆云，彭京备. 2008. 东亚冬季环流季节内振荡与 2008 年初南方大雪关系. 气候与环境研究，13（4）：459-467.

王林，陈文，黄荣辉，等. 2007. 北半球定常波输送西风动量的气候态及其年变化. 大气科学，31（3）：377-388.

吴国雄，丑纪范，刘屹岷，等. 2002. 副热带高压形成和变异的动力学问题. 北京：科学出版社：314.

伍荣生. 1999. 现代天气学原理. 北京：高等教育出版社：214.

徐海明，何金海，周兵. 2001. "倾斜"高空急流轴在大暴雨过程中的作用. 南京气象学院学报，24（2）：155-161.

姚秀萍，于玉斌. 2005. 2003 年梅雨期干冷空气的活动及其对梅雨降水的作用. 大气科学，29（6）：973-985.

姚永红. 2003. 全球副热带反气旋的季节、年际变化特征及其与南海季风和海温的关系. 南京：南京大学.

叶丹，张耀存. 2014. 冬季东亚副热带急流和温带急流协同变化与我国冷空气活动的关系. 大气科学，38（1）：146-158.

叶笃正，陶诗言，李麦村. 1958. 在六月和十月大气环流的突变现象. 气象学报，29（4）：249-263.

叶笃正，朱抱真. 1958. 大气环流的若干基本问题. 北京：科学出版社：159.

游性恬，熊廷南，朱禾，等. 1992. 关于西风急流在强迫扰动中作用的数值试验. 高原气象，11（1）：23-30.

游性恬，Yasu T Y. 2000. 春季亚洲地面湿度异常对月、季气候影响的模拟研究. 大气科学，24（5）：660-668.

张庆云，陶诗言，张顺利. 2003. 夏季长江流域暴雨洪涝灾害的天气气候条件. 大气科学，27（6）：1018-1030.

张琼. 1999. 南亚高压的演变规律机制及其对区域气候的影响. 南京：南京大学.

张顺利，陶诗言. 2001. 青藏高原对亚洲夏季风的影响的诊断及数值研究. 大气科学，25（3）：372-390.

张兴强，丁治英，王焱. 2001. 高空急流与中纬度系统影响下台风暴雨的研究现状. 气象，27（8）：3-8.

张艳. 2004. 青藏高原热力参数特征及其异常气候效应的研究. 南京：南京大学.

张艳，钱永甫. 2002. 青藏高原地面热源特征对亚洲季风爆发的热力影响. 南京气象学院学报，25（3）：298-306.

张耀存，郭兰丽. 2005. 东亚副热带西风急流偏差与我国东部雨带季节变化的模拟. 科学通报，50（13）：1394-1399.

张耀存，王东阡，任雪娟. 2008. 东亚高空温带急流区经向风的季节变化及其与亚洲季风的关系. 气象学报，66（5）：707-715.

赵亮，丁一汇. 2008. 梅雨期高位涡源区及其传播过程研究. 应用气象学报，19：697-709.

赵亮，丁一汇. 2009. 东亚夏季风时冷空气活动的位涡分析. 大气科学，33：359-374.

周兵，韩桂荣，何金海. 2003. 高空西风急流对长江中下游暴雨影响的数值试验. 南京气象学院学报，26（5）：595-604.

周曾奎. 1992. 1991 年异常梅雨和连续暴雨的环流特征. 气象，18（8）：27-32.

朱乾根，林锦瑞，寿绍文，等. 2000. 天气学原理和方法. 北京：气象出版社：266-296.

朱伟军，孙照渤. 1999. 冬季太平洋 SST 异常对风暴轴和急流的影响. 南京气象学院学报，22（4）：575-581.

朱伟军，孙照渤. 2000. 冬季北太平洋风暴轴的年纪变化及其与 500hPa 高度以及热带和北太平洋海温的联系. 气象学报，58（3）：309-320.

祝从文，何金海，谭言科. 2004. 春夏季节转换中亚洲季风区副热带高压断裂特征及其可能机制分析. 热带气象学报，20（3）：237-248.

左端亭，曾庆存，张铭. 2004. 季风及季风与西风带相互关系的数值模拟研究. 大气科学，28（1）：7-22.

Academia S. 1957. On the general circulation over eastern Asia Part I. Tellus，9：432-446.

Akiyama T. 1973. The large-scale aspects of the characteristic features of the Baiu front. Papers Meteorology Geophysics，24（2）：157-188.

Andrews D G，Holton J R，Leovy C B. 1987. Middle Atmosphere Dynamics. New York：Elsevier.

Archer C，Caldeira K. 2008：Historical trends in the jet streams. Geophysical Research Letters，35：L08803. doi：10.1029/2008GL033614.

Ashok K，Behera S K，Rao S A，et al. 2007. El Niño Modoki and its possible teleconnection. Journal of Geophysical Research：Oceans：112.

Bals-Elsholz T M，Atallah E H，Bosart L F，et al. 2001. The wintertime southern hemisphere split jet：Structure，variability，and evolution. Journal of Climate，14：4191-4215.

Bao Q J，Yang J，Liu Y M，et al. 2009. Roles of anomalous Tibetan plateau warming on the severe 2008 winter storm in central-southern China. Monthly Weather Review，138：2375-2384.

Barlow M，Wheeler M，Lyon B，et al. 2005. Modulation of daily precipitation over southwest Asia by the Madden-Julian oscillation. Monthly Weather Review，133：3579-3594.

Barnes E A，Hartman D L. 2010. Testing a theory for the effect of latitude on the persistence of eddy-driven jets using CMIP3 simulations. Geophysical Research Letters，37：L15801. doi：10.1029/2010GL044144.

Barnett T P，Dumenil L，Schiese V，et al. 1989. The effect of Eurasian snow cover on regional and global climate variation. Journal of the Atmospheric Sciences，46：661-685.

Barnston A G，Livezey R E. 1987. Classification，seasonality and persistence of low-frequency atmospheric circulation patterns. Monthly Weather Review，115：1083-1126.

Barriopedro D，García-Herrera R，Lupo A R，et al. 2006. A climatology of northern hemisphere blocking. Journal of Climate，19（6）：1042-1063.

Berrisford P，Hoskins B，Tyrlis E. 2007. Blocking and Rossby wave breaking on the dynamical tropopause in the Southern Hemisphere. Journal of the Atmospheric Sciences，64：2881-2898.

Bjerknes J. 1966. A possible response of the atmospheric Hadley circulation to equatorial anomalies of ocean temperature. Tellus，18：820-829.

Blackmon M L，Wallace J M，Lau N C，et al. 1977. An observation study of the Northern Hemisphere wintertime circulation. Journal of the Atmospheric Sciences，34：1040-1053.

Bolin B. 1950. On the influence of the earth's orography on the general character of the westerlies，Tellus，2：184-196.

Bond N A，Vecchi G A. 2003. The influence of the Madden-Julian oscillation on precipitation in Oregon and Washington. Weather and Forecasting，18：600-613.

Browning K A，Golding B W. 1995. Mesoscale aspects of a dry intrusion within a vigorous cyclone. Quarterly Journal of the Royal Meteorological Society，121：465-493.

Blackmon M L. 1976. A climatological spectral study of the 500-mb geopotential height of the Northern Hemisphere. Journal of the Atmospheric Sciences，33：1607-1623.

Carillo A，Ruti P M，Navarra A. 2000. Storm tracks and zonal mean flow variability：A comparison between observed and simulated data. Climate Dynamics, 16: 219-228.

Chan J C L, Ai W, Xu J. 2002. Mechanism responsible for the maintenance of the 1998 South China Sea summer monsoon. Journal of the Meteorological Society of Japan, 80 (5): 1103-1113.

Chang C P. 2004. East Asian Monsoon. World Scientific: 564.

Chang C P, Lau K M. 1980. Northeasterly cold surges and near-equatorial disturbances over the winter MONEX area during December 1974.Part 2: Planetary-scale aspects. Monthly Weather Review, 108: 298-312.

Chang C P, Wang Z, Hendon H. 2006. The Asian winter monsoon//Wang B.The Asian Monsoon. Springer, 89-127.

Chang E K M. 1993. Downstream development of baroclinic waves as inferred from regression analysis. Journal of the Atmospheric Sciences, 50: 2038-2053.

Chang E K M, Fu Y. 2002. Interdecadal variations in Northern Hemisphere winter storm track intensity. Journal of Climate, 15: 642-658.

Chang E K M, Lee S, Swanson K L. 2002. Storm track dynamics. Journal of Climate, 15 (16): 2163-2183.

Charney J G. 1947. The dynamics of long waves in a baroclinic westerly current. Journal of Meteorology, 4 (5): 136-162.

Chen C S, Trenberth K E. 1988. Forced planetary waves in the northern hemisphere winter: Wave coupled orographic and thermal forcing. Journal of the Atmospheric Sciences, 45: 682-704.

Chen G S, Huang R H, Zhou L T. 2013. Baroclinic instability of the Silk Road pattern induced by thermal damping. Journal of the Atmospheric Sciences, 70: 2875-2893.

Chen G X, Li W B, Yuan Z J, et al. 2005. Evolution mechanisms of the intraseasonal oscillation associated with the Yangtze River basin flood in 1998. Science in China (D), 48 (7): 957-967.

Chen H, Sun Z. 2003. The effects of Eurasian snow cover anomaly on winter atmospheric general circulation Part I. observational studies. Journal of the Atmospheric Sciences, 27: 304-316.

Chen T J G, Chang C P. 1980. The structure and vorticity budget of an early summer monsoon trough (Mei-Yu) over southeastern China and Japan. Monthly Weather Review, 108: 942-953.

Chen T J G, Yu C C. 1988. Study of low-level jet and extremely heavy precipitation over northern Taiwan in the Mei-Yu season. Monthly Weather Review, 116: 884-891.

Chen W Y, Van Den Dool H M. 1999. Significant change of extratropical natural variability and potential predictability associated with the ENSO. Tellus, 51A: 790-802.

Chen W, Graf H F, Ronghui H. 2000. The interannual variability of East Asian Winter Monsoon and its relation to the summer monsoon. Advances in Atmospheric Sciences, 17: 48-60.

Chen W, Kang L. 2006. Linkage between the Arctic Oscillation and winter climate over East Asia on the interannual timescale: Roles of quasi-stationary planetary waves. Journal of the Atmospheric Sciences, 30: 863-870.

Chen W, Yang S, Huang R H. 2005. Relationship between stationary planetary wave activity and the East Asian winter monsoon. Journal of Geophysical Research: Atmospheres, 110: D14110.

Chen Z, Wu R, Chen W. 2014a. Impacts of Autumn Arctic Sea ice concentration changes on the East Asian winter monsoon variability. Journal of Climate, 27: 5433-5450.

Chen Z，Wu R，Chen W. 2014b. Distinguishing interannual variations of the northern and southern modes of the East Asian winter monsoon. Journal of Climate，27：835-851.

Clark M P，Serreze M C. 2000. Effects of variations in East Asian snow cover on modulating atmospheric circulation over the North Pacific Ocean. Journal of Climate，13：3700-3710.

Cressman G P. 1981. Circulation of the West Pacific jet stream. Monthly Weather Review，109：2450-2463.

Cressman G P. 1984. Energy transformation in the East Asian-West Pacific jet stream. Monthly Weather Review，112：563-574.

Crueger T，Stevens B，Brokopf R. 2013. The Madden-Julian oscillation in ECHAM6 and the introduction of an objective MJO metric. Journal of Climate，26：3241-3257.

Chen G，Held I M. 2007. Phase speed spectra and the recent poleward shift of Southern Hemisphere surface westerlies. Geophysical Research Letters，34：L21805，doi：10.1029/2007GL031200.

Dai A. 2013. The influence of the inter-decadal Pacific oscillation on US precipitation during 1923-2010. Climate Dynamics，41：633-646.

Deser C，Tomas R A，Sun L. 2015. The role of ocean-atmosphere coupling in the zonal-mean atmospheric response to Arctic sea ice loss. Journal of Climate，28：2168-2186.

Ding Y H. 1992. Summer monsoon precipitations in China. Journal of the Meteorological Society of Japan，70：373-396.

Ding Y，Chan J C L. 2005. The East Asian summer monsoons：An overview. Meteorology and Atmospheric Physics，89：117-142.

Ding Y，Liu Y. 2001. Onset and the evolution of the summer monsoon over the South China Sea during SCSMEX field experiment in 1998. Journal of the Meteorological Society of Japan，79（1）：255-276.

Donald A，Meinke H，Power B，et al. 2006. Near global impact of the Madden-Julian Oscillation on rainfall. Geophysical Research Letters，33：L09704.

DeWeaver E，Nigam S. 2000. Do stationary waves drive the zonal-mean jet anomalies of the Northern winter? Journal of Climate，13：2160-2176.

Davidson N E，McBride J L，McAvaney B J. 1983. The onset of the Australian monsoon during winter MONEX：Synoptic aspects. Monthly Weather Review，111：496-516.

Eady E T. 1949. Long waves and cyclone waves. Tellus，1：33-52.

Edmon H J，Hoskins B J，McIntyre M E. 1980. Eliassen-Palm cross sections for the troposphere. Journal of the Atmospheric Sciences，37：2600-2616.

Eichelberger S J，Hartmann D L. 2007. Zonal jet structure and the leading mode of variability. Journal of Climate，20（20）：5149-5163.

Feldstein S B. 2002. Fundamental mechanisms of PNA teleconnection pattern growth and decay. Quarterly Journal of the Royal Meteorological Society，128：4430-4440.

Feldstein S B. 2003. The dynamics of NAO teleconnection pattern growth and decay. Quarterly Journal of the Royal Meteorological Society，129：091-924.

Feng L，Zhou T J. 2012. Water vapor transport for summer precipitation over the Tibetan Plateau：Multi-dataset analysis. Journal of Geophysical Research，117：D20114.

Francis J A, Vavrus S J. 2012. Evidence linking Arctic amplification to extreme weather in mid-latitudes. Geophysical Research Letters, 39: L06801.

Francis J A, Vavrus S J. 2015. Evidence for a wavier jet stream in response to rapid Arctic warming. Environmental Research Letters: 10.

Fu Q, Johanson C M, Wallace J M, Reichler T. 2006. Enhanced mid-latitude tropospheric warming in satellite measurements. Science, 312: 1179.

Feldstein S, Lee S. 1996. Mechanisms of zonal index variability in an Aquaplanet GCM. Journal of the Atmospheric Sciences, 53: 3541-3556.

Gao H. 2009. Short Communication China's snow disaster in 2008, who is the principal player. International Journal of Climatology, 29: 2191-2196.

Gao S, Tao S.1991. Acceleration of the upper-tropospheric jet-stream and lower-tropospheric frontogenesis. Journal of the Atmospheric Sciences, 15: 11-21.

Gao Y Q, Sun J Q, Li F, et al. 2015. Arctic sea ice and Eurasian climate: A review. Advances in Atmospheric Sciences, 32: 92-114.

Gong D Y, Ho C H. 2002. The Siberian high and climate change over middle to high latitude Asia. Theoretical and Applied Climatology, 72: 1-9.

Gong D Y, Ho C H. 2003. Arctic oscillation signals in the East Asian summer monsoon. Journal of Geophysical Research, 108 (D2): 4066.

Gong D, Wang S. 1999. Definition of antarctic oscillation index. Geophysical Research Letters, 26: 459-462.

Gong G, Entekhabi D, Cohen J. 2003. Modeled Northern Hemisphere winter climate response to realistic siberian snow anomalies. Journal of Climate, 16: 3917-3931.

Hahn D J, Shulka J. 1976. An apparent relationship between Eurasian snow cover and Indian monsoon rainfall. Journal of the Atmospheric Sciences, 33: 2461-2462.

He H, McGinnis W, Song Z, et al. 1987. Onset of the Asian summer monsoon in 1979 and the effect of the Tibetan Plateau. Monthly Weather Review, 115: 1966-1994.

He J, Lin H, Wu Z. 2011. Another look at influences of the Madden-Julian Oscillation on the wintertime East Asian weather. Journal of Geophysical Research, 116, D03109, doi: 10.1029/2010JD014787.

He S, Wang H. 2013. Oscillating relationship between the East Asian winter monsoon and ENSO. Journal of Climate, 26: 9819-9838.

Held I M. 1975. Momentum transport by quasi-geostrophic eddies. Journal of the Atmospheric Sciences, 32: 1494-1497.

Held I M. 1983. Stationary and quasi-stationary eddies in the extratropical troposphere: Theory// Large-scale Dynamical Processes in the Atmosphere: 127-167.

Held I M, Hou A Y. 1980. Zonal jet structure and the leading mode of variability. Journal of the Atmospheric Sciences, 37: 515-533.

Hohn D G, Manabe S. 1975. The role of mountains in the south Asian monsoon circulation. Journal of the Atmospheric Sciences, 32: 1515-1541.

Holopainen E O, Rontu L, Lau N C. 1982. The effect of large-scale transient eddies on the time-mean flow in the atmosphere. Journal of the Atmospheric Sciences，39（9）：1972-1984.

Honda M，Inoue J，Yamane S. 2009. Influence of low Arctic sea-ice minima on anomalously cold Eurasian winters. Geophysical Research Letter：36.

Hong C C，Li T. 2009. The extreme cold anomaly over southeast Asia in February 2008：Roles of ISO and ENSO. Journal of Climate，22：3786-3801.

Hoskins B J，Ambrizzi T. 1993. Rossby wave propagation on a realistic longitudinally varying flow. Journal of the Atmospheric Sciences，50：1661-1671.

Hoskins B J，Hodges K I. 2002. New perspectives on the Northern Hemisphere winter storm tracks. Journal of the Atmospheric Sciences，59：1041-1061.

Hoskins B J，James I N，White G H. 1983. The shape，propagation and mean-flow interaction of large-scale weather systems. Journal of the Atmospheric Sciences，40：1595-1612.

Hoskins B J，Karoly D J. 1981. The steady linear response of a spherical atmosphere to thermal and orographic forcing. Journal of the Atmospheric Sciences，38：1179-1196.

Hoskins B J，Valdes P J. 1990. On the existence of storm tracks. Journal of the Atmospheric Sciences，47：1854-1864.

Hou A Y. 1998. Hadley circulation as a modulator of the extratropical climate. Journal of the Atmospheric Sciences，55：2437-2457.

Hu Z Z，Bengtsson L，Arpe K. 2000. Impact of global warming on the Asian winter monsoon in a coupled GCM. Journal of Geophysical Research：Atmospheres，105：4607-4624.

Huang D Q，Dai A G，Zhu J，et al. 2017. Recent winter precipitation changes over Eastern China in different warming periods and the associated East Asian jets and oceanic conditions. Journal of Climate，30：4443-4462.

Huang D Q，Masaaki T，Zhang Y C. 2011. Analysis of the Baiu precipitation and associated circulations simulated by the MIROC coupled climate system model. Journal of the Meteorological Society of Japan，89：625-636.

Huang D Q，Zhu J，Zhang Y C，et al. 2014. The different configurations of the East Asian Polar Front jet and subtropical jet and the associated rainfall anomalies over eastern China in summer. Journal of Climate，27：8205-8220.

Huang D，Dai A，Yang B，et al. 2019. Contributions of different combinations of the IPO and AMO to recent changes in winter East Asian jets. Journal of Climate，32：1607-1626.

Huang Q，Yao S X，Zhang Y C. 2012. Analysis of local air-sea interaction in East Asia using a regional air-sea coupled model. Journal of Climate，25：767-776.

Huang R H，Gambo K. 1982. The response of a hemispheric multilevel model atmosphere to forcing by topography and stationary heat sources. Journal of the Meteorological Society of Japan，60：78-108.

Hurrell J W，Hack J J，Shea D，et al. 2008. A new sea surface temperature and sea ice boundary data set for the Community Atmosphere Model. Journal of Climate，21：5145-5153.

Inoue J，Hori M E，Takaya K. 2012. The role of Barents sea ice in the wintertime cyclone track and emergence of a warm-Arctic cold-Siberian anomaly. Journal of Climate，25：2561-2569.

IPCC Summary for Policymakers in Climate Change. 2013. The Physical Science Basis. Stocker，T F et al. Cambridge: Cambridge University Press.

Jeong J H, Ho C H, B. Kim M, et al. 2005. Influence of the Madden-Julian oscillation on wintertime surface air temperature and cold surges in East Asia. Journal of Geophysical Research, 110: D11104.

Jeong J H, Kim B M, Ho C H, et al. 2008. Systematic variation in wintertime precipitation in East Asia by MJO-induced extratropical vertical motion. Journal of Climate, 21: 788-801.

Jhun J G, Lee E J. 2004. A new East Asian winter monsoon index and associated characteristics of the winter monsoon. Journal of Climate, 17: 711-726.

Ji L, Sun S, Arpe K, et al. 1997. Model study on the interannual variability of Asian winter monsoon and its influence. Advances in Atmospheric Sciences, 14: 1-22.

Jin Q, Yang X Q, Sun X, et al. 2013. East Asian summer monsoon circulation structure controlled by feedback of condensational heating. Climate Dynamics, 41: 1885-1897.

Jones C. 2000. Occurrence of extreme precipitation events in California and relationships with the Madden-Julian oscillation. Journal of Climate, 13 (20): 3576-3587.

Jones C, Waliser D E, Lau K M, et al. 2004. Global occurrences of extreme precipitation events and the Madden-Julian oscillation: Observations and predictability. Journal of Climate, 17 (23): 4575-4589.

Kidston J, Frierson D M W, Remwick J A, et al. 2010. Observations, simulations, and dynamics of jet stream variability and annular modes. Journal of Climate, 23: 6186-6199.

Kim B M, Lim G H, Kim K Y. 2006. A new look at the midlatitude-MJO teleconnection in the northern hemisphere winter. Quarterly Journal of the Royal Meteorological Society, 132 (615): 485-503.

Klein S A, Soden B J, Lau N C. 1999. Remote Sea surface temperature variations during ENSO: Evidence for a Tropical Atmospheric Bridge. Journal of Climate, 12: 917-932.

Krishman R, Sugi M. 2001. Baiu rainfall and variability and associated monsoon teleconnection. Journal of the Meteorological Society of Japan, 79: 851-86.

Krishnamurti T N. 1961. The subtropical jet stream of winter, Journal of Meteorology, 18: 172-191.

Krishnamurti T N. 1979. Compendium of Meteorology, Vol.2, Part 4: Tropical Meteorology, Rep. 364, World Meteorological Organization, Geneva,

Krishnamurti T N, Kanamitsu M, Koss W J, et al. 1973. Tropical east-west circulations during the northern winter. Journal of the Atmospheric Sciences, 30: 780-787.

Kuang X Y, Zhang Y C, Huang Y, et al. 2014. Changes in the frequencies of record-breaking temperature events in China and its association with East Asian Winter Monsoon variability. Journal of Geophysical Research, 119: 2966-2989.

Kug J S, Jeong J H, Jang Y S, et al. 2015. Two distinct influences of Arctic warming on cold winters over North America and East Asia. Nature Geoscience, 8: 759-762.

Kung E C, Chan P H. 1981. Energetic characteristics of the Asian winter monsoon in the source region. Monthly Weather Review, 109: 854-870.

Kuang X Y, Zhang Y C. 2005. Seasonal variation of East Asian subtropical westerly jet and its association with heating fields over East Asia. Advances in Atmospheric Sciences, 22 (6):

831-840.

Kidson J W. 1985. Index cycles in the Northern Hemisphere during the global weather experiment. Monthly Weather Review，113：607-623.

Kass E，Branstator G. 1993. The relationship between a zonal index and blocking activity. Journal of the Atmospheric Sciences，50：3061-3077.

Koch P，Wernli H，Daves H C. 2006. An event-based jet stream climatology and typology. International Journal of Climatology，26：283-301.

Kidston J，Gerber E P. 2010. Intermodel variability of the poleward shift of the austral jet stream in the CMIP3 integrations linked to biases in 20th century climatology. Geophysical Research Letters，37：L09708，doi：10.1029/2010GL042873.

Lau K M，Boyle J S. 1987. Tropical and extratropical forcing of the large-scale circulation：A diagnostic study. Monthly Weather Review，115：400-428.

Lau K M，Kim K M，Yang S. 2000. Dynamical and boundary forcing characteristics of regional components of the Asian summer monsoon. Journal of Climate，13：2461-2482.

Lau K M，Li M. 1984. The monsoon of East Asian and its global associations：A survey. Bulletin of the American Meteorological Society，65：114-125.

Lau K M，Yang G J，Shen S H. 1988. Seasonal and intraseasonal climatology of summer monsoon precipitation over East Asia. Monthly Weather Review，116：18-37.

Lau K M，Yang S. 1996. Precursory signal associated with the interannual variability of the Asian summer monsoon. Journal of Climate：949-964.

Lee J Y，Lee S S，Wang B，et al. 2013. Seasonal prediction and predictability of the Asian winter temperature variability. Climate Dynamics，41：573-587.

Lee S S，Lee J Y，Wang B，et al. 2012. Interdecadal changes in the storm track activity over the North Pacific and North Atlantic. Climate Dynamics，39：313-327.

Lee S，Kim H K. 2003. The dynamical relationship between subtropical and eddy-driven jets. Journal of the Atmospheric Sciences，60（12）：1490-1503.

Lee Y Y，Lim G H，Kug J S. 2010. Influence of the East Asian winter monsoon on the storm track activity over the North Pacific. Journal of Geophysical Research，115：D09102.

LejenåsAcademia Sinica. 1957. On the general circulation over eastern Asia. Part I. Tellus，9：432-446.

Li C，Wettstein J J. 2012. Thermally driven and eddy-driven jet variability in reanalysis. Journal of Climate，25：1587-1596.

Li J，Yu R，Zhou T. 2005. Why is there an early spring cooling shift downstream of the Tibetan Plateau? Journal of Climate，18（22）：4660-4668.

Li L，Zhang Y C. 2014. Effects of different configurations of the East Asian subtropical and polar front jets on precipitation during Meiyu season. Journal of Climate，27：6660-6672.

Li Y，Yang S. 2010. A dynamical index for the East Asian winter monsoon. Journal of Climate，23：4255-4262.

Li J，Wang J X L. 2003. A modified zonal index and its physical sense. Geophysical Research Letters，30：1632.

Liang P D，Liu A X. 1994. Winter Asia jet stream and seasonal precipitation in East China. Advances in Atmospheric Sciences，11（3）：311-318.

Liang X Z，Wang W C. 1998. Association between China monsoon rainfall and troposphere jets. Quarterly Journal of the Royal Meteorological Society，124：2597-2623.

Liao Z J，Zhang Y C. 2013. Concurrent variation between the East Asian subtropical jet and polar front jet during persistent snowstorm period in 2008 winter over southern China. Journal of Geophysical Research，118：6360-6373.

Lim G H，Wallace J M. 1991. Structure and evolution of baroclinic waves as inferred from regression analysis. Journal of the Atmospheric Sciences，48：1718-1732.

Lin H，Brunet G. 2009. The influence of the Madden-Julian Oscillation on Canadian wintertime surface air temperature. Monthly Weather Review，137：2250-2262.

Lin H，Brunet G，Mo R. 2010. Impact of the Madden-Julian Oscillation on wintertime precipitation in Canada. Monthly Weather Review，138：3822-3839.

Lin Z D，Lu R Y，Zhou W. 2009. Change in early-summer meridional teleconnection over the western North Pacific and East Asia around the late 1970s. International Journal of Climatology，DOI：10.1002/joc.2038.

Lin Z D. 2010. Relationship between meridional displacement of the monthly East Asian jet stream in the summer and sea surface temperature in the tropical central and eastern Pacific. Atmospheric and Oceanic Science Letters，3：40-44.

Lin Z D，Lu R Y. 2008. Abrupt northward jump of East Asian upper-tropospheric jet stream in mid-summer. Journal of the Meteorological Society of Japan，86：857-866.

Lin Z D，Lu R Y. 2009. The ENSO's effect on eastern China rainfall in the following early summer. Advances in Atmospheric Sciences，26：333-342.

Liu Z. 2012. Dynamics of interdecadal climate variability：A historical perspective. Journal of Climate，25：1963-1995.

Lorenz D J，Hartmann D L. 2003. Eddy-zonal flow feedback in the northern hemisphere winter. Journal of Climate，16：1212-1227.

Lu J，Chen G，Frierson D. 2010. The position of the midlatitude storm track and eddy-driven westerlies in Aquaplanet AGCMs. Journal of the Atmospheric Sciences，67：3984-4000.

Lunkeit F，Fraedrich K，Bauer S E. 1998. Storm tracks in a warmer climate：Sensitivity studies with a simplified global circulation model. Climate Dynamics，14：813-826.

Luo D H，Xiao Y Q，Yao Y，et al. 2016. Impact of Ural blocking on winter warm Arctic-cold Eurasian anomalies. Part I：Blocking-induced amplification. Journal of Climate，29：3925-3947.

Love G. 1985. Cross-equatorial influence of winter hemisphere subtropical cold surges. Monthly Weather Review，113：1487-1498.

Madden R A，Julian P R. 1971. Detection of a 40-50 day oscillation in the zonal wind in the tropical Pacific. Journal of the Atmospheric Sciences，28：702-708.

Madden R A，Julian P R. 1972. Description of global scale circulation cells in the Tropics with a 40-50-day period. Journal of the Atmospheric Sciences，29：1109-1123.

Madden R A，Julian P R. 1994. Observations of the 40-50 day tropical oscillation-a review. Monthly

Weather Review，122（5）：814-837.

Maloney E D，Hartmann D L. 1998. Frictional moisture convergence in a composite life cycle of the Madden-Julian oscillation. Journal of Climate，11：2387-2403.

Maloney E D，Hartmann D L. 2001. The sensitivity of intraseasonal variability in the NCAR CCM3 to changes in convective parameterization. Journal of Climate，14：2015-2033.

Marshall A，Hudson D，Wheeler M，et al. 2011. Assessing the simulation and prediction of rainfall associated with the MJO in the POAMA seasonal forecast system. Climate Dynamics，37：2129-2141.

McWilliams J C，Chow J H S. 1981. Equilibrium geostrophic turbulence I：Reference solution in a ß-plane channel. Journal of Physical Oceanography，11：921-949.

Murray R，Daniels S M. 1953. Transverse flow at entrance and exit to jet stream. Quarterly Journal of the Royal Meteorological Society，79：236-241.

Murakami M. 1979. Large-scale aspects of deep convective activity over the GATE area. Monthly Weather Review，107：994-1013.

Nakamura H，Izumi T，Sampe T. 2002. Interannual and decadal modulations recently observed in the Pacific storm track activity and East Asian winter monsoon. Journal of Climate，15（14）：1855-1874.

Nakamura H，Sampe T. 2002. Trapping of synoptic-scale disturbances into the North-Pacific subtropical jet core in midwinter. Geophysical Research Letters，29：8-1-8-4.

Nakamura H. 1992. Midwinter suppression of baroclinic wave activity in the Pacific. Journal of the Atmospheric Sciences，49（17）：1629-1642.

Ninomiya K，Murakami T. 1987. The early summer rainy season（Baiu）over Japan//Chang C P，Krishnamurti T N. Monsoon Meteorology. Oxford：Oxford University Press：93-121.

Ninomiya K，Muraki H. 1986. Large-scale circulations over East Asia during Baiu period of 1979. Journal of the Meteorological Society of Japan，64：409-429.

Ninomiya K I. 1971. Mesoscale modification of synoptic situation from thunderstorm development as revealed by ATS3 and aerological data. Journal of Applied Meteorology，10：1103-1121.

Namias J. 1950. The index cycle and its role in the general circulation. Journal of Meteorology，7：130-139.

North G R，Bell T L，Cohalan R F. 1982. Sampling errors in estimation of empirical orthogonal functions. Monthly Weather Review，110：699-706.

Orlanski I. 2005. A new look at the Pacific storm track variability：Sensitivity to tropical SSTs and to upstream seeding. Journal of the Atmospheric Sciences，62：1367-1390.

Overland J E，Adams J M，Bond N A. 1999. Decadal variability of the Aleutian low and its relation to high-latitude circulation. Journal of Climate，12（5）：1542-1548.

Panetta R L. 1993. Zonal jets in wide baroclinically unstable regions：Persistence and scale selection. Journal of the Atmospheric Sciences，50（14）：2073-2106.

Perlwitz J，Hoerling M，Dole R M. 2015. Arctic tropospheric warming：Causes and linkages to lower latitudes. Journal of Climate，28：2154-2167.

Petoukhov V，Semenov V A. 2010. A link between reduced Barents-Kara sea ice and cold winter extremes over northern continents. Journal of Geophysical Research, 115: D21111.

Pfeffer R L. 1992. A study of eddy induced fluctuations of the zonal-mean wind using conventional and transformed Eulerian diagnostics. Journal of the Atmospheric Sciences, 49: 1036-1050.

Pena-Oritiz C, Gallego D, Ribera P, et al. 2013. Observed trends in the global jet stream characteristics during the second half of the 20th century. Journal of Geophysical Research, 118: 2702-2713.

Qian Y F, Zheng Y Q, Zhang Y, et al. 2003. Response of China's monsoon climate to snow anomaly over the Tibetan Plateau. International Journal of Climatology, 23: 593-613.

Qu X, Huang G. 2012. Impacts of tropical Indian Ocean SST on the meridional displacement of East Asian jet in boreal summer. International Journal of Climatology, 32 (13): 2073-2080.

Ren X J, Yang X Q, Chu C J. 2010. Seasonal variations of the synoptic-scale transient eddy activity and polar front jet over East Asia. Journal of Climate, 23: 3222-3233.

Ren X J, Yang X Q, Sun X G. 2013. Zonal oscillation of western Pacific subtropical high and subseasonal SST variations during Yangtze persistent heavy rainfall events. Journal of Climate, 26: 8929-8946.

Ren X J, Yang X Q, Zhou T J, et al. 2011. Diagnostic comparison of wintertime east Asian subtropical jet and polar-front jet: Large-scale characteristics and transient eddy activities. Acta Meteorologica Sinica, 25 (1): 21-33.

Ren X, Zhang Y. 2007. Western Pacific Jet Stream Anomalies at 200 hPa in Winter Associated with Oceanic Surface Heating and Transient Eddy Activity. Acta Meteorologica Sinica, 21: 277-289.

Ren X, Zhang Y, Xiang Y. 2008. Connection between wintertime jet stream variability, oceanic surface heating, and transient eddy activity in the North Pacific. Journal of Geophysical Research, 113: D21119.

Riehl H. 1962. Jet Streams of the Atmosphere. Tech. Rep. 32, Department of Atmospheric Science, Colorado State University: 177.

Robinson W A. 2006. On the self-maintenance of midlatitude jets. Journal of the Atmospheric Sciences, 63: 2109-2122.

Rossby C G. 1936. Dynamics of steady ocean currents in the light of experimental fluid Mechanics. Papers in Physical Oceanography and Meteorology: 5.

Sampe T, Xie S P. 2010. Large-scale dynamics of the Meiyu-Baiu rainband: Environmental forcing by the westerly jet. Journal of Climate, 23: 113-134.

Schneider E K. 1977. Axially symmetric steady-state models of the basic state for instability and climate studies Part II: Nonlinear calculations. Journal of the Atmospheric Sciences, 34: 280-296.

Screen J A, Deser C. 2019. Pacific Ocean variability influences the time of emergence of a seasonally ice-free Arctic Ocean. Geophysical Research Letters, 46: 2222-2231.

Screen J A, Deser C, Simmonds I. 2012. Local and remote controls on observed Arctic warming. Geophysical Research Letter, 39: L10709.

Screen J A, Simmonds I. 2010. The central role of diminishing sea ice in recent Arctic temperature amplification. Nature, 464: 1334-1337.

Screen J A, Simmonds I. 2014. Amplified mid-latitude planetary waves favour particular regional weather extremes. Nature Climate Change, 4: 704-709.

Sheng J, Derome J, Klasa M. 1998. The role of transient disturbances in the dynamics of the Pacific-North American Pattern. Journal of Climate, 11: 523-536.

Shinoda T, Uyeda H, Yoshimura K. 2005. Structure of moist layer and sources of water over the southern region far from the Meiyu/Baiu front. Journal of the Meteorological Society of Japan, 83: 137-152.

Smagorinsky J. 1953. The dynamical influence of large-scale heat sources and sinks in the quasi-stationary mean motions of the atmosphere. Quarterly Journal of the Royal Meteorological Society, 79: 342-366.

Son S W, Ting M, Polvani L M. 2009. The effect of topography on storm-track intensity in a relatively simple general circulation model. Journal of the Atmospheric Sciences, 66: 393-411.

Sorokina S A, Li C, Wettstein J J, et al. 2016. Observed atmospheric coupling between Barents Sea ice and the warm-Arctic cold-Sibera in anomaly pattern. Journal of Climate, 29: 495-511.

Spencer P L, Stensrud D J. 1998. Simulating flash flood events: Importance of the subgrid representation of convection. Monthly Weather Review, 126 (11): 2884-2192.

Stucliffe R C, Bannon J K. 1954. Seasonal Changes in Upper-air condition in the Mediterranean-middle East Area. Scientific Proceedings of the International Association of Meteorology Rome.

Suda K, Asakura T. 1955. A study on the unusual "Baiu" season in 1954 by means of Northern Hemisphere upper air mean charts. Journal of the Meteorological Society of Japan, 33: 233-244.

Sun C H, Yang S, Li W J, et al. 2016a. Interannual variations of the dominant modes of East Asian winter monsoon and possible links to Arctic sea ice. Climate Dynamics, 47: 481-496.

Sun J Q, Wu S, Ao J. 2016b. Role of the North Pacific sea surface temperature in the East Asian winter monsoon decadal variability. Climate Dynamics, 46: 3793-3805.

Sun X, Yang X Q. 2005. Numerical modeling of interannual anomalous atmospheric circulation patterns over East Asia during different stages of an El Nino event. Chinese Journal of Geophysics, 48: 501-510.

Serreze M C, Barry R G. 2011. Processes and impacts of Arctic amplification: A research synthesis. Global and Planetary Change, 77: 85-96.

Shutts G J. 1983. The propagation of eddies in diffluent jet stream: Eddy vorticity forcing of blocking flow fields. Quarterly Journal of the Royal Meteorology Society, 109: 737-761.

Takaya K, Nakamura H. 2005. Mechanisms of intraseasonal amplification of the cold Siberian high. Journal of the Atmospheric Sciences, 62 (12): 4423-4440.

Takaya K, Nakamura H. 2013. Interannual Variability of the East Asian Winter Monsoon and Related Modulations of the Planetary Waves. Journal of Climate, 26: 9445-9461.

Thompson D W J, Wallace J M. 1998. The Arctic oscillation signature in the wintertime geopotential height and temperature fields. Geophysical Research Letters, 25: 1297-1300.

Thompson D W J, Wallace J M. 2000. Annular modes in the extratropical circulation. Part I: Month-to-month variability. Journal of Climate, 13: 1000-1016.

Thompson D W J, Lee S Y, Baldwin M P. 2003. Atmospheric processes governing the Northern

Hemisphere annular mode/North Atlantic oscillation. The North Atlantic Oscillation: Climatic Significance and Environmental Impact, 34.

Trenberth K E, Guillmot C J. 1996. Physical processes involved in the 1988 drought and 1993 floods in North America. Journal of Climate, 9: 1288-1298.

Thompson D W J, Solomon S. 2002. Interpretation of recent Southern Hemisphere climate change. Science, 296: 895-899.

Thompson D W J, Wallace J M. 2000. Annular modes in the extratropical circulation. Part I: Month-to-month variability, Journal of Climate, 13: 1000-1016.

Takaya K, Nakamura H. 2001. A formulation of a phase independent wave-activity flux for stationary and migratory quasi-geostrophic eddies on a zonally varying basic flow. Journal of the Atmospheric Sciences, 58: 608-627.

Wallace J M, Gutzler D S. 1981. Teleconnections in the geopotential height field during the Northern Hemisphere winter. Monthly Weather Review, 109: 784-812.

Wallace J M. The Climatological mean stationary waves: Observational evidence//Hoskins B J, Pearce P R. Large-scale Dynamical Processes in the Atmosphere, 1983: 22-52.

Walland D J, Simmonds I. 1997. Modeled atmospheric response to changes in Northern Hemisphere snow cover. Climate Dynamics, 13: 25-34.

Wan R J, Wu G X. 2007. Mechanism of the spring persistent rains over southeastern China. Science in China, D50: 130-144.

Wang B, Liu J, Kim H J, et al. 2013. Northern Hemisphere summer monsoon intensified by mega-El Niño/southern oscillation and Atlantic multidecadal oscillation. Proceedings of the National Academy of Sciences, 110: 5347-5352.

Wang B, Webster P, Kikuchi K, et al. 2006. Boreal summer quasi-monthly oscillation in the global tropics. Climate Dynamics, 27: 661-675.

Wang B, Wu R, Fu X. 2000. Pacific-East Asian teleconnection: How does ENSO affect East Asian climate? Journal of Climate, 13: 1517-1536.

Wang B, Wu Z W, Chang C P, et al. 2010. Another look at interannual-to-interdecadal variations of the East Asian winter monsoon: The northern and southern temperature mode. Journal of Climate, 23: 1495-1512.

Wang B, Xiang B, Li J, et al. 2015. Rethinking Indian monsoon rainfall prediction in the context of recent global warming. Nature Communications: 6.

Wang D, Liu C, Liu Y, et al. 2009. A preliminary analysis of features and causes of the snow storm event over the southern areas of China in January 2008. Acta Meteorologica Sinica, 23 (3): 374-386.

Wang H, He S. 2012. Weakening relationship between East Asian winter monsoon and ENSO after mid-1970s. Chinese Science Bulletin, 57: 3535-3540.

Wang L, Chen W, Huang R. 2008. Interdecadal modulation of PDO on the impact of ENSO on the east Asian winter monsoon. Geophysical Research Letters, 35: L20702.

Wang L, Chen W. 2014a. The East Asian winter monsoon: Re-amplification in the mid-2000s. Chinese Science Bulletin, 59: 430-436.

Wang L，Chen W. 2014b. An intensity index for the East Asian winter monsoon. Journal of Climate，27：2361-2374.

Wang L，Chen W，Zhou W，et al. 2009a. Interannual variations of east Asian trough axis at 500hPa and its association with the East Asian winter monsoon pathway. Journal of Climate，22：600-614.

Wang L，Huang R，Gu L，et al. 2009b. Interdecadal variations of the East Asian winter monsoon and their association with quasi-stationary planetary wave activity. Journal of Climate，22：4860-4872.

Wang N. Zhang Y C. 2015. Connections between Eurasian teleconnection pattern and concurrent variation of upper-level jets over East Asia. Advances in Atmospheric Sciences，32：336-348.

Wang Y. 1992. Effects of blocking anticyclones in Eurasia in the rainy season（Meiyu/Baiu season）. Journal of the Meteorological Society of Japan，70：929-951.

Wang Y，Yasunari T. 1994. A diagnostic analysis of the wave train propagating from high-latitudes to low-latitudes in early summer. Journal of the Meteorological Society of Japan，72：269-279.

Watanabe M，Nitta T. 1998. Relative impacts of snow and sea surface temperature anomalies on an extreme phase in the winter atmospheric circulation. Journal of Climate，11：2837-2857.

Watanabe M. 2004. Asian jet waveguide and a downstream extension of the North Atlantic oscillation. Journal of Climate，17：4674-4691.

Webster P J，Yang S. 1992. Monsoon and ENSO：Selectively interactive systems. Quarterly Journal of the Royal Meteorological Society，118：877-926.

Wen M，Yang S，Kumar A，et al. 2009. An analysis of the large-scale climate anomalies associated with the snowstorms affecting China in January 2008. Monthly Weather Review，137：1111-1131.

Westra S，Alexander L V，Zwiers F W. 2013. Global increasing trends in annual maximum daily precipitation. Journal of Climate，26：3904-3918.

Wheeler M C，Hendon H H，Cleland S，et al.，2009. Impacts of the Madden-Julian oscillation on Australian rainfall and circulation. Journal of Climate，22（6）：1482-1498.

Wheeler M，Hendon H H. 2004. An all-season real-time multivariate MJO index：Development of an index for monitoring and prediction. Monthly Weather Review，132：1917-1932.

Wu B Y，Wang J. 2002. Winter arctic oscillation，Siberian High and east Asian winter monsoon. Geophysical Research Letters，29（19），doi：10.1029/2002GL015373.

Wu B，Jia W. 2002. Possible impacts of winter Arctic Oscillation on Siberian High，the East Asian winter monsoon and sea-ice extent. Advances in Atmospheric Sciences，19（2）：297-320.

Wu G X，Liu Y M，Wang T M，et al. 2007. The influence of mechanical and thermal forcing by the Tibetan Plateau on Asian climate. Journal of Hydrometeorology，8：770-789.

Wu G X，Liu Y M. 2016. Impacts of the Tibetan Plateau on Asian Climate. Meteorological Monographs：7.1-7.29.

Wu G X，Zhang Y S. 1998. Tibetan Plateau forcing and the timing of the monsoon onset over South Asia and the South China Sea. Monthly Weather Review，126（4）：913-927.

Xiang Y，Yang X Q. 2012. The effect of transient eddy on interannual meridional displacement of summer East Asian subtropical jet. Advances in Atmospheric Sciences，29（3）：484-492.

Wallace J M, Hsu H H. 1985. Another look at the index cycle. Tellus, 37A: 478-486.

Walker G T, Bliss E W. 1932. World Weather V. Memoirs of the Royal Meteorological Society, 4: 53-84.

Wallace J M. 2000. North Atlantic Oscillation/annular mode: Two paradigms-One phenomenon. Quarterly Journal of the Royal Meteorology Society, 126: 791-805.

Xiao X, Huang D, Yang B, et al. 2020. Contributions of different combinations of the IPO and AMO to the concurrent variations of summer East Asian Jets. Journal of Climate, 33: 7967-7982.

Xie P, Arkin P A. 1997. Global precipitation: A 17-year monthly analysis based on gauge observations, satellite estimates, and numerical model outputs. Bulletin of the American Meteorological Society, 78: 2539-2558.

Xie S P, Annamalai H, Schott F A, et al. 2002. Structure and mechanisms of South Indian Ocean climate variability. Journal of Climate, 15: 864-878.

Xie S P, Hu K M, Hafner J, et al. 2009. Indian Ocean capacitor effect on Indo-western Pacific climate during the summer following El Niño. Journal of Climate, 22: 730-747.

Xin X, Yu R, Zhou T, et al. 2006. Drought in late spring of South China in recent decades. Journal of Climate, 19 (13): 3197-3206.

Xuan S L, Zhang Q Y, Sun S Q. 2011. Anomalous midsummer rainfall in Yangtze River-Huaihe River valleys and its association with the East Asia westerly jet. Advances in Atmospheric Sciences, 28: 387-397.

Yang S H, Lu R. 2014. Predictability of the East Asian winter monsoon indices by the coupled models of ENSEMBLES. Advances in Atmospheric Sciences, 31: 1279-1292.

Yang S, Lau K M, Kim K M. 2002. Variations of the East Asian jet stream and Asian-Pacific-American winter climate anomalies. Journal of Climate, 15: 306-325.

Yang S, Lau K M, Yoo S H, et al. 2004. Upstream subtropical signals preceding the Asian Summer monsoon circulation. Journal of Climate, 17: 4213-4229.

Yang S, Webster P J. 1990. The effect of summer tropical heating on the location and intensity of the extratropical westerly jet streams. Journal of Geophysical Research, 95 (D11): 18705-18721.

Yeh T C. 1950. The circulation of the high troposphere over China in the winter of 1945-1946. Tellus, 2 (3): 173-183.

Yeh T C, Wetherrald R L, Manabe S. 1983. A model study of the short-term climatic and hydrologic effects of sudden snow cover removal. Monthly Weather Review, 111: 1013-1024.

Yin J N, Zhang Y C. 2021. Decadal changes of East Asian jet streams and their relationship with the mid-high latitude circulations. Climate Dynamics, 56: 2801-2821.

Yin M T. 1949. A synoptic-aerological study of the onset of the summer monsoon over India and Burma. Journal of Meteorology, 6: 393-400.

Yu R, Zhou T. 2004. Impacts of winter-NAO on March cooling trends over subtropical Eura-sia continent in the recent half century. Geophysical Research Letters, 31: L12204.

Yu R, Zhou T. 2007. Seasonality and three dimensional structure of the interdecadal change in East Asian monsoon. Journal of Climate, 20 (21): 5344-5355.

Yin J H. 2005. A consistent poleward shift of the storm tracks in simulations of 21st century climate.

Geophysical Research Letters, 32: L18701, doi: 10.1029/2005GL023684.

Zhang G, Mu M. 2005. Simulation of Madden-Julian Oscillation in the NCAR CCM3 using a revised Zhang-McFarlane convection parameterization scheme. Journal of Climate, 18: 4046-4064.

Zhang H Y, Wen Z P, Wu R G, et al. 2019. An inter-decadal increase in summer sea level pressure over the Mongolian region around the early 1990s. Climate Dynamics, 52: 1925-1948.

Zhang L, Wang B, Zeng Q. 2009. Impact of the Madden-Julian oscillation on summer rainfall in southeast China. Journal of Climate, 22: 201-216.

Zhang Q, Wu G X, Qian Y F. 2002. The bimodality of the 100hPa South Asia High and its relationship to the climate anomaly over East Asia in summer. Journal of the Meteorological Society of Japan, 80 (4): 733-744.

Zhang R, Sumi A, Kimoto M. 1996. Impact of El Niño on the East Asian Monsoon: A Diagnostic Study of the '86/87 and '91/92 Events. Journal of the Meteorological Society of Japan. Ser. II, 74: 49-62.

Zhang Y C, Kuang X Y, Guo W D. et al. 2006. Seasonal evolution of the upper-tropospheric westerly jet core over East Asia. Geophysical Research Letters, 33: L11708.

Zhang Y C, Takahashi M, Guo L L. 2008a. Analysis of the east Asian subtropical westerly jet simulated by CCSR/NIES/FRCGC coupled climate system model. Journal of the Meteorological Society of Japan, 86 (2): 257-278.

Zhang Y C, Wang D Q, Ren X J. 2008b. Seasonal variation of the meridional wind in the temperate jet stream and its relationship to the Asian Monsoon. Acta Meteorologica Sinica, 24 (4): 446-454.

Zhang Y C, Xiao C L. 2013. Variability modes of the winter upper-level wind field over Asian mid-high latitude region. Atmospheric and Oceanic Science Letters, 6: 295-299.

Zhang Y, Sperber K R, Boyle J S. 1997. Climatology and interannual variation of the East Asian winter monsoon: Results from the 1979-95 NCEP/NCAR Reanalysis. Monthly Weather Review, 125: 2605-2619.

Zheng Q L, Wu J. 1995. Numerical study on the dynamic and thermodynamic effects of the Qinghai-Xizang Plateau on the seasonal transition in the early summer in East Asia. Acta Meteorologica Sinica, 9 (1): 35-47.

Zhou W, Chan J C L, Chen W, et al. 2009. Synoptic-scale controls of persistent low temperature and icy weather over Southern China in January 2008. Monthly Weather Review, 137: 3978-3991.